Klimawandel FAQs – Fake News erkennen, Argumente verstehen, qualitativ antworten

EBOOK INSIDE

Die Zugangsinformationen zum eBook Inside finden Sie am Ende des Buchs.

Arno Kleber · Jana Richter-Krautz

Klimawandel FAQs – Fake News erkennen, Argumente verstehen, qualitativ antworten

Arno Kleber
Institut für Geographie
Technische Universität Dresden
Dresden, Sachsen, Deutschland

Jana Richter-Krautz
Institut für Geographie
TU Dresden
Dresden, Sachsen, Deutschland

ISBN 978-3-662-64547-5 ISBN 978-3-662-64548-2 (eBook)
https://doi.org/10.1007/978-3-662-64548-2

Die Deutsche Nationalbibliothek verzeichnet diese Publikation in der Deutschen Nationalbibliografie; detaillierte bibliografische Daten sind im Internet über http://dnb.d-nb.de abrufbar.

Einbandgestaltung: deblik Berlin unter Verwendung des Motivs „Auge Gottes" von © Sandra Zuerlein/Adobe Stock

Planung: Simon Shah-Rohlfs
Springer ist ein Imprint der eingetragenen Gesellschaft Springer-Verlag GmbH, DE und ist ein Teil von Springer Nature.
Die Anschrift der Gesellschaft ist: Heidelberger Platz 3, 14197 Berlin, Germany

Vorwort

Der Klimawandel ist ein politisch hoch brisantes Thema, welches von Wissenschaft, Medien, Interessengruppen und dann natürlich von politischen Entscheidungsträgern aufgegriffen und kontrovers interpretiert wird. Wie bei vielen politisch relevanten Themen stehen auch beim Klimawandel Ziele und Interessen unterschiedlicher Gruppen in einem Gegensatz zueinander. Wir, Autorin und Autor dieses Buchs, lehren die Themen Klima und Klimaänderungen an der Universität für Geographie- und Lehramtsstudierende. Dabei zeigte sich, dass selbst fundierte Grundkenntnisse der Klimatologie oft nicht ausreichen, um Argumente, die von den unterschiedlichen Interessensgruppen stammen (vgl. Kap. 3), einzuordnen und ihren Wahrheitsgehalt einzuschätzen. In einer anfangs vom BMBF geförderten Vorlesungs- und Seminarreihe (Puderbach 2020) befassten wir uns intensiv mit der Anthropogenen Globalen Erwärmung. Neben der Vermittlung von Grundlagenwissen und Darstellung von Konsequenzen für Mensch und Umwelt erwies es sich als hilfreich, konkret und kritisch wertend (in einem solchen Rahmen natürlich nur exemplarisch) auf zentrale Punkte dieser Auseinandersetzung einzugehen. Dabei erkannten wir eine Lücke, da es zwar umfangreiche, an die Öffentlichkeit gerichtete Literatur über den Klimawandel gibt, die sich aber dominant entweder mit den wissenschaftlichen Erkenntnissen hierzu oder mit dem Versuch von deren Negation[1] befasst. Eine umfassende, sachlich wertende Auseinandersetzung mit beiden Seiten fehlt dagegen. So entstand die Idee zu diesem Buch.

Das Anliegen dieses Buchs kann es leider nicht sein, Personen zu überzeugen, die den Klimawandel oder seine menschgemachten Ursachen bereits überzeugt ablehnen, da ein Buch hierfür nicht die richtigen Voraussetzungen mitbringt (gegen Ende von Kap. 1.4 werden wir darauf zurückkommen, was ein passende Voraussetzung wäre), sodass wir hier Richard David Precht anführen möchten, der in der Fernsehsendung „Volle Kanne" am 30.04.2021 auf die Frage, wie er versuchen würde, einen „Querdenker" zu gewinnen, antwortete: *„Ich hab solche Gespräche in der Tat gehabt, das eine oder andere Mal: Ich würde nicht mehr versuchen, ihn zu gewinnen! … Die psychische Grundstruktur dieser Menschen besteht nicht darin, die Wahrheit herauszufinden, sondern recht zu haben*[2]. *… Dann macht*

[1] Wie Dunlap & Jacques (2013) zeigen, bietet der Buchmarkt zahlreiche Werke, die sich die Negierung des Klimawandels in der einen oder anderen Form auf die Fahnen geschrieben haben. Bei vielen davon lässt sich eine Verbindung zu einschlägigen Denkfabriken (Kap. 3.2) belegen. Ca. 90 % der Bücher unterlagen keinerlei Begutachtung, insbesondere im Selbstverlag erschienene, und ein großer Teil der Autor*innen hat keine einschlägige, oft sogar gar keine wissenschaftliche Vorbildung.

[2] Wir werden versuchen, dieses etwas plakative „Recht-haben-Wollen" in den Kapiteln 1.2.8 und 1.4 noch weiter auszudifferenzieren.

das Gespräch keinen Sinn.“ Wir übertragen diese Aussage auf die Negation des Klimawandels …

Das Buch richtet sich deshalb hauptsächlich an eine interessierte Öffentlichkeit, die sich entweder ihre Meinung zum Thema noch bilden oder Argumente an die Hand geliefert bekommen möchte. Es gibt aber auch Hinweise, dass in den einschlägigen Wissenschaften tätige Personen überfordert sein können, wenn sie sich professioneller Zweifler-Propaganda ausgesetzt sehen (Oreskes & Conway 2010). Dies ist teilweise auf die zunehmende Spezialisierung in der Wissenschaft zurückzuführen, wo Publikationen mit Überblickscharakter in großen Autoren-Teams verfasst werden und die einzelne Person nur noch ihr eigenes enges Fachgebiet überblickt – und dann vielleicht einer Flut von pseudowissenschaftlichen Argumenten gegenübersteht, von denen nur ein kleiner Teil oder gar nichts ihr eigenes Fachgebiet berührt.

Der Konflikt, in dem sich die Wissenschaft befindet, beschreibt einer der führenden deutschen Klimaforscher, Stefan Rahmstorf, in seinem Blog treffend: „*Uns Wissenschaftler stellt dies vor ein schwer lösbares Dilemma. Soll man die manchmal haarsträubenden Berichte in den Medien einfach achselzuckend ignorieren und höchstens beim Kaffee mit den Kollegen darüber lachen, was die Medien wieder einmal für einen Unsinn verbreiten? Oder sollte man reagieren, vielleicht einen Leserbrief schreiben oder in eigenen Beiträgen versuchen, die Fehler richtigzustellen? Wertet man dadurch die ‚Klimaskeptiker' nicht noch auf, indem beim Laien nach der Diskussion am Ende wieder nur der Eindruck hängen bleibt, alles sei ‚unter Fachleuten noch umstritten'? Tatsächlich hat die in den Medien ausgetragene ‚Skeptikerdiskussion' kaum etwas mit echten Diskussionen zum Klimawandel unter Fachleuten zu tun; die in den Medien vorgebrachten Argumente richten sich meist gezielt an Laien und nutzen deren Unkenntnis der grundlegenden Daten und Zusammenhänge aus.*" (Rahmstorf 2004)

Diesem Dilemma möchten wir uns mit unserem Buch widmen: Wir wollen die von Rahmstorf angesprochenen „Klimaskeptiker"-Argumente einem Fakten-Check unterziehen.

Einem Missverständnis wollen wir entschieden entgegentreten: Die Tatsache, dass wir dieses Buch vorlegen, bedeutet nicht, dass es in der Wissenschaft ernsthafte Diskussionen über den Klimawandel und insbesondere seine Ursachen gäbe. Eine solche Diskussion wird durch un- und halbwissenschaftliche Argumentationslinien vorgetäuscht, sie dient lediglich der Verwirrung der Öffentlichkeit, die politische und gesellschaftliche Veränderungen verständlicherweise nur schwer akzeptieren kann, solange sie den Eindruck hat, es gäbe noch Konflikte unter den Fachleuten. Die Negation des Klimawandels dient zentral einem Zweck: so lange wie möglich Zweifel in Politik und Bevölkerung aufrechtzuerhalten, sodass Klimaschutzmaßnahmen verzögert angegangen werden. Alle derartigen Versuche sind bisher langfristig gescheitert. So sind wir mittlerweile wohl alle überzeugt, dass Rauchen oder auch Asbest Krebs erzeugt, dass Fluorchlorkohlenwasserstoffe die Ozonschicht schädigen, dass saurer Regen der Umwelt schadet etc. Aber alle diese Erkenntnisse setzten sich mit einer deutlichen zeitlichen Verzögerung durch, während derer noch kräftig Geld verdient werden konnte.

In der Wissenschaft neigt man dazu, erst einmal das „Wenn" und „Aber" einer Aussage zu betonen, bevor man zur eigentlichen Aussage kommt. In der Zuhörerschaft ist zu dem Zeitpunkt schon der eine oder die andere eingeschlafen. Wir werden deshalb in diesem Buch versuchen, klare Worte der differenzierteren Auseinandersetzung mit dem jeweiligen Thema voranzustellen.

Wir widmen dieses Buch unserem verstorbenen Sohn und Freund Marco Kleber, der sein Entstehen immer mit Interesse begleitet und Inhalte auch für seine eigene akademische Lehre in der Philosophie genutzt hat.

Anno Kleber
Jana Richter-Krautz

Literatur

Dunlap RE, Jacques PJ (2013) Climate change denial books & conservative think tanks: exploring the connection. American Behavioral Scientist 57:699–731. https://doi.org/10.1177/0002764213477096

Oreskes N, Conway EM (2010) Merchants of doubt: How a handful of scientists obscured the truth on issues from tobacco smoke to global warming. Bloomsbury Press, New York, NY

Puderbach R (2020) TUD-Sylber-Einzelvorhaben: Gesellschaftliche Schlüsselprobleme in der Lehrerbildung. TU Dresden. https://tu-dresden.de/zlsb/forschung-und-projekte/tud-sylber/tud-sylber-2016-2019/schwerpunkt-qualitaetsverbesserung/tud-sylber-einzelvorhaben-4-6-gesellschaftliche-schluesselprobleme-in-der-lehrerbildung. Letzter Zugriff: 13.04.2021

Rahmstorf S (2004) Die Klimaskeptiker: Die Medien berichten immer wieder über Skeptiker. Munich Re: Weather catastrophes & climate change:77–83. http://www.pik-potsdam.de/~stefan/Publications/Other/rahmstorf_dieklimaskeptiker_2004. Letzter Zugriff: 10.06.2021

Inhaltsverzeichnis

Abbildungsverzeichnis

Tabellenverzeichnis

Formelverzeichnis

1

Grundlagen

1.1 Die naturwissenschaftliche Herangehensweise

1.1.1 Was ist eine wissenschaftliche Theorie?

Man liest immer wieder als Argument gegen die Anthropogene Globale Erwärmung[1], es handle sich ja lediglich um eine Theorie. Im Gegensatz zur Umgangssprache, in der dieser Begriff eher einen despektierlichen Unterton hat, bezeichnet er in den Naturwissenschaften den höchstmöglichen Grad an Erkenntnis! Wissenschaft läuft zumeist so: Wissenschaftler*innen machen eine Messung oder entdecken irgendetwas Merkwürdiges. Das sind Fakten, also messbare oder feststellbare Tatsachen. Sie versuchen nun, diese Fakten zu erklären. Dazu haben

[1] Vgl. zu diesem Begriff Kap. 1.3.2.

A. Kleber und J. Richter-Krautz, *Klimawandel FAQs – Fake News erkennen, Argumente verstehen, qualitativ antworten*,
https://doi.org/10.1007/978-3-662-64548-2_1

sie mehrere Ideen. Sie suchen darunter diejenige aus, die am ehesten zu den Fakten passt. Diese Idee ist nun eine Hypothese: „Die Tatsache X könnte durch den Prozess Y erklärt werden." In der Regel veröffentlichen sie nun die Fakten und die Hypothese, mit der sie diese Fakten erklären. Im Begutachtungsprozess (s. Kap. 1.2.1) melden die Gutachter*innen vielleicht erste Zweifel an; spätestens, wenn die Hypothese dann veröffentlicht ist, werden solche Zweifel laut. Die Zweifler oder Skeptikerinnen versuchen nun, eventuell mittels eigener, neuer Messungen die Hypothese zu widerlegen (Falsifikation) oder sie testen diese zumindest. Wenn ihnen dies fundamental gelingt, ist die Hypothese widerlegt. Gelingt dies, aber der Fehler ist nicht fundamental, muss die Hypothese angepasst werden, die Wissenschaft entwickelt sich also weiter. Wenn aber nun die Hypothese trotz all dieser Versuche nicht widerlegt wird und wenn sie darüber hinaus erfolgreich Vorhersagen über andere, z. B. zum Zeitpunkt der Prognose noch in der Zukunft liegende Messungen ermöglicht, dann wird aus ihr eine Theorie, also eine bisher nicht widerlegte Hypothese mit prognostischen Fähigkeiten. Ein schönes Beispiel ist Charles Darwin, der aus seiner Hypothese der Evolution durch natürliche Selektion forderte, dass es unter den Fossilien Arten geben müsse, die Eigenschaften ihrer Vorfahren und ihrer Nachfahren in sich vereinigten – zwei Jahre später wurde der erste Archäopteryx entdeckt. So wird durch fehlgeschlagene Widerlegungsversuche und erfolgreiche Prognosen aus einer Hypothese, also letztlich aus einer Vermutung, eine Theorie. Diese hat so lange Bestand, bis sie entweder doch widerlegt (= falsifiziert) wird oder fehlerhafte Prognosen bewirkt.

Ein grundlegendes Missverständnis findet man aber immer wieder, obwohl das Wort „fundamental" im obigen Absatz eigentlich schon die Antwort gibt: Ein Mosaiksteinchen, das aus einer Hypothese oder Theorie herausgebrochen wird, kann zu einer Weiterentwicklung, zu einer Verbesserung der Theorie Anlass geben. Nicht jede Falsifikation bringt aber eine ganze Theorie zum Einsturz, sondern es muss eine *fundamentale* Widerlegung sein, die an deren Grundfesten rüttelt. Wenn man z. B. eine Klimastation findet, in der die Temperatur in den letzten 40 Jahren nicht angestiegen ist (gerne wird Westgrönland als Beispiel angeführt, vgl. Kap. 4.3.2), so hat dies für ein globales Phänomen wie den Klimawandel keine besondere Bedeutung. Von 100 Gletschern in den Alpen nimmt auch ungefähr einer an Volumen zu – alle anderen aber nehmen dennoch ab.

„Nach Karl Popper, dem führenden Denker der Wissenschaftstheorie des 20. Jahrhunderts, ist das Wesen der wissenschaftlichen Methode das kritische Argument und der Versuch, Theorien mit empirischen Tests zu widerlegen, die reproduzierbare Daten liefern. Wir können nicht sicher sein, was wahr ist. Wir können aber wissen, was falsch ist. Der Wahrheit nähert man sich daher, indem man verwirft, was sich als falsch erwiesen hat. Das, was sich zur wissenschaftlichen Orthodoxie der globalen Erwärmung verfestigt hat, erfüllt nicht die Schwelle einer wissenschaftlichen Theorie, weil seine Vorhersagen nicht an der Natur getestet und daher durch Beweise widerlegt werden können“ (Darwall 2013, zitiert nach Happer 2014). Wir stimmen der ersten Hälfte dieser Aussage unumschränkt zu, widersprechen aber mit diesem Buch der zweiten vehement: Wir werden zeigen, dass Vorhersagen zur Klimaentwicklung gemacht werden können und vielfach zutreffende Vorhersagen gemacht wurden (z. B. in Kap. 4.4). Die Theorie der Anthropogenen Globalen Erwärmung wurde durch eine Unzahl von Einwänden, von denen wir zahlreiche in diesem Buch zusammengetragen haben, herausgefordert wie kaum eine zweite wissenschaftliche Theorie – und hat bisher gegen sie alle bestanden. Manchmal, indem Fehleinschätzungen

erkannt und die Theorie verbessert wurde. Weder konnte jedoch bisher ein Gegenargument genügend Tragfähigkeit entwickeln, noch war eine alternative Erklärung der jüngsten Klimaänderung (Kap. 5) ausreichend plausibel, um die Theorie ernsthaft ins Wanken zu bringen.

Die Lehre aus all dem ist: Zwar kann man Fakten messen oder ihre Existenz feststellen. Um aber zu verstehen, *warum* die Fakten so sind, wie sie sind, bedarf es einer Hypothese bzw. einer Theorie. Da sich, wie gesagt, eine Theorie immer auch als falsch herausstellen kann, muss man folgern: Für die Ursachen der Phänomene kann es nie einen *Beweis* geben! Die Forderung nach einem Beweis für die Anthropogene Globale Erwärmung ist also eine Art Pappkameraden-Argument (vgl. Kap. 1.2.9), wenn aus der Unmöglichkeit, im naturwissenschaftlichen Sinn Beweis für Ursachen zu führen, gefolgert wird, was nicht bewiesen wird (weil es nicht bewiesen werden kann), existiere nicht.[2] Der Begriff „Beweis" wird im Alltag anders gebraucht, was im Wesentlichen sicherlich auf seine Verwendung im juristischen Kontext zurückgeht. Wenn z. B. jemand rechtskräftig verurteilt ist, gilt seine Schuld als erwiesen. Dennoch werden immer wieder Verurteilte später, nach Wiederaufnahme ihres Verfahrens, wegen erwiesener Unschuld freigelassen. War demnach der Beweis, der ja offensichtlich beim ersten Verfahren vor Gericht erfolgreich geführt wurde, ein „Nachweis dafür, dass etwas zu Recht behauptet oder angenommen wird"? Wieso kann dann, wenn es doch bewiesen war, jemand wieder freigesprochen werden? In der Naturwissenschaft

[2] Eine Zusammenfassung von Messwerten, die, um im Vergleich zu bleiben, mit der Beweiskraft von Fingerabdrücken und DNA-Profilen in einem Indizienprozess vergleichbar sind, die also theoretisch gefordert und dann gemessen wurden, findet sich bei Kleber (2021g).

würde man das, was ein Gericht akzeptiert, nie als Beweis ansehen – eine interessante Unterscheidung, die oft in Filmen ausgenutzt wird, wo der sachverständige Zeuge dem Anwalt des Beklagten dies zugeben muss, der dann sein Plädoyer darauf gründet, dass ein letzter Beweis laut dem Sachverständigen fehle. Den Begriff „Beweis" würde man vielleicht besser ersetzen durch „mit einer Wahrscheinlichkeit von z. B. 95 % ist der Angeklagte der Täter". Wenn diese Wahrscheinlichkeit das Gericht überzeugt, wird er trotz der Restunsicherheit verurteilt. Ein naturwissenschaftliches Gesetz macht Vorhersagen über Zusammenhänge physikalischer Größen; es besagt nichts darüber, *warum* diese sind, wie sie sind: Dafür bedarf es einer Theorie.

1.1.2 Skepsis als Grundlage der Wissenschaft

Gerade in jüngster Zeit, durch die Corona-Pandemie, wurden wir alle hautnah und in Echtzeit mit dem wissenschaftlichen Prozess konfrontiert. Dieser verlief dabei so, dass Hypothesen aufgestellt wurden, die dann von der Fachwelt diskutiert und vielfach zerpflückt wurden. Das aber nicht im stillen Kämmerlein bzw. in der einschlägigen Fachliteratur unter Expert*innen, wie sonst üblich, sondern mit nahezu jedem Detail vor den Augen der Öffentlichkeit. Das hat viele von uns akut überfordert! Aber Wissenschaft funktioniert so, sie lebt von der Skepsis; und nur Hypothesen, die durch solch skeptische Herangehensweisen nicht zu Fall gebracht werden können, haben Bestand – bis sie vielleicht doch einmal widerlegt werden. Dies zeigt aber, dass Wissenschaft auf Dauer über enorme Selbstheilungskräfte verfügt; wahrscheinlich funktionieren diese besser als in anderen Gesellschaftsbereichen.

Skepsis ist also ein essenzieller Bestandteil der Wissenschaft, denn meist versuchen nur Skeptiker*innen die Hypothesen anderer zu widerlegen, zu falsifizieren. Gelingt die Falsifikation jedoch nicht, so wird aus der Hypothese eine Theorie, die höchste mögliche Form wissenschaftlicher Erkenntnis (s. o.).

„Naturwissenschaft ist der Glaube an die Unwissenheit der Experten. Wenn Sie dachten, dass die Wissenschaft zweifelsfrei sei – nun, das ist nur ein Fehler Ihrerseits. Wir müssen unbedingt Raum für Zweifel lassen, sonst gibt es keinen Fortschritt, kein Dazulernen. Man kann nichts Neues herausfinden, wenn man nicht vorher eine Frage stellt. Und um zu fragen, bedarf es des Zweifelns" (Richard P. Feynman, zitiert nach Gastmann 2020). Der Grundaussage stimmen wir vollkommen zu, nicht jedoch der Schlussfolgerung, die oft daraus gezogen wird: dass nämlich die Wissenschaftsdisziplin XYZ vollkommen im Irrtum sei und ein alternativer Verschwörungsmythos die einzige Wahrheit. Auch alternative Erklärungsansätze müssen nämlich auf dem gleichen Boden der Tatsachen und der wissenschaftlichen Methodik stehen. Und das gilt selbstverständlich für alle Fächer, nicht nur für die Klimatologie: So zweifelt z. B. der Junge-Erde-Kreationismus die in der Geologie etablierten Altersbestimmungen und Fossilienfunde mit ähnlichen Argumenten an, da man fest daran glauben will, dass die Erde erst im Jahre 4004 v. Chr. geschaffen wurde (vgl. Kleber 2021e).

1.1.3 Der Konsens der Klimawissenschaft – ist der wichtig?

Man liest immer wieder als Argument für die Richtigkeit der Theorie der Anthropogenen Globalen Erwärmung, dass schließlich 97 oder mehr Prozent der Fachleute diese Theorie unterstützen. Dies ist letztlich eine Art *Ad personam*-Argument. Wissenschaft funktioniert aber nicht so. In den 70er-Jahren war eine nicht unerhebliche Zahl der Klimaforscher davon überzeugt, dass uns eine Abkühlung in die nächste Eiszeit bevorstünde. Dadurch, dass dies vielleicht die Mehrheitsmeinung war, wurde sie aber nicht richtig. Auch eine paläontologische Gesellschaft kann nicht durch Abstimmung entscheiden, ob Dinosaurier warm- oder kaltblütig waren, sondern sie muss dafür die Evidenzen abwägen, also was für und gegen das eine oder das andere spricht – und sie kann sich dann immer noch mehrheitlich irren. Die Wissensfindung in der Wissenschaft ist also kein demokratischer Prozess. Der Satz „*Wenn ich mich irren würde, dann hätte ein* [einziger Autor mit einem Gegenbeweis] *gereicht!*" wird Albert Einstein zugeschrieben. Deshalb diskutieren wir in diesem Buch auch nicht, wie viele Wissenschaftler*innen für oder gegen eine Theorie sind, sondern versuchen die Evidenzen abzuwägen. Falls es Sie dennoch interessiert, finden Sie einen guten Überblick bei Nuccitelli (2016a), Cook (2016) und bei Cook et al. (2016). Den neuesten Stand zeigt die Antwort der Bundesregierung auf eine kleine Anfrage der AfD-Fraktion (Reimer 2019). Obwohl er die erste veröffentlichte Studie (Cook et al. 2013)[3] zum Thema „Konsens" in der Klimaforschung wegen

---

[3] An der Studie wird kritisiert, dass sie die klimatologische Literatur durchforstet und lediglich diejenigen Veröffentlichungen in die Statistik zum „Konsens" aufgenommen hat, die explizit eine Aussage zur Anthropogenen Globalen Erwärmung trafen. Dabei seien die meisten Arbeiten zum Klimawandel überhaupt nicht berücksichtigt worden. Aber wie hätten diese Arbeiten gezählt werden sollen, wenn sie gar keine konkrete Aussage zum Thema machen? Hierzu ein schönes Gegenbeispiel: Es gibt tausende Veröffentlichungen in der Geographie; nehmen wir einmal an, 0,3 % davon konstatierten explizit, dass die Erde annähernd rund sei: Erlaubt dies den Schluss, dass 99,7 % der Geographen der Meinung sind, die Erde sei nicht rund?

statistischer Mängel kritisiert, schließt Tol (2014) mit den Worten: *„Ich habe keinen Zweifel daran, dass die Literatur zum Klimawandel mit überwältigender Mehrheit die Hypothese unterstützt, dass der Klimawandel vom Menschen verursacht wird. Ich habe sehr wenig Grund, daran zu zweifeln, dass der Konsens tatsächlich richtig ist.“* Einen Überblick zu Stellungnahmen von Wissenschaftsorganisationen der USA und zur Untersuchungen zum Thema Konsens in der Klimaforschung gibt die NASA (Shaftel 2021). Aus der Metastudie von Tol (2016), die zahlreiche Untersuchungen (Befragungen, Analysen der veröffentlichten Literatur) auflistet, lässt sich deutlich ablesen, dass, je näher die Befragten bzw. Publizierenden fachlich zu den Klimawissenschaften stehen, ihre Zustimmung zum „Konsens“ umso höher ausfällt.

Konsens, also eine fast einheitliche Mehrheitsmeinung, ist keine wissenschaftliche Methode – aber das Ergebnis zahlloser gescheiterter Versuche, eine Theorie zu widerlegen. Denn ein besonnener Mensch passt seine Überzeugungen den Evidenzen an, wie David Hume (zitiert nach Matschullat 2010) bereits 1748 schrieb.

1.2 Wie erkennt man eine seriöse Information?

1.2.1 Das Review-System

Selbst populärwissenschaftliche Magazine können nicht garantieren, dass die Informationen verlässlich sind. Fairerweise muss man sagen, dass viele Wissenschaftsredaktionen solcher Journale über gut ausgebildete Redakteur*innen verfügen. Jedoch ist das Themenfeld Klimawandel derart komplex, dass Einzelpersonen oft nicht mehr in der

Lage sind, es umfassend zu überblicken und in allen Fällen zuverlässig die Spreu vom Weizen zu trennen. Nicht umsonst reicht die Liste der Autor*innen vieler „originaler" wissenschaftlicher Veröffentlichungen über mehrere Zeilen.

Das geringste, aber immer noch nicht völlig ausgeschlossene Risiko, einer Fehlinformation aufzusitzen, bieten Fachzeitschriften mit einem anerkannten Begutachtungsverfahren, dem Review-System. Beiträge erscheinen nämlich erst nach einer erfolgreichen Fachbegutachtung in diesen Zeitschriften. Autor*innen reichen Manuskripte ein und diese werden nach einer formalen Prüfung an mindestens zwei Personen zur Begutachtung verschickt. Das sind Fachkundige, Peers, die ehrenamtlich das Manuskript durcharbeiten und auf Herz und Nieren prüfen. Sie stellen fest, ob der Beitrag etwas Neues, bisher Unbekanntes vermittelt und ob er dies im Rahmen der wissenschaftlichen Arbeitsweise und Ethik tut. Behauptungen müssen ebenso wie Beobachtungen durch nachvollziehbare Evidenzen (Messungen, Berechnungen, physikalische Zusammenhänge usw.) belegt, Experimente so dargestellt sein, dass sie von anderen Arbeitsgruppen wiederholt werden können. Und bei der Interpretation muss die Sachlogik streng gewahrt, alternative Erklärungen und Fehlermöglichkeiten müssen diskutiert sein. Nahezu immer führt die Begutachtung dazu, dass die eingereichten Arbeiten zu überarbeiten sind, wobei meist die revidierte Fassung erneut begutachtet wird, bis die Gutachter endgültig die Veröffentlichung „absegnen".

Selbst diese rigide Art der Qualitätsprüfung ist sicherlich nicht perfekt, hat sich jedoch seit Langem bewährt. Es ist erfahrungsgemäß unwahrscheinlich, dass wichtige neue Beiträge auf Dauer von voreingenommenen Peers (Voreingenommenheit wie z. B. eigene konträre fachliche oder persönliche Interessen, aber auch enge persönliche oder fachliche Beziehungen, die eigentlich vor der Begutachtung hätten offenbart werden müssen) unterdrückt werden. Denn es gibt für praktisch jede Wissenschaftsdisziplin mehrere alternative Zeitschriften, die jeweils unterschiedliche Gutachterpersönlichkeiten zu Rate ziehen, sodass der Beitrag zwar von der einen abgelehnt, aber dann i. d. R. von einer anderen irgendwann veröffentlich wird.

Andererseits können in Gutachten auch fehlerhafte Beiträge übersehen worden sein. Auch dafür gibt es eine „Selbstheilung" in der Wissenschaft, denn die wissenschaftlichen Zeitschriften veröffentlichen in solchen Fällen Kommentare (die ebenfalls entsprechend begutachtet werden), in denen die Kritikpunkte dargelegt werden, woraufhin die Autor*innen des ursprünglichen Beitrags Erwiderungen verfassen können usw., oder alternative Interpretationen und Kritikpunkte werden in einer eigenen Veröffentlichung dargelegt (zu deren Auffinden siehe Kap. 1.2.3). Ein Beispiel hierfür aus dem Bereich der Klimawissenschaften ist die Arbeit von Lindzen & Choi (2009), die massive Proteste hervorrief. Diese berechnet einen für die Projektion von Temperaturänderungen zentralen Wert, die Klimasensitivität des Kohlenstoffdioxids CO_2 (vgl. Kap. 1.3.5 und 5.9) neu und kommt zu bis dato unbekannt niedrigen Werten. Trenberth et al. (2010) zeigen statistische Manipulationen in diesen Ergebnissen auf. Murphy (2010) kritisiert, dass eine globale Aussage durch Betrachtung lediglich tropischer Meeresflächen getroffen wird, was Chung et al. (2010) auch mit Daten untermauern. Dessler (2010) findet fehlerhafte physikalische Formeln insbesondere für den Wärmeaustausch zwischen Ozean und höherer Atmosphäre. Trotz dieser massiven Einwände versuchten die originalen Autoren eine Einreichung in leicht modifizierter Form bei der höchst renommierten Zeitschrift „Proceedings of the

National Academy of Sciences“ (PNAS). Normalerweise ist der Begutachtungsprozess äußerst vertraulich, nichts davon wird bekannt; in diesem Fall wurden die Gutachten und die sich darauf gründende Entscheidung des Chef-Herausgebers jedoch publiziert und können als Musterbeispiel betrachtet werden, wie solch ein Review-Prozess aussehen kann (Schekman 2011; man beachte, dass zwei der vier Begutachtenden von den Autoren selbst vorgeschlagen wurden!). Diese modifizierte Version konnten die Autoren dann in einer Zeitschrift von bestenfalls randlicher Bedeutung doch noch unterbringen (Lindzen & Choi 2011). Das Ärgerliche daran ist, dass diese Arbeit trotz ihrer massiven Mängel ohne Berücksichtigung der leicht auffindbaren Kritikpunkte als Beleg für eine „wissenschaftlich erwiesene“ niedrige Klimasensitivität herhalten muss (z. B. Watts 2011).

Das Begutachtungssystem kann also durchaus auch versagen. Ein weiteres Beispiel werden wir in Kap. 5.4.7 ansprechen. Ein weiterer, besonders gut dokumentierter, aber etwas anders gelagerter Fall aus dem Gebiet der Klimaforschung ist Florides et al. (2013), eine Arbeit, die nach der Veröffentlichung Kritik erfuhr, wobei neben Plagiaten massive fachliche Mängel aufgedeckt wurden (Jokimäki 2017a). Nach langer Diskussion mit Verlag und Herausgeber der Zeitschrift (Jokimäki 2017b) wurde der Artikel dann gegen den Protest der ursprünglichen Autoren (Florides et al. 2018) seitens des Verlags zurückgezogen (Foley 2018). In diesem Fall hat die wissenschaftliche Methode zwar letztlich funktioniert. Für fachlich Außenstehende ist allerdings die lange Dauer ein Problem: Für fünf Jahre galt der kritisierte Aufsatz schließlich als fachlich begutachtete und abgesegnete, wissenschaftlich fundierte Arbeit, ohne dass man bei fehlendem fachlichem Hintergrund die Mängel erkennen konnte. Leider muss man daraus die Lehre ziehen, dass auch in seriösen

Zeitschriften nicht allem blind vertraut werden darf. Hier hilft Scholar (s. Kap. 1.2.3) etwas weiter, da man sieht, wie viele Autoren sich später auf den entsprechenden Text berufen bzw. sich kritisch mit ihm auseinandergesetzt haben. Ein ähnlicher Fall ist eine Publikation von Spencer & Braswell (2011), die trotz (oder wegen?) wissenschaftlicher Unzulänglichkeiten weite Verbreitung in Presse und Blogosphäre gefunden hat und nach deren Veröffentlichung sogar der Chef-Herausgeber des Journals zurücktrat (Wagner 2011).

Cook et al. (2013) haben als Erste eine umfassende Auswertung der wissenschaftlichen klimatologischen Literatur unternommen und kamen zu dem Ergebnis, dass 97 % derjenigen Arbeiten, die sich überhaupt dazu äußern, ob die Erwärmung menschengemacht ist, diese Frage mit Ja beantworten. Aber wie sind dann die 3 % der Arbeiten zu bewerten, die zu gegenteiligen Schlussfolgerungen kommen? Könnte es sein, dass die Autoren von Studien, die darauf hinweisen, dass der Klimawandel nicht real, schädlich oder vom Menschen verursacht sei, mutig für die Wahrheit eintreten, so wie Skeptiker der Vergangenheit? Oft wird dabei Galileo Galilei zitiert, obwohl die Wissenschaftler seiner Zeit Galileos Folgerungen sehr wohl mehrheitlich teilten – unterdrückt wurden sie von Kirchenführern.

Benestad et al. (2016) analysieren 38 der Arbeiten, die in seriösen Fachzeitschriften veröffentlicht sind und die Anthropogene Globale Erwärmung abstreiten. Alle weisen eindeutige und gravierende Fehler auf – in den Annahmen, den Methoden und/oder der Interpretation. Die hauptsächlichen Kritikpunkte sind: Viele Arbeiten haben gezielt diejenigen Quellen herausgesucht („rosinengepickt"), die ihre Schlussfolgerung unterstützen, während sie andere ignorieren. Dann gibt es einige, die statistische Methoden fehlerhaft einsetzen, insbesondere Kurven so lange glätten, bis sie passen („was nicht passt, wird passend gemacht" – ein Vorwurf, der auch der ernsthaften Klimaforschung gemacht wird; vgl. Kap. 4.3.1). Einige ignorieren die Gesetzmäßigkeiten der Physik einfach völlig. „*In vielen Fällen sind die Unzulänglichkeiten auf eine unzureichende Modellbewertung zurückzuführen, was zu Ergebnissen führt, die nicht allgemeingültig sind, sondern eher ein Artefakt eines bestimmten Versuchsaufbaus*", schreiben die Autor*innen. Da die kritisierten Arbeiten ja publiziert wurden, trifft der Vorwurf, Minderheitenmeinungen zum Klimawandel würden unterdrückt, offensichtlich nicht zu. Aber es ist natürlich einfacher, von Unterdrückung zu sprechen, als das Fehlen wissenschaftlicher Belege für die eigene Ideologie zugeben zu müssen (Foley 2017). In der Tat wirft diese kritische Analyse allerdings die Frage auf, wie diese Artikel überhaupt veröffentlicht werden konnten, denn derart gravierende Fehler sollte ein rigoroser Review-Prozess durch Fachkundige eigentlich ausmerzen.

Dana Nuccitelli (2015), einer der Autoren der Studie, benennt darüber hinaus ein grundsätzliches Problem der untersuchten „alternativen" Erklärungsansätze, welches sich auch durch dieses Buch hindurchzieht: „*Es gibt keine zusammenhängende, konsistente alternative Theorie zur vom Menschen verursachten globalen Erwärmung. … Einige machen die Sonne für die globale Erwärmung verantwortlich, andere die Umlaufzyklen anderer Planeten, wieder andere die Ozeanzyklen und so weiter. Es gibt einen 97-prozentigen Expertenkonsens über eine in sich konsistente Theorie, die von den wissenschaftlichen Belegen überwältigend gestützt wird, aber die 2–3 % der Arbeiten, die diesen Konsens ablehnen, sind völlig unterschiedlich und widersprechen einander sogar gegenseitig. … Wäre einer der Querdenker ein moderner Galilei, würde er eine Theorie präsentieren, die von den wissenschaftlichen Belegen gestützt wird und nicht auf methodischen Fehlern beruht. … Eine solche solide Theorie würde die Experten überzeugen und ein neuer Konsens entstünde.*“ Behauptungen, dass die Welt *„sich abkühlt“*, koexistieren aber mit Behauptungen, dass die *„beobachtete Erwärmung natürlichen Ursprungs ist“* und dass *„der menschliche Einfluss keine Rolle spielt, weil die Erwärmung gut für uns ist“*. Die Kohärenz zwischen diesen sich gegenseitig widersprechenden Meinungen kann nur auf einer äußerst abstrakten Ebene erreicht werden, nämlich dass mit den wissenschaftlichen Beweisen *„etwas nicht stimmen muss“*, um eine politische Position gegen die Maßnahmen zum sog. Klimaschutz zu rechtfertigen (Lewandowsky et al. 2018). Am Ende bleibt wohl oft genau der falsche Eindruck, den diese pseudowissenschaftlichen Arbeiten erwecken wollen: nämlich dass die klimatologische Forschergemeinde immer noch in grundsätzlichen Dingen zerstritten sei (Rahmstorf 2004).

1.2.2 Predatory Publishing

Für den Begriff in der Überschrift gibt es keine wirklich gute deutsche Übersetzung, vielleicht könnte man „räuberisches Publizieren“ sagen. Dies wird von „Raubverlagen“ begangen, die „Raubzeitschriften“ (Raubjournale) herausbringen. Es handelt sich dabei um ein Geschäftsmodell, (scheinbar) wissenschaftliche Beiträge gegen Entgelt zu veröffentlichen. Die Regeln wissenschaftlichen Veröffentlichens werden dabei, wenn überhaupt, nur oberflächlich eingehalten. Diese Verlage nutzen eine ungute Entwicklung in der Wissenschaft, nämlich dass manche Gremien lediglich die Zahl, nicht aber die Qualität von Veröffentlichungslisten betrachtet, was dazu verführt, mehr Masse als Klasse zu produzieren. Aber diese Praktik öffnet auch abstrusen pseudowissenschaftlichen Ideen oder unwissenschaftlich politisch motivierten Veröffentlichungen die Türen, die dann als begutachtet getarnte wissenschaftlicher Aussagen daherkommen. Mit dieser letztgenannten Variante der „Wissenschaft" hatten wir für die Recherchen zu diesem Buch im Wesentlichen zu tun.

Für einige Zeit war ich (AK) selbst Mitherausgeber der bodenkundlichen Zeitschrift eines solchen Verlags. Stutzig machte mich damals schon meine eigene Veröffentlichung, denn da wurde unüblicherweise lediglich ein Gutachten verwendet – und dazu ausgerechnet des Gutachters, den ich selbst empfohlen hatte –, da ein anderes Vorgehen „zu lange gebraucht habe". In der Folgezeit wunderte ich mich, dass meine dortige Herausgebertätigkeit nicht mit Arbeit verbunden war – ganz im Gegensatz zu anderen wissenschaftlichen Zeitschriften, bei denen ich solche Funktionen innehatte. Ich kontaktierte dann andere Herausgeber, welche die gleiche Verwunderung zum Ausdruck brachten. Kontakte mit Autoren zeigten dann, dass Veröffentlichungen nur durch die Hände der Verlagsangestellten gingen – also ohne besonderen wissenschaftlichen Sachverstand – und dass zum Teil Veröffentlichungen ohne Begutachtung oder ohne Berücksichtigung der Gutachten durchgegangen waren und veröffentlicht wurden. Ich habe daraufhin die Herausgeberschaft niedergelegt. Erst dadurch lernte ich, was Raubverlage sind.

Eine unschätzbare Hilfe, Verdachtsfälle von Raubverlagen und -zeitschriften zu erkennen, ist „Beall's List", die ein international tätiger Bibliothekar bis 2017 zusammenstellte. Eine anonyme Gruppe führt die Liste seither weiter und aktualisiert sie ständig, sie ist mittlerweile erschreckend lang (Anonymus 2021).

Eine andere Möglichkeit bietet die deutsch- oder englischsprachige Wikipedia, wo man jeden etwas größeren Verlag finden kann. Falls ein Verdacht auf betrügerische oder wissenschaftsuntypische Praktiken besteht, findet sich meist eine ausführliche Erläuterung hierzu. Problematische Artikel zum Klimawandel fanden wir insbesondere in Zeitschriften folgender Verlage: SCIRP, MDPI, Science Publishing Group und Omics Publishing Group. Die Zeitschrift „Energy & Environment" bis zum Jahr 2017 ist ein Sonderfall (vgl. Barley 2011), denn der Verlag SAGE Publishing ist eigentlich seriös, die Zeitschrift wurde jedoch bis 2017 von einer voreingenommenen Herausgeberin geleitet, die unseriöse Beiträge mit Fehlinformationen zum Thema Klimawandel an gleichermaßen einseitige Gutachter*innen vergab und unreflektiert in das Journal übernahm. Ein ähnlicher Fall war „Pattern Recognition in Physics" im hochangesehenen Copernicus Verlag: von einem Mitarbeiter des algerischen Petroleum-Instituts und Nils-Axel Mörner (vgl. Kap. 6.3) 2013 gegründet und 2014 vom Verlag eingestellt.

Eine Besonderheit sind Portale wie www.researchgate.net oder web.arXiv.org. Dort finden sich teilweise hochwertige Artikel, die bei begutachteten Journals angenommen oder bereits publiziert sind und auf diesen Plattformen der breiten Fach-Öffentlichkeit verfügbar gemacht werden sollen. Da diese Plattformen aber auch das Hochladen von Artikeln ohne Begutachtung ermöglichen, gibt es in großer Zahl „schwarzer Schafe" wie z. B. Kauppinen & Malmi (2019): Dabei handelt es sich um eine Arbeit, deren Autoren sich bei den Quellenangaben hauptsächlich auf eigene, teils unveröffentlichte Vorarbeiten beziehen, die also schon aus solch formalen Gründen *„nicht einmal als Bachelorarbeit akzeptabel"* gewesen wäre (Victor Venema, zitiert nach Johnson 2019; vgl. zur inhaltlichen Kritik – neben Johnson 2019 – auch den dpa-Faktencheck 2020).

1.2.3 Wissenschaftliche Suchmaschinen und das umgekehrte Schneeballsystem

Die in der Wissenschaft vorwiegend benutzten Datenbanken der wissenschaftlichen Literatur stecken leider hinter Bezahlschranken. Sollten Sie Zugang zu einer Universitätsbibliothek haben, dann ist in der Regel eine davon, das ISI Web of Science oder Elsevier Scopus, freigeschaltet. Jedermann steht aber eine freie Plattform für die Suche nach wissenschaftlichen Quellen offen: Scholar (scholar.google.com). Diese ist nicht perfekt, da sie manches findet, was man nicht ernsthaft zu den wissenschaftlichen Quellen zählen würde (so auch einen großen Teil der Quellen aus Raubjournalen, die wir hier äußerst kritisch kommentieren – diese werden in professionellen Datenbanken aussortiert), aber mit etwas kritischem Blick und den Erkenntnissen aus den vorherigen beiden Kapiteln kann man gut damit arbeiten. Die kommerziell betriebenen Plattformen sind trennschärfer, aber eben kostenpflichtig.

Eine der vielleicht wichtigsten Funktionen der Plattformen beherrscht auch Google: Wir nennen es „umgekehrtes Schneeballsystem" (Reverse Snowball). Das klassische Schneeballsystem zum Auffinden von Quellen funktioniert so: Man findet eine erste, möglichst die aktuellste Quelle und sucht alles vermutlich Relevante heraus, was in deren Literaturverzeichnis aufgeführt wird. Das Verfahren arbeitet sich also in die Vergangenheit vor, da die gefundene Einstiegsveröffentlichung ja nur ältere Quellen kennen und wiedergeben konnte. Moderne Literaturdatenbanken wie eben auch Scholar fügen aber nun links unten hinter jedem Treffer einen Link *„Zitiert von"* oder *„cited by"* an. Klickt man darauf, so findet man alle späteren Veröffentlichungen, die auf den zuerst gefundenen Treffer verweisen. Man kann damit also in die Zukunft der Fundstelle sehen – also welche spätere Veröffentlichung die gefundene für wichtig gehalten (oder auch widerlegt!) hat. ☆ 99 Zitiert von: 84

1.2.4 Internetquellen

Wenn Rahmstorf (2012b) den geringen Kenntnisstand weiter Teile der Öffentlichkeit über den Klimawandel auf ein Versagen des Journalismus zurückführt, irrt er vermutlich in seiner Einschätzung darüber, wo sich die Menschen heutzutage hauptsächlich informieren – nämlich im Internet, also – einer Zone, in der es beinahe keinerlei Kontrolle über Inhalte und relativ wenig seriösen Journalismus gibt. Und somit wird die Qualitätsabschätzung noch viel komplizierter, denn für einen Laien (und dazu zählen auch alle Fachleute, die nicht zu dem jeweiligen Thema selbst forschen oder lehren) ist es nicht einfach zu durchschauen, welche Quelle seriös ist und welche anderen Interessen dient. Besonders vorsichtig sollte man übrigens bei Blogs und anderen Quellen sein, bei denen keinerlei Qualitätskontrolle greift. Da auch Studierende, wie auch wir selbst, zur Informationsgewinnung erst einmal auf das Internet zurückgreifen, stellten wir für die universitäre Lehre einige Kriterien zur Abschätzung der Qualität von Internetquellen auf:

- Sind Autor*innen identifizierbar und verstehen sie etwas von dem Fach, für das sie Expertise zu besitzen vorgeben? – Lebensläufe googeln bzw. einschlägige wissenschaftliche Expertise über Google Scholar prüfen.

- Ist die Institution seriös, auf deren Seiten die Information auftaucht? Universitätsseiten (*.edu, tu-/uni-stadt.de) oder Behörden (*.org) sind oft recht zuverlässig, aber auch da gibt es gelegentlich Ausreißer.
- Gibt es ein Impressum, einen Ansprechpartner, eine Erklärung der Absichten der Seite/Institution?
- Wer verlinkt auf die Seite? Der Google-Suchoperator *„related:“* funktioniert leider nicht mehr sehr zuverlässig, aber versuchen kann man es dennoch: „related:domain“ findet Seiten, die auf die angegebene Domain verlinken. Dies kann natürlich mit Suchbegriffen und anderen Operatoren wie üblich gekoppelt werden. Sucht man Links zu einer ganz bestimmten Seite, hilft es, deren Titel oder Teile der URL in Anführungszeichen einzugeben. Innerhalb einer Domain sucht man mit „site:domain“.
- Handelt es sich um ein Online-Journal oder die Online-Version einer Druckzeitschrift? Dann greifen die Qualitätskriterien der Kap. 1.2.1 und 1.2.2.
- Ist ein Datum ersichtlich?
- Sind die Quellen der Informationen dokumentiert? Ein Beitrag ohne Quellenangaben ist mit größter Skepsis zu lesen. Falls Quellen benannt sind, kann man diese prüfen, da ziemlich oft nachlässig oder absichtlich fehlerhaft zitiert wird. Allzu oft findet man Aussagen im Internet zitiert, die sich in der angeführten Quelle gar nicht finden lassen (vgl. ein Beispiel für ein solches falsches Zitat in Kap. 5.4.7).
- Nicht umsonst werden Internetzitate immer von einer Angabe des letzten Zugriffs begleitet, was an der Flüchtigkeit des Internets liegt: Viele Quellen ändern im Lauf der Zeit die Inhalte, auch auf sehr gut gepflegten Seiten wie z. B. Wikipedia kommt es bei bestimmten, politisch brisanten Themen zu „Edit

Wars“, wo Administrator*innen aus unterschiedlichen Lagern wiederholt gegenseitig ihre Texte überarbeiten. Was aber viele nicht wissen: Auf Wikipedia gibt es die Möglichkeit, alle Überarbeitungen nachzuverfolgen. Der Zugang zu dieser Funktion erfolgt über den Reiter „Versionsgeschichte“.

Für die Lehre haben wir folgende (unvollständige) Rangfolge der Internetquellen aufgestellt:

- Elektronische Version eines Artikels einer wissenschaftlichen Zeitschrift, die einen Journal Impact Factor des Science Citation Index (für Naturwissenschaften) nachweist. Dieser Index findet sich in einer Datenbank von Clarivate Analytics, auch als Web of Science bekannt. Jedes dort gelistete Journal weist diesen Faktor, der ein Maß für die Häufigkeit ist, mit der Artikel dieser Zeitschrift zitiert werden, auf seiner Homepage aus. Falls die Zeitschrift nicht im Index verzeichnet ist, muss zunächst ausgeschlossen werden, dass es sich um ein Raubjournal handelt (Kap. 1.2.2).
- Vorabversion eines Zeitschriften-Beitrags in einer der eben definierten Zeitschriften (z. B. Preprint)
- Habilitationsarbeit, Doktorarbeit
- Forschungsbericht
- Kursunterlagen für Lehrveranstaltung
- Studentische Abschluss- oder Seminararbeit
- Fachforumsbeitrag
- Sonstige Ressource (z. B. Blog, YouTube), wobei hier je nach Kompetenz und Absicht die qualitativen Unterschiede extrem sein können – von fachlich hochgradig korrekt bis zu manipulativen Beiträgen (vgl. Kap. 3.3).

Da dies die Entscheidung immer noch nicht ganz einfach macht, seien hier unsere Kriterien für die Wissenschaftlichkeit eines Textes aufgeführt:

- Der Stil wissenschaftlicher Texte (WT) ist i. d. R. fachspezifisch, kann also nicht unabhängig vom jeweiligen Fach eindeutig definiert werden; unterscheiden sich jedoch WT zum gleichen Thema deutlich im Stil, ist Vorsicht angebracht. WT sind meist für Laien schwere Kost, da sie üblicherweise eine spezifische Fachsprache und -terminologie benutzen.
- WT enthalten eine nachvollziehbare, logische Gedankenfolge, meist relativ kurze, klare Sätze. Der Hauptsatz ist wichtiger als der Nebensatz.
- WT pflegen eine nüchterne, unemotionale Ausdrucksweise (aber nicht unbedingt nur Substantive und Passiv!) und sind nicht im Erzählstil gehalten.
- Das vielleicht im Kontext dieses Buchs wichtigste Merkmal eines WT ist das Fehlen subjektiver Färbungen und persönlicher Angriffe. Dies ist meist ein K.-o.-Kriterium.
- In der Regel haben WT keine
  - Füllwörter (nun, jetzt, noch ...),
  - Totschläger (natürlich, selbstverständlich ...), wenn nicht durch Argumente gestützt,
  - inhaltslose Floskeln,
  - Übertreibungen (enorm, erheblich, signifikant[4], immer, alle, einzig..., optimal[st]),
  - Angstwörter (irgendwie, wohl, [zum Teil]),
  - Unschärfen (hoch, groß, viel) statt konkreter Angaben.

[4] In der Wissenschaft sollte der Begriff „signifikant" auf statistische Zusammenhänge beschränkt werden.

Wir hoffen, wir konnten damit eine kleine Gebrauchsanleitung für den Dschungel Internet an die Hand geben.

1.2.5 Wie steht es mit Autoritäten?

Zum einen werden Fachkundige immer wieder falsch zitiert, indem Aussagen aus dem Zusammenhang gerissen, ihnen in den Mund gelegt oder so zusammengeschnitten werden, dass ein völlig falscher Eindruck erweckt wird (AK hat einmal über Erdbeben der geologischen Vergangenheit, die sich ca. alle 10.000 Jahre ereignen, geforscht – im Radiobericht war das so montiert, dass die dort gelegene Stadt in den nächsten Jahren ein Beben zu erwarten hätte ...); wenn man dementiert, ist das dann bestenfalls noch eine kleine Randnotiz wert.

In den Medien kommen immer wieder aktive Wissenschaftler*innen zu Wort und versuchen die Welt zu erklären. Meist gelingt dies sachlich korrekt, aber es gibt auch Ausnahmen. Manche Person schmückt sich mit einem Titel und macht Aussagen zu Themen, zu denen sie selbst gar nicht geforscht und/oder gelehrt hat. Manchmal werden solche Autoritäten eingeladen, weil jemand für eine Gegenposition gesucht wurde, aber niemand mit echter Erfahrung auf dem jeweiligen Gebiet hierzu bereit war (z. B. weil eine Gegenposition nicht wissenschaftlich begründbar ist). Oder die Person ist formal kompetent und fachlich ausgewiesen, vertritt aber lobbyistisch bestimmte politische oder wirtschaftliche Interessen (vgl. Kap. 3, insbesondere 3.2). Über die meisten in Lehre und Forschung tätigen Personen findet man Lebensläufe im Internet, im Idealfall sogar einen Wikipedia-Eintrag, bei dem meist auch eventuelle kritische Aspekte angesprochen werden.

Normalerweise sollte man sich ohne Ansehen der Person mit den dargestellten Fachinhalten auseinandersetzen; gerade als Laie ist man aber oft gezwungen, sich indirekt ein Bild zu verschaffen, indem man die einschlägigen Kompetenzen der betreffenden Person recherchiert, auch wenn daraus *Ad personam*-Argumente hervorgehen. Wie so etwas ablaufen kann, sei im Folgenden am Beispiel des Vortrags über den Klimawandel eines Professors bei der WerteUnion Unterfranken mit dem Titel *„Das Klima ändert sich unabhängig vom* CO_2*"* (Bennert 2019) leicht verkürzt nach Kleber (2019b) wiedergegeben: *„Ich versuche jetzt also mal, mich dem Thema so zu nähern, wie ich mich einem fremden Sachgebiet nähern würde. Auf meinem Fachgebiet wäre mir die Vita einer Person völlig gleichgültig, da ginge es mir nur um die Argumente. Aber so war das für mich auch mal ganz spannend … Einen Wikipedia-Eintrag über Prof. Wulf Bennert gibt es leider nicht, aber man findet per Google leicht seinen Lebenslauf. Demnach hat er Geophysik und Physik studiert. Die universitäre Ausbildung in der DDR war sicher nicht schlecht, da kann man also schon mal nicht mäkeln. Unsere Kanzlerin, die an einer Nachbaruniversität ebenfalls Physik studiert hat, benötigt dennoch in Fragen des anthropogenen Klimawandels externe Berater, da müsste Prof. Bennert also noch einiges an Zusatzqualifikation nach seinem Studium erworben haben, um selbst zu seinen Aussagen zu kommen. Er war am Institut für Physik der Hochschule für Architektur und Bauwesen in Weimar tätig … Noch vor der Wende hat er ein Buch über Windenergie verfasst, Ausführungen über regenerative Energien dürften also fachlich fundiert sein. Bis 2007 war er geschäftsführender Gesellschafter seines Unternehmens für Bauwerkssicherung und Restaurierung. Auf diesem Gebiet ist er im gesamten deutschen Sprachraum hervorragend ausgewiesen.*

Bis 2013 war er Vorstand einer Stiftung zur Gestaltung des demographischen Wandels, danach Vorstandsvorsitzender des Denkmalverbundes Thüringen e. V. und seit 2014 ist er freiberuflich tätig. Als Lehrgebiete findet man: Bauwerkssicherung und Bauwerksdiagnostik, Immobilienbewertung. Auf welchen Gebieten die beiden Doktortitel erworben wurden und bis wann, wo und auf welchem Fachgebiet Herr Brennert eine Professorentätigkeit (berufen, Honorarprofessur, außerplanmäßige Professur – da gibt es ganz schöne Unterschiede) ausgeübt hat, konnte ich … nicht herausfinden. … Da ich bisher keine besonderen Kompetenzen auf dem Gebiet der Klimatologie oder irgendeinem ihrer Nachbargebiete entdecken konnte, habe ich Google Scholar bemüht … Hier finde ich das Buch über Windenergie, zwei Aufsätze über Immobilienbewertung im demographischen Wandel sowie zwei physikalische Titel aus der Zeit um 1970. Das war's. Also keinerlei Beleg für irgendeine einschlägige Fachkompetenz über ein Studium in den 50er oder 60er Jahren hinaus, also zu Zeiten, in denen anthropogene Klimabeeinflussung im Wesentlichen erst der Ölindustrie als Problem bewusst war. Man findet im Internet ein populärwissenschaftliches Buch, bei dem unsere Zielperson Ko-Autor ist. Im Vorwort steht schon ein KO-Kriterium [über die Autoren] *…: ‚Sie sind keine Klimatologen, verfügen aber über umfangreiche Erfahrungen in interdisziplinärer Arbeit.' Als würde Letzteres schon genügen, ein komplexes, hochspezialisiertes System besser zu verstehen als die Personen, die sich z. T. über Jahrzehnte, z. T. in großen, interdisziplinär zusammengesetzten Teams mit dem Thema auseinandersetzen. Das war eine Vorgehensweise, die jeder Laie ebenso durchführen können müsste. Mir persönlich missbehagt es zugegebenermaßen, so mal im Leben einer Person herumzuschnüffeln, aber wenn man sich mit grundfalschen Äußerungen in die Öffentlichkeit wagt, muss man mit sowas eben rechnen."*

1.2.6 Und hier im Buch?

Falls Sie schon etwas in diesem Buch gestöbert haben, dann fragen sie sich vielleicht, warum wir die strengen Regeln, die wir für die Qualität von wissenschaftlichen Veröffentlichungen aufgestellt haben, an vielen Stellen selbst nicht einhalten, wenn wir die Widerlegungen von Thesen der Opponenten der Anthropogenen Globalen Erwärmung mit Quellen unterlegen; warum auch wir also immer wieder aus Blogs und Internetquellen, sogar aus Twitter und YouTube zitieren (müssen). Der Grund ist einfach: Viele kritische Argumente zum Klimawandel sind derart hanebüchen, dass sich ernsthafte Wissenschaft damit nicht auseinandersetzt. Keine seriöse Zeitschrift würde vermutlich eine Veröffentlichung akzeptieren, in der eine für jede fachlich gebildete Person offensichtliche Falschbehauptung widerlegt wird. Die Szene der Wissenschaftsverweigerung richtet sich fast ausschließlich an Laien – wohlwissend, dass man derartige Ideen in der Fachwelt nicht verteidigen könnte. Das hat nichts mit Verschwörungen gegen Kritiker zu tun (ernsthafte, sachlich begründete Skepsis wird ja sehr wohl publiziert, vgl. Kap. 1.1.2), sondern einfach damit, dass die Argumente in solchen Fällen eben gerade nicht ernsthaft und sachlich begründet sind. Wir versuchen in unserem Buch *alle* Quellen inhaltlich zu prüfen und tun unser Bestes, trotz des Verstoßes gegen die Grundregeln wissenschaftlichen Zitierens, nur fachlich fundierte Quellen zu berücksichtigen. Darüber hinaus zitieren wir gerne relativ leicht, gemeinverständlich lesbare Zusammenfassungen der wissenschaftlichen Literatur, die ihrerseits aber möglichst auf einschlägige Originalquellen verlinken, sodass die geneigte Leserschaft beliebig weiter in die Tiefen der wissenschaftlichen Aufarbeitung eintauchen kann. Und es war darüber hinaus unser Anliegen, so wenig Quellen wie möglich aufzunehmen, die hinter einer Bezahlschranke stecken, bei denen man also für den Zugang bezahlen müsste, wenn man keinen Zugriff auf eine Universitätsbibliothek hat.

1.2.7 Das Dilemma der medialen Auseinandersetzung

Brandolinis Gesetz bezeichnet die Tatsache, dass der Aufwand zur Widerlegung von Blödsinn, „alternativen Fakten" und Fake News um ein Vielfaches höher ist als der Aufwand, den Blödsinn zu behaupten. Das wird besonders problematisch, wenn z. B. in einer Podiumsdiskussion oder einer Fernseh-Talkshow beiden Seiten die gleiche Redezeit eingeräumt wird. Dies ist ein wesentlicher Schwachpunkt des Ansatzes, dass in einer politischen Auseinandersetzung immer beiden Seiten gleich viel Zeit einzuräumen ist: Gegen Blödsinn oder Fake versagt dieses Rezept, insbesondere gegen einen „Gish-Galopp" (Kap. 1.2.9). Die Folge ist leider oft, dass dann beide Seiten zu Übertreibungen und unzulässigen Vereinfachungen neigen.

Wir versuchen, Ihnen Rüstzeug für eine derartige Auseinandersetzung an die Hand zu geben. Die meisten Erwiderungen werden in drei Stufen gegeben: eine mit einem Satz, wenn man wenig Zeit zur Auseinandersetzung hat, eine in wenigen Sätzen und eine dritte mit einer mehr oder weniger ausführlichen, auf Literaturquellen gestützten Diskussion.

1.2.8 Fehlschlüsse

Fehlerhafte fachliche Aussagen können meist auf zwei grundsätzliche Ursachenkomplexe zurückgeführt werden: Fehlschlüsse (synonym Denkfehler) und/oder manipulative

Techniken (siehe nächstes Kapitel). Ersteres ist den Personen meist nicht bewusst, Letzteres i. d. R. Absicht. Die Grenze dazwischen ist allerdings fließend, da Denkfehler auch bewusst in der Hoffnung, die Hörerschaft werde es schon nicht bemerken, manipulativ eingesetzt werden können; in einem Übereifer des Recht-haben-Wollens kann andererseits jemand unabsichtlich auch manipulative rhetorische Methoden einsetzen. Fehlschlüsse und Manipulationsversuche können übrigens auf allen Seiten einer Debatte auftreten.

Sowohl Denkfehler als auch Manipulationsversuche können gekontert werden, indem man sie erst einmal ungefähr folgendermaßen klar benennt: *„Dies war ein Manipulationsversuch vom Typ …, mit dem man versucht, die Meinung mittels … zu beeinflussen.“* Insbesondere Denkfehler sind oft bereits durch Benennen und eine kurze Begründung widerlegt.

Trugschlüsse in ihren verschiedenen Formen spielen eine wichtige Rolle dabei, wie Menschen denken und wie sie miteinander kommunizieren; daher ist es wichtig, sie zu verstehen. Die folgenden Ausführungen dienen als einführender Leitfaden zu logischen Fehlschlüssen, der Ihnen helfen soll zu verstehen, was logische Fehlschlüsse sind, welche Arten im Kontext Klimawandel häufig auftreten und wie versucht werden kann, Sie zu manipulieren – und was Sie tun können, um ihnen erfolgreich zu begegnen.

- Scheinkausalität, einer der häufigsten Denkfehler überhaupt, tritt in drei Formen auf:
  - als Scheinkorrelation, d. h. daraus, dass zwei Größen (z. B. Messwertreihen) eine statistische Korrelation[5]

[5] Das kann durchaus auch ein signifikanter Zusammenhang sein, also einer mit einer hohen Wahrscheinlichkeit. Es gibt aber grundsätzlich keine absolute Sicherheit.

aufweisen, zu schließen, dass eine Größe die Ursache der anderen sei. Möglich wäre ja auch, dass beide Größen eine gemeinsame Ursache haben, die noch unbekannt ist oder übersehen wurde. Ferner gibt zufällige Korrelationen, die in Wirklichkeit keinerlei Beziehung zueinander haben: So korreliert beispielsweise die Zahl der Filme mit Nicholas Cage mit der Zahl in einem Swimming Pool Ertrunkener, die Scheidungsrate in Maine mit dem Pro-Kopf-Verbrauch von Margarine. Weitere, ähnlich verrückte Scheinkorrelationen finden sich bei Vigen (2015).
- als Vorher-Nachher-Fehlschluss, d. h. aus der Tatsache, dass das Ereignis B direkt nach A auftrat, zu schließen, dass A die Ursache von B sei. Auch hier sind eine gemeinsame Ursache oder Zufall die möglichen alternativen Erklärungen.
- als Fehlschluss der Nähe, d. h. aus dem Umstand, dass zwei Phänomene am gleichen Ort auftreten, auf einen ursächlichen Zusammenhang zu schließen.

Aus statistischen, räumlichen oder zeitlichen Beziehungen darf man also nicht unbedingt auf einen ursächlichen Zusammenhang schließen. Eher ist es umgekehrt: Das Fehlen solcher Beziehungen kann einen Hinweis (immer noch keinen Beweis!) liefern, dass zwischen zwei Größen oder Ereignissen keine ursächliche Beziehung besteht. Als stützendes Indiz (gleichfalls nicht als Beweis!) kann eine Korrelation nur dann dienen, wenn ein Kausalzusammenhang *vorher* durch eine wissenschaftlich begründete Hypothese vermutet wurde. Manchmal geht man davon aus, dass zwischen mehreren Datensätzen Zusammenhänge bestehen müssten (im Sinne einer begründeten Hypothese), und versucht durch Korrelationsanalysen herauszufinden, welche dieser Datensätze dies konkret betrifft. Aber auch dadurch werden lediglich Hinweise gefunden, niemals Beweise.

- Beim Zirkelschluss ist die Voraussetzung des zu Beweisenden bereits in der Beweisführung enthalten. Es wird behauptet, eine Aussage zu beweisen, indem die Aussage selbst als Voraussetzung verwendet wird. Ein bekanntes Beispiel ist es, die Autorität der Bibel durch ein Bibelzitat zu begründen, denn *„alle Schrift ist von Gott eingegeben"* (2. Timotheus-Brief). Häufig wird der Zirkelschluss verschleiert, indem die Voraussetzung zwar inhaltlich identisch mit der Schlussfolgerung ist, dies aber durch unterschiedliche Formulierungen kaschiert wird (oft ist eine davon so verschwurbelt ausgedrückt, dass man sie kaum verstehen kann, aber ehrfürchtig vor so viel Fachterminologie erstarrt).
- Fehlerhafter Umkehrschluss. Zwei Aussagen werden unzulässig miteinander verknüpft: Wenn es regnet, ist es auch bewölkt. – Der Himmel ist bewölkt, also regnet es.
- Fehlerhafte Prämisse. Der Meteorologe sagt, es regnet heute. Der Meteorologe hat immer recht. Also regnet es heute. Hier stimmt eine der Prämissen nicht, denn kaum ein Mensch – nicht einmal ein Meteorologe – hat immer recht. Zwei Grundannahmen erlauben eine Schlussfolgerung. Daraus, dass diese vielleicht logisch gültig ist, folgt noch nicht zwingend, dass sie auch wahr ist.
- Monokausalität. Dabei geht man davon aus, dass eine bestimmte Wirkung immer die gleiche Ursache haben muss. In der Klima-Diskussion ist das beispielsweise das Argument: „Die moderne Klimaforschung sieht die steigende CO_2-Menge als dominante Ursache des aktuellen Klimawandels an." Wenn nun belegt werden

kann, dass sich in der geologischen Vergangenheit CO_2 und Klimaänderungen unabhängig voneinander oder mit einer anderen zeitlichen Abfolge verhalten haben (vgl. Kap. 5.4.1), habe ich bewiesen, dass CO_2 nicht für den Klimawandel verantwortlich ist. Dieser Denkfehler ist meist gleichzeitig ein Pappkameraden-Argument (s. u.), da der Gegenseite eine einseitige Sicht auf die Dinge unterstellt wird, die dann leicht widerlegt werden kann. Ein schönes Beispiel, welches das Grundprinzip dieses Denkfehlers offensichtlich macht, ist: „Schon bevor Tabak nach Europa importiert wurde, hatten Menschen Lungenkrebs. Folglich kann diese Krankheit nicht vom Rauchen kommen."

- Beim falschen Dilemma wird eine begrenzte Anzahl von Optionen fälschlicherweise so dargestellt, als würden sie sich gegenseitig ausschließen oder als wären sie die einzigen möglichen Optionen, obwohl dies nicht der Fall ist. Ein falsches Dilemma tritt zum Beispiel auf, wenn jemand sagt, dass wir zwischen den Optionen X oder Y wählen müssten, ohne zu erwähnen, dass es auch die Möglichkeit Z gäbe.
- Beim Spielerfehlschluss geht man davon aus, dass ein Ereignis, weil es schon lange nicht mehr eingetreten ist, nun zeitnah eintreten müsse. Von diesem Fehlschluss leben Spielbanken (daher der Name).
- Ockhams Rasiermesser wird oft dahingehend interpretiert, dass von mehreren Erklärungen immer die einfachste auch die wahrscheinlichste ist. So formuliert ist das aber schon ein Denkfehler, denn die einfachste Erklärung ist nur dann die wahrscheinlichste, wenn sie auch möglich ist, d. h. nicht nur, wenn diese Erklärung möglichst wenige Variablen und Hypothesen enthält, sondern diese müssen zudem in einer logischen, physikalisch plausiblen Beziehung zueinander stehen,

woraus der zu erklärende Sachverhalt tatsächlich folgen kann. Also ist nicht jede beliebige, einfachere alternative Erklärung die wahrscheinlichste, sondern nur eine in sich plausible.

Bezogen auf den Klimawandel: Es wäre am einfachsten, dem CO_2 in der Atmosphäre lediglich diejenige Wirkung auf die globale Temperatur zuzubilligen, die auf die Moleküle isoliert betrachtet zurückgeht. Da aber die gemessene Energie nicht ausreicht, die beobachteten Temperaturänderungen zu erklären, ist diese Erklärung allein nicht wissenschaftlich plausibel. Wechselwirkungen mit anderen Elementen des Klimasystems müssen also ebenfalls berücksichtigt werden (vgl. Kap. 5.4.2) – und diese Erklärung ist leider um ein Vielfaches komplizierter als die erste, für deren Berechnung ein einfacher logarithmischer Taschenrechner ausreichen würde.

- Das Präventionsparadox ist der Fehlschluss, dass eine Vorhersage falsch war, wenn ein Ereignis nicht eintrat, weil vorbeugende Maßnahmen getroffen wurden. Gerne wird die Diskussion über das Waldsterben in den 1980er-Jahren als Beispiel angeführt – eine vorhergesagte Naturkatastrophe, die nicht eintraf. Dabei wird Folgendes vergessen: *„… zum Glück hat man damals gehandelt; rasch und europaweit. Die Massnahmen haben gegriffen, und unsere Luftqualität ist massiv besser geworden“* (Dettwiler 2019). Ein aktuelles Beispiel ist der Verlauf der ersten Welle der SARS-CoV-2-Pandemie in Deutschland: Aus der Tatsache, dass die Präventionsmaßnahmen relativ gut gewirkt haben, zu schließen, die Pandemie gäbe es gar nicht, ist ein grober Fehlschluss, wie Verläufe in anderen Ländern und während der folgenden Wellen in Deutschland deutlich machten.

Die bisherigen Fehlschlüsse waren Denkfehler, im wesentlichen Folgen fehlerhafter Logik. Die folgenden sind Fehlschlüsse, die aus der jeweiligen Persönlichkeit herrühren.

- Bestätigungsfehler entstehen dadurch, dass man bevorzugt Informationen so auswählt, ermittelt oder auslegt, dass sie den eigenen Erwartungen entsprechen, diese also bestätigen. Man denkt nur noch in einem sog. Frame, einem durch die eigenen Überzeugungen vorgegebenen Rahmen, den man auch als Scheuklappen bezeichnen könnte, da Argumente, die gegen die eigene vorgefasste Meinung sprechen, gar nicht mehr wahrgenommen werden. *„Die mangelnde Bereitschaft, empirische Belege zu berücksichtigen, die der eigenen, gewünschten Schlussfolgerung widersprechen, die sogen. Wissenschaftsverweigerung, ist ein enormes Hindernis für das Entstehen einer informierten Bürgerschaft“* (Darner 2019).

  Vermutlich ist übrigens niemand gegen diese Fehlleistung gefeit. Zum Beispiel kursierte kürzlich ein Bild mit Delphinen in venezianischen Kanälen. Das Bild war allerdings ganz woanders aufgenommen worden, wir haben es aber unreflektiert für bare Münze genommen, da es in unser Weltbild von einer Natur, die sich Räume zurückerobert, passte. Ein ähnlicher Fall war die Meldung einer Rekord-Sommertemperatur in der Antarktis (n-tv 2020), die sich als Zeitungsente entpuppte (Gastmann 2020).
- Die kognitive Dissonanz ist eine Variante des Bestätigungsfehlers, bei welcher die widersprüchliche Information zwar wahrgenommen wird, aber ein Missbehagen auslöst, welches der Mensch zu vermindern versucht. Dies kann durch Integration der Information in das bestehende Denkschema geschehen oder in dessen Verwerfung resultieren. Ein Fehlschluss wird

jedoch daraus, wenn die Reaktion eine Verdrängung der unbehaglichen Information ist.

- Beide zuletzt genannten Fehlschlüsse führen dazu, dass eine Person nur noch Informationen wahrnimmt, die ihrem vorgefassten Meinungsbild entsprechen, sie begibt sich in eine „Blase". Diese Tendenz wird in jüngerer Zeit enorm verstärkt durch die Lernfähigkeit von Nachrichten-Apps und ähnlichen Instrumenten, die einer Person zunehmend nur noch Nachrichten des Typs anbietet, die die Person bereits vorher mehrfach angeklickt hat. Ebenso wirkt sich aus, dass es soziale Medien, insbesondere Blogs[6] gibt, die nur noch eine Meinung vertreten und gelten lassen, zuwiderlaufende Kommentare kurzerhand löschen und so die Meinungen ihrer Klientel verstärken. Vom Problem der Blasenbildung sind wir alle betroffen, da niemand mehr die Flut an Information zu beinahe jedem Thema überblicken kann und wir deshalb auf eigene oder (z. B. durch Google) fremdbestimmte Selektion angewiesen sind.

Wir empfehlen, einer Person, die einen Fehlschluss begeht, nicht sofort Absicht zu unterstellen. Zum einen vermeidet man damit, allzu schnell selbst *ad personam* (s. u.) zu argumentieren, sondern kann bei der Sache bleiben. Zum anderen wirkt eine leicht gönnerhafte Antwort oft besser auf das Publikum als ein Angriff. Und Sie sollten sich sicher sein, dass tatsächlich ein Trugschluss vorliegt, denn nichts ist peinlicher, als nach einem solchen Vorwurf einen Rückzieher machen zu müssen. Manchmal ist es auch nicht leicht, Satire und Ironie von ernsthaften Beiträgen zu unterscheiden. Im Zweifelsfall fragen Sie

---

[6] Die Relevanz des Internets, insbesondere von Blogs, für die Meinungsbildung werden wir noch detaillierter in den Kap. 1.2.4 und 3.3 aufgreifen.

Ihr Gegenüber einfach und bitten um Klarstellung der betreffenden Aussagen. Im Übrigen muss auch eine aus einem Fehlschluss resultierende Schlussfolgerung nicht in jedem Fall tatsächlich falsch sein: Die Argumentationslinie *„Wenn es regnet, ist es bewölkt – der Himmel ist bewölkt, also regnet es“* enthält zwar einen fehlerhaften Umkehrschluss, was aber nicht ausschließt, dass es tatsächlich regnet.

Meist entspringen Fehlschlüsse der menschlichen Sehnsucht nach einfachen Lösungen, sie können aber selbstverständlich auch absichtlich gezogen sein (sog. Fangschlüsse) und gehören dann eigentlich zu den Manipulationstechniken.

1.2.9 Manipulationstechniken

Manipulationstechniken dienen dazu, mit rhetorischen Mitteln eine Auseinandersetzung zu gewinnen.

- Rosinenpicken oder der Trugschluss der unvollständigen Beweisführung ist eine der häufigsten Manipulationstechniken, bei der auf einzelne Fälle oder Daten verwiesen wird, die eine bestimmte Position zu bestätigen scheinen, während ein erheblicher Teil verwandter, ähnlicher Fälle oder Daten ignoriert wird, die dieser Position widersprechen könnten. Rosinenpickerei wird meist absichtlich in manipulativer Absicht eingesetzt, kann aber auch unabsichtlich, als Denkfehler, begangen werden. In der Regel wird dann der Einzelfall für eine unzulässige Verallgemeinerung missbraucht. Wir werden dieser Technik häufig begegnen, z. B. wenn aus der regionalen Klimaentwicklung in Westgrönland und Ähnlichem geschlossen wird, dass gar keine globale Erwärmung stattfände (Kap. 4.3.2).

In einem wissenschaftlichen Kontext ist eine besonders häufige Form des Rosinenpickens die selektive Auswahl der genutzten und zitierten Literatur. So findet man häufig, dass ein Beitrag in einem Raubjournal oder auf einer tendenziösen Webseite sich genau wieder lediglich auf Veröffentlichungen beim gleichen oder ähnlichen Raubverlagen bzw. in der Gesinnung verwandten Webseiten beruft. Ein Beispiel: „*Um seinen Argumenten einen Anschein von Seriosität zu verleihen, ist das Buch voller Literaturangaben. Aber deren Auswahl ist sehr selektiv. Plimer* [2009] *zitiert z. B. eine Arbeit, die sein Argument zu stützen scheint, erwähnt dann aber nicht, dass die darin enthaltenen Schlussfolgerungen in späteren Arbeiten vollständig widerlegt wurden. An anderer Stelle bezieht er sich auf eine bestimmte Frage, die in einer veröffentlichten Arbeit aufgeworfen wurde, erwähnt aber nicht, dass diese Frage später gelöst wurde, in spätere Analysen eingeflossen ist und nicht mehr relevant ist. Oder er zitiert die Arbeit einfach falsch oder reißt sie aus dem Zusammenhang*" (Kurt Lambeck im Interview bei Taylor 2009). Eine Sonderform des Rosinenpickens ist die Anekdote, bei der ein persönliches Erlebnis in den Vordergrund gestellt wird, welches dann aber nicht als Einzelfall, sondern als Regel dargestellt wird.

- Ein Gish-Galopp ist nach dem amerikanischen Kreationisten Duane Gish benannt, der in Debatten seine Gegenüber mit einer Flut aus Lügen, Halbwahrheiten, Anekdoten und schiefen, verdrehenden Darstellungen von Tatsachen sowie allen anderen Techniken dieses und des vorangegangenen Kapitels überschüttete, um es ihnen unmöglich zu machen, alle diese Pseudo-Argumente zu widerlegen. Triumphierend wird dann am Ende der Debatte auf die nicht widerlegten Punkte verwiesen, die müssten ja wohl richtig gewesen sein, da ihnen nicht widersprochen wurde.

Diese Form der Manipulation ist besonders dann in Diskussionsrunden sehr „hilfreich", wenn Rede und Gegenrede gleichermaßen zeitlich begrenzt sind.

Wir geben insbesondere hiergegen eine direkte Hilfestellung an die Hand, denn nach jedem Argument gegen die Anthropogene Globale Erwärmung, das wir zitieren, folgt als Erstes eine Erwiderung in einem, allenfalls zwei Sätzen, die ebenso wenig Zeit beansprucht wie das Vortragen des Arguments in einem Gish-Galopp. Um einen Gish-Galopp zu kontern, kann man aber auch anders vorgehen: Wichtig ist es, die Manipulationstechnik explizit zu benennen *(„Es ist nicht schwer, an einem Tag mehr Falschbehauptungen aufzustellen, als in einem Jahr widerlegt werden kann")*, damit dem Publikum verdeutlicht wird, was gerade vorgeht. Wir haben nach dieser konkreten Ansprache der Technik gute Erfahrungen gemacht, die Person, die diese Technik anwendet, zu bitten, ihre wichtigstes Argument (oder je nachdem, wie viel Zeit eben zur Verfügung steht, auch mehr als eines) zu benennen und dann mit einer thematischen oder punktuellen Widerlegung genau darauf zu antworten, anstatt auf jedes Argument einzeln einzugehen. In seltenen Fällen ist es auch möglich, durch die Widerlegung einiger weniger Schlüsselpunkte die gesamte Argumentationslinie auszuhebeln. Meist ist ein Gish-Galopp aber ein Sammelsurium von Stichpunkten ohne eine Argumentationslinie – das liegt in der Natur dieser Technik. Oder, insbesondere wenn sich das Gegenüber nicht darauf einlässt (z. B. mit dem Argument, alle Aussagen seien gleichbedeutend), bestimmt man selbst das wichtigste Argument, z. B. verbunden mit der Aussage, alle Argumente seien schwach und nur ein einziges lohne überhaupt die Auseinandersetzung. Denn wenn man das zentrale Argument widerlegt und zugleich betont, alle anderen wären noch leichter zu entkräften, verbleibt bei den Zuhörenden ein ganz anderer Eindruck, als wenn man nur einen Teil der Argumente adressiert und der Rest offenbleibt. Wenn man auf einen Gish-Galopp antwortet, kann es auch vorteilhaft sein, die Beweislast auf die Person zurückzuverlagern und sie zu bitten, einige der fehlerhaften Argumente zu rechtfertigen, anstatt sofort zu versuchen, selbst zu erklären, warum diese Argumente fehlerhaft sind: *„Sie haben eine Flut an unbewiesenen Behauptungen über uns ergossen. Können Sie die wichtigste davon, die Annahme von …, auch mit Fakten hinterlegen?"*

- Durch Ablenkungsmanöver („Red Herring") wird versucht, eine argumentative Schwäche zu tarnen, indem die Aufmerksamkeit vom eigentlichen Thema auf ein anderes, meist eher randliches Thema gelenkt wird:
  - Der Strohmann-Trugschluss, auch „Pappkamerad" genannt, ist eine Variante des Red-Herring-Scheinarguments, bei dem der Eindruck erweckt wird, ein gegnerisches Argument würde widerlegt, während tatsächlich ein Argument unterstellt und dann zurückgewiesen wird, das vom Gegenüber gar nicht vorgetragen wurde. Ein Beispiel haben wir oben bereits erwähnt (vgl. Monokausalität).
  - Eine Variante des „Pappkameraden" ist das Spiegelgefecht. Dies ist eine Täuschung durch vorgespielt sinnvolles oder bedeutsames Verhalten. Ein Beispiel liefert Gastmann (2020): *„Wir von economy4mankind laden die auf dieser Seite zitierten Vertreter der* CO_2*-Treibhaus-Theorie (z. B. Prof. Lesch, Prof. Quaschning) und deren Gegner (z. B. Prof. Mahlberg, Prof. Kirstein) zu direkten Gesprächen miteinander ein, die wir moderieren würden. Werden sie sich trauen? Bisher*

sind die Anhänger der CO_2*-Theorie allen direkten Diskussionen ausgewichen und sprechen ausschließlich untereinander über die* CO_2*-Skeptiker. Das würde niemand tun, der sich seiner Argumente sicher ist.“* Das wäre ein sinnvoller Vorschlag, wenn tatsächlich eine wissenschaftliche Auseinandersetzung angestrebt würde. Da eine solche aber nicht zu erwarten ist, würde eine solche Diskussion nur Unsinn zu einem diskussionswürdigen Thema aufwerten. Dass es sich um ein Spiegelgefecht handelt, ist aber auch aus der Auswahl der „aufgeforderten“ Personen zu erkennen: Harald Lesch ist ein Astrophysiker, der sich in das Thema Klimawandel eingelesen, auf diesem aber unseres Wissens nie geforscht oder gelehrt hat; Volker Quaschning ist Spezialist für regenerative Energiesysteme, auch er ist nicht auf dem Gebiet der Klimaforschung, sondern auf dem der Klimafolgenforschung ausgewiesen. Wir kommentieren bewusst die „einschlägige“ Kompetenz der vorgeschlagenen „Gegenspieler“ nicht (vgl. aber z. B. Kleber 2020m).
- Eine andere Form, die Aufmerksamkeit vom Kern der Debatte abzulenken, ist es, mit einem Witz, Spott oder Ironie die Sympathie des Publikums zu gewinnen, obwohl man zur Sache nur schwache Argumente hat. Einem Sympathieträger wird generell leichter geglaubt. Allgemein liegt die Manipulation darin, populistisch an die Gefühle des Publikums statt an seinen Verstand zu appellieren.

- *Ad personam*-Argumentation ist eine Form des Ablenkungsmanövers, die insbesondere im Internet unter dem Schutz der Anonymität besondere Blüten trägt: die Ablenkung von der Sache durch Angriffe auf die Person bis hin zu Hasstiraden durch Diffamierung oder durch Bezweifeln der Kompetenz.

Vielleicht würden die Autoren von *„Schlachtung des Himmelsdrachens"* (O'Sullivan et al. 2011) mehr Beachtung seitens der Wissenschaft finden, deren Ausbleiben sie beklagen, wenn sie auf das Beschimpfen der Gegnerseite als *„offensichtlich unwissenschaftlich"* oder *„akademische Eierköpfe"* verzichten könnten. Da sich unter den Autoren der einzelnen Buchkapitel nur ein einziger, selbsternannter (Farley 2012) Klimawissenschaftler findet – jetzt werden wir auch einmal etwas persönlicher ☺ –, der noch dazu schon einmal nur knapp um eine Verurteilung wegen Beleidigung herumgekommen ist, weil den Unsinn, den er schrieb, sowieso niemand ernst nehmen könne (vgl. Kap. 4.5.2; Dickson 2020), mag es natürlich auch noch andere Gründe geben, warum das Buch in Fachkreisen nicht ernst genommen wird.

- Eine Sonderform davon ist wiederum die Unterstellung einer tieferen, z. B. politischen Absicht hinter einem naturwissenschaftlichen Argument.[7] Diese Form kann recht subtil auftreten; als Beispiel seien Idso et al. (2016) zitiert: *„Modellierer ignorieren Einflussgrößen und Rückkopplungen, die ihrer Mission zuwiderlaufen, einen menschlichen Einfluss auf das Klima zu finden."* Hier wird mit einem einzigen Wort, „Mission", ein Motiv für das behauptete Ignorieren unterstellt, und damit letztlich Unwissenschaftlichkeit, denn Wissenschaft muss immer ergebnisoffen bleiben.
- Mikroaggression ist die Verletzung des Gegenübers durch mehrfache Beleidigungen oder sonstige Angriffe, die jeweils unter der Strafbarkeitsschwelle bleiben, in

[7] Vgl. speziell Kap. 4.5.4 sowie das gesamte Kap. 4.5 für Verschwörungserzählungen im Zusammenhang mit der Anthropogenen Globalen Erwärmung allgemein.

der Summe aber eine massive Verletzung darstellen. Berüchtigt sind rassistische Sticheleien im Deutschen Bundestag, die einzeln eine bestimmte Schwelle nicht überschreiten, in der Summe aber eine grundsätzliche Einstellung demonstrieren.

- Eine weitere Variante der *Ad personam*-Argumentation ist die „Hundepfeifen-Politik", wobei eine spezifische, codierte Ausdrucksweise je nach Publikum verschieden verstanden wird. So kann eine scheinbar unverfängliche Bemerkung eine völlig andere, beleidigende oder diskriminierende Bedeutung in der eigenen „In-Group" erlangen.
- Die nächste Variante ist der „Appell an den Stein", wenn eine Person die Argumente ihres Gegenübers als absurd abtut, ohne sie tatsächlich inhaltlich anzusprechen oder ausreichende Belege der Absurdität zu liefern.
- Umgekehrt kann auch der Verweis auf die eigene Autorität anstelle einer sachlichen Argumentation eingesetzt werden. Deshalb finden sich immer wieder auch Klimawissenschaftler*innen, die sachlich unhaltbare Behauptungen in der Öffentlichkeit vertreten. Sie versuchen kraft ihrer Autorität zu überzeugen, wenn sie etwas sachlich nicht rechtfertigen können (vgl. Kap. 1.2.5 und Kap. 3). In Kreisen des Kreationismus finden sich beispielsweise Personen mit einem Doktortitel z. B. in Geologie oder Paläontologie, die dann kraft ihrer fachlichen Autorität mit hanebüchenen Argumenten die etablierten Erkenntnisse der Physik und Geologie über das Alter der Erde zu entkräften (Kleber 2020g) oder bestimmte Sedimente der biblischen Sintflut zuzuordnen versuchen (Kleber 2020e).
- Bestätigungsfehler, sog. Frames, können assoziativ ausgelöst werden. Ein Argument steht dann meist ohne eine eigene Schlussfolgerung im Raum. Dabei wird

versucht, bei der Zuhörerschaft Bestätigungsfehler und kognitive Dissonanzen auszulösen. Ein immer wiederkehrendes Beispiel aus dem Bereich der Klimadiskussion ist die (triviale) Aussage, Klimaänderungen habe es ja schon immer gegeben. Dies soll die eigene Schlussfolgerung provozieren, Klimaänderungen hätten natürliche Ursachen, seien vom Menschen nicht beeinflussbar und deshalb auch nicht gesellschaftlichem Handeln zuzuschreiben (vgl. Kap. 5.1).

Je häufiger ein solcher Frame angesprochen wird, desto stärker wird er mit den gewünschten Assoziationen verbunden, bis er immer dann, sobald er benutzt wird, diese unbewusst aufruft: Allein durch die Begriffswahl stellt das Wort „Flüchtlingswelle" eine Verbindung zwischen Flüchtlingen (d. h. Menschen) und einem Naturereignis (Überflutung) her, das nur durch „Dämme" (Frame) bekämpft werden könnte. Auch im Kontext Klimawandel gibt es auf beiden Seiten solches Framing: Beispielweise stellt der Begriff „Klimawandelleugner" assoziativ eine Verbindung zur Holocaustleugnung her (vgl. Kap. 1.4); durch jahrzehntelanges Wiederholen hat sich andererseits bei geneigten Adressaten eine Verbindung zwischen „Klima-Alarmismus" und Sozialismus aufgebaut (vgl. Kap. 4.5.4). Das Tückische an einem Frame ist, dass er in der Regel nicht explizit ausgesprochen wird. Framing oder Stereotype Imaging ist aus der Psychologie bekannt. Unser Gehirn würde mit der Flut der Reize, die es jeden Tag wahrnimmt, überhaupt nicht klarkommen, wenn es nicht gelernt hätte, „Schubladen" zu erstellen. So kann es Situationen, Personen, aber auch Gefahren einordnen und die Präferenz der Reaktion viel schneller unbewusst bestimmen, als wenn wir uns ernsthaft (z. B. bei der Begegnung mit einer fremden Person) erst überlegen müssen, wie wir reagieren. So lesen wir z. B. in einer Rezension eines sehr hilfreichen Buchs über Manipulationen mit Statistik: „*‚Seit A gilt, können wir auch B feststellen. Selbst wenn der zeitliche Zusammenhang gilt, ist damit A noch lange nicht die Ursache für B‘* [Bosbach & Korff 2011, S. 66]. *Genau das wird in der Behauptung aber gar nicht behauptet. Behauptet wird ja tatsächlich nur der Zusammenhang als solcher. Wer eine andere Bedeutung in diese Aussage hineinliest, begeht einen Fehler, aber es ist der Fehler der Person, die dies tut, nicht der Behauptung*“ (Diefenbach 2012). Das ist die typische Antwort, wenn man bei einem Frame ertappt wird: *„Ich habe das ja gar nicht gesagt.“* Dies ist faktisch richtig, entscheidend ist aber, ob ein Framing beabsichtigt war, ob also in diesem Fall der Eindruck des kausalen Zusammenhangs bei der Leserschaft erzeugt werden sollte.

- Das Wort im Mund umdrehen ist ebenfalls eine beliebte Technik, bei der Aussagen unstatthaft verkürzt oder verdreht wiedergegeben werden. Als Beispiel hat die „Daily Mail“ 2010 den Klimaforscher Phil Jones zitiert, es gebe seit 1995 keine Erwärmung, ohne zu erwähnen, dass er ausgesagt hatte, dass die Erwärmung stattfand, aber knapp nicht signifikant auf dem 95 %-Niveau sei (zitiert nach Cook 2010a).
- Manipulation mit Bildern/Videos. „Ein Bild sagt mehr als tausend Worte“, und tatsächlich kann man kaum mit einer anderen Methode so erfolgreich manipulieren wie mit Bildern oder Grafiken. Die Methoden können sich durchaus unterscheiden: Häufig sind Bilder bzw. Grafiken, die einen gezielt gewählten Einzelfall oder Ausschnitt aus der Realität zeigen (Rosinenpicken). Insbesondere in Kap. 4.2 werden wir ein Beispiel dafür tiefergehend analysieren. Beliebt sind aber auch Bilder, denen ein falsches Datum angedichtet wird, wie das Bild der Kanzlerin, die ohne Mund-Nasen-Schutz

mit anderen Personen ohne Abstand spricht, welches jedoch tatsächlich aus Vor-Corona-Zeiten stammt. In sog. Deepfake-Videos wird sogar das Gesicht einer Person durch das einer anderen ersetzt.

- Eine gravierende Form des Manipulationsversuchs ist das einfache Erfinden oder Fälschen von Fakten. Gerne werden die Erfindungen in aufgeplusterten mathematisch-physikalischen Formeln versteckt. So führt beispielsweise Fleming (2020) in seine Formeln Parameter ein (z. B. ein Verhältnis der Treibhauswirkung von Wasserdampf zu CO_2 sowie einen Koeffizienten der Diffusion), die er nirgends herleitet oder mit Quellenangaben belegt und die wir auch in der Literatur nicht nachvollziehen konnten (Kleber 2021c). Solche Manipulationen sind besonders schwer zu entdecken, da sie meist gut verborgen werden bzw. weil mit dem Brustton der Überzeugung vorgetragene „alternative Fakten" zumindest ad hoc kaum nachprüfbar sind.

1.2.10 *Verschwörungserzählungen*[8]

Es gibt „echte" Verschwörungen: Watergate, Abgastests, NSA-Spionage, Kartelle in der Wirtschaft, verschiedene Kampagnen zum Vertuschen von Risiken (Tabak, Asbest, Medikamente) und Umweltschäden. Man weiß von diesen Verschwörungen durch interne Dokumente der Industrie, durch Untersuchungen von Regierungen oder Journalist*innen oder insbesondere durch Whistleblower. Was unterscheidet diese von Verschwörungs-

[8] Wir vermeiden den Begriff „Verschwörungstheorie", da es sich im wissenschaftlichen Sinn eben gerade nicht um Theorien handelt, und benutzen stattdessen „Verschwörungsnarrativ" oder „Verschwörungserzählung".

erzählungen? Verschwörungen werden durch gesunde Skepsis, das Nachgehen von Hinweisen und das Streben nach logischer Kohärenz, oder aber durch „Verrat“ aufgedeckt. Verschwörungserzählungen dagegen beruhen auf einem Generalverdacht, Immunität gegenüber Hinweisen, wenn sie nicht ins Narrativ passen, und Akzeptanz von inneren Widersprüchlichkeiten. Ihre Anhänger fühlen sich machtlos und bedroht, woraus anscheinend bei manchen eine Tendenz erwächst, Unwahrscheinliches miteinander in Verbindung zu bringen nach dem Motto: „Irgendetwas stimmt da nicht“, und jeglicher Art von „Mainstream“ mit Misstrauen zu begegnen. Uns ist übrigens kein einziger Fall bekannt, bei dem jemals eine echte Verschwörung durch die Methoden der Verschwörungsmystik aufgedeckt worden wäre. Das führt dazu, dass sich solche Erzählungen oft sehr lange halten, da auch Gegenbeweise die der Erzählung Anhängenden nicht in ihrer Meinung beirren können. Allenfalls gehört die Person, die einen Gegenbeweis führt, dann eben auch zu den Verschworenen. Im Gegensatz zu einer häufig zu lesenden Ansicht muss eine Verschwörungserzählung keineswegs einen wahren Kern besitzen: Wer könnte z. B. einen solchen bei QAnon erkennen?

Das Grundkonzept bei den verschiedenen Varianten der Klimawandel-Negation ist ähnlich anderen Verschwörungsnarrativen (insbesondere bei denen, die die Erzählung in die Welt setzen oder aufrechterhalten wollen): Hauptsache, man ist dagegen bzw. kann Verwirrung stiften. Dass sich die Erzählungen teilweise gegenseitig ausschließen, ist ziemlich nebensächlich, wenn nur beim Publikum genügend Zweifel übrig bleiben. In Kreisen der Opposition zur Anthropogenen Globalen Erwärmung ist das Wort „Klimawandel“ ein Synonym für „Klimalüge“, für einen Schwindel mit dem anthropogenen Treibhauseffekt (vgl. Kap. 4.5 und Matschullat 2010).

„Wie jede Verschwörungstheorie hat auch diese feste Feindbilder, trägt paranoide Züge und ist resistent gegen besseres Wissen.“ (Mauelshagen 2009)

Auf Fachgebieten, die nicht unsere eigenen sind, wo wir also als Laien das fachliche Fundament nicht tiefgreifend überprüfen können, stellen sich uns bei „alternativen Fakten“ immer folgende Fragen:

- Wie viele Personen müssen von der Verschwörung wissen, damit sie funktioniert? Wie wahrscheinlich ist es, dass komplett alle dichthalten? Letzteres wird immer unwahrscheinlicher, je größer die Zahl der Wissenden sein muss (Schönstein 2016).
- *Cui bono*, wem nützt es? Alle, die z. B. in Klimalüge-Verschwörungstheorien als Nutznießer genannt werden, stehen politisch und wirtschaftlich eher nicht an der absoluten Spitze der politischen oder ökonomischen „Nahrungskette“. Dem gegenüber steht, dass mächtige Politiker und Magnaten der Wirtschaft den Klimawandel oder zumindest den Anteil gesellschaftlichen Handelns daran negieren oder kleinreden.
- Gibt es mehrere Verschwörungsmythen, die einander logisch widersprechen? Wenn ja, kann nur eine zutreffen, die anderen müssen erstunken und erlogen sein. Und wenn dem so ist, welche ist dann richtig? Und was spricht dagegen, dass sie *alle* nur erfunden sind? Der Spruch „Wo Rauch ist, da ist auch ein Feuer“ erweist sich, übertragen auf Verschwörungen, als ein Trugschluss.
- *„Wenn Menschen präventiv darauf aufmerksam gemacht werden, dass sie in die Irre geführt werden könnten, können sie eine Widerstandsfähigkeit gegenüber konspirativen Botschaften entwickeln. Dieser Prozess wird als präventives Widerlegen bezeichnet. Dabei gibt es zwei Elemente: eine ausdrückliche Warnung vor der drohenden*

Gefahr, in die Irre geführt zu werden, und die Widerlegung der Argumente der Falschinformation. Bei den Verschwörungsmythen von Impfgegnern hat sich herausgestellt, dass präventives Widerlegen wirksamer ist als das nachträgliche Ausräumen der Falschinformationen" (Lewandowsky & Cook 2020). Die gleichen Autoren fassen weitere mögliche Maßnahmen gegen Verschwörungsmythen wie folgt zusammen:

- *„Faktenbasierte Widerlegungen zeigen, dass ein Verschwörungsmythos falsch ist, indem sie korrekte Informationen vermitteln. Dieser Ansatz hat sich als effektiv erwiesen, um die ‚Birther'-Verschwörung zu entlarven, die behauptet, dass Präsident Obama außerhalb der USA geboren wurde. Außerdem erwies er sich als wirksam gegen Verschwörungsmythen im Zusammenhang mit dem palästinensischen Exodus bei der Gründung Israels."*
- *„Quellenbezogene Widerlegungen versuchen, die Glaubwürdigkeit von Verschwörungstheoretikern zu reduzieren, während empathische Widerlegungen versuchen, die Aufmerksamkeit mitfühlend auf die Zielgruppen von Verschwörungsmythen zu richten. Eine quellenbezogene Widerlegung, die diejenigen lächerlich machte, die an die Existenz von Echsenmenschen glaubten, war genauso effektiv wie eine auf Fakten basierende Widerlegung. Im Gegensatz dazu war eine auf Empathie basierende Widerlegung von antisemitischen Verschwörungsmythen erfolglos, die argumentierte, dass Juden heute einer ähnlichen Verfolgung ausgesetzt sind wie die frühen Christen."*
- *„Logische Widerlegungen erklären die in Verschwörungsmythen verwendeten irreführenden Techniken oder fehlerhaften Argumentationen. Es hat sich herausgestellt, dass die Erklärung der logischen Trugschlüsse bei Verschwörungsmythen gegen Impfungen ebenso wirksam ist wie eine faktenbasierte Widerlegung: Beispielsweise kann der*

Hinweis darauf, dass ein Großteil der Impfstoffforschung von unabhängigen, öffentlich finanzierten Wissenschaftlern durchgeführt wurde, Verschwörungsmythen über die Pharmaindustrie entkräften."

- *„Links zu einer Faktenprüfer-Webseite in einem für eine Studie simulierten Facebook-Feed, durch eine automatische algorithmengesteuerte Präsentation oder auch durch benutzergenerierte Korrekturen, widerlegten effektiv eine Verschwörung, dass der Zika-Virus durch genetisch veränderte Moskitos verbreitet wurde."*
- *„Es gibt mehrere Möglichkeiten, Menschen ‚kognitiv zu stärken', z. B. indem man sie ermutigt, analytisch zu denken, anstatt sich auf ihre Intuition zu verlassen. Wenn Menschen ihr Kontrollgefühl stärken (z. B. indem sie sich an eine Situation in ihrem Leben erinnern, in dem sie die volle Kontrolle hatten), dann ist die Wahrscheinlichkeit geringer, dass sie an Verschwörungsmythen glauben. Das allgemeine Gefühl der Selbstbestimmtheit kann in der Bevölkerung gefördert werden, indem dafür gesorgt wird, dass gesellschaftliche Entscheidungen, z. B. durch die Regierung, als verfahrensgerecht wahrgenommen werden. … Menschen akzeptieren also unpopuläre Ergebnisse einer Entscheidung, wenn sie davon ausgehen, dass Verfahrensgerechtigkeit eingehalten wurde."*

Folgende Verhaltensmuster sind gegenüber Anhänger*innen von Verschwörungsmythen Erfolg versprechend (Lewandowsky & Cook 2020):

- Vertrauenswürdige Vermittler*innen, z. T. mit Ausstiegshintergrund (vgl. das Beispiel von Katherine Hayhoe in Abschn. 1.4).
- Anhänger*innen von Mythen halten sich selbst für kritische Denker, was man nutzen kann, indem man den Wert des kritischen Denkens würdigt, diesen

Ansatz dann aber in eine faktenorientierte Analyse der Verschwörungstheorie umlenkt.
- Wichtig ist eine empathische Grundhaltung, um ein wechselseitiges Verständnis aufzubauen.
- Aggressives „Zerlegen" und Spott führen oft zu reflexartiger Ablehnung. In seltenen Fällen kann Spott aber durchaus auch wirksam sein (Orosz et al. 2016).

1.2.11 Irren ist menschlich

Die Geschichte der Wissenschaft ist eine Geschichte von Irrtümern. Jedoch ist ihr erklärtes Ziel, dass die Irrtümer immer kleiner und weniger werden. Aber auch in unserem Buch wird es Fehler geben (wir kennen kein Werk mit einem derart umfassenden Ansatz, das völlig fehlerfrei wäre, selbst von uns sehr geschätzte Lehrwerke sind nicht frei davon). Wir hoffen, dass sich die Szene der Opposition zur Anthropogenen Globalen Erwärmung auf dieses Buch stürzt und uns hilft, diese Irrtümer zu lokalisieren und zu verbessern.[9] Wenn Sie, geschätzter Leser, geschätzte Leserin, einen Fehler finden, bitten wir um Hinweise! Wie auch immer: Wenn Ihnen ein Fehler in diesem Buch zur Kenntnis kommt, stellen Sie sich bitte immer die alles entscheidende Frage: Bringt der Irrtum das gesamte Gebäude zum Einsturz oder handelt es sich um ein schlecht passendes Mosaiksteinchen oder ein Missverständnis unsererseits? Das Prinzip der Falsifizierbarkeit von wissenschaftlichen Theorien bezieht sich nämlich auf

[9] Umgekehrt zitieren wir keine ausschließlich käuflich erhältlichen Bücher der „Klimaleugnungsszene", da wir mit einer Bezahlung letztlich das Verfassen solcher Werke unterstützt hätten. Wir sind aber überzeugt oder gehen zumindest davon aus, dass alle Argumente, die dort zu finden wären, auch in der Blogosphäre wiederholt wurden.

fundamentale Schwächen dieser Theorie und nicht auf Teilaspekte. Ja, wir gehen so weit zu sagen: Ein Gebiet, auf dem es keinerlei Kenntnislücken mehr gibt, ist nicht mehr Gegenstand der Forschung, denn auf einem solchen Gebiet gibt es ja nichts Neues mehr zu erforschen. Für die Wissenschaft wäre es uninteressant geworden.

1.2.12 Was kann man selbst tun?

Für das Thema Klimawandel soll Ihnen dieses Buch als Unterstützung dienen, die Spreu der Argumente vom Weizen zu trennen. Denn auch längst widerlegte Behauptungen werden immer wieder aufgewärmt, und da soll das Buch direkte Hilfestellung leisten. Andererseits glauben Sie uns vielleicht nicht alles unbesehen. Und Sie können davon ausgehen, dass es spätestens im nächsten Jahr neue Argumente wider die Anthropogene Globale Erwärmung geben wird, die in diesem Buch natürlich keine Berücksichtigung finden konnten, sodass man immer wieder aufs Neue zum Hinterfragen gezwungen wird. Bei vielen Argumenten kann man aber auch ohne tiefgehende Fachkenntnis durchaus selbst herausfinden, ob eine Aussage wissenschaftlich gestützt und glaubwürdig ist oder nicht. Grundlegende Kenntnisse über die Zuverlässigkeit von Quellen aus diesem Kapitel erlauben es, Sachverhalte nachzuprüfen und auf die Vertrauenswürdigkeit der angegebenen Quellen abzuklopfen. Wissen über Denkfehler, Manipulationen und Verschwörungsnarrative helfen darüber hinaus, widersprüchliche Argumente logisch einzuschätzen und zu gewichten.

Grundsätzlich kann und sollte man Behauptungen zum Klimawandel immer kritisch hinterfragen, sowohl die der Pro- als auch der Kontraseite. Auf beiden Seiten, insbesondere wenn sie durch (alternative) Medien verkürzt und/oder sensationsheischend wiedergegeben werden, gibt es Fehlschlüsse und Versuche der Überwältigung durch Manipulation. Dieses Buch soll im weiteren Verlauf an vielen Beispielen aufzeigen, wie man sich argumentativ damit auseinandersetzt. Hierfür bieten wir verschiedene Herangehensweisen an. Fehlschlüsse können aufgedeckt werden, indem z. B. Fragen gestellt werden wie bei Zeitreihen, d. h. Messwerten für Temperatur, Niederschläge, extreme Wetterereignisse etc.: Ist die Zeitreihe genügend lang und reicht sie möglichst bis heute bzw. bis zum Publikationsdatum? Handelt es sich um die Messungen einer einzigen Station oder von wenigen ausgewählten Stationen? Ist die Auswahl der Standorte repräsentativ? Wie relevant ist der beschriebene Prozess? Ist ein Einfluss auf das Klima beispielsweise bedeutsam im Vergleich zum Treibhauseffekt? Handelt es sich bei den Resultaten um die Ergebnisse exakter Berechnungen auf der Basis gültiger physikalischer Gesetzmäßigkeiten oder sind es lediglich grobe Einschätzungen oder gar Vermutungen, Spekulationen? Werden die Aussagen und Inhalte wissenschaftlicher Artikel vollständig und korrekt wiedergegeben? Ist die Quelle zuverlässig und politisch/wirtschaftlich neutral? Stammen die zitierten, stützenden Quellen von wenigen Verlagen, evtl. Raubverlagen? Äußern sich Fachleute zu Themen, in denen sie über ausgewiesene Fachkompetenz verfügen? Außenseiter müssen nicht unbedingt falschliegen, die Wahrscheinlichkeit dafür ist aber höher als bei Expert*innen des jeweiligen Fachs. Sind die Aussagen polemisch oder sachlich formuliert?

Eine große Unterstützung bei der Wahrheitsfindung sind Faktenchecker-Seiten im Internet (Lohaus 2019). Allerdings rechnen wir damit, dass sich bald Websites als Faktenchecker bezeichnen werden (oder dies vielleicht bereits tun; eine scheint gerade im Entstehen begriffen: www.klimafakten-check.de), die in Wirklichkeit Desinformation streuen. Wir haben mit correctiv.org/faktencheck gute Erfahrungen gemacht, die zum Internationalen Faktencheck-Netzwerk sciencefeedback.co gehört. Auch die dpa (www.presseportal.de) oder die ARD (www.tagesschau.de/faktenfinder, www.br.de/nachrichten/faktenfuchs-faktencheck) bieten brauchbare Checks. Sehr gerne sehen wir auch den maiLab-Kanal auf YouTube (www.youtube.com/channel/UCyHDQ5C6z1NDmJ4g6SerW8g). Das International Fact-Checking Network (www.poynter.org/ifcn) zertifiziert Fact-Checking-Organisationen. Speziell auf das Thema Klimawandel ist das wohl umfangreichste Portal skepticalscience.com, allerdings in englischer Sprache, ausgerichtet, das weitgehend von aktiven Klimaforscher*innen betrieben wird. Ähnliches gilt für www.realclimate.org, climatefeedback.org oder www.climatecentral.org. Eine umfangreiche Seite in deutscher Sprache (www.klimafakten.de) ist im Aufbau, die sich ebenfalls auf einen hochkarätig besetzten wissenschaftlichen Beirat stützt. Faktenchecks und Diskussionen aktueller Entwicklungen speziell zu Themen der Klimatologie finden sich auch im Blog des bekannten Klimaforscher Stefan Rahmstorf unter scilogs.spektrum.de/klimalounge. Der Vorwurf, *„diejenigen, die sich als Fakten Checker … verdingen, haben weder die Qualifiaktion* [sic] *noch die Kompetenz, eine wissenschaftliche Tätigkeit auszuführen“* (Steiner 2020), ist also offensichtlich in den genannten Fällen unberechtigt. Dennoch sind natürlich auch Faktenchecker*innen Menschen und können sich gelegentlich irren.

Das News Provenance Project (www.newsprovenanceproject.com) versucht, die Quellen von Bildern zum Ursprung zurückzuverfolgen. Wir haben für dieses Buch hauptsächlich die Rückwärtssuche für Bilder (support.

google.com/websearch/answer/1325808) verwendet, um herauszufinden, wo eine virale Grafik schon einmal auftauchte bzw. woher sie ursprünglich stammt.

Der Versuch, sich selbst fundierte Kenntnisse anzueignen, ist bei komplexen Sachverhalten generell anstrengend, aber lohnend. Er kostet Mühe und Zeit, doch am Ende zahlt sich beides aus, wenn man wirklich Verständnis für die Welt um sich herum entwickeln möchte. Was den Klimawandel betrifft, hoffen wir Ihnen diese Entdeckungsreise mit vorliegendem Buch etwas zu erleichtern, insbesondere durch unseren Ansatz des abgestuften Tiefgangs des Zugangs zu den einzelnen Themen, und wünschen Ihnen viel Freude und Erkenntnis damit.

Ein Problem ist allerdings der sog. Dunning-Kruger-Effekt. Dieser besagt, dass man zu Anfang einer Beschäftigung mit einem Thema einen enormen Zuwachs an Selbstvertrauen generiert und schnell das Gefühl hat, praktisch alles über das Thema zu wissen. Erst mit der Zeit kommt dann die Einsicht darüber, was man alles noch nicht weiß, und die Zuversicht in die eigenen Fähigkeiten bricht sozusagen ein. Dann erholt sie sich ganz langsam über die Jahre weitergehender Beschäftigung mit dem Thema, erreicht aber selten wieder das anfängliche Hoch. Leider mussten wir bei den Recherchen zu diesem Buch die Erfahrung machen, dass der klassische Dunning-Kruger-Effekt um eine neue Ausprägung erweitert werden sollte: Wenn nämlich jemand schon sehr lange Kenntnisse auf einem Gebiet akkumuliert hat, kann es geschehen, dass Veränderungen oder Weiterentwicklungen nicht mehr wahrgenommen werden, es entsteht eine Art Blase. Ein Beispiel sind Personen, die lange Jahre in der Meteorologie tätig waren, der „neumodischen“ Entwicklung der Modellierung aber mit Misstrauen und Unverständnis entgegentreten. Man liest dann Aussagen wie *„treten … Professoren auf, die im Ruhestand sind und* *frei sprechen dürfen*“ (Gastmann 2020). Dahinter steht die Verschwörungsvorstellung, dass Professor*innen ihre Stellung oder Forschungsmittel verlieren würden, wenn sie unliebsame Thesen vertreten (vgl. Kap. 4.5.1). Wir vermuten eher, dass der erweiterte Dunning-Kruger-Effekt in Kombination mit dem gefühlten Bedeutungsverlust bei der Pensionierung wichtige Gründe dafür sind, dass insbesondere ältere Männer sich zu Apologeten des Trumpismus[10] machen.

1.3 Begriffe um den Klimawandel

In diesem Kapitel definieren wir wichtige Begriffe der Klimatologie, die im Wesentlichen zum Grundwissen zählen. Deshalb verzichten wir hier weitgehend auf die Angabe von Quellen, da wir in späteren Kapiteln auf die meisten dahinter liegenden physikalischen Zusammenhänge – dann unter Bezugnahme auf die jeweilige Literatur – noch tiefer eingehen werden. Einige hier fehlende Begriffe erläutern wir im laufenden Text, meist in Form einer Fußnote.

1.3.1 Wetter, Witterung und Klima

Wetter ist der momentane Zustand der Atmosphäre an einem bestimmten Ort zu einer ganz bestimmten Zeit. „Momentan“ bedeutet, dass Wetter eigentlich keine zeitliche Dimension besitzt. Witterung bezeichnet das Wetter während eines bestimmten (nicht von vornherein definierten) Zeitabschnitts, meist eines Zeitabschnitts,

---

[10] Als Trumpismus bezeichnen wir alle Formen von Negation der Anthropogenen Globalen Erwärmung, vgl. Kap. 1.4.

in dem das Wetter sich nicht grundsätzlich[11] ändert, beispielweise während eines Gewitters, einer Schönwetterperiode oder auch einer ganzen Jahreszeit. Wetterstationen zeichnen die Elemente der Witterung wie z. B. Temperatur, Niederschlag oder Wind auf.

Sobald für lange Zeiträume derartige Wetteraufzeichnungen verfügbar sind, lassen sich rechnerisch Durchschnittswerte ermitteln, das Klima. Man hat sich darauf geeinigt, jeweils Durchschnittswerte von 30 Jahren zu bilden und damit die Klimaverhältnisse zu charakterisieren. Diese Klimawerte liegen erst einmal auch nur für einzelne Orte vor. Man kann aber regionales Klima annähernd berechnen, indem man mehrere Orte zusammenfasst und mit Interpolationsverfahren deren Werte auf eine Fläche überträgt. Für unsere spätere Diskussion wichtig ist die Erkenntnis, dass ein absolutes Temperaturniveau für einen größeren Raum weitaus weniger genau ermittelt werden kann als die Veränderung des Niveaus mit der Zeit (vgl. Kap. 6.3). Technisch gesehen berechnet man solche Veränderungen (Trends), indem man z. B. den Durchschnitt der Jahre 1961–1990 mit dem von 1962–1991 und so weiter vergleicht, also ein sog. gleitendes Mittel bestimmt. In den Medien hört man immer mal den Begriff „Klimaereignisse“: Das ist ein innerer Widerspruch, denn Klima ist eben gerade losgelöst von Einzelereignissen zu verstehen.

[11] Wobei auch „grundsätzlich“ für die jeweilige konkrete Fragestellung definiert werden muss.

1.3.2 Klimawandel, Klimaänderung und Anthropogene Globale Erwärmung

Klimawandel ist eigentlich ein neutraler Begriff, auch eine Abkühlung würde darunterfallen. Allerdings hat sich in der öffentlichen Diskussion dieser Begriff so sehr auf die aktuelle Erwärmung reduziert, dass er dominant in diesem Sinne gebraucht wird. Dem stellen wir den Begriff Klimaänderung gegenüber (der eigentlich von der Wortbedeutung her genau das Gleiche aussagt), mit dem wir insbesondere Schwankungen des Klimas in der Vergangenheit bezeichnen.

Hauptsächlich verwenden wir jedoch den Begriff „Anthropogene[12] Globale Erwärmung", der die grundlegenden Ursachen und Wirkungen besser charakterisiert, und schreiben ihn grundsätzlich groß, um ihm den Status eines Eigennamens zu verleihen. Wir wollen damit deutlich machen, dass die Klimaerwärmung und insbesondere der Einfluss menschlichen Handelns darauf, soweit dies in der Wissenschaft überhaupt möglich ist, gesichertes Wissen darstellen. Damit benennen wir also erstens einen langfristigen Trend der Temperaturzunahme, der zweitens im weltweiten Mittel erfolgt und drittens hauptsächlich auf gesellschaftliches Handeln zurückgeht. Konkret sind wir überzeugt, dass der Klimawandel mindestens seit ungefähr Mitte der 1970er-Jahre dominant anthropogen verursacht ist, und werden dies in mehreren Kapiteln des Buchs begründen.

[12] Anthropogen heißt von Menschen gemacht.

1.3.3 Konzentration und Partialdruck

Der Anteil einer Substanz innerhalb einer anderen oder an einer Summe von Substanzen wird als Gehalt, bei Gasen (und Flüssigkeiten) auch als Konzentration bezeichnet. In der Klimatologie besonders wichtig geworden ist die Angabe von Konzentrationen von Treibhausgasen, die üblicherweise in ppmv, das sind Volumenanteile in Promille (ppmw wäre eine Angabe in Gewichtseinheiten) notiert werden. Wenn mit Bezug auf die Atmosphäre lediglich ppm (parts per million) angegeben sind, ist das eigentlich missverständlich, jedoch ist in allen uns bekannten Fällen ppmv gemeint.

Andererseits ist es für manche Fragestellungen nicht wichtig, die Konzentration eines Gases zu kennen, sondern seine absolute Menge. Dann gibt man den Partialdruck an, das ist derjenige Luftdruck, der bestünde, wäre das betrachtete Gas in der tatsächlich vorhandenen Menge der einzige Bestandteil der Atmosphäre (vgl. Formel 5.1, Kap. 5.5). Die Einheit ist Pascal.

1.3.4 Wärme und Temperatur

Umgangssprachlich haben beide Begriffe wohl die gleiche Bedeutung, selbst in der wissenschaftlichen Literatur werden sie manchmal synonym gebraucht. *Temperatur* ist aber im physikalischen Verständnis ein objektives Maß dafür, wie warm oder kalt etwas ist. Sie wird in der Wissenschaft meist in Kelvin angegeben. Wir benutzen allerdings aufgrund des leichteren allgemeinen Verständnisses die Celsius-Skala und rechnen auch Werte um, die ursprünglich in der Einheit Fahrenheit angegeben sind.

Wärme ist die thermische Energie, die von einem Körper auf einen anderen Körper übertragen wird. Sie wird in Joule gemessen. Wärme ist eine Prozessgröße, denn sie beschreibt einen Prozess der Energieübertragung, während Temperatur eine Zustandsgröße ist. Die Unterscheidung beider ist essenziell für das Verstehen des Klimasystems. Als Laie könnte man argumentieren, wie denn das Klima wärmer werden kann, wenn doch die an den Weltraum abgegebene Wärme gleich der von der Sonne empfangenen sein muss. In diesem Satz bezeichnet aber „wärmer" eine Zustandsänderung (der Temperatur), während die abgegebene Wärme ein Energiefluss ist. Wenn die Abgabe der Wärme behindert wird (z. B. durch einen verstärkten Treibhauseffekt, s. u.), dann muss die Temperatur steigen, um die Wärme dennoch abgeben zu können.

Sehr vereinfacht wird die Erdoberfläche durch die Sonnenstrahlung erwärmt und gibt diese Wärme auf verschiedenen Wegen an die Atmosphäre ab. Der Transport von Wärme kann in einer Atmosphäre auf dreierlei Art erfolgen: als *Konvektion* (durch das Aufsteigen von Luft, die wärmer als die Luft der Umgebung ist), also durch *Stofftransport* entweder als fühlbare oder als latente Wärme[13]; als *Konduktion* oder Wärmeleitung (Wärmetransport ohne Stofftransport durch direkten Kontakt zweier unterschiedlich temperierter Körper in Abhängigkeit vom Temperaturunterschied und von der Leitfähigkeit); sowie als *Wärmestrahlung* (Wärme, die durch Photonen transportiert wird). Die erstgenannten Formen sind an die Existenz von Stoffen gebunden, d. h. in der

[13] Fühlbar ist Wärme, wenn sie sich als Temperatur messen lässt. Latente Wärme dagegen ist nicht als Temperatur messbar, sondern sie entsteht hauptsächlich bei der Verdunstung von Wasser, wird als Wasserdampf transportiert und wieder als fühlbare Wärme i. d. R. in höheren Atmosphärenschichten freigesetzt, sobald der Wasserdampf kondensiert oder gar zu Eis wird, also Wolken bildet. Dabei erhöht sich auch die Temperatur der umgebenden Luftmasse durch Konduktion.

Atmosphäre an das Vorhandensein von Gasen. Je dünner die Atmosphäre wird, also je höher man in ihr kommt, umso seltener werden einander Gasmoleküle oder -atome begegnen, die Konduktion wird dann immer seltener. Die Konvektion ist meist noch stärker beschränkt, da sie nur anhält, solange die aufsteigende Luft wärmer als ihre Umgebung ist. Der relative Anteil der Wärmestrahlung muss also mit der Höhe in der Atmosphäre immer größer werden. Die Abgabe von Wärme an den Weltraum, durch die letztlich das Gleichgewicht mit der erhaltenen Einstrahlung durch die Sonne hergestellt wird, kann dann wegen des weitgehenden Fehlens von Gasen nur noch durch Strahlung erfolgen. Eine Vorstellung vom Treibhauseffekt und den Prozessen im System Atmosphäre, die lediglich erdoberflächennahe Verhältnisse berücksichtigt, ist also fehlerhaft (vgl. Kap. 5.4.4). In vielen grafischen Darstellungen des Treibhauseffekts in populärwissenschaftlichen Werken bis hin zu Lehrbüchern der Klimatologie wird allerdings tatsächlich die Atmosphäre lediglich derart eindimensional gezeigt. Man schafft sich dadurch leicht selbst einen Pappkameraden, der unschwer zu widerlegen ist (z. B. Postma 2017).

1.3.5 Treibhausgase, Treibhauseffekt, Albedo und Strahlungsantrieb

Treibhausgase sind Gase, deren Moleküle Wärmestrahlung bestimmter Wellenlängen (Infrarot ab einer Wellenlänge von ca. 4,5 μm) absorbieren (aufnehmen) und die Wärme entweder, insbesondere in tieferen Atmosphärenschichten, durch Konduktion, also direkten Kontakt, oder durch Wärmestrahlung wieder abgeben (vgl. Kap. 5.4.3). Da Strahlung in alle Richtungen abgegeben wird, gelangt ein Teil wieder zurück zur Erde (und kann dort gemessen werden). Da jeder Körper, dessen Temperatur über dem absoluten Nullpunkt (–273,15 °C) liegt, Wärmestrahlung abgibt, gilt Ähnliches auch für die durch Konduktion angeregten Moleküle. Wichtig ist, dass die Treibhausgase die letztliche Abgabe der Wärme durch Strahlung an den Weltraum behindern (vgl. Kap. 5.4.4). Ohne Treibhausgase würde diese Abgabe ungebremst ablaufen. Angenommen, die Erde hätte die gleiche Albedo[14] wie heute, so läge die Oberflächentemperatur bei ungefähr –18 °C! Wäre die Reflexion noch höher, z. B. während einer Eiszeit, läge diese Temperatur sogar noch tiefer. Würde die Erde dagegen alle Sonnenstrahlung komplett in Wärme (i. S. von Temperatur) umsetzen, betrüge ihre Oberflächentemperatur immer noch nur +5,5 °C. Ein realistischer Wert der Oberflächentemperatur der Erde ohne Treibhausgase läge vermutlich irgendwo dazwischen, da sich ohne Treibhausgase auch die Reflexion ändern würde. Die Tatsache, dass unser Planet Leben ermöglicht, ist somit den Treibhausgasen zu verdanken. Die wichtigsten Treibhausgase sind Wasserdampf, Kohlenstoffdioxid (CO_2) sowie Methan (CH_4).[15] Wir werden uns im Buch auf diese drei beschränken, grundsätzlich kann aber jedes Gas, dessen Molekül aus mindestens drei Atomen besteht, Wärmestrahlung absorbieren (vgl. Abb. 5.2).

Den Effekt, dass Treibhausgase die Abgabe von Wärme behindern und dadurch die Temperatur der Atmosphäre

---

[14] Der Begriff Albedo bezeichnet das Rückstrahlvermögen einer reflektierenden Oberfläche. Bei der Erde setzt sich die Albedo aus Rückstrahlung innerhalb der Atmosphäre (insbesondere an Wolken) und von der Erdoberfläche zusammen.

[15] Der Vollständigkeit halber seien an dieser Stelle noch Lachgas (N_2O), Ozon (O_3) und die anthropogenen Gase Fluor-Chlor-Kohlenwasserstoffe (FCKW), Schwefelhexafluorid (SF_6) und Stickstofftrifluorid (NF_3) erwähnt, wobei die beiden letztgenannten die stärksten bekannten Treibhausgase sind, aber nur extrem gering konzentriert vorkommen. Einen starken Strahlungsantrieb bewirkt neben den genannten Gasen auch Ruß (sog. black carbon).

erhöhen, nennt man *Treibhauseffekt*[16] (vgl. Kap. 5.4.4 zu weiteren Details des Treibhauseffekts). Der Anteil des Treibhauseffekts, der natürlichen Prozessen zuzuschreiben ist (und den Unterschied zu den oben genannten Temperaturwerten ohne Treibhauseffekt ausmacht), wird natürlicher Treibhauseffekt genannt, den auf gesellschaftliches Handeln zurückgehenden Teil bezeichnet man dagegen als anthropogenen Treibhauseffekt. Ein Planet gibt Wärme, die er von seiner Sonne empfangen hat, als Wärmestrahlung wieder in den Weltraum ab. Besitzt er eine Atmosphäre mit einem Treibhauseffekt, so entspricht die mittlere Temperatur in der Höhe, wo diese Ausstrahlung erfolgt, der Temperatur, die der Planet mit der gleichen Albedo, aber ohne diese Atmosphäre an seiner Oberfläche hätte, die also beispielsweise von einem Satelliten aus gemessen werden könnte. Demgemäß muss sich die Atmosphäre dieses Planeten erwärmen, bis in der Höhe eine Abstrahlung mit genau dieser Temperatur möglich wird.

Die Höhe des Treibhauseffekts kann nicht exakt bestimmt werden, da zum einen die heutige und die vorindustrielle globale Mitteltemperatur nicht exakt bekannt sind (vgl. Kap. xxx) – lediglich den Unterschied der beiden Temperaturen kennt man sehr genau (vgl. Kap. 4.3.1) –, zum anderen, weil die Temperatur unseres Planeten ohne Treibhausgase zwischen ≤ -18 °C und +5,5 °C läge (s. o.), also ebenfalls nicht mit genügender Genauigkeit bekannt ist. Zudem werden Strahlungsantriebe (s. u.) von Treibhausgasen als logarithmische Funktionen beschrieben und lassen deshalb schon rein

[16] Wobei dieser Begriff wissenschaftshistorisch zu verstehen ist. Physikalisch sind die Verhältnisse in einem Gewächshaus nur sehr weitläufig mit denen in einer Atmosphäre verwandt. Heute, bei verbessertem Verständnis der Wirkungen, würde man vermutlich eine andere Bezeichnung wählen.

mathematisch keinen Nullpunkt auf der Ordinate ermitteln.

Strahlungsantrieb ist das Maß für eine Störung der Strahlungsbilanz[17] des Klimasystems der Erde. Typischerweise wird darunter das globale Ausmaß der Störung am oberen Rand der klimawirksamen Atmosphärenschicht (Troposphäre) verstanden, und der Wert wird im Vergleich zum im Gleichgewicht befindlich gedachten Zustand der Atmosphäre im Jahr 1750 angegeben. Physikalisch versteht man darunter eine Änderung der Leistung pro Flächeneinheit der Erdoberfläche, angegeben in Watt dividiert durch Quadratmeter. Der Begriff ist deshalb besonders wichtig, weil mit diesem Maß die verschiedenen wirksamen Einflüsse auf das Klimasystem miteinander verglichen werden können. Ein Strahlungsantrieb kann von einer Änderung der Sonneneinstrahlung ausgehen (vgl. Kap. 5.6), von einer Änderung der Menge an Treibhausgasen (vgl. Kap. 5.4.3) oder an feinsten Teilchen in der Atmosphäre, aber auch von Änderungen der Landnutzung oder allgemein der Landoberfläche (z. B. der Fläche, die im Winter mit Schnee bedeckt ist), durch die sich die Reflexion von Lichtstrahlung ändert. Der Strahlungsantrieb eines Gases bzw. seiner Konzentrationsänderung lässt sich im Labor bestimmen.

---

[17] Mit der Strahlungsbilanz bilanziert man den Strahlungsaustausch eines Systems mit seiner Umgebung für einen bestimmten Zeitraum. Die Strahlungsbilanz ist auf längere Zeit gesehen ausgeglichen, d. h., die Erde empfängt genauso viel Lichtenergie, wie sie an Licht und Wärmestrahlung an den Weltraum abgibt. Kurzfristig ist diese Bilanz aber unausgeglichen, da die Abgabe von Wärme gegenüber der Einnahme verzögert eintritt. Je stärker diese Verzögerung ausfällt, desto höher ist die Durchschnittstemperatur der Atmosphäre. Betrachtet man lediglich einen bestimmten Raum, so ist die Bilanz am Tag positiv, da mehr Strahlung einfällt als abgegeben wird, während sie in der Nacht negativ ist, wenn die Einstrahlung komplett aussetzt. Entsprechendes gilt für Sommer und Winter.

Der Strahlungsantrieb δF z. B. des CO_2 errechnet sich als

$$\delta F = 5,35. \ln C/C_0 \quad (1.1)$$

mit C_0 als der Anfangs- und C als der Endkonzentration. ln ist der natürliche Logarithmus. Der Faktor 5,35 wurde experimentell bestimmt. Für eine Verdopplung der CO_2-Konzentration seit Beginn der Industrialisierung errechnet sich aus obiger Formel beispielsweise ein Strahlungsantrieb von 3,7 W/m^2.

1.3.6 Rückkopplungen und Klimasensitivität

Beeinflusst man in einem System, in dem die einzelnen Elemente miteinander zusammenhängen, ein Element, so verändern sich zwangsläufig auch die anderen. Wirken diese Veränderungen auch auf die ursprünglichen Prozesse zurück, spricht man von *Rückkopplungen* (engl. Feedbacks). Rückkopplungen sind Bestandteile aller vernetzten Systeme. Sie sind somit auch wesentlich für die Reaktion des Klimasystems auf eine Änderung. Das bekannteste Beispiel: Infolge des Strahlungsantriebs durch eine Erhöhung der CO_2-Konzentration in der Atmosphäre kommt es zu einer Temperaturerhöhung → dadurch steigt die Verdunstung → die Folge ist mehr Wasserdampf in der Atmosphäre (vgl. Kap. 5.4.2) → Wasserdampf ist ein Treibhausgas, weshalb die Temperatur jetzt durch den Wasserdampf weiter steigt. Dies ist eine positive Rückkopplung. Dieser Wasserdampf kondensiert irgendwann zu Wolken – und jetzt wird es kompliziert: Wolken bestehen nach wie vor aus Wassermolekülen, können also Wärmestrahlung absorbieren und sind damit weiterhin Teil eines positiven Feedbacks. Jedoch reflektieren Wolken (je nach Wolkentyp) tagsüber auch Licht (sie erscheinen deshalb aus einem Flugzeug betrachtet hell), sodass sie die Erwärmung bremsen. Dies ist eine negative Rückkopplung, die der positiven entgegenwirkt (mehr dazu in Kap. 5.7).[18]

Mit dem Konzept der *Klimasensitivität* geht man nun gegenüber dem Strahlungsantrieb einen Schritt weiter. Sie bestimmt nämlich, wie hoch die tatsächliche Temperaturänderung als Reaktion auf einen veränderten Strahlungsantrieb ausfällt, denn sie kalkuliert die Rückkopplungen im Klimasystem mit ein. Am häufigsten ist von der Klimasensitivität des CO_2 die Rede: Diese ist definiert als Maß der Temperaturänderung, wenn sich die Konzentration des CO_2 verdoppelt (vgl. Kap. 5.9). Da die Beziehung zwischen beiden Größen (Temperatur und Treibhausgaskonzentration) nicht linear ist, sondern einen logarithmischen Zusammenhang aufweist, bezieht man den Wert meist, wie gesagt, auf eine Verdopplung des jeweiligen Gases. Das heißt, wenn sich die Konzentration von 10 auf 20 ppmv verdoppelt, ändert sich die Temperatur um ungefähr den gleichen Betrag wie bei einer Verdopplung von 100 auf 200 ppmv. Bezugspunkt kann der Zeitpunkt der Verdopplung während eines kontinuierlichen Anstiegs der Treibhausgas-Konzentration (die sog. Durchgangsklimaantwort TCR) sein. Die Gleichgewichtsklimasensitivität (ECS) beschreibt demgegenüber den Temperaturanstieg, bis das Klimasystem nach einer Verdopplung des Strahlungsantriebs einen neuen Gleichgewichtszustand erreicht, bis es also die Temperatur hat, bei der sich wieder Ein- und Ausstrahlung die Waage halten und sich nicht weiter ändern. In diesem Modell

[18] Wir alle besitzen Erfahrungswissen des Treibhauseffekts: Wir wissen, dass es in einer bewölkten Winternacht wärmer bleibt als in einer wolkenlosen, und kennen den Effekt, dass es sofort abkühlt, wenn tagsüber Wolken aufziehen.

hört der Anstieg der Konzentration mit dem Erreichen der Verdopplung auf. Nach dem Wissenschaftler, der dieses Maß erstmals definiert hat, wird die Gleichgewichtsklimasensitivität auch Charney-Sensitivität genannt; auf deren Basis werden Szenarien der Klimaentwicklung berechnet. Allerdings muss man aus unserer Sicht als Paläoumweltforscher anmerken, dass damit immer noch kein echtes Gleichgewicht beschrieben ist, denn Veränderungen der Umwelt, die sich über viele Jahrtausende erstrecken, werden bei der Berechnung nicht berücksichtigt (etwa das Abschmelzen großer Inlandeisflächen, der großräumige Umbau der Vegetationszonen und damit in Verbindung stehende grundlegende Änderungen im Kohlenstoffkreislauf); wegen dieser Unzulänglichkeit sind Sensitivitäten, die auf der Basis von Klimaänderungen in geologischen Zeiträumen ermittelt werden, meist etwas höher als bei der Berechnung mit anderen Methoden (vgl. Kap. 5.9).

Ganz vereinfacht gilt:

$$\delta T = \lambda \cdot \delta F \tag{1.2}$$

Dabei hängt die Temperaturänderung δT von der Änderung des Strahlungsantriebs δF und einem Rückkopplungsfaktor λ ab.

Die Kenntnis der Klimasensitivität ist für die Projektion der Klimaentwicklung von grundlegender Bedeutung, denn sie bestimmt die Reaktion des Klimasystems auf die Treibhausgaskonzentrationsänderung. Da derzeit noch nicht alle Prozesse im Klimasystem gleich gut physikalisch quantifiziert werden können, wird neben dem wahrscheinlichsten Wert meist eine Spanne für die Klimasensitivität angegeben. Aktuell gilt z. B. bei CO_2 als Ergebnis der Formel (1.2) als wahrscheinlichster Wert 3 °C bei einer Unsicherheit von 2 bis 4,5 °C, wobei Werte unter 1,5 °C als äußerst unwahrscheinlich angesehen werden.

Neben Kohlenstoffdioxid tragen auch noch weitere Gase zum Treibhauseffekt bei, sodass auch für diese jeweils eigene Klimasensitivitäten ermittelt werden können. Der Einfachheit halber wird deren Beitrag meist als sog. CO_2-Äquivalent[19] angegeben.

1.3.7 Modell, Prognose, Szenario, Trend, Projektion

Erst einmal sind Modelle vereinfachte Abbilder der Wirklichkeit. In der Klimatologie meint man aber mit diesem Begriff zumeist *Klimamodelle* (oder genauer Globale Zirkulationsmodelle bzw. deren Weiterentwicklung, die Erdsystemmodelle), also Computersimulationen, die unter Nutzung physikalischer Zusammenhänge und Gesetzmäßigkeiten auf Basis vereinfachter Daten der natürlichen Verhältnisse auf und über der Erde Aussagen über die Entwicklung des Klimasystems machen. Erdsystemmodelle zählen zu den aufwendigsten Computerprogrammen überhaupt. Sie ähneln im Kern Modellen der Wettervorhersage, da sie auf den gleichen physikalischen Gesetzmäßigkeiten aufbauen, integrieren aber zahlreiche weitere Teilsysteme der Umwelt und statistische Daten über das Chaos im Klimasystem (genauer hierzu Kap. 4.4.1 und 4.4.2). Neben Vorhersagen lässt man die Modelle auch bereits bekannte Klimaentwicklungen der Vergangenheit nachrechnen, indem ein bestimmter Startpunkt vorgegeben und getestet wird, ob das Modell in der Lage ist, die abgelaufene Klimaentwicklung nachzuvollziehen. Dies dient der Kalibrierung

---

[19] Um wie viel müsste die CO_2-Konzentration ansteigen, um den gleichen Effekt zu erzielen wie die Zunahme des betrachteten anderen Treibhausgases?

der Modelle; dabei wird untersucht, wie realistisch sie die Entwicklung wiedergeben können.

Vorhersagen über die Zukunft sind *Prognosen*. Jede Prognose muss aber versagen, wenn sich die Rahmenbedingungen unvorhergesehen ändern, da kann das Modell noch so gut sein. Deshalb werden heute mit den Modellen keine Prognosen im engeren Sinn abgegeben, sondern *Szenarien* (sog. Repräsentative Konzentrationspfade) berechnet. Der wichtigste Parameter, der von Szenario zu Szenario geändert wird, ist das politisch-gesellschaftliche Handeln. Konkret werden unterschiedliche Annahmen getroffen, ob und inwieweit die Kohlenstoffemissionen reduziert werden. Dies reicht von radikalen Einsparungen bis hin zu „Business as usual"-Annahmen, dass die Emissionen weiter auf konstanter Höhe bleiben.

Wenn die Parameter in den Szenarien sich kontinuierlich ändern, wie z. B. die Emissionen, dann wird das Modell eine quasi-kontinuierliche Antwort liefern: Die Temperaturen werden im langfristigen Verlauf entsprechend ansteigen. Wenn sich solcherart Ergebnisse des Modells verändern, spricht man von einem Trend: Gemeint ist eine langfristige und nachhaltige Änderung der Werte einer Zeitreihe, z. B. der Temperatur, in eine bestimmte Richtung. Trends sind aber nicht nur ein Resultat der Modellierung, sondern sie können auch in tatsächlichen Messdaten aufgespürt werden (wie z. B. in Abb. 1 von Kap. 4.2 dargestellt). Trends sollten generell über genügend lange Zeiträume beobachtbar sein, dann erlauben sie Aussagen über eine dauerhafte Veränderung. Kurzfristige Änderungen eines Trends – Klima wird ja als 30-jähriger Mittelwert verstanden – stellen noch keine Trendwende dar (vgl. Kap. 4.2).

Projektionen ergeben sich aus der Bündelung der Ergebnisse mehrerer Modelle, Modellläufe und/oder Szenarien,

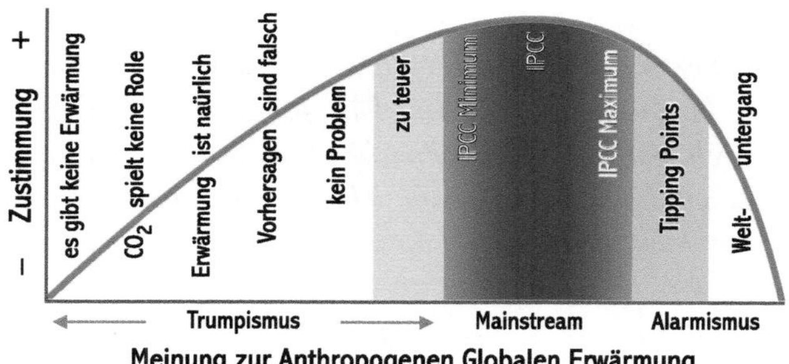

Abb. 1.1 Meinungsspektrum zur Anthropogenen Globalen Erwärmung. Meinungsspektrum zur Anthropogenen Globalen Erwärmung in einer semiquantitativen Zustimmungskurve zu den mittleren Szenarien des IPCC (Intergovernmental Panel for Climate Change, umgangssprachlich oft „Weltklimarat" genannt). Dunkelviolett sind die vom IPCC zusammengefassten, wissenschaftlich fundierten Erkenntnisse unterlegt, wobei die Breite des Balkens die Unsicherheitsbereiche der Projektionen symbolisiert. Hellviolett sind Positionen dargestellt, die die Auswertungen des IPCC akzeptieren, jedoch entweder vermuten, dass aufgrund von Kippelementen im Klimasystem (Tipping Points; vgl. Kap. 8) die Erwärmung stärker ausfallen wird als in den Szenarien berechnet, oder dass eine Mitigation (vorbeugendes Handeln) zu kostspielig wäre, um eine realistische politisch-ökonomische Option darzustellen (vgl. Kap. 7). Die in der Abbildung links des IPCC-Spektrums eingetragenen Positionen bezeichnen wir als „trumpistisch", für die rechts davon hat sich der Begriff „alarmistisch" eingebürgert.

um den Fehlerbereich (in der Regel den Bereich, innerhalb dessen 95 % der Modellrechnungen liegen) abzuschätzen.

1.3.8 Paläoklima, Eiszeitalter, Eiszeit, Proxy

„Die Paläoklimatologie ist eine staunenswerte Teildisziplin der Klimatologie. Sie rekonstruiert das Klima der Jahrmillionen und -milliarden vor der Entstehung nationaler meteorologischer Messnetze seit dem 19. Jahrhundert. Ein

angemessenes Verständnis des Klimasystems, seiner Funktionsweise, Dynamik, möglichen Schwankungsbreite und der Zeiträume, in denen sich Klimaverhältnisse wandeln können, ist nur durch viel weiter zurückreichende Rekonstruktionen möglich. Paläoklimatologen stützen sich dabei auf indirekte Klimainformationen, sogenannte Proxys, vorwiegend aus natürlichen Quellen wie Eis, Seesedimente, Baumringe usw. – für die letzten tausend Jahre auch auf schriftliche Aufzeichnungen. Ohne die Paläoklimatologie hätte die Klimaforschung heute kein Wissen über das Szenario, das dem Film [,The Day after Tomorrow' von Roland Emmerich] *zugrunde liegt."* (Mauelshagen 2009)

Unter *Eiszeitalter* verstehen wir Phasen in der Erdgeschichte von mehreren Millionen Jahren Dauer, in denen Gletscher von den Festländern die Ozeane erreicht haben, sodass ihre Ablagerungen in Meeressedimenten nachgewiesen werden können. Das aktuelle Eiszeitalter wird allerdings erst mit dem Beginn einer solchen Vergletscherung im Bereich beider Pole angesetzt, obwohl die Antarktis schon sehr viel früher vergletschert war. Der Untergang der „Titanic" durch eine Eisbergkollision ist ein Beleg, dass wir uns tatsächlich immer noch in einem Eiszeitalter befinden. Diese Phasen waren zumindest im Fall des aktuellen Eiszeitalters durch etwas wärmere (Warmzeiten oder Interglaziale) und kältere (*Eiszeiten*, Kaltzeiten oder Glaziale) Abschnitte geprägt. Die Übergänge dazwischen sind die gravierendsten Klimaänderungen der jüngeren Erdgeschichte (vgl. Kap. 5.1). Da Informationen über das Paläoklima nur in Ausnahmefällen direkten Messungen zugänglich sind (wie beispielsweise die Zusammensetzung der Luft, die aus Luftblasen im Gletschereis bestimmt werden kann, vgl. Kap. 5.3), ist die Forschung auf quantitative Indikatoren, sog. *Proxy-Daten* (das sind Messwerte, die indirekte Rückschlüsse auf das Klima erlauben, Mann 2002), angewiesen. Einige davon werden wir im Buch kennenlernen, insbesondere in den Kapiteln 5.1 bis 5.4.1.

1.3.9 Klimaschutz, Mitigation, Adaptation

Klimaschutz ist ein Kunstwort, mit dem zum Ausdruck gebracht werden soll, dass durch politische, wirtschaftliche und evtl. technologische Maßnahmen der Zustand des Klimas so nahe wie möglich an einem als natürlich gedachten Stand gehalten wird. Diese Maßnahmen sollen der Vorbeugung des Klimawandels, der *Mitigation*, dienen. Im Gegensatz dazu versteht man unter *Adaptation* die Anpassung der menschlichen Gesellschaften an einen erfolgten oder laufenden Wandel.

1.4 Positionen zum Klimawandel

Wie wir gesehen haben, ist Skepsis eine essenzielle Grundlage der Weiterentwicklung jeglicher wissenschaftlichen Erkenntnis (Kap. 1.1.2). Wir reservieren deshalb den Begriff „Skeptiker" für Menschen, die Lücken, Fehler oder Schwächen einer wissenschaftlichen Theorie benennen und eventuell alternative Konzepte zur Diskussion stellen, vorausgesetzt, sie stehen dabei auf dem Boden der wissenschaftlichen Methoden und vertreten keine endgültig widerlegten Positionen; Personen also, die den Kenntnisstand mittels einer wissenschaftlichen Herangehensweise verbessern wollen und auf dieser Basis Aspekte von Lehrmeinungen oder durchaus auch komplette Lehrmeinungen infrage stellen.

Für alle selbst ernannt „skeptischen" Personen, auf die insbesondere Letzteres nicht zutrifft, hat sich eigentlich der Begriff „Klimawandelleugner" eingebürgert. In der internationalen Diskussion scheint dieser Begriff wenig problematisch, denn viele Menschen bezeichnen sich in Foren oder sozialen Medien selbst als „*climate-change denier*". In deutschen Foren haben wir hingegen die Erfahrung gemacht, dass sich Menschen durch diesen Begriff beleidigt fühlen, da sie sich in die Nähe des in unserem Land besonders sensiblen Begriffs „Holocaust-Leugner" gerückt sehen. Da wir *Ad personam*-Argumente und auch gefühlte Beleidigungen in diesem Buch möglichst vermeiden wollen, werden wir diesen Begriff nicht weiter gebrauchen. Wir folgen stattdessen dem Vorschlag von Bojanowski (2020a) und verwenden unter Bezugnahme auf den wohl prominentesten Vertreter dieser Gruppe den Begriff „Trumpisten" für Personen, die Meinungen vertreten, die in der Abb. 1.1 links des dunkelviolett gekennzeichneten Spektrums liegen, die also von der Nichtexistenz einer Anthropogenen Globalen Erwärmung ausgehen, über den fehlenden Einfluss menschlicher Aktivitäten darauf bis hin zu der Ansicht, dass Vorbeugen (Mitigation) teurer als Anpassen (Adaptation) käme. Wesentliches Unterscheidungsmerkmal zu „Skeptikern" ist, dass Trumpisten sich in ihrer Argumentation nicht auf dem Boden der Wissenschaft bewegen und stattdessen Fehlschlüssen aufsitzen (Kap. 1.2.7, 1.2.8) und/oder Manipulationstechniken anwenden (Kap. 1.2.9). Letztere sind allerdings kein ausschließliches Kriterium, da leider auch Positionen des sog. Klimaschutzes und des „Alarmismus" mit ähnlichen Methoden insbesondere in sozialen und gedruckten Medien vertreten werden.

Darüber hinaus gibt es Personen in der Wissenschaft, die zu beiden Gruppen gerechnet werden müssen. Ein bekanntes Beispiel ist Roy Spencer, der im Internet mit seinem Blog zu den prominenten Trumpisten zählt (www.drroyspencer.com), andererseits in begutachteten Veröffentlichungen zwar durchaus skeptische, aber meist im wissenschaftlichen Rahmen liegende Auswertungen insbesondere des von ihm mitverantworteten Datensatzes satellitengestützter Temperaturmessungen UAH vorlegt (Wikipedia 2020b). Empfehlenswert für Trumpisten ist Spencer (2014), wo er die nach eigenen Worten *„zehn dümmsten skeptischen Argumente"* auflistet und auseinandernimmt.

Abb. 1.1 stellt anhand einer nicht auf quantitative Daten gestützten Zustimmungskurve verallgemeinert und schematisch die häufigsten Standpunkte von Menschen zur Anthropogenen Globalen Erwärmung dar. Diese Positionen werden im vorliegenden Buch aufgegriffen, indem wir uns mit den Argumenten, die jeweils hinter den Standpunkten stehen, im Detail auseinandersetzen. Zu einer im Grunde ähnlichen Einordnung kommt ProClim (2010): *„Verschiedene ‚Klimaskeptiker' vertreten dabei ganz unterschiedliche Positionen. Man unterscheidet die Trendskeptiker (die den Erwärmungstrend des Klimas bestreiten), die Ursachenskeptiker (die zwar die Erwärmung akzeptieren, aber keine oder kaum anthropogene, also vom Menschen ausgehende Ursachen dafür sehen) und die Folgenskeptiker (welche die globale Erwärmung für harmlos oder sogar günstig halten)."*

Der Begriff „alarmistisch" wird von trumpistischer Seite auch für Positionen verwendet, die mit dem Mainstream (wiedergegeben durch das IPCC) konform gehen, mit der Begründung, Klimawissenschaftler*innen seien „Alarmisten" (man liest auch „Warmisten"), die das Ausmaß und die Bedrohung der globalen Erwärmung übertreiben, um ihren Status, ihre Finanzierung und ihren Einfluss bei politischen Entscheidungsträgern zu verbessern (vgl. Kap. 4.5.1). Empirischen Überprüfungen hält dieser Vorwurf allerdings kaum stand; im Gegenteil konstatieren Freudenburg & Muselli (2013), dass

„die ständige Kritik, die von der Leugnungsmaschinerie kommt …, Klimawissenschaftler dazu veranlasst, eher zu Gunsten einer zu vorsichtigen Einschätzung zu irren, und dass Konsensdokumente wie die Bewertungen des IPCC dazu neigen, potenzielle Klimastörungen zu unterschätzen“ (zitiert nach Dunlap 2013). Auch Brysse et al. (2013) kommen zu dem Ergebnis, dass die eingetretenen Entwicklungen des Klimas meist eher am oberen Rand, wenn nicht gar oberhalb der Szenarien des Mainstreams lagen.

Es gibt Untersuchungen über die Motive hinter trumpistischen Positionen, auf die sich das Folgende stützt (Dunlap 2013; Lewandowsky et al. 2013, 2015). Ferner fließen unsere Erfahrungen aus sozialen Medien ein. Da wir keine Expertise in Sozialforschung besitzen, ist dies allerdings hauptsächlich eine subjektive Einschätzung möglicher Motive:

1. Personen mit einer einschlägigen wissenschaftlichen Expertise erhalten teilweise Zuwendungen von der Industrie bzw. deren gesponserten Think Tanks (vgl. Kap. 3.2). Wichtig ist zu wissen, dass neben zweckgebundenen Forschungsgeldern auch persönliches Einkommen generiert werden kann, was diese Erwerbsquelle insbesondere für Personen im Ruhestand attraktiv macht. Analysiert man Positionen, welche einige dieser Personen, insbesondere auch die dahinterstehenden Think Tanks (identifiziert nach Center for Media & Democracy 2018 und Lay 2021) früher eingenommen haben, fallen ähnliche Argumentationsweisen auf, wie sie sich heute in Bezug auf die Anthropogene Globale Erwärmung finden, zu Themen wie Ozonloch, Gefahren des Rauchens, des Passivrauchens oder des Asbests. Nach Lahsen (2013) gibt es ferner eine nicht unerhebliche Zahl von Beschäftigten in der Wettervorhersage, die fürchten,

durch Modellierer*innen ersetzt zu werden, und schon deshalb skeptisch gegenüber Klimamodellen (vgl. Kap. 2.3 und 4.4) eingestellt sind.

2. Einige Wissenschaftler*innen sind generell misstrauisch gegenüber „Mehrheitsmeinungen". Oft wiederholen sie bereits widerlegte Argumente ohne zusätzliche Belege und/oder fußen die Aussagen auf Fehlschlüssen bzw. sogar Manipulationstechniken (vgl. Kap. 1.2.8 und 1.2.9). Bewegen sie sich dabei auf wissenschaftlicher Basis, rechnen wir sie allerdings nicht zu den Trumpisten, sondern zu den Skeptikern (vgl. Kap. 1.1.2).
3. Viele Wissenschaftler*innen kommen nicht aus der Klimatologie oder benachbarten Disziplinen und bilden sich ihre Meinung aufgrund von Quellen, die sie nicht in vollem Umfang verstehen bzw. einschätzen können. Manche gehen von der Erkenntnis aus, dass die Erde und das Leben auf ihr viele einschneidende Klimaänderungen überstanden haben, was ja sehr zutreffend ist, und schließen daraus, dass eine globale Erwärmung unseren Planeten nicht gefährden könne (vgl. Kap. 5.1 und 5.2).
4. Laien müssen sich normalerweise auf ihren gesunden Menschenverstand verlassen. Da aber jeder Mensch weitaus leichter an das glaubt, woran er gerne glauben möchte bzw. was seinen bisherigen Überzeugungen entspricht (Bestätigungsfehler, Kap. 1.2.8), weil man z. B. seinen Lebensstil nicht auf den Prüfstand stellen will, tendiert man eher dazu, den Ausführungen von Personen der vorgenannten Typen 1–3 Vertrauen zu schenken als einer der eigenen Meinung entgegenstehenden Faktenlage.
5. Ferner gibt es Personen, die ein schlechtes Gewissen wegen ihres Lebensstils haben und deshalb gar nicht tiefer über die Anthropogene Globale Erwärmung nachdenken wollen, weil sie Gewissenskonflikte vermeiden wollen.

6. Wieder andere sind der festen Überzeugung, dass Gott nicht zulassen würde, dass seine Geschöpfe seine Kreation entscheidend beeinflussen dürfen. So kann nicht sein, was nicht sein darf.
7. Eine andere, politische Motivation ist, wie (6), vor allem in den USA zu finden. Dort reagiert man panisch auf alles, was politisch – auch nur leicht – links angehaucht ist; und die Think Tanks (s. o.) haben es geschafft, die Anthropogene Globale Erwärmung als eine linke Agenda aufzubauen. Man kann u. E. darüber geteilter Meinung sein, denn das Wort „konservativ" ist ja verwandt mit „konservieren", also erhalten. Und damit waren ursprünglich vielleicht nicht die Profite von Big Oil oder Big Coal gemeint …
8. Darüber hinaus kann es politisch opportun sein, den Klimawandel bzw. den Einfluss des Menschen darauf zu negieren, um attraktiv für Personen der Typen 4–6 zu sein, sowie in Hinblick auf einen möglichen zusätzlichen globalen Migrationsdruck und dessen erhoffte Wirkung auf Wählerstimmen.

Nicht zu unterschätzen ist Gruppendynamik als Motiv, wenn Personen in einem Zirkel von Trumpisten verkehren. Gruppendynamik ist ein allgemein verbreitetes Phänomen und wird dementsprechend auch der etablierten Klimaforschung unterstellt (Booker 2018), auch wenn nach unserer Erfahrung die charakterlichen Eigenschaften vieler in der Wissenschaft Tätigen dem nicht gerade entgegenkommen, da echte Skeptiker im Sinne von Kap. 1.1.2 in der Wissenschaft hohes Ansehen genießen.

Gruppenzugehörigkeit kann aber auch genutzt werden. Es ist nämlich nur in Ausnahmefällen möglich, Menschen, die die Anthropogene Globale Erwärmung negieren, vom Gegenteil zu überzeugen: Eine bekannte

Klimatologin, Katharine Hayhoe, die zugleich evangelikale Christin ist, berichtet, dass sie als angesehenes und allgemein akzeptiertes Mitglied ihrer Glaubensgemeinschaft ihre Glaubensbrüder und -schwestern überzeugen kann, dass die Anthropogene Globale Erwärmung nicht deshalb unmöglich ist, weil Gott es nicht zulassen würde, dass der Mensch seine Schöpfung entscheidend verändert, das Akzeptieren des Klimawandels also nicht gegen den Glauben verstößt. Sie kann das, weil sie „in-group“ ist und die anderen deshalb bereit sind, ihr zuzuhören, was sie jemand Fremdem verweigern würden: *„Katharine Hayhoes Vortrag präsentierte klimawissenschaftliche Informationen durch die Brille einer evangelikalen Tradition. Neben der Präsentation wissenschaftlicher Beweise enthielt er eine Einführung über den Unterschied zwischen Glauben und Wissenschaft: Glaube basiert auf Dingen, die spirituell erkannt werden, während Wissenschaft auf Beobachtung basiert. ... Hayhoe redet nicht auf sie herab, sie ignoriert nicht ihre Weltanschauung, sie fordert sie nicht auf, wie ein Atheist zu denken; ganz im Gegenteil. Sie verbringt einen Teil ihrer Vorträge damit, den Glauben und die Akzeptanz des Klimawandels miteinander zu versöhnen, und sie tut es aus der Perspektive eines Insiders. Hayhoe hat es geschafft, innerhalb einer Gruppe, den Evangelikalen, Einfluss zu gewinnen und ihnen und anderen zu helfen, die Kluft zu überbrücken“* (Nuccitelli 2017). Entscheidend ist, dass Menschen bereit sind zuzuhören, auch wenn das Gehörte nicht in ihr bisheriges Konzept passt – und das gelingt i. d. R. am besten durch individuelle Beziehungen und persönliche Akzeptanz. Menschen, die Nutzen aus der Ablehnung der Anthropogenen Globalen Erwärmung ziehen (Typen 1 und 8), kann man aber natürlich auch unter solchen Umständen nicht überzeugen. Eine Maxime der trumpistischen Denkfabrik The Heartland Institute ist: *„Ich präsentiere logische Dinge. Aber die Leute lassen* *sich nicht durch logische Dinge motivieren. Du musst mit Emotionen argumentieren*" (James Taylor, zitiert nach Huth et al. 2020). Das gilt wahrscheinlich leider auch für naturwissenschaftlich fundierte Argumente. Dennoch appelliert unser Buch, soweit möglich, nicht an Ihre Emotionen, sondern fokussiert auf eine rationale Auseinandersetzung mit den Fragen um die Anthropogene Globale Erwärmung.

Personen, die ihre Meinung noch nicht festgelegt haben, folgen andererseits oft durchaus den besseren Argumenten. Da es für sie aber häufig schwierig ist zu erkennen, welche Argumente die besseren sind, ist es letztlich wichtig, fundiert und sachlich zu argumentieren. Ein großer Vorteil besteht darin, dass in Diskussionen Opponenten der Anthropogenen Globalen Erwärmung gerne ausfallend werden, wenn ihnen die Argumente ausgehen. Nach unserer Erfahrung disqualifizieren sie sich dadurch gegenüber „Unentschlossenen", die das vielfach sehr wohl als Versagen interpretieren. Unser Appell an die wissenschaftlich orientierte Kollegenschaft, aber auch an unsere geschätzte Leserschaft ist deshalb, nicht in den gleichen Fehler zu verfallen. Sollten Sie argumentativ einmal nicht mithalten können, holen Sie sich Rat, aber geben Sie nicht auf und bleiben Sie immer höflich.

Bisher nicht erwähnt haben wir die Gruppen am anderen Rand des Meinungsspektrums in Abb. 1.1, hier als Alarmisten bezeichnet. Dazu gehört die Ansicht, dass die Unsicherheiten der Projektionen eher dazu führen werden, dass die ungünstigsten Szenarien noch übertroffen werden, wenn das Klimasystem sog. Tipping Points, also Kipppunkte, überschreitet. Hierfür gibt es durchaus wissenschaftlich vertretbare Gründe, mit denen wir uns gegen Ende des Buchs kurz befassen werden (Kap. 8). Meinungen, die einen Weltuntergang als Folge der Anthropogenen Globalen Erwärmung erwarten, sind wissenschaftlich schwer zu begründen und sollen in Kap. 9 ebenfalls knapp angesprochen werden.

Eine wichtige Rolle spielen in diesem Meinungschaos die Medien, bei denen man manchmal eher an zündenden Titeln als an sachlicher Information interessiert ist. Dies führt zu einer fatalen Situation: Trumpistische Medien und Kommentator*innen (Elsasser & Dunlap 2013) negieren üblicherweise die Risiken des Klimawandels; demgegenüber verschweigen vielfach andere Medien, selbst wenn sie sich eher dem wissenschaftlichen Mainstream verpflichtet sehen, die Unsicherheiten der Projektionen, obwohl diese in der Wissenschaft bekannt sind und breit und offen diskutiert werden. Beides vergrößert die Desinformation der Öffentlichkeit, denn es erleichtert der jeweiligen Gegenseite, die Fehler aufzudecken, sodass die Leserschaft ratlos zurückbleibt oder in einer vorgefassten Meinung nur bestätigt wird (Bojanowski 2020a).

Literatur

Anonymus (2021) List of predatory journals | stop predatory journals. predatoryjournals.com. https://predatoryjournals.com/journals/. Letzter Zugriff: 14.04.2021

Barley S (25.02.2011) Real Climate faces libel suit. The Guardian. https://www.theguardian.com/environment/2011/feb/25/real-climate-libel-threat. Letzter Zugriff: 13.03.2021

Benestad RE, Nuccitelli D, Lewandowsky S, Hayhoe K, Hygen HO, van Dorland R, Cook J (2016) Learning from mistakes in climate research. Theor Appl Climatol 126:699–703. https://doi.org/10.1007/s00704-015-1597-5

Bennert W (2019) Das Klima ändert sich unabhängig vom CO_2, WerteUnion in Bayern – Konservativer Aufbruch. https://konservativer-aufbruch.bayern/2019/11/16/profwulf-bennert-bei-der-werteunion-unterfranken-das-klima-aendert-sich-unabhaengig-vom-co2/. Letzter Zugriff: 14.04.2021

Bojanowski A (2020a) Die vermaledeite Klimadebatte – eine Erkundung. http://axelbojanowski.de/klimajournalisten-blues/. Letzter Zugriff: 28.12.2020

Bosbach G, Korff JJ (2011) Lügen mit Zahlen: Wie wir mit Statistiken manipuliert werden, 5. Aufl. Heyne, München

Brysse K, Oreskes N, O'Reilly J, Oppenheimer M (2013) Climate change prediction: Erring on the side of least drama? Global Environmental Change 23:327–337. https://doi.org/10.1016/j.gloenvcha.2012.10.008

Center for Media & Democracy (2018) SourceWatch. SourceWatch.org. https://www.sourcewatch.org/index.php?title=SourceWatch. Letzter Zugriff: 22.04.2021

Chung E-S, Soden BJ, Sohn B-J (2010) Revisiting the determination of climate sensitivity from relationships between surface temperature & radiative fluxes. Geophys Res Lett 37. https://doi.org/10.1029/2010GL043051

Cook J (2010a) Phil Jones & the meaning of ‚statistically significant warming'. Skeptical Science. https://skepticalscience.com/Phil-Jones-says-no-global-warming-since-1995.htm. Letzter Zugriff: 09.04.2021

Cook J (2016) What does Naomi Oreskes' study on consensus show? Skeptical Science. https://skepticalscience.com/naomi-oreskes-consensus-on-global-warming.htm. Letzter Zugriff: 13.04.2021

Cook J, Nuccitelli D, Green SA, Richardson M, Winkler B, Painting R, Way R, Jacobs P, Skuce A (2013) Quantifying the consensus on anthropogenic global warming in the scientific literature. Environm Res Lett 8:24024. https://doi.org/10.1088/1748-9326/8/2/024024

Cook J, Oreskes N, Doran PT, Anderegg WRL, Verheggen B, Maibach EW, Carlton JS, Lewandowsky S, Skuce AG, Green SA, Nuccitelli D, Jacobs P, Richardson M, Winkler B, Painting R, Rice K (2016) Consensus on consensus: a synthesis of consensus estimates on human-caused global warming. Environm Res Lett 11:48002. https://doi.org/10.1088/1748-9326/11/4/048002

Darner R (2019) How can educators confront science denial? Educational Researcher 48:229–238. https://doi.org/10.3102/0013189X19849415

Dessler AE (2010) A determination of the cloud feedback from climate variations over the past decade. Science 330:1523–1527. https://doi.org/10.1126/science.1192546

Dickson L (30.04.2020) Article defamed Andrew Weaver, B.C. Court of Appeal finds. Times Colonist. https://www.timescolonist.com/news/local/article-defamed-andrew-weaver-b-c-court-of-appeal-finds-1.24127405. Letzter Zugriff: 01.05.2021

Diefenbach H (2012) Lügen mit Zahlen – Eine Rezension, ScienceFiles. https://sciencefiles.org/2012/12/18/lugen-mit-zahlen-eine-rezension/. Letzter Zugriff: 19.04.2021

Dpa-Faktencheck (03.03.2020) Thesen zum Klimawandel ohne wissenschaftliche Beweise. Presseportal.de. https://www.presseportal.de/pm/133833/4537007. Letzter Zugriff: 03.05.2021

Dunlap RE (2013) Climate change skepticism & denial: An introduction. American Behavioral Scientist 57:691–698. https://doi.org/10.1177/0002764213477097

Elsasser SW, Dunlap RE (2013) Leading voices in the denier choir. American Behavioral Scientist 57:754–776. https://doi.org/10.1177/0002764212469800

Farley JW (01.05.2012) Petroleum & Propaganda. Monthly Review. https://monthlyreview.org/2012/05/01/petroleum-and-propaganda. Letzter Zugriff: 01.05.2021

Fleming RJ (2020) The rise & fall of the carbon dioxide theory of climate change. Springer International Publishing, Cham

Florides GA, Christodoulides P, Messaritis V (2013) RETRACTED: Reviewing the effect of CO_2 & the sun on global climate. Renewable & Sustain Energy Rev 26:639–651. https://doi.org/10.1016/j.rser.2013.05.062

Florides GA, Christodoulides P, Messaritis V (2018) Concerning the retraction of the article "Reviewing the effect of CO_2 & the sun on global climate" Renewable & Sustainable Energy Reviews, 26, pp. 639–651 by Florides, G.A., Christodoulides, P. & Messaritis, V., 2013. | Library & Information Services, Cyprus University of Technology. https://library.cut.ac.cy/en/Reviewing_the_effect_of_CO2_and_the_sun_on_global_climate. Letzter Zugriff: 21.03.2021

Foley A (2018) Editor's Note. Renewable & Sustain Energy Rev 94:1230. https://doi.org/10.1016/j.rser.2018.08.012

Foley KE (05.09.2017) The 3% of scientific papers that deny climate change are all flawed. Quartz. https://qz.com/1069298/the-3-of-scientific-papers-that-deny-climate-change-are-all-flawed/. Letzter Zugriff: 03.03.2021

Freudenburg WR, Muselli V (2013) Reexamining Climate Change Debates. American Behavioral Scientist 57:777–795. https://doi.org/10.1177/0002764212458274

Gastmann J (2020) Klima, CO_2 und Sonne: Warum die CO_2-Theorie unwahrscheinlich ist. https://www.economy4mankind.org/klima-co2-sonne. Letzter Zugriff: 15.01.2021

Happer W (2014) The CO_2 Wars. Acad. Quest. 27:125–130. https://doi.org/10.1007/s12129-013-9400-5

Huth K, Peters J, Seufert J (2020) Die Heartland-Lobby. correctiv.org. https://correctiv.org/top-stories/2020/02/04/die-heartland-lobby-2/. Letzter Zugriff: 29.12.2020

Idso CD, Carter RM, Singer SF (2016) Why scientists disagree about global warming: The NIPCC Report on Scientific Consensus, 2. Aufl. The Heartland Institute, Arlington Heights, IL

Johnson S (2019) Non-peer-reviewed manuscript falsely claims natural cloud changes can explain global warming. Climate Feedback. https://climatefeedback.org/claimreview/non-peer-reviewed-manuscript-falsely-claims-natural-cloud-changes-can-explain-global-warming/. Letzter Zugriff: 19.04.2021

Jokimäki A (2017a) The F13 files, part 2 – the content analysis. Skeptical Science. https://skepticalscience.com/f13_content_analysis.html. Letzter Zugriff: 21.03.2021

Jokimäki A (2017b) The F13 files, part 4 – dealing with Elsevier. Skeptical Science. https://skepticalscience.com/f13_elsevier.html. Letzter Zugriff: 21.03.2021

Kauppinen J, Malmi P (2019) No experimental evidence for the significant anthropogenic climate change. arXiv. http://arxiv.org/pdf/1907.00165v1. Letzter Zugriff: 03.03.2021

Kleber A (2019b) Kommentar zu „Worauf ist die Meinung der Klimaskeptiker fundiert?“. Quora.com. https://de.quora.com/Worauf-ist-die-Meinung-der-Klimaskeptiker-fundiert/answer/Arno-Kleber?comment_id=121943693&comment_type=2. Letzter Zugriff: 14.04.2021

Kleber A (2020e) Eine Alternative zur geologischen Zeitskala – die Sintflut. Quora.com – Klima der Vorzeit. https://klimadervorzeit.quora.com/Eine-Alternative-zur-geologischen-Zeitskala-die-Sintflut-In-einer-angenehmen-und-das-findet-man-bei-diesem-Thema-se. Letzter Zugriff: 16.04.2021

Kleber A (2020g) If you believe that the timeline in the Bible suggests that creation is only 6000 years or so old, then how do you explain the existence of the fossil record that clearly establishes that the Earth is much older? Quora.com – Evolution & Creationism. https://www.quora.com/q/evolutionandcreationism/If-you-believe-that-the-timeline-in-the-Bible-suggests-that-creation-is-only-6000-years-or-so-old-then-how-do-you-expla. Letzter Zugriff: 15.03.2021

Kleber A (2020m) Kommentar zu „Welche Argumente von Klimawandelskeptikern konnten bislang nicht widerlegt werden?“. Quora.com. https://de.quora.com/Welche-Argumente-von-Klimawandelskeptikern-konnten-bislang-nicht-widerlegt-werden/answer/Klaus-Miehling/comment/123073734. Letzter Zugriff: 11.06.2021

Kleber A (2021c) Hat Rex Fleming den Treibhauseffekt widerlegt? Quora.com – Klimawandel und -diskussion. https://klimawandeldiskussion.quora.com/Hat-Rex-Fleming-den-Treibhauseffekt-widerlegt. Letzter Zugriff: 18.04.2021

Kleber A (2021e) Young-Earth Creationism clashes with Physics & other sciences, not just Biology, Quora.com – Evolution

& Creationism. https://evolutionandcreationism.quora.com/Young-Earth-Creationism-clashes-with-Physics-and-other-sciences-not-just-Biology-Sometimes-it-appears-as-if-creationis. Letzter Zugriff: 12.04.2021

Kleber A (2021g): Kann man den Einfluss von Treibhausgasen auf die Temperatur „beweisen“? Quora.com – Klimawandel und -diskussion. https://klimawandeldiskussion.quora.com/Kann-man-den-Einfluss-von-Treibhausgasen-auf-die-Temperatur-beweisen-In-einem-Kommentar-zu-unerw%C3%BCnschte-Fragen-htt. Letzter Zugriff: 11.08.2021

Lahsen M (2013) Anatomy of Dissent. American Behavioral Scientist 57:732–753. https://doi.org/10.1177/0002764212469799

Lay J (2021) Climate disinformation database. DeSmog. https://www.desmog.com/climate-disinformation-database. Letzter Zugriff: 22.04.2021

Lewandowsky S, Cook J (2020) Das Handbuch über Verschwörungsmythen. Center for Climate Change Communication. https://www.climatechangecommunication.org/wp-content/uploads/2020/04/ConspiracyTheory-Handbook_German.pdf. Letzter Zugriff: 23.04.2021

Lewandowsky S, Cook J, Lloyd EA (2018) The 'Alice in Wonderland' mechanics of the rejection of (climate) science: simulating coherence by conspiracism. Synthese 195:175–196. https://doi.org/10.1007/s11229-016-1198-6

Lewandowsky S, Cook J, Oberauer K, Brophy S, Lloyd EA, Marriott M (2015) Recurrent fury: Conspiratorial discourse in the blogosphere triggered by research on the role of conspiracist ideation in climate denial. J Soc Polit Psych 3:142–178. https://doi.org/10.5964/jspp.v3i1.443

Lewandowsky S, Oberauer K, Gignac GE (2013) NASA faked the moon landing – therefore, (climate) science is a hoax: An anatomy of the motivated rejection of science. Psychol Sci 24:622–633. https://doi.org/10.1177/0956797612457686

Lindzen RS, Choi Y-S (2009) On the determination of climate feedbacks from ERBE data. Geophys Res Lett 36. https://doi.org/10.1029/2009GL039628

Lindzen RS, Choi Y-S (2011) On the observational determination of climate sensitivity & its implications. Asia-Pacific J Atmos Sci 47:377–390. https://doi.org/10.1007/s13143-011-0023-x

Lohaus I (18.10.2019) Wie arbeitet eine Faktenfinder-Redaktion? Forschung und Lehre. https://www.forschung-und-lehre.de/wie-arbeitet-eine-faktenfinder-redaktion-2189/. Letzter Zugriff: 19.04.2021

Mann ME (2002) Climate reconstruction: The value of multiple proxies. Science 297:1481–1482. https://doi.org/10.1126/science.1074318

Matschullat J (2010) Klimawandel – Klimaschwindel? Mitt Dt Meteorol Ges 2010:21–36. http://www.dresden.de/media/pdf/umwelt/Klimawandel-Klimaschwindel.pdf. Letzter Zugriff: 09.06.2021

Mauelshagen F (2009) Die Klimakatastrophe: Szenen und Szenarien. In: Schenk GJ (Hrsg.) Katastrophen: Vom Untergang Pompejis bis zum Klimawandel. Throbecke, Stuttgart:205–257

Murphy DM (2010) Constraining climate sensitivity with linear fits to outgoing radiation. Geophys Res Lett 37. https://doi.org/10.1029/2010GL042911

n-tv (14.02.2020) Die Antarktis schmilzt: Erstmals über 20 Grad am Südpol. n-tv NACHRICHTEN. https://www.n-tv.de/wissen/Erstmals-ueber-20-Grad-am-Suedpol-article21576678.html. Letzter Zugriff: 02.05.2021

Nuccitelli D (2016a) The 97% consensus on global warming. Skeptical Science. https://skepticalscience.com/global-warming-scientific-consensus-advanced.htm. Letzter Zugriff: 13.04.2021

Nuccitelli D (25.08.2015) Here's what happens when you try to replicate climate contrarian papers. The Guardian. https://www.theguardian.com/environment/climate-consensus-97-per-cent/2015/aug/25/heres-what-happens-when-youtry-to-replicate-climate-contrarian-papers. Letzter Zugriff: 17.04.2021

Nuccitelli D (28.08.2017) Study: Katharine Hayhoe is successfully convincing doubtful Evangelicals about climate change. The Guardian. https://www.theguardian.com/environment/climate-consensus-97-per-cent/2017/aug/28/study-katharine-hayhoe-is-successfully-convincing-doubtful-evangelicals-about-climate-change. Letzter Zugriff: 22.04.2021

O'Sullivan J, Shreuder H, Siddons A (2011) Slaying the sky dragon: Death of the greenhouse gas theory: the settled climate science revisited. Stairway Press, Mount Vernon, WA

Orosz G, Krekó P, Paskuj B, Tóth-Király I, Bőthe B, Roland-Lévy C (2016) Changing conspiracy beliefs through rationality & ridiculing. Front. Psychol 7:1525. https://doi.org/10.3389/fpsyg.2016.01525

ProClim (2010) Die Argumente der Klimaskeptiker. Akademie der Naturwissenschaften Schweiz (SCNAT). https://scnat.ch/de/uuid/i/12dba1b8-4bc2-5152-a949-95c0ff6261be-Die_Argumente_der_Klimaskeptiker. Letzter Zugriff: 03.03.2021

Rahmstorf S (2004) Die Klimaskeptiker: Die Medien berichten immer wieder über Skeptiker. Munich Re: Weather catastrophes & climate change:77–83. http://www.pik-potsdam.de/~stefan/Publications/Other/rahmstorf_dieklimaskeptiker_2004. Letzter Zugriff: 10.06.2021

Rahmstorf S (2012b) Is journalism failing on climate? Environ Res Lett 7:41003. https://doi.org/10.1088/1748-9326/7/4/041003

Reimer SC (2019) Anthropogener Klimawandel unbestritten. Deutscher Bundestag, Parlamentsnachrichten. https://www.bundestag.de/presse/hib/655774-655774. Letzter Zugriff: 13.04.2021

Schekman R (2011) On the observational determination of climate sensitivity & its implications. National Academy of Sciences, PNAS Office. https://www.masterresource.org/wp-content/uploads/2011/06/Attach3.pdf. Letzter Zugriff: 14.04.2021

Schönstein J (2016) Verschwörungstheorien haben ein statistisches Problem. ScienceBlogs Geograffitico. https://scienceblogs.de/geograffitico/2016/01/27/verschwoerungstheorien-haben-ein-statistisches-problem/. Letzter Zugriff: 16.04.2021

Shaftel H (2021) Scientific consensus: Facts – climate change: vital signs of the planet. NASA. https://climate.nasa.gov/scientific-consensus/. Letzter Zugriff: 16.04.2021

Spencer RW (2014) Skeptical arguments that don't hold water. drroyspencer.com. http://www.drroyspencer.com/2014/04/skeptical-arguments-that-dont-hold-water/. Letzter Zugriff: 22.04.2021

Spencer RW, Braswell WD (2011) On the misdiagnosis of surface temperature feedbacks from variations in Earth's radiant energy balance. Remote Sensing 3:1603–1613. https://doi.org/10.3390/rs3081603

Taylor T (2009) Comments on Heaven & Earth: Global warming: The missing science: Interview with Professor Kurt Lambeck. ABC Radio National, Ockham's Razor. https://www.abc.net.au/radionational/programs/ockhamsrazor/comments-on-heaven-and-earth-global-warming-the/3147158. Letzter Zugriff: 16.04.2021

Tol RS (2014) Quantifying the consensus on anthropogenic global warming in the literature: A re-analysis. Energy Policy 73:701–705. https://doi.org/10.1016/j.enpol.2014.04.045

Tol RSJ (2016) Comment on 'Quantifying the consensus on anthropogenic global warming in the scientific literature'. Environ Res Lett 11:48001. https://doi.org/10.1088/1748-9326/11/4/048001

Trenberth KE, Fasullo JT, O'Dell C, Wong T (2010) Relationships between tropical sea surface temperature & top-of-atmosphere radiation. Geophys Res Lett 37:5. https://doi.org/10.1029/2009GL042314

Vigen T (2015) 15 insane things that correlate with each other. tylervigen.com. https://www.tylervigen.com/spurious-correlations. Letzter Zugriff: 15.04.2021

Wagner W (2011) Taking responsibility on publishing the controversial paper "On the misdiagnosis of surface temperature feedbacks from variations in Earth's radiant energy balance" by Spencer & Braswell, Remote Sens. 2011, 3(8), 1603-1613. Remote Sensing 3:2002–2004. https://doi.org/10.3390/rs3092002

Watts A (2011) Neue Studie von Lindzen und Choi zeigt, dass die Modelle die Klimasensitivität übertreiben. EIKE – Europäisches Institut für Klima & Energie. https://www.eike-klima-energie.eu/2011/08/23/neue-studie-von-lindzen-und-choi-zeigt-dass-die-modelle-die-klimasensitivitaet-uebertreiben/. Letzter Zugriff: 14.04.2021

Wikipedia (2020b) UAH satellite temperature dataset.https://en.wikipedia.org/w/index.php?title=UAH_satellite_temperature_dataset&oldid=993489743. Letzter Zugriff: 28.12.2020

2

Forschungsgeschichte des Klimawandels

2.1 Entdeckung des Treibhauseffekts

Der Treibhauseffekt wurde 1824 von Joseph Fourier entdeckt und 1896 von Svante Arrhenius erstmals quantitativ genauer beschrieben, der auch bereits auf die klimatischen Effekte von CO_2 hinwies. Erste Experimente zur Wirkung von Wärmestrahlung auf CO_2 gehen auf Eunice Newton Foote zurück, die als Frau jedoch 1856 nicht selbst auf einem Kongress vortragen durfte, weshalb der „offiziell" erste experimentelle Nachweis John Tyndall 1859 zugeschrieben wird, der allerdings auch eine überzeugendere Messanordnung präsentieren konnte (Rathi 2018). Großen Einfluss auf die Entwicklung der Theorie hatte die Erkenntnis der Paläoklimatologie, dass Klimaänderungen in geologischer Vergangenheit nicht immer Jahrmillionen benötigten, sondern dass es auch Phasen weitaus schnellerer Umbrüche gab,

A. Kleber und J. Richter-Krautz, *Klimawandel FAQs – Fake News erkennen, Argumente verstehen, qualitativ antworten*, https://doi.org/10.1007/978-3-662-64548-2_2

eng verbunden mit dem Namen des Geologen Thomas Chrowder Chamberlin. Die Sorge um einen durch menschliches Handeln bedingten Temperaturanstieg wurde dennoch in der Wissenschaft lange Zeit nur von einer Minderheit geteilt, insbesondere weil Anders Knutsson Ångström 1900 auf die Sättigung der zentralen Frequenzbereiche der Absorption durch CO_2 hinwies (vgl. Kap. 5.4.4 und Weart 2003). Konkrete Warnungen vor den Konsequenzen erhöhter CO_2-Konzentrationen stammten 1930 von Thomas Alva Edison und 1938 von Guy Callendar, der den Temperaturanstieg der vorangegangenen Jahrzehnte durch den Treibhauseffekt erklärte. Physikalisch fundierter, aber im Tenor gleich war dann Gilbert Plass 1953 und 1956. Ab 1954 wurde am CalTech (finanziert durch die Ölindustrie) und von ExxonMobil-Wissenschaftlern (damals Humble Oil Co.) über die Anthropogene Globale Erwärmung geforscht (vgl. Kap. 3.1), auch das US-Militär war an dem Thema wegen möglicher Landschaftsveränderungen in potenziellen Kriegsgebieten interessiert. Seitens der Atom-Industrie hat erstmals Edward Teller 1959 in einem Vortrag auf eine bevorstehende Erwärmung hingewiesen, wobei er sich auf die Ergebnisse der Ölindustrie-Forschungen bezog, nicht auf eigene. Insbesondere als Mitte der 1970er-Jahre die Temperaturen global wieder anzusteigen begannen, wurden die Forschungen darüber forciert. In das Bewusstsein der Öffentlichkeit und der Medien gerieten der Treibhauseffekt und der Klimawandel 1988 durch einen Vortrag von James Hansen von der NASA vor dem Kongress. [Alle Angaben in diesem Absatz, soweit nicht separat durch eine Quelle belegt, gehen auf Jones & Henderson-Sellers (1990) und Weart (2021) zurück.]

Der Begriff „Treibhauseffekt" selbst ist übrigens wissenschaftshistorisch zu verstehen, denn *„es gibt keine gemeinsamen physikalischen Gesetze zwischen dem*

Erwärmungsphänomen in Treibhäusern und dem fiktiven atmosphärischen Treibhauseffekt (egal in welcher Version), welche die relevanten physikalischen Phänomene erklären. Die Begriffe ‚Treibhauseffekt' und ‚Treibhausgase' sind bewusste Fehlbenennungen" (Gerlich & Tscheuschner 2009). Heute würde man den Effekt möglicherweise anders benennen, da ein Gewächshaus den Wärmeverlust durch Luftbewegungen blockiert (vgl. schon Wood 1909), während sich der Begriff Treibhauseffekt auf eine Art Verzögerung der Ausstrahlung bezieht. Das Ergebnis ist jedoch in beiden Fällen eine Temperaturänderung. John Henry Poynting benutzte 1907 wohl als Erster den Begriff „Treibhauseffekt" (zitiert nach Easterbrook 2015), bevor Wood die physikalischen Unterschiede aufzeigte, weshalb die Unterstellung *„bewusst"* zurückzuweisen ist; auch die Behauptung, der Begriff *„wurde kreiert durch eine politiknahe Schicht von Experten, deren Expertisen auch sofort sehr freimütig in der Politik, im Medienwald und internationalen Organisationen verbreitet, wiederholt und verfestigt wurden"* (Ped 2019), geht wohl auf Unkenntnis des ehrwürdigen Alters dieses Begriffs zurück. Auch viele andere zentrale wissenschaftliche Begriffe wurden schon bei der ersten Entdeckung geprägt, als man teilweise die zugrunde liegenden physikalischen Gesetzmäßigkeiten noch gar nicht ausreichend verstand, und haben sich bis heute erhalten.

2.2 Evidenzen

Seit 1958 wird auf Betreiben von Charles David Keeling die CO_2-Konzentration der Atmosphäre auf dem Mauna Loa gemessen. Die älteste deutsche Messreihe des CO_2, vom Hohen Peißenberg, geht übrigens bis ins Jahr 1972 zurück. Die Messungen zeigen seither neben dem

Jahreszeiten-Rhythmus einen kontinuierlichen Anstiegstrend. Durch die Kenntnis der menschlichen Emissionen aus ökonomischen und Landnutzungsdaten, durch die Messung von Kohlenstoff-Isotopenverhältnissen (vgl. Kap. 5.5) seit Hans Suess im Jahr 1955 sowie durch die Rekonstruktion vorindustrieller Konzentrationen aus in Gletschereis eingeschlossenen Luftblasen (vgl. Kap. 5.3) wurde das Ausmaß der Einträge in die Atmosphäre offensichtlich und die Erkenntnis erwuchs, dass die heutigen Konzentrationen des CO_2 in der freien Atmosphäre die (zumindest im mehrjährigen Mittel) höchsten seit mindestens 700.000 Jahren sind (vgl. Kap. 5.3).

Seit 1880 liegen in ausreichender Dichte Messdaten der Temperatur durch Wetterstationen vor (z. B. auf dem Hohen Peißenberg seit 1781 oder am Potsdamer Telegrafenberg seit 1893), wobei das Netz der Messstationen seither deutlich dichter geworden ist – allein in Deutschland betreibt der Deutsche Wetterdienst DWD heute ca. 200 Stationen. Sie belegen, dass die mittlere Temperatur in den abgelaufenen 140 Jahren weltweit messbar angestiegen ist (vgl. Kap. 4.3.1). Temperaturwerte können darüber hinaus seit 1979 aus Satellitenmessungen errechnet werden, wobei allerdings über größere Atmosphärenschichten integriert wird (vgl. Kap. 4.2). Neben den Wetterstationen gibt es Messungen der Ozeantemperaturen von Schiffen aus und durch Bojen sowie indirekte Evidenzen durch das Jahreswachstum von Bäumen (Baumringe).

Auch zahlreiche Klimafolgen machen sich bereits heute als deutlich messbare Trends bemerkbar: die Erwärmung und Versauerung der Ozeane und das Korallensterben (Schubert et al. 2006) sowie der Meeresspiegelanstieg (vgl. Kap. 6.3), das beinahe weltweite Schrumpfen von Gletschervolumina und der sommerlichen Meereisflächen in der Arktis (vgl. Kap. 6.5) oder die tendenzielle

Zunahme einiger meteorologischer Extremereignisse (vgl. Kap. 6.6).

Die Erkenntnisse der Paläoklimatologie führten zu einem immer besseren Verständnis der Ursachen von Klimaänderungen früherer Zeiten. Insbesondere die Entdeckung, dass es auch in der geologischen Vergangenheit sehr schnelle Änderungen der Temperatur gegeben haben muss, eng verbunden mit dem Namen Wallace Broecker seit den 1950ern und seit den 1970er-Jahre mit den Eisbohrungen auf Grönland, war ein Wegbereiter für die Akzeptanz der heutigen Theorien zum Klimawandel. Durch Dansgaard et al. (1993) gibt es aus Grönland klare, quantitative Belege schneller Änderungen, vermutlich ausgelöst oder verstärkt durch Schwankungen bei den Treibhausgasen (vgl. Kap. 5.4.1), die sich auch global auswirkten (Voelker 2002). Neben den genannten Evidenzen der globalen Temperaturerhöhung ist es durch die paläoklimatologischen Forschungsergebnisse nun auch möglich, im Ausschlussverfahren den Beitrag der Menschen zur Erwärmung zu bestimmen, da alle aus der Vergangenheit bekannten natürlichen Ursachen aktuell, d. h. seit Ende der 1970er-Jahre, eher zu einer leichten Abkühlung führen würden (vgl. z. B. Kap. 4.5.3).

2.3 Modellierung

Bis zur Mitte des 20. Jahrhunderts beschäftigte sich die Disziplin der Klimatologie fast nur mit regionalen Statistiken. Sie hatte deshalb wenig Bezug zur Meteorologie, die ihrerseits überwiegend die physikalischen Prozesse, die das Wetter bestimmen, wenig beachtete. Vor allem militärische Interessen führten zu einem Ausbau der Meteorologie und zu einer zunehmenden Integration physikalischer Methoden. Demgegenüber waren die sehr unterschiedlichen wissenschaftlichen Disziplinen, die über das Klima forschten, weitgehend voneinander isoliert. In den 1960er- und 1970er-Jahren bewirkte die zunehmende Erkenntnis eines wahrscheinlich beginnenden Klimawandels eine Annäherung dieser verschiedenen Bereiche (auch wenn diese Einsicht Anfang der 70er noch mit der aus natürlichen Abläufen eigentlich zu erwartenden Abkühlung konkurrierte, Heller 2019). Hinzu kam aus der Paläoklimatologie die Erkenntnis, dass Klimaänderungen meist zwar auf bestimmte, oft nicht besonders einschneidend erscheinende Auslöser zurückgeführt werden können, dass aber für deren Verlauf dann Rückkopplungsmechanismen (Kap. 1.3.6) verantwortlich sind, die das gesamte, globale Klimasystem umfassen können. Darüber hinaus ist es das Verdienst von Roger Revelle, bereits 1957 die Rolle der Ozeane für den Klimawandel ins Spiel gebracht zu haben. Die beteiligten Disziplinen sprengten die Fachgrenzen, indem sie, zum Beispiel in internationalen Großprojekten, kooperierten. Ab dem späten 20. Jahrhundert institutionalisierte das IPCC (s. u.) einen beispiellosen Prozess des Austauschs und wurde zur Schaltstelle einer sehr weitgehend integrierten interdisziplinären Zusammenarbeit [Absatz nach Weart 2013, 2021].

Als Konsequenz dieser zunehmenden Aufhebung der Disziplingrenzen entstanden, verbunden mit dem Namen Syukuro Manabe, ab der Mitte der 1960er die ersten einfachen, später immer komplexeren, computergestützten und physikalisch fundierten Klimamodelle , mit denen schon in den 1970ern erstaunlich genaue Vorhersagen gelungen sind (vgl. Kap. 4.4.4). Jule Charney erkannte 1979 bei einer Auswertung der damaligen Modelle die Bedeutung der Klimasensitivität (Kap. 1.3.6), die er für das CO_2 mit 1,5–4,5 °C, am wahrscheinlichsten 3 °C, ermittelte – Werte, die bis heute ziemlich Bestand haben (s. u.) [Absatz nach Weart 2010].

Ein Rückschlag war die Idee von Edward Lorenz 1963, dass aufgrund von chaotischen, mehr oder weniger zufälligen Wetterereignissen, die sich in ihren Wirkungen mit der Zeit immer mehr akkumulieren sollten, das Klima nicht wirklich vorhersagbar sei, was eigentlich erst 2001 durch Raoul Roberts endgültig widerlegt wurde (vgl. Kap. 4.4.2).

Ein Durchbruch war die Vorhersage der NASA-Arbeitsgruppe um Jim Hansen, die aufgrund ihrer Modell-Resultate nach dem Ausbruch des Pinatubo 1991 eine markante Abkühlung vorhersagte, die tatsächlich in prognostizierter Höhe und Dauer eintrat (Weart 2021).

Die Gründung des IPCC (s. u.) forcierte die Entwicklung der Modelle, die den Reports zuarbeiten sollten, erheblich. Waren die Modelle anfangs reine Globale Zirkulationsmodelle, die also ausschließlich die Prozesse in der Atmosphäre berücksichtigten, so wurden nun immer mehr Teilsysteme des globalen Ökosystems integriert. So war bereits Mitte der 1980er die Erdoberfläche einbezogen und in den frühen 1990ern Ozean- und Meereis-Modelle, Ende der 1990er die Sulfate in der Atmosphäre, um 2000 die anderen Aerosole und der natürliche Kohlenstoffkreislauf in Ozeanen und Atmosphäre, und Anfang der 2000er wurde die Vegetationsdynamik integriert. Kurz darauf folgten Teilmodelle der Atmosphärenchemie und der Eisflächen auf den Festländern (Gebirgsgletscher). Die vorletzte Generation von Modellen berücksichtigt zusätzlich die biogeochemischen Prozesse in Ozeanen und auf den Festländern. Aufgrund dieses hohen Integrationsgrads spricht man heute auch eigentlich nicht mehr von Klimamodellen, sondern von Erdsystemmodellen. Auch wenn die zentrale Größe Klimasensitivität heute noch Bestand hat, liegt ein entscheidender Vorteil der aktuellen Modelle in der wesentlich differenzierteren Regionalisierung, also der genaueren Kenntnis, welche Regionen wie stark von der Anthropogenen Globalen Erwärmung betroffen sind und sein werden. Ein weiterer Vorteil ist, dass die zeitliche Dimension der Veränderungen damit viel besser verstanden werden kann [Absatz nach Anderson et al. 2016].

Dass sich die Kenntnis der Klimasensitivität kaum verändert hat, liegt an den Unsicherheiten, die jeder physikalischen Modellierung innewohnen. Die mit Abstand größte mögliche Fehlerquelle ist die Dynamik der Wolken, da deren Typ sowie die Tages- und Jahreszeit ihrer Entstehung nur schwer vorhergesagt werden können (vgl. Kap. 5.7). Deshalb widmen sich einige der Erdsystemmodelle der jüngsten Generation der besseren Abbildung der Wolkendynamik. Dabei zeichnet sich ab, dass die Klimasensitivität höher sein könnte als bisher angenommen (Nature Climate Change Editorial Board 2019), da die zunehmend realistischere Einschätzung des Einflusses der Wolken dazu führt, dass bisher möglicherweise deren den Temperaturanstieg verstärkende Wirkung unter- und die abkühlende Wirkung überschätzt wurde (Voldoire et al. 2019; Zhu et al. 2020).

Nuccitelli (2012b) liefert einen Überblick über die Präzision der Klima- und Erdsystemmodelle. Es gibt nämlich durchaus Möglichkeiten, die Zuverlässigkeit solcher Modelle zu testen (vgl. z. B. Abb. 4.4). Bei einer Bewertung der Leistung verschiedener Klimamodelle aus dem Zeitraum 1970–2010 untersuchten Hausfather et al. (2020), wie gut die Modelle die mittlerweile gemessene Erwärmung für die Zeit nach ihrer Veröffentlichung beschrieben haben. Modellprojektionen sind auf zwei Dinge angewiesen, um mit den Beobachtungen übereinzustimmen: möglichst genaue Kenntnis und Quantifizierung der physikalischen Prozesse und anderer Faktoren, die das Klima beeinflussen (Prognose), und genaue Annahmen über zukünftige Treibhausgas-Emissionen (Szenario). Die Autoren fanden heraus, dass Klimamodelle recht zielsicher die globale Erwärmung in den Jahren nach der Veröffentlichung vorhersagten, wenn sie die Emissionen korrekt eingeschätzt hatten. Dies erhöht das Vertrauen, dass die Modelle auch die künftige globale Erwärmung vorhersagen können. Da die anthropogenen Emissionen nicht physikalischen Gesetzen gehorchen, sondern auf nicht sicher prognostizierbare ökonomische und politische Entscheidungen zurückgehen, muss ein Klimamodell darüber Annahmen treffen.

Darüber hinaus werden Modelle kalibriert, indem die historischen Temperaturänderungen nachmodelliert und rekonstruierte Änderungen der geologischen Vergangenheit (Paläoklima) nachgerechnet werden. Auch dadurch trennt sich die Spreu vom Weizen, weil die Qualität von Modellen eingeschätzt und kontrolliert werden kann (vgl. Kap. 4.4 und 5.9).

2.4 Das IPCC

Für die Klimawissenschaften bedeutete der Prozess der Integration der Disziplinen einen großen Schritt, als Regierungen ein formelles Beratungsverfahren forderten. Oft als „Weltklimarat“ bezeichnet, ist das von den Vereinten Nationen ins Leben gerufene IPCC (Intergovernmental Panel on Climate Change) eine hauptsächlich aus Wissenschaftler*innen (aber auch Vertretungen von Politik und Wirtschaft) bestehende Organisation, deren Aufgabe es ist, den jeweiligen Kenntnisstand der Wissenschaft zum Thema Klimaänderungen aufzuarbeiten, aufzubereiten und in Kurzfassungen politischen Entscheidungsträger*innen zur Verfügung zu stellen. Seit den 1990er-Jahren waren Klimawissenschaftler*innen weltweit in diesem Prozess als Autor*innen (157 im Report von 2007) oder im Rahmen der Begutachtung der Berichte (knapp 600 Personen in 2007) eingebunden.

In einigen Bereichen wurde der IPCC-Prozess zum zentralen Schauplatz für Argumente und Schlussfolgerungen. Am weitesten ging dieser Prozess bei der Klimamodellierung, deren Bemühungen sich zunehmend auf kooperative Projekte konzentrierten, um Ergebnisse für die IPCC-Bewertungen zu produzieren. Als dabei die Details jedes Faktors, der in ihre Berechnungen einfloss, untersucht wurden, und man nach großen Datensätzen suchte, um die Gültigkeit der Ergebnisse zu überprüfen, musste man mit jedem Fachgebiet interagieren, das über Klimaänderungen forscht. Jede Gruppe versuchte intensiv Antworten zu liefern, wie sie von den Regierungen der Welt gefordert wurden. In zahllosen zermürbenden Gesprächen über Ideen und Daten einigten sich die Expert*innen jedes Fachgebiets darauf, was sie zu jeder wissenschaftlichen Frage mit Bestimmtheit sagen konnten und was nicht. Ihre Projektionen des zukünftigen Klimas und die IPCC-Berichte im Allgemeinen waren somit das Ergebnis hochgradig interdisziplinärer Forschung und Zusammenarbeit. In der Welt der Wissenschaft ist dieser soziale Mechanismus in seiner Größe, seinem Umfang, seiner Komplexität und seiner Effizienz beispiellos – hoffentlich auch in seiner politischen Relevanz [Absatz nach Weart 2013].

Literatur

Anderson TR, Hawkins E, Jones PD (2016) CO_2, the greenhouse effect & global warming: from the pioneering work of Arrhenius & Callendar to today's Earth System Models. Endeavour 40:178–187. https://doi.org/10.1016/j.endeavour.2016.07.002

Dansgaard W, Johnsen SJ, Clausen HB, Dahl-Jensen D, Gundestrup NS, Hammer CU, Hvidberg CS, Steffensen JP, Sveinbjörnsdottir AE, Jouzel J, Bond G (1993) Evidence for general instability of past climate from a 250-kyr ice-core record. Nature 364:218–220. https://doi.org/10.1038/364218a0

Easterbrook DJ (2015) Who first coined the term "Greenhouse Effect"? Serendipity. http://www.easterbrook.ca/steve/2015/08/who-first-coined-the-term-greenhouse-effect/. Letzter Zugriff: 23.04.2021

Gerlach T (2011) Volcanic versus anthropogenic carbon dioxide. Eos Trans AGU 92:201–202. https://doi.org/10.1029/2011EO240001

Hausfather Z, Drake HF, Abbott T, Schmidt GA (2020) Evaluating the performance of past climate model projections. Geophys. Res. Lett. 47. https://doi.org/10.1029/2019GL085378

Heller T (2019) Failed apocalyptic forecasts. Real Climate Science. https://realclimatescience.com/fifty-years-of-failed-apocalyptic-forecasts/. Letzter Zugriff: 28.12.2020

Jones M, Henderson-Sellers A (1990) History of the greenhouse effect. Prog Phys Geogr, Earth & Environm 14:1–18. https://doi.org/10.1177/030913339001400101

Nature Climate Change Editorial Board (2019) The CMIP6 landscape. Nat Clim Change 9:727. https://doi.org/10.1038/s41558-019-0599-1

Nuccitelli D (2012b) Monckton misuses IPCC equation. Skeptical Science. https://skepticalscience.com/ipcc-overestimate-global-warming.htm. Letzter Zugriff: 09.04.2021

Ped (27.03.2019) Warum wird es eigentlich in Treibhäusern so kuschelig warm? Peds Ansichten. https://peds-ansichten.de/2019/03/eine-betrachtung-zum-treibhauseffekt/. Letzter Zugriff: 23.04.2021

Schubert R, Schellnhuber HJ, Buchmann N, Epiney A, Grießhammer R, Kulessa ME, Messner D, Rahmstorf S, Schmid J (2006) Die Zukunft der Meere – zu warm, zu hoch, zu sauer: Sondergutachten. Wissenschaftlicher Beirat der Bundesregierung. https://web.archive.org/web/20070127013948/http://www.wbgu.de/wbgu_sn2006.pdf. Letzter Zugriff: 24.04.2021

Voelker AH (2002) Global distribution of centennial-scale records for Marine Isotope Stage (MIS) 3: a database. Quat Sci Rev 21:1185–1212. https://doi.org/10.1016/S0277-3791(01)00139-1

Voldoire A, Saint-Martin D, Sénési S, Decharme B, Alias A, Chevallier M, Colin J, Guérémy J-F, Michou M, Moine M-P, Nabat P, Roehrig R, Salas y Mélia D, Séférian R, Valcke S, Beau I, Belamari S, Berthet S, Cassou C, Cattiaux J, Deshayes J, Douville H, Ethé C, Franchistéguy L, Geoffroy O, Lévy C, Madec G, Meurdesoif Y, Msadek R, Ribes A, Sanchez-Gomez E, Terray L, Waldman R (2019) Evaluation of CMIP6 DECK experiments with CNRM-CM6-1. J Adv Model Earth Syst 11:2177–2213. https://doi.org/10.1029/2019MS001683

Weart S (2013) Rise of interdisciplinary research on climate. PNAS 110 Suppl 1:3657–3664. https://doi.org/10.1073/pnas.1107482109

Weart SR (2003) The discovery of rapid climate change. Phys Today 56:30–36. https://doi.org/10.1063/1.1611350

Weart SR (2010) The idea of anthropogenic global climate change in the 20th century. WIREs Clim Change 1:67–81. https://doi.org/10.1002/wcc.6

Weart SR (2021) The discovery of global warming – a history. American Institute of Physics. https://history.aip.org/climate/index.htm. Letzter Zugriff: 23.04.2021

Wood RW (1909) Note on the theory of the greenhouse. The London, Edinburgh, & Dublin Philosoph Magaz & J Sci 17:319–320. https://doi.org/10.1080/14786440208636602

Zhu C, Xia J (2020) Nonlinear increase of vegetation carbon storage in aging forests & its implications for Earth system models. J Adv Model Earth Syst 12. https://doi.org/10.1029/2020MS002304

3 Geschichte des Trumpismus

3.1 Die Rolle der Industrie

Bei einer historischen Analyse lässt es sich nicht vermeiden, auf handelnde Personen und deren Hintergründe einzugehen. Daraus ergeben sich unumgänglich *Ad personam*-Argumente, die wir aber in den späteren, sachbezogenen Kapiteln weitgehend vermeiden wollen.

Trotz der überwältigenden Evidenzen der Anthropogenen Globalen Erwärmung entstand – und hält sich teilweise bis heute – der Eindruck in Teilen der Bevölkerung, die nicht direkt in diese Forschungen eingebunden war, dass die Wissenschaft hochgradig uneinig darüber sei, ob es überhaupt eine Erwärmung gebe oder ob diese tatsächlich von menschlichem Handeln maßgeblich beeinflusst sei (vgl. Kap. 1.4 und St. Fleur 2015). Und damit sind wir beim Kern des Problems angelangt bzw. dem Grund,

A. Kleber und J. Richter-Krautz, *Klimawandel FAQs – Fake News erkennen, Argumente verstehen, qualitativ antworten*,
https://doi.org/10.1007/978-3-662-64548-2_3

warum es dieses Buch überhaupt gibt. Wie kam es zu dieser allgemeinen Verunsicherung?

> *„Klimaexperten waren anfangs sehr skeptisch gegenüber der Theorie der globalen Erwärmung; es brauchte eine Vielzahl von Evidenzen, um sie allmählich davon zu überzeugen, dass eine Erwärmung durch menschliche Emissionen wahrscheinlich ist. Die Öffentlichkeit wurde jedoch durch eine professionelle Öffentlichkeitsarbeit, motiviert durch industrielle und ideologische Anliegen, von dieser Schlussfolgerung abgelenkt. Die Leugner des wissenschaftlichen Konsenses vermieden den normalen wissenschaftlichen Diskurs und verlegten sich auf Ad-hominem-Angriffe, welche die gesamte wissenschaftliche Gemeinschaft in Zweifel zogen … Die Wissenschaftler haben es versäumt, eine konzertierte PR-Kampagne zur Verteidigung ihrer Position aufzulegen.*" (Weart 2011).

Aber von vorne: Bereits in den 1950er-Jahren war der Ölindustrie bekannt, dass von den CO_2-Emissionen die Gefahr einer Erwärmung ausgehen könnte: Im Jahr 1954 (also noch bevor auch direkte Messungen aus der Atmosphäre vorlagen, vgl. Kap. 2.1) wurde das Amerikanische Petroleum-Institut (API) alarmiert. Von der Ölindustrie im Anschluss finanzierte Forschungen am renommierten California Institute of Technology (CalTech), die dann jedoch niemals veröffentlicht wurden, zeigten nämlich durch Messungen der Kohlenstoffisotope in Jahresringen von Bäumen, dass sich in der Atmosphäre, aus der die Bäume den Kohlenstoff entziehen, zunehmend CO_2 aus fossilen Quellen angereichert hat (vgl. Kap. 5.5 und Franta 2018). Unter Bezugnahme auf diese eigentlich unter Verschluss gehaltenen Forschungen bestätigten Brannon et al. (1957) deren Resultate. 1957 errechneten Forscher der Humble Oil Co. (der Vorläufergesellschaft von ExxonMobil) das Ausmaß der Anreicherung (Supran 2019). 1965 warnte der Präsident des API, dass es noch

Zeit wäre, durch eine Energiewende die Folgen der Anthropogenen Globalen Erwärmung niedrig zu halten (Frank N. Ikard 1965, zitiert nach Franta 2018). Nachweislich seit mindestens 1966 war das Problem auch in der amerikanischen Kohleindustrie bekannt (James R. Garvey 1966, Präsident der amerikanischen Braunkohle-Forschungsgesellschaft, zitiert nach Young 2019). In einem internen Exxon-Memo von 1977 wurde bereits das Ausmaß der Anthropogenen Globalen Erwärmung sehr nahe an den heutigen Einschätzungen vorhergesagt (Cook et al. 2019). 1978 baute Exxon eine eigene Abteilung für Klimaforschung auf (Supran 2019), die 1982 sehr akkurate Prognosen über den bevorstehenden Klimawandel abgab (Nuccitelli 2019).

In der Folgezeit kürzte die Firma jedoch die einschlägigen Forschungsmittel und ging zu einer anderen Strategie über (Hall 2015): Geleakte firmeninterne Exxon-Memos seit 1988 belegen das Konzept der Vernebelungsstrategie der folgenden Jahre, nämlich die Betonung der Unsicherheiten wissenschaftlicher Schlussfolgerungen, sodass der durchschnittliche Laie vorrangig die Unsicherheiten der Klimawissenschaft versteht; dem Unternehmen dennoch einen grünen Anstrich zu geben, indem andere, für den Umsatz unschädliche Umweltinitiativen unterstützt werden (ein anschauliches Beispiel hierfür aus Deutschland ist die Wildtier Stiftung, Mayer 2021); zudem die Abdeckung des Themas Klimawandel in den Medien zu manipulieren (Cook et al. 2019). Supran & Oreskes (2017, 2020) rekonstruieren anhand von ca. 200 Dokumenten von ExxonMobil, wie deren Forscher in wissenschaftlichen Publikationen und internen Memos sehr wohl realistische Einschätzungen der Situation gaben, wogegen fast alle an Medien und Politik, also an die Öffentlichkeit gerichteten Veröffentlichungen Zweifel an der Klimawissenschaft zu säen versuchten. Ein früherer

Exxon-Vorstandsvorsitzender gab in einem Prozess vor Gericht, bei dem es um den Vorwurf ging, das Unternehmen habe die Risiken seines Geschäftsmodells durch den Klimawandel absichtlich verschwiegen und dadurch Aktionäre betrogen, unter Eid zu, dass die Ölindustrie seit Jahrzehnten wusste, was auf die Welt zukommt (Larson 2019).

1989 schloss sich ExxonMobil mit anderen Unternehmen (aus Energie- und Automobilindustrie) zur Global Climate Coalition (Globale Klima-Koalition) zusammen. Diese bestritt die Notwendigkeit von Maßnahmen gegen die globale Erwärmung. Sie betonte offene Fragen der Klimaforschung und versuchte den Anteil des Menschen an der Erwärmung zu negieren (Lehmann et al. 2013).

Neben den eigenen Veröffentlichungen beeinflusst die Ölindustrie massiv politische Entscheidungsträger durch Lobbyarbeit (Brulle 2018; Lehmann et al. 2013; Stokes 2020). So sollen beispielsweise dem Spitzenreiter, Senator Mitch McConnell, beinahe 2 Mio. US-Dollar zugewendet worden sein (Matthews 2019). Ferner werden Denkfabriken finanziert, die noch sehr viel massiver die Ergebnisse der Klimaforschung angreifen (s. u.). ExxonMobil allein soll bis 2005 mindestens 43 derartige Institutionen mit ca. 16 Mio. US-Dollar finanziert haben (Union of Concerned Scientists 2007). Die Finanzierung erfolgt mittlerweile nicht mehr direkt aus den Konten der Konzerne, sondern über Investmentgesellschaften, die die Herkunft der Gelder verschleiern. Die größte davon ist der Donors Trust (dessen Finanzstruktur Connor 2013 aufdeckt), der in den Jahren 2004–2010 allein 14 % der Fördergelder zu verteilen hatte, während der Exxon-eigene Trust über lediglich 1 %, die Koch Foundation immerhin über 5 % direkt beisteuerten (Brulle 2013). Neben den Ölgesellschaften treten vor allem Koch Industries als Sponsoren der Denkfabriken auf, eines der größten nicht börsennotierten Unternehmen in den Vereinigten Staaten, dessen Geschäftsmodell ebenfalls auf Öl, Gas und Kunststoffchemie aufbaut (Brulle et al. 2012; Brulle 2014; Jeffery 2011).

Zwar kündigte ExxonMobil 2006 an, die Förderung von Denkfabriken zu reduzieren (nbcnews Staff 2007), jedoch haben die Ölkonzerne seit dem Pariser Klimaabkommen 2015 weiterhin jährlich ca. 200 Mio. US-Dollar dafür und für Lobbyarbeit ausgegeben, darunter ExxonMobil mit 41 Mio. an dritter Stelle hinter bp (53 Mio.) und Shell (49 Mio.) und vor Total und Chevron (je 29 Mio.) (Kelly 2019). Änderungen im Verhalten der Ölkonzerne könnten durch jüngste Initiativen von Aktionären bzw. Hedgefonds angestoßen werden, die auf nachhaltige Strategien der Unternehmen drängen (Ambrose 2021).

3.2 Denkfabriken (Think Tanks)

1974 wurde die Charles Koch Foundation (1976 in Cato Institute umbenannt) gegründet, um libertäre, d. h. auf Abschaffung oder zumindest massive Beschränkung des staatlichen Einflusses auf die Wirtschaft gerichtete Anliegen zu unterstützen. Einer ihrer Direktoren gründete 1984 das Heartland Institute (www.heartland.org). Zeitgleich wurde das George C. Marshall Institute gegründet, das anfangs die Speerspitze der wissenschaftsleugnenden Kampagnen gegen Klimaschutz und Maßnahmen gegen sauren Regen war (Oreskes & Conway 2010). Seit ungefähr 2000 wurde dann das Heartland Institute hierfür ausgestattet, dessen eingenommenes Spendenaufkommen nie komplett offengelegt wurde (Eilperin 2012). Das Institut hatte zu dem Zeitpunkt bereits umfangreiche Erfahrung mit Propaganda der nötigen Art, da es auch schon Frontkämpfer für die Tabakindustrie war mit der „wissenschaftlich gestützten" Falschbehauptung, dass Rauchen nicht die Ursache von Krebs, später, dass Passiv-Rauchen ungefährlich sei (Wikipedia 2021). Angeblich um die spendenden Trusts vor Übergriffen durch Umweltschutz-Organisationen zu schützen, werden die Spenden mittlerweile überhaupt nicht mehr veröffentlicht (The Heartland Institute 2012). Allerdings gelangten 2012 interne Dokumente des Instituts an die Öffentlichkeit, sodass die (damalige) Spendenstruktur bekannt wurde; der größte Spender ist allerdings auch in diesen Dokumenten anonymisiert (Goldenberg & Rushe 2012). Die Dokumente können bei DeMelle (2012) online eingesehen werden. In der Folge wandten sich zahlreiche spendende Firmen und Organisationen vom Institut ab, sodass u. a. Lobbyorganisationen der Kohleindustrie einspringen mussten (Goldenberg 2012b). Über die Spenden hinaus wurden auch die Gehälter der wichtigsten „Wissenschaftler" publik, darunter Persönlichkeiten wie Anthony Watts (90.000 US-Dollar Forschungsförderung, vgl. Kap. 4.3.1), der den wohl bekanntesten trumpistischen Blog betreibt (s. u.). Das höchste Salär bezog Craig Idso (11.600 US-$ monatlich). Auch Fred Singer (5000 US-$ monatlich plus Spesen) zählt zu den schillernden Persönlichkeiten: So war er einer der Protagonisten der „wissenschaftlichen" Kampagne des Heartland Institute zur Leugnung der gesundheitlichen Folgen des Rauchens und des Passivrauchens. Er stritt auch die Existenz des Ozonlochs sowie die Gefahren von saurem Regen und Giftmüll ab. Allgemein fällt auf, dass einige Protagonisten des Trumpismus bereits prominent in anderen wissenschaftsverbiegenden Kampagnen tätig waren (Hulac 2016; Oreskes & Conway 2010).

„Anstatt sich bei der wissenschaftlichen Beratung ausschließlich auf das IPCC zu verlassen, sollten politische

Entscheidungsträger den Rat von unabhängigen, nichtstaatlichen Organisationen und Wissenschaftlern einholen, die frei von finanziellen und politischen Interessenkonflikten sind" (Idso et al. 2016). Mit diesem Text meint sich das Institut tatsächlich selbst. Das Heartland Institute versteht sich also als „unabhängig", obwohl es offenkundig von Industrieinteressen geleitet und finanziert wird. Auch das 2003 durch Fred Singer gegründete und von Heartland finanziell abhängige (Blasberg & Kohlenberg 2012) Nongovernmental International Panel on Climate Change (NIPCC) behauptet politisch und wirtschaftlich unabhängig zu sein (climatechangereconsidered.org/about-the-nipcc).

In einem Werbevideo des Heartland Institute heißt es:

> „*Der Kampf gegen den Klimawandel-Alarmismus ist mehr als nur Klimapolitik. In Wirklichkeit ist es ein Kampf gegen eine sozialistische Übernahme Amerikas. Andy Singer vom Heartland Institute liefert den Beweis, dass politische Eliten das Klima missbrauchen wollen, um den Sozialismus zu verwirklichen*" (Singer 2020; ausführlich dazu Taylor 2020).

Dies ist ein in den USA äußerst wirksames Narrativ, welches die Panik ausnutzt, die das Wort Sozialismus bei großen Teilen der dortigen Bürgerschaft auslöst (Collomb 2014) – wir haben z. B. in einem Forum erlebt, dass Angela Merkel, seinerzeit deutsche Bundeskanzlerin, als sozialistisch bezeichnet wurde, weil sie die Energiewende unterstützt und sich zum Klimaschutz bekennt: So denke eben nur eine Sozialistin.

Die geleakten Dokumente belegen u. a. das Bestreben, wissenschaftlich fundierte Positionen aus den genutzten Medien herauszuhalten: „*Bemühungen auf Plattformen wie Forbes sind jetzt besonders wichtig, da sie begonnen haben, hochkarätigen Klimatologen … zu erlauben, wissenschaftliche Aufsätze der Warmisten zu veröffentlichen, die unseren eigenen entgegenwirken. Dieses einflussreiche Publikum ist normalerweise zuverlässig klimafeindlich und es ist wichtig, die gegnerischen Stimmen herauszuhalten*" (DeMelle 2012). Der Versuch, ein wissenschaftsfeindliches Pamphlet zum Klimawandel an Schulen zu lancieren oder eine Plakataktion, bei der einem in den USA weithin berüchtigten Terroristen der Satz *„Ich glaube immer noch an den Klimawandel – Du auch?"* in den Mund gelegt wurde, womit zwischen Verbrechen und Klimaschutz eine subtile Parallele (ein Frame) hergestellt werden sollte, sind Beispiele für Aktionen des Heartland Institute (Goldenberg 2012a).

Mit EIKE (Europäisches Institut für Klima und Energie, eike-klima-energie.eu) hat auch Deutschland ein ähnliches Konstrukt. Schon die Übernahme zahlreicher Artikel und Redner von Heartland sowie die gemeinsame Ausrichtung eines Kongresses zeigen die engen Kontakte. Darüber hinaus bestehen enge inhaltliche und personelle Verbindungen zu einer politischen Partei, beispielsweise durch den EIKE-Vizepräsidenten und Parteimitglied Michael Limburg (Kreutzfeldt 2013; Limburg 2014).

Durch eine Undercover-Aktion wurden zahlreiche Details der gemeinsamen Strategie von Heartland, EIKE und dieser Partei öffentlich (Huth et al. 2020): *„Die Recherche von CORRECTIV und Frontal21 zeigt, wie das US-amerikanische Heartland Institute Leugner des Klimawandels in Deutschland unterstützt, um Maßnahmen zum Klimaschutz zu untergraben. Undercover lernen wir den Chefstrategen des Instituts kennen: James Taylor. Er wird uns erzählen, wie das Netzwerk der Klimawandelleugner funktioniert, wie Spenden verschleiert werden und wie sie eine deutsche, AfD-nahe YouTuberin* [vermutlich Naomi Seibt] *nutzen wollen, um ‚die Jugend' zu erreichen. Am Ende macht er uns ein konkretes Angebot.*" Dabei nehmen ein Reporter und eine Reporterin als angebliche Repräsentanten einer Kommunikationsagentur mit dem vorgeblichen Ziel, gegen Klimaschutz agieren zu wollen, an einer Konferenz von EIKE teil (Esser et al. 2020). Sie berichten weiter: „*Taylor wird erklären, wie er gegen Geld Themen setzen kann. Wie Geldgeber anonym über eine US-amerikanische Stiftung spenden können. Wie das Institut in seinen Publikationen den nachrichtlichen Tonfall der New York Times imitiert, um mit ihren abstrusen Thesen gehört zu werden. Wie er eine junge YouTuberin aus Deutschland zum Star der Szene aufbauen will. Und wie eng er mit seinen deutschen Partnern zusammenarbeitet, deren Thesen die AfD im Bundestag prominent zitiert. … Das Ziel: Bloß keine lästigen Klimagesetze. Diesel- statt Elektroautos, Kohlekraft statt Windräder, Wachstum statt Umweltschutz. Höher, schneller, weiter. Oder auch: Weiter wie bisher.* … [Dies] *belegt, wie professionell die Szene Desinformation streut – mithilfe von vermeintlichen Experten, käuflichen Wissenschaftlern, markigen Spins und YouTube*“ (Huth et al. 2020). „*Sie nehmen wissenschaftliche Begriffe und missbrauchen sie für politische Zwecke. Die sind gar nicht an einer wissenschaftlichen Arbeit interessiert. Ich würde mich sofort fragen: Wer sind diese Wissenschaftler, was sind ihre Qualifikationen?*“ (Kathleen A. Mar, zitiert nach Huth et al. 2020)

3.3 Die Blogosphäre

„*Soziale Medien haben eine Welt geschaffen, in der jeder Einzelne potenziell genauso viele Menschen erreichen kann wie die Massenmedien. Der Mangel an herkömmlichen Prüfinstanzen ist ein Grund dafür, dass sich Falschinformationen online weiter und schneller verbreiten als wahrheitsgemäße Informationen. Das wird häufig noch durch Fake-Accounts oder ‚Bots‘ angeheizt. Ebenso wurde festgestellt, dass Anhänger von Verschwörungsmythen eher dazu neigen,*

> *verschwörerische Beiträge auf Facebook zu ‚liken' und zu teilen. Eine kürzlich durchgeführte Analyse von Tweets über den Zika-Virus ergab, dass die Zahl der Verbreiter von Verschwörungsmythen mehr als doppelt so hoch war wie die derjenigen, die diesen Mythen widersprachen.*" (Lewandowsky & Cook 2020)

Lewandowsky et al. (2013, 2015) analysieren Personen der trumpistischen Szene, die sich in Blogs engagieren, und finden – neben der Dominanz einer libertären politischen Weltanschauung – heraus, dass die gleichen Personen häufig auch andere wissenschaftliche Zusammenhänge ablehnen wie den zwischen Lungenkrebs und Rauchen oder zwischen AIDS und dem HIV-Virus, woraus sie eine grundsätzliche Neigung der Betreffenden zu Verschwörungserzählungen (vgl. Kap. 4.5) ableiten. Die zweite der beiden Studien analysiert die Reaktionen in der trumpistischen Blogosphäre auf die erste Studie. Sie findet Belege für eine subjektiv empfundene Opferrolle: Viele der Blogger sehen sich als Opfer einer Verfolgung durch dunkle Mächte, gleichzeitig aber auch als deren mutige Gegenspieler. Ihr Denken beinhaltet ein Selbstverständnis, gleichzeitig Opfer und Held zu sein. Die Autor*innen betonen auf dieser Grundlage die wichtige, aber nicht immer konstruktive Rolle der Blogosphäre im öffentlichen und im wissenschaftlichen Diskurs.

Im Bereich der Blogs im Internet finden sich zahlreiche Seiten mit Faktenchecks (vgl. Kap. 1.2.12), aber auch mindestens genauso viele, auf denen *trumpistische Propaganda* verbreitet wird. Die wichtigste von Letzteren, nach eigenen Angaben mit den meisten Zugriffen, ist vermutlich wattsupwiththat.com (Anthony Watts). Es folgt eine keineswegs vollständige Auswahl weiterer derartiger Blogs und der Personen dahinter:

- Climateaudit.org (Steve McIntyre)
- Bishophill.squarespace.com (Andrew Montford)
- Joannenova.com.au (Joanne Nova)
- Nofrakkingconsensus.com (Donna LaFramboise)
- climate.news (Mike Adams)
- kaltesonne.de (Fritz Vahrenholt & Sebastian Lüning)
- principia-scientific.com (John O'Sullivan)
- realclimatescience.com (Tony Heller)
- Uclimate.com und Scottishsceptic.co.uk (Mike Haseler)
- Rationaloptimist.com (Matt Ridley)
- Thegwpf.com (Global Warming Policy Foundation; Nigel Lawson, Benny Peiser)
- www.klimamanifest.de[1] bzw. klimamanifest-von-heiligenroth.de (Herbert Backhaus etc.)
- co2coalition.org (William Happer)

Electroverse.net ist ein Sonderfall, da mangels eines Impressums die Urheberschaft unbekannt ist. Blogs gehören grundsätzlich zu den am wenigsten vertrauenswürdigen Quellen im Internet (vgl. Kap. 1.2.4). Allerdings verlinken viele Blogs auf weitere Quellen. Diese können nach ihrer wahrscheinlichen wissenschaftlichen Wertigkeit mit den in Kap. 1.2 gegebenen Hinweisen eingeschätzt werden. Davon hängt es dann möglicherweise ab, inwieweit man dem Blog Vertrauen schenkt.

[1] Vgl. zu dem ursprünglichen Manifest, auf dem diese Seiten aufbauen, Kleber (2020n).

Literatur

Blasberg A, Kohlenberg K (29.11.2012) Die Lüge von der Klimalüge. Die Zeit. https://www.zeit.de/2012/48/Klimawandel-Marc-Morano-Lobby-Klimaskeptiker. Letzter Zugriff: 04.05.2021

Ambrose J (26.05.2021) ExxonMobil & Chevron suffer shareholder rebellions over climate. The Guardian. https://www.theguardian.com/business/2021/may/26/exxonmobil-and-chevron-braced-for-showdown-over-climate. Letzter Zugriff: 24.06.2021

Brannon HR, Daughtry AC, Perry D, Whitaker WW, Williams M (1957) Radiocarbon evidence on the dilution of atmospheric & oceanic carbon by carbon from fossil fuels. Trans. AGU 38:643. https://doi.org/10.1029/TR038i005p00643

Brulle RJ (2013) Not just the Koch Brothers: New study reveals funders behind the climate change denial effort. Drexel University, phys.org. https://phys.org/news/2013-12-koch-brothers-reveals-funders-climate.html. Letzter Zugriff: 28.04.2021

Brulle RJ (2014) Institutionalizing delay: foundation funding & the creation of U.S. climate change counter-movement organizations. Climatic Change 122:681–694. https://doi.org/10.1007/s10584-013-1018-7

Brulle RJ (2018) The climate lobby: a sectoral analysis of lobbying spending on climate change in the USA, 2000 to 2016. Climatic Change 149:289–303. https://doi.org/10.1007/s10584-018-2241-z

Brulle RJ, Carmichael J, Jenkins JC (2012) Shifting public opinion on climate change: an empirical assessment of factors influencing concern over climate change in the U.S., 2002–2010. Climatic Change 114:169–188. https://doi.org/10.1007/s10584-012-0403-y

Collomb J-D (2014) The ideology of climate change denial in the United States. ejas 9. https://doi.org/10.4000/ejas.10305

Cook J, Supran G, Lewandowsky S, Oreskes N, Maibach EW (2019) America misled: How the fossil fuel industry deliberately misled Americans about climate change. George Mason University Center for Climate Change Communication. https://www.climatechangecommunication.org/wp-content/uploads/2019/10/America_Misled.pdf. Letzter Zugriff: 27.04.2021

DeMelle B (2012) Heartland Institute exposed: Internal documents unmask heart of climate denial machine. DeSmog. https://www.desmog.com/2012/02/14/heartland-institute-exposed-internal-documents-unmask-heart-climate-denial-machine/. Letzter Zugriff: 28.04.2021

Eilperin J (25.11.2012) Climate skeptic group works to reverse renewable energy mandates. The Washington Post. https://www.washingtonpost.com/national/health-science/climate-skeptic-group-works-to-reverse-renewable-energy-mandates/2012/11/24/124faaa0-3517-11e2-9cfa-e41bac906cc9_print.html. Letzter Zugriff: 28.04.2021

Esser C, Heise M, Huth K, Peters J (04.02.2020) Undercover bei Klimawandel-Leugnern: Die Strategie des Heartland-Instituts. ZDF – Frontal 21. https://www.zdf.de/politik/frontal-21/undercover-bei-klimawandel-leugnern-100.html. Letzter Zugriff: 29.04.2021

Franta B (2018) Early oil industry knowledge of CO_2 & global warming. Nat Clim Change 8:1024–1025. https://doi.org/10.1038/s41558-018-0349-9

Goldenberg S (15.02.2012a) Heartland Institute claims fraud after leak of climate change documents. The Guardian. https://www.theguardian.com/environment/2012/feb/15/heartland-institute-fraud-leak-climate. Letzter Zugriff: 28.04.2021

Goldenberg S (20.05.2012b) Heartland Institute facing uncertain future as staff depart & cash dries up. The Guardian. https://www.theguardian.com/environment/2012/may/20/heartland-institute-future-staff-cash. Letzter Zugriff: 28.04.2021

Goldenberg S, Rushe D (16.02.2012) Climate science attack machine took donations from major corporations. The Guardian. https://www.theguardian.com/environment/2012/

feb/15/heartland-institute-microsoft-gm-money. Letzter Zugriff: 28.04.2021

Hall S (26.10.2015) Exxon knew about climate change almost 40 years ago. Scientific American. https://www.scientificamerican.com/article/exxon-knew-about-climate-change-almost-40-years-ago/. Letzter Zugriff: 28.04.2021

Hulac B (20.06.2016) Tobacco & oil industries used same researchers to sway public. Scientific American. https://www.scientificamerican.com/article/tobacco-and-oil-industries-used-same-researchers-to-sway-public1/. Letzter Zugriff: 29.04.2021

Huth K, Peters J, Seufert J (2020) Die Heartland-Lobby. correctiv.org. https://correctiv.org/top-stories/2020/02/04/die-heartland-lobby-2/. Letzter Zugriff: 29.12.2020

Idso CD, Carter RM, Singer SF (2016) Why scientists disagree about global warming: The NIPCC Report on Scientific Consensus, 2. Aufl. The Heartland Institute, Arlington Heights, IL

Jeffery S (2011) The funders of climate disinformation: Koch Brothers, campaign against climate change. https://www.campaigncc.org/climate_change/sceptics/funders. Letzter Zugriff: 28.04.2021

Kelly S (2019) 'All rhetoric & no action': Oil giants spent $1 billion on climate lobbying & ads since Paris Pact, says report. DeSmog. https://www.desmogblog.com/2019/03/22/paris-oil-exxon-chevron-bp-total-shell-billion-climate-lobbying-advertising-influencemap/. Letzter Zugriff: 28.04.2021

Kleber A (2020n) Das Klimamanifest von Heiligenroth kommt gerade wieder in Mode. Quora.com. https://klimadervorzeit.quora.com/Das-Klimamanifest-von-Heiligenroth-kommt-gerade-wieder-in-Mode. Letzter Zugriff: 25.06.2021

Kreutzfeldt M (26.09.2013) Energieausschuss der AfD: Sammelbecken der Klimaskeptiker. taz. https://taz.de/Energieausschuss-der-AfD/!5058290/. Letzter Zugriff: 29.04.2021

Larson E (31.10.2019) Exxon former CEO says climate change 'with us forever more'. Bloomberg. https://www.bloomberg.com/news/articles/2019-10-31/exxon-s-former-ceo-says-climate-change-with-us-forever-more. Letzter Zugriff: 28.04.2021

Lehmann H, Müschen K, Richter S, Mäder C (2013) Und sie erwärmt sich doch: Was steckt hinter der Debatte um den Klimawandel? Umweltbundesamt. https://www.umweltbundesamt.de/publikationen/sie-erwaermt-sich-doch-was-steckt-hinter-debatte-um. Letzter Zugriff: 04.03.2021

Lewandowsky S, Cook J (2020) Das Handbuch über Verschwörungsmythen. Center for Climate Change Communication. https://www.climatechangecommunication.org/wp-content/uploads/2020/04/ConspiracyTheoryHandbook_German.pdf. Letzter Zugriff: 23.04.2021

Lewandowsky S, Cook J, Oberauer K, Brophy S, Lloyd EA, Marriott M (2015) Recurrent fury: Conspiratorial discourse in the blogosphere triggered by research on the role of conspiracist ideation in climate denial. J Soc Polit Psych 3:142–178. https://doi.org/10.5964/jspp.v3i1.443

Lewandowsky S, Oberauer K, Gignac GE (2013) NASA faked the moon landing – therefore, (climate) science is a hoax: An anatomy of the motivated rejection of science. Psychol Sci 24:622–633. https://doi.org/10.1177/0956797612457686

Limburg M (2014) AfD-Klimapolitik „Auch hier bitte klare Kante". EIKE – Europäisches Institut für Klima & Energie. https://www.eike-klima-energie.eu/2014/01/27/afd-klimapolitik-auch-hier-bitte-klare-kante/. Letzter Zugriff: 29.04.2021

Matthews R (27.02.2019) Fossil fuel industry buys politicians & political outcomes. The Green Market Oracle. https://thegreenmarketoracle.com/2019/02/27/fossil-fuel-industry-buys-politicians/. Letzter Zugriff: 28.04.2021

Mayer A (2021) Wildtier Stiftung: Klimawandelleugner & Kritik – Tarnorganisation der Klimawandelleugner & Windradgegnerlobby oder „industrienaher – neoliberaler“ Naturschutzverband? Mitwelt. https://www.mitwelt.org/deutsche-wildtier-stiftung-lobby.html. Letzter Zugriff: 28.04.2021

nbcnews Staff (12.01.2007) Exxon cuts ties to global warming skeptics. NBC News. https://www.nbcnews.com/id/wbna16593606#.XdPgtCTPyUl. Letzter Zugriff: 28.04.2021

Nuccitelli D (2019) In 1982, Exxon accurately predicted global warming. Skeptical Science. https://skepticalscience.com/1982-exxon-accurate-prediction.html. Letzter Zugriff: 28.04.2021

Oreskes N, Conway EM (2010) Merchants of doubt: How a handful of scientists obscured the truth on issues from tobacco smoke to global warming. Bloomsbury Press, New York, NY

Singer A (2020) Climate change alarmism is really about socialism. The Heartland Institute auf YouTube. https://www.youtube.com/watch?v=dEPKOzz_maE. Letzter Zugriff: 25.04.2021

St. Fleur N (11.12.2015) Where in the world is climate change denial most prevalent? The New York Times. https://www.nytimes.com/interactive/projects/cp/climate/2015-paris-climate-talks/where-in-the-world-is-climate-denial-most-prevalent. Letzter Zugriff: 27.04.2021

Stokes LC (2020) Short circuiting policy: Interest groups & the battle over clean energy & climate policy in the American states. Studies in postwar American political development. Oxford University Press, New York, NY

Supran G, Oreskes N (2017) Assessing ExxonMobil's climate change communications (1977–2014). Environ Res Lett 12:84019. https://doi.org/10.1088/1748-9326/aa815f

Supran G (2019) Assessing ExxonMobil's climate change communications: Hearing 21 March 2019. Europaparlament. https://www.europarl.europa.eu/cmsdata/162144/

Presentation%20Geoffrey%20Supran.pdf. Letzter Zugriff: 27.04.2021
Supran G, Oreskes N (2020) Addendum to 'Assessing ExxonMobil's climate change communications (1977–2014)' Supran & Oreskes (2017 Environ. Res. Lett. 12 084019). Environ Res Lett 15:119401. https://doi.org/10.1088/1748-9326/ab89d5
Taylor J (2020) Taking the fight to socialists & the climate left. The Heartland Institute. https://www.heartland.org/news-opinion/news/taking-the-fight-to-socialists-and-the-climate-left. Letzter Zugriff: 29.12.2020
The Heartland Institute (2012) Criminal referral of Dr. Peter H. Gleick talking points. The Heartland Institute. https://web.archive.org/web/20150527022300/https://www.heartland.org/sites/default/files/criminal_referral_of_peter_gleick.pdf. Letzter Zugriff: 28.04.2021
Union of Concerned Scientists (2007) Smoke, mirrors & hot air: How ExxonMobil uses Big Tobacco's tactics to „manufacture uncertainty" on climate change. Union of Concerned Scientists. https://www.ucsusa.org/sites/default/files/2019-09/exxon_report.pdf. Letzter Zugriff: 29.04.2021
Weart SR (2011) Global warming: How skepticism became denial. Bull Atomic Sci 67:41–50. https://doi.org/10.1177/0096340210392966
Wikipedia (2021) Heartland Institute. https://en.wikipedia.org/w/index.php?title=Heartland_Institute&oldid=1018277576. Letzter Zugriff: 26.04.2021
Young É (22.11.2019) Coal Knew, Too. HuffPost. https://www.huffpost.com/entry/coal-industry-climate-change_n_5dd6bbebe4b0e29d7280984f. Letzter Zugriff: 28.04.2021

4

Gibt es überhaupt eine globale Erwärmung?

4.1 Struktur der Diskussionen in den Kapiteln 4 bis 7

Der Aufbau der einzelnen Unterkapitel ist folgender: Sie beginnen mit einem Abschnitt in kursiver Schrift, in dem die Behauptungen zitiert werden, mit denen sich der Abschnitt auseinandersetzt. Dem folgt in einem farbigen Kasten ein kurz gehaltener Text, den man z. B. in einer Diskussion, insbesondere wenn der Gegenpart mit der Gish-Galopp-Taktik agiert, zur Anwendung bringen kann. Danach folgt ein fett gedruckter Textabschnitt, der allgemein verständlich die Argumente etwas gründlicher ausführt und im Niveau den üblichen Diskussionen unter Laien entspricht. Zuletzt folgt, manchmal von grafischen Darstellungen begleitet, eine ausführliche Auseinandersetzung mit den Argumenten inklusive Angabe von

A. Kleber und J. Richter-Krautz, *Klimawandel FAQs – Fake News erkennen, Argumente verstehen, qualitativ antworten*, https://doi.org/10.1007/978-3-662-64548-2_4

Literaturquellen. Diese Auseinandersetzung soll durchaus einem wissenschaftlichen Niveau entsprechen und einerseits der argumentativen Vertiefung, andererseits einer Diskussion mit Trumpisten der Kategorie 1 oder 8 (Kap. 1.4) standhalten können, die üblicherweise gut vorbereitet in solche Diskussionen gehen. Bei einigen Fragen, insbesondere solchen, bei denen die Argumente leicht zu durchschauen sind, halten wir die etwas gründlichere Ausführung allerdings bereits für ausreichend und verzichten auf die ausführliche Diskussion.

Sämtliche Abbildungen sind, zumeist nach einer oder mehreren zitierten Vorlagen, selbst gezeichnet. Sie sind generell etwas vereinfacht, um sie leichter lesbar zu machen, und somit nicht als Vorlagen für wissenschaftliche Arbeiten gedacht. Alle im Original englischsprachigen Zitate sind ins Deutsche übersetzt. Wörtliche Zitate werden dabei generell *in kursiver Schrift* wiedergegeben. Das Zeichen „…" kennzeichnet Auslassungen, nicht kursive Schrift in eckigen Klammern [] innerhalb eines solchen Zitats kennzeichnet Ergänzungen durch uns. Aus der Quelle übernommene Tippfehler werden mit [sic] gekennzeichnet. Quellen werden im Text in der sog. Harvard-Schreibweise in Klammern zitiert, am Ende jedes Hauptkapitels finden Sie im Literaturverzeichnis genaue, nachvollziehbare Angaben für jede Quelle. Quellenangaben werden mit „vgl." eingeleitet, wenn sie nur zur Unterstützung eines im Text bereits hergeleiteten Sachverhalts dienen; ansonsten geht die Aussage auf die jeweiligen Quelle zurück.

4.2 *Die Erderwärmung machte von 1998 bis 2015 Pause*

„Es gibt ein Problemmit der globalen Erwärmung – sie endete 1998. Der menschengemachte Klimawandel … ist ein selbst erschaffenes politisches Fiasko. Nehmen Sie die einfache Tatsache, dass gemäß offiziellen Temperaturdaten … in den Jahren 1998 bis 2005 die globale Durchschnittstemperatur nicht angestiegen ist (sie ist sogar leicht gesunken, was aber statistisch nicht signifikant ist). … In dieser Periode von acht Jahren der Temperatur-Stagnation hat die Gesellschaft ungebremst … weiter Kohlenstoffdioxid in die Atmosphäre gepumpt.“ (Carter 2006)

„Die Große Pause ist die längste zusammenhängende Periode ohne jegliche Erwärmung seit Beginn der Satellitenaufzeichnungen 1979. Sie dauert jetzt schon für etwas mehr als die Hälfte der Satelliten-Datenreihe an. Und das, obwohl es gleichzeitig eine andauernde, starke Erhöhung der CO_2-Konzentration gab.“(Monckton of Brenchley 2014)

Aussagen über die Pause in der Erwärmung werden üblicherweise von einer grafischen Darstellung begleitet, z. B. bei Frey (2018c). 4.1a ist ein Beispiel einer solchen Grafik.

Die Aussagen sind „rosinengepickt“ und beruhen auf einem falschen Verständnis des Klimabegriffs

Die Kurven, mit denen „die Pause“ bei der Erwärmung belegt werden soll, beginnen meist mit dem Jahr 1998. Das ist kein Zufall, denn dieses Jahr war durch ein überdurchschnittlich starkes El Niño-Ereignis im Pazifik geprägt. Die Darstellung beginnt also mit einem besonders warmen Jahr. Die Auswahl der dargestellten Zeitspanne spielt eine große Rolle: 1997/1998 war eines der drei stärksten El Niño-Ereignisse der letzten 40 Jahre. Man beginnt

also mit einem Extremereignis und lässt die Darstellung spätestens 2015, kurz vor dem nächsten derartigen Extremereignis, enden. Die Wahl der Datenquelle ist der zweite Trick. Zur Illustration „der Pause" werden nämlich Temperaturänderungen dargestellt, die von Satelliten aus gemessen wurden (z. B. in 4.1a). Die Satelliten registrieren Temperaturen der gesamten unteren Atmosphäre als einen integrierten Wert; deshalb reagieren sie besonders sensibel auf El Niño, denn dabei wird durch den Aufstieg warmer Luftmassen (Konvektion) die Atmosphäre bis in mehrere Kilometer Höhe besonders stark erwärmt. Satellitendaten „überreagieren" sozusagen auf solche Ereignisse.

Der grundsätzliche Denkfehler ist jedoch, dass mittel- und kurzfristige Schwankungen der Witterung durch (scheinbar) chaotische Einflüsse vorhandene Trends durchbrechen. Klima ist aber als der mindestens 30-jährige Durchschnitt der Witterung definiert (Kap. 1.3.1). Entwicklungstrends sind nur bei einer entsprechend noch längeren Zeitreihe sinnvoll zu erkennen.

Wie schon erwähnt, zeigt Abb. 4.1a die sog. Pause, beginnend mit einem El Niño-Jahr und endend kurz vor einem zweiten. El Niño bezeichnet eine besondere Dynamik des Pazifiks und seiner Meeresströmungen. Die üblicherweise nach Westen gerichteten Strömungen werden dabei umgedreht und mit ihnen vergrößert sich das Areal warmen Oberflächenwassers im östlichen Pazifik erheblich. Dies führt dort zu erhöhter Verdunstung und dem Aufstieg warmer Luftmassen, was globale Auswirkungen auf Windsysteme und insgesamt einen Temperaturanstieg zur Folge hat. Das ist auch der Grund, warum Satelliten diese Veränderung deutlicher zeigen als Bodenmessungen, denn sie verzeichnen nicht nur die Temperatur in Erdnähe, sondern integrieren über eine größere Vertikalerstreckung der Atmosphäre, wo sich die Temperaturen durch den Aufstieg (Konvektion) der warmen und feuchten Luft besonders stark ändern. Mit Abb. 4.1a wird „die Pause" also deutlich hervorgehoben.

Der Temperaturtrend während dieser Zeit zeigt keinen Anstieg.

Das ändert sich, wenn man das El Niño-Jahr 1998 weglässt (Abb. 4.1b), jetzt steigt die Trendlinie plötzlich. Beide Grafiken sind übrigens manipulativ (d. i. „Rosinenpicken"), da sie bewusst genauso ausgewählt wurden, dass sie das erwünschte Ergebnis auch tatsächlich zeigen! Der Trend wird aber noch viel markanter, wenn man die Darstellung – jetzt durchaus wieder bei 1998 beginnend, wir wollen ja nicht zu viel manipulieren ☺ – bis ins Jahr 2020 (Stand Mai 2020) hinein fortführt (Abb. 4.1c). In dieser Abbildung werden darüber hinaus zwei untergeordnete Trends dargestellt, die beide noch deutlich steiler ansteigen, aber durch ein einzelnes Jahr mit einer drastischen, nachhaltigen Abkühlung unterbrochen werden. Diese Abkühlung mit Neustart könnte auf zwei kurz hintereinander folgende Jahre zurückgehen, in denen die Gegenspielerin des erwärmenden El Niño ihren Auftritt hatte, die sog. La Niña (Smith 2008). In solchen Phasen werden die warmen Flächen überdurchschnittlich stark an den Westrand des äquatorialen Pazifiks gedrängt; sie wirken abkühlend, weil größere Flächen im Pazifik eine kühlere Oberflächentemperatur aufweisen. Die darauffolgende, erneute Anstiegsphase hatte jedoch einen besonders steilen Trend (blau gestrichelt) – absolut kein Zeichen einer Pause in diesem Zeitraum! Die Abbildung bietet aber noch mehr: Für unseren kritischen Zeitraum 1998–2015 sind den Satellitenmessungen noch Temperaturmessungen von der Erdoberfläche und deren Trendlinie beiseitegestellt (vgl. B.E.S.T. in Kap. 4.4.3, ein besonders vertrauenerweckender Datensatz, da seine Erstellung ursprünglich von Koch Industries, Kap. 3.1, finanziert war). Dabei zeigt sich, dass die „Pause" an der Erdoberfläche gar nicht stattgefunden hat, ja dass der gesamte Trend über den Zeitraum der sog. Pause sogar

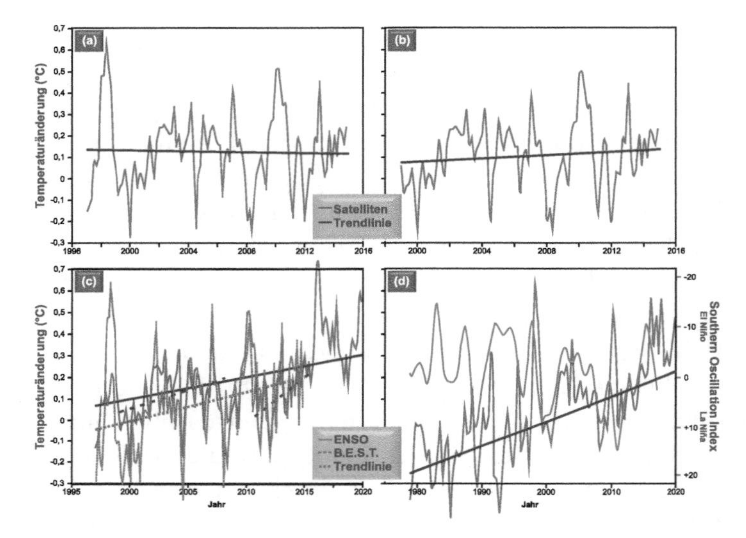

Abb. 4.1 Temperaturänderungen in unterschiedlichen Zeiträumen. Die Grafiken wurden mittels woodfortrees.org/plot (Clark 2020) erstellt und umgezeichnet. Diese Seite ermöglicht es, zahlreiche öffentlich zugängliche Datensätze zur Klimaentwicklung darzustellen und miteinander zu vergleichen. Wir werden dieses äußerst hilfreiche, leicht zu bedienende und öffentlich zugängliche Hilfsmittel noch häufiger nutzen. Es muss aber erwähnt werden, dass diese Darstellungen nicht für originale wissenschaftliche Zwecke genutzt werden sollten, da die benutzten Algorithmen nicht wissenschaftlich begutachtet wurden. Alle Kurvenverläufe haben wir wegen der besseren Lesbarkeit leicht geglättet. Die beiden oberen Grafiken sind manipulativ ausgewählt, um gegensätzliche Aussagen zu bekräftigen. Die beiden unteren zeigen dagegen ehrlichere Bilder der Entwicklungen. **a)** Verlauf der Temperatur von 1997 bis 2015 und zugehörige Trendlinie auf Basis des Satellitendatensatzes UAH 6.0, **b)** dasselbe, jedoch Beginn der Datenreihe erst 1999, **c)** dasselbe von 1997 bis Mitte 2020, zusätzlich mit zwei kurzfristigen Anstiegstrends (blau gestrichelt). Ferner ist der an der Oberfläche (Festländer und Ozeane) gemessene Datensatz der Temperaturänderungen B.E.S.T. von 1998 bis 2015 dargestellt sowie dessen Trendlinie, **d)** Verlauf der Temperatur seit 1979. Zusätzlich ist der ENSO-Datensatz 1979–2017 (Verlauf El Niño und La Niña im Pazifischen Ozean) eingezeichnet, dargestellt als invertierte Kurve des Southern Oscillation Index (Australian Government Bureau of Meteorology 2017).

etwas steiler verläuft als in dem Satellitendatensatz bis 2020.

Abbildung 4.1d stellt nun endlich den gesamten Zeitraum seit Beginn der Satelliten-Temperaturmessungen dar; die ehrlichste Darstellung ist in der Regel diejenige, welche alle verfügbaren Daten ohne subjektive Auswahl einbezieht. Jetzt sieht man, dass es immer wieder einmal Phasen langsameren und dann wieder schnelleren Ansteigens der Temperatur gab (vgl. Jones & Ricketts 2016). Die „Pause", von der wir ja jetzt wissen, dass sie in Wirklichkeit bestenfalls eine Verlangsamung, nicht aber ein Aussetzen der Klimaerwärmung war, ist nicht ungewöhnlich. Sie unterbricht den langfristigen Trend keineswegs; allenfalls bremst sie ihn etwas.[1] Ganz grundsätzlich verlief die globale Erwärmung kurz- und mittelfristig betrachtet nie linear, sondern immer in Stufen oder gar mit zwischenzeitlichen kurzen Phasen der Abkühlung, die auf eine Art Beharrungskraft des Klimasystems und auf zyklische Veränderungen der Zirkulation der Ozeane zurückgeführt werden (vgl. Kap. 5.8 und Nuccitelli 2012a). Natürliche Zyklen verursachen keine langfristige globale Erwärmung: Kommt es nämlich während des Aufwärtstrends eines Zyklus zu ansteigender Temperatur, so produziert er auch eine Temperaturabnahme in der Phase des Abschwungs (genauer dazu Kap. 5.8). Der Zyklus hätte damit keinen langfristigen Nettoeffekt auf die globale Temperaturentwicklung.

Über die Temperatur hinaus zeigen wir in Abb. 4.1d noch einen Index für ENSO, d. i. El Niño und La Niña. Ein Vergleich mit dem Temperaturverlauf macht deut-

---

[1] Smith (2017) zeigt darüber hinaus, dass bei adäquater Berücksichtigung der Daten aus der Arktis der Trend an der Erdoberfläche während „der Pause" nahezu exakt dem langfristigen Trend seit 1970 entspricht.

lich, dass bis Ende des 20. Jahrhunderts eher El Niño dominierte, danach war der Index niedriger, El Niño also seltener bzw. schwächer. Da die Satellitendaten, wie gesagt, besonders deutlich auf diese Ereignisse reagieren, könnten wir darin eine Erklärung für die vorübergehende Verlangsamung des Trends in den Satellitenmessungen gefunden haben. Besonders fällt auf, dass die Abweichungen vom allgemeinen Erwärmungstrend starke Ähnlichkeiten mit den Schwankungen der ENSO-Kurve zeigen, mit nur einem markanten Ausreißer direkt nach dem stark abkühlenden Ausbruch des Vulkans Pinatubo 1991. Durch diesen gelangten Partikel und Schwefelverbindungen in die Stratosphäre, welche Sonnenstrahlen abschirmten. Zusätzliche Einflüsse könnten von der tendenziellen Abnahme der Sonneneinstrahlung seit Beginn des Jahrtausends ausgegangen sein (vgl. Collins 2013). Wissenschaftliche Erkenntnis wächst durch das Aufstellen von Hypothesen und deren Widerlegung, bis nur noch wenige, idealerweise eine übrig bleibt. So auch bei „der Pause". Die verschiedenen Ansätze, die diskutiert wurden, stellt Watts (2014) zusammen, wenn er diese auch mangels Verständnisses dieses wissenschaftlichen Prozesses der Erkenntnisgewinnung als *„Entschuldigungen für die Pause"* bezeichnet. Mittels längerfristiger statistischer Analysen zeigen Marotzke & Forster (2015), dass die besagte Verlangsamung im Erwärmungstrend insbesondere der höheren Atmosphäre höchstwahrscheinlich tatsächlich mit systeminternen Oszillationen im Zusammenhang mit der Ozeandynamik zusammenhängt.

Es gibt also auch kurz- und mittelfristige Schwankungen im Klimasystem, nicht nur bei der Witterung, die nach heutigem Kenntnisstand zufällig oder chaotisch auftreten (vgl. zu Chaos im Klimasystem Kap. 4.4.1 und 4.4.2). Entscheidend ist jedoch, dass der längerfristige Erwärmungstrend stetig nach oben weist, sich also auf längere Sicht durchsetzt, während sich das Auf und Ab der natürlichen Schwankungen, wie gesagt, ausgleicht. Das Klima, wie wir in Kap. 1.3.1 gesehen haben, ist als langjähriger Mittelwert definiert. Kurz- und mittelfristige Schwankungen taugen also nicht als Argumente gegen einen Klimawandel. Und das ist ein entscheidender Denkfehler in den Erzählungen über eine „Pause".

Nebenbei bemerkt gab es einen Datensatz von der Erdoberfläche, welcher zu Beginn der „Pause" ebenfalls keinen Anstieg verzeichnete, vom britischen Hadley Centre (Benestad 2008). In diesem Datensatz waren aber, im Gegensatz zu den anderen, besonders stark sich erwärmende Klimastationen unterrepräsentiert, was in der aktuellen Version bereinigt ist (Climatic Research Unit (University of East Anglia) & Met Office 2020). Seit dieser Korrektur kann man zum Abstreiten einer Erwärmung während „der Pause" nur noch Satellitendaten benutzen. Interessant ist übrigens, mit welcher Empörung die gleichen Trumpisten, die „die Pause" grundsätzlich mit einem El Niño-Jahr beginnen und vor dem nächsten enden lassen (z. B. Monckton of Brenchley 2017), sich dagegen wendeten, dass in der Presse seinerzeit das Frühjahr 2010 als das wärmste seit Beginn der Aufzeichnungen bezeichnet wurde, weil dieses Jahr ja durch ein El Niño[2] geprägt sei (Watts & Monckton of Brenchley 2011).

In Anbetracht dessen, dass eine sich tendenziell abschwächende El Niño-Aktivität im frühen 21. Jahrhundert bereits vorhergesagt wurde, fragt man sich vielleicht, ob denn „die Pause" in dieser Form nicht von Wissenschaftlern hätte prognostiziert werden können. Und tatsächlich haben Keenlyside et al. (2008) sogar eine

[2] Ein eher schwaches, nebenbei bemerkt!

vorübergehende merkliche Abkühlung vorhergesehen. Diese Vorhersage führte zu einem Kuriosum der Wissenschaftsgeschichte, der „Klimawette“, bei der den Autoren eine Wette auf das Eintreffen ihrer Vorhersage angeboten wurde (Rahmstorf et al. 2008).[3] Da es oft schwierig ist, den Prozess wissenschaftlichen Erkenntnisgewinns zu verstehen (Kap. 1.1), werden derartige Auseinandersetzungen vielfach aufgegriffen, um die Erkenntnisse über die Erwärmung insgesamt zu diskreditieren (z. B. Limburg 2009a).

4.3 Sind Temperaturmessdaten fehlerhaft und manipuliert?

4.3.1 Temperaturdaten wurden absichtlich manipuliert

„Die US-Temperaturaufzeichnungen der NOAA zeigen, dass es während der dreißiger Jahre in den USA am wärmsten war. Die Temperatur ist dann mit dem zunehmenden CO_2-Gehalt allmählich zurückgegangen. Dies zerschlägt die Treibhausgas-Theorie. Also ‚adjustierte‘ man die Daten so lange, bis es so aussah, dass es in den USA weitere Erwärmung gegeben hätte. Man beachte die blauen tatsächlichen Messungen[Abb. 4.2a]*: Kaum Erwärmung. Dann betrachte man die in Rot dargestellten adjustierten Daten: so sollte ein globaler Erwärmungstrend aussehen. Ein globaler Fake-Erwärmungstrend, heißt das. … Die NOAA-Datenmanipulationen erzeugen einen spektakulären Hockeyschläger eines wissenschaftlichen Betrugs. Dieser wird zur*

[3] Eine weitere Wette haben kürzlich zwei Astrophysiker verloren, die ebenfalls dezidiert eine Temperaturabnahme bis 2017 vorhersagten (Giles 2005).

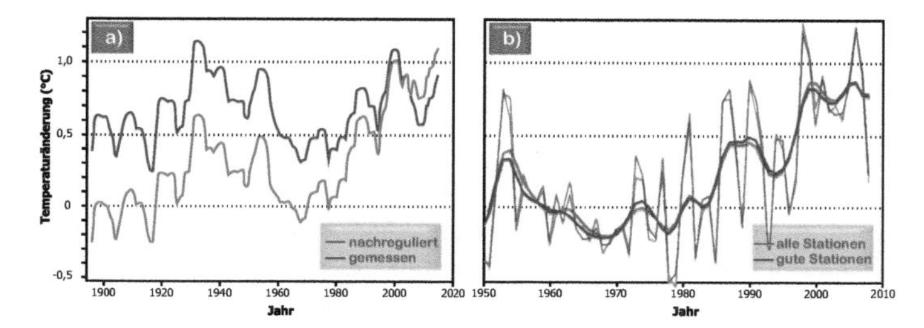

Abb. 4.2 Messdaten der Temperaturänderungen in den USA. **a)** Veränderung von Messdaten der Temperaturänderungen in den USA nach Heller (2018), wobei die gemessenen Rohdaten und die korrigierten Werte dargestellt sind. **b)** Ergebnisse der Auswertung aller Klimastationen der USA, also inklusive der um Fehler bereinigten (d. h. angeblich manipulierten) und der 70 nach D'Aleo & Watts (2010) verlässlichen Stationen (Grafik Wikipedia 2020a[6] nach Daten von Menne et al. 2010).

Grundlage einer Vielfalt darin eingebetteter Müll-Wissenschaft (junk science). Temperaturwerte vor dem Jahr 2000 werden künstlich kühler gemacht, je weiter zurück umso stärker, und Temperaturen nach der Jahrtausendwende werden wärmer gemacht. Dieses Jahr war eine besonders spektakuläre Episode der Datenmanipulationen seitens der NOAA, hat sie doch eine Fake-Erwärmung von ca. 1,4 °C seit dem Jahr 1985 ins Spiel gebracht. … Die meisten dieser Adjustierungen sind einfach das Ergebnis des Frisierens von Daten. In jedem Monat fehlen von einer gewissen Anzahl der 1218 USHCN-Stationen in den USA Messwerte. Dann wird die Temperatur seitens der NASA mithilfe eines Computermodells geschätzt. Fehlende Daten werden mit einem ‚E' markiert (Estimated = geschätzt). Im Jahre 1970 fehlten etwa 10 % der Daten, aber diese Zahl hat inzwischen auf

[6] Die Vorlage für unsere Abbildung stammt ursprünglich vom National Climatic Data Center (NCDC), einer Behörde der USA, die der NOAA (National Oceanic and Atmospheric Administration der USA) zugeordnet ist, und ist gemäß der Creative-Commons-Lizenz gemeinfrei (public domain).

fast 50 % zugenommen. Das bedeutet, dass fast die Hälfte der gegenwärtig adjustierten Daten Fake-Daten sind. Natürlich ist es aber so: Nur weil fast die Hälfte der aktuellen Daten ‚fabriziert' worden ist – d. h. in diesem Falle eher geschätzt als physikalisch gemessen durch wirkliche Thermometer mit nachfolgender Adjustierung –, bedeutet das nicht automatisch, dass diese Daten ungenau oder irreführend sind. Nicht notwendigerweise jedenfalls… Aber dies bringt uns zum schlimmsten Abschnitt der Untersuchung von Heller. Die adjustierten Temperaturdaten mögen ziemlich zweifelhaft sein, aber es stellt sich heraus, dass diese fabrizierten Daten verzerrt werden wie ein Gummiband. … Und wir wissen auch, warum sie es tun. Sie haben diese Computermodelle, welche so programmiert sind, dass sie genau das gewünschte Ergebnis zeigen, dass nämlich mit dem Anstieg der anthropogenen CO_2-Emissionen auch die globale Erwärmung zunimmt. Aber die Realität spielt einfach nicht mit. Anstatt jedoch ihre Computermodelle zu korrigieren, haben sie sich entschlossen, dass es viel einfacher ist, die Realität so zu adjustieren, dass sie zu ihrer immer weiter zerfallenden Theorie der globalen Erwärmung passt." (Frey 2018b)

In allen Naturwissenschaften müssen Datenreihen kontrolliert und um Fehler bereinigt werden. Skeptiker des Klimawandels haben die Korrektheit bestätigt

Insbesondere die Daten zur Klimaentwicklung der USA sind immer wieder in der Kritik, was z. T. an der schlechten Qualität vieler Messstationen liegt. Deshalb müssen deren Daten mit etablierten statistischen Verfahren, wie sie in allen Naturwissenschaften Verwendung finden, bereinigt werden. Bereinigt heißt aber nicht „manipuliert, damit sie für die eigene Aussage besser passen". Der Vergleich zwischen der Temperaturentwicklung von Stationen, die hohen Qualitätsansprüchen genügen und nicht korrigiert

werden mussten, und solchen von geringerer Qualität zeigt kaum Unterschiede und wurde von einem Wissenschaftler durchgeführt, der an der Qualität der Messwerte zweifelte; auch er konnte keine Fehler feststellen. Damit ist die Güte der Korrekturverfahren belegt.

Wissenschaftlich fundierte Skepsis ist Basis jeder Wissenschaft. Ohne Versuche der Widerlegung wird aus einer Hypothese kaum je eine Theorie. Skeptiker bringen deshalb die Forschung definitiv weiter. Ein bekanntes Beispiel ist der Physiker Richard Muller, der besonders unverdächtig in Sachen Voreingenommenheit ist, da er – ursprünglich von der Energiewirtschaft (Koch Industries) finanziert – den globalen Temperaturanstieg widerlegen sollte, ihn mit seiner Arbeitsgruppe Berkeley Earth am Ende aber auf Grundlage akribisch gesammelter neuer Daten (B.E.S.T. Temperaturrekonstruktion) vollauf bestätigen musste (Muller 2012, 2018).

Einer der prominentesten Skeptiker des anthropogenen Klimawandels, Anthony Watts, ein in den USA populärer ehemaliger TV-Meteorologe, hat immer wieder ähnlich argumentiert, dass nämlich die Trends der Erwärmung lediglich scheinbar seien, da der Wärmeinseleffekt der Städte und ähnliche Fehlerquellen (s. u.) diese nur vorgaukle. Sein Team hat deshalb in jahrelanger Kleinarbeit viele Hundert der für die Trendberechnung des Klimawandels genutzten Wetterstationen der USA analysiert und eine Liste von 70 Stationen herausgegeben, an denen sie keine wesentliche Verfälschung durch derartige Veränderungen feststellen konnten, das waren also die zuverlässigsten Stationen (D'Aleo & Watts 2010): diejenigen 70 Stationen, in denen Manipulationen auszuschließen sind und die deshalb die Erwärmung der USA widerlegen müssten (D'Aleo 2011). Diese 70 Stationen haben jedoch praktisch das gleiche Ergebnis der Erwärmung produziert wie die Gesamtzahl der Stationen (Abb. 4.2b). Derart geringe Unterschiede hatte niemand erwartet – Anthony Watts vermutlich am allerwenigsten.[4] Da die Daten dieser wenigen Stationen die Ergebnisse zum Klimawandel voll bestätigten, hat Watts der Wissenschaft einen deutlichen Fortschritt gebracht, denn dadurch gibt es an der Tatsache der Erwärmung kaum vernünftige Zweifel mehr. So bringen Skeptiker die Wissenschaft in diesen und vielen anderen Fällen weiter, vorausgesetzt, sie arbeiten mit wissenschaftlichen Methoden.

Im Jahr 2010 wurde das Surface Station Project unter der Federführung von A. Watts abgeschlossen und insgesamt 92 *„gute bis hochwertige"* Stationen ohne Adjustierung ausgewiesen. Folgende Schlussfolgerung aus den dabei gewonnenen Erkenntnissen zog das Watts-Team selbst: *„Die Schätzungen der Trends bei der Temperatur variieren in Abhängigkeit von der Klassifikation der Stationen, wobei weniger geeignete Stationen die Trends der Temperaturminima etwas zu hoch, die der Maxima dagegen etwas zu niedrig erscheinen lassen. Dies führt insbesondere zu substanziellen Unterschieden bei der Einschätzung der Schwankungen der täglichen Temperaturunterschiede. … Über alles sind die Änderungen in der Temperatur nahezu identisch bei unterschiedlich klassifizierten Stationen"* (Fall et al. 2011). Damit ist widerlegt, dass es zu Verfälschungen des Trends durch die Datenkorrekturen kam. Black et al. (2013) kommen zur gleichen Schlussfolgerung: *„Gemäß einer von Anthony Watts geleiteten Studie sind viele Klimastationen der USA von mäßiger*

---

[4] Die Liste der 70 Stationen wurde übrigens im April 2008 auf der Homepage des Projekts (Watts 2012) veröffentlicht, wir konnten sie 2009 noch einsehen, danach wurde sie allerdings wohl irgendwann aus dem Netz genommen (Kleber 2020f).

Qualität. Jedoch finden wir, dass die Erwärmung, die man bei den ‚schwachen' Stationen sieht, praktisch nicht von der in den ‚guten' unterschieden werden kann." In jüngerer Zeit vergleichen Hausfather et al. (2016) erneut die Trends „guter" und korrigierter „schlechter" Wetterstationsdaten mit dem gleichen Ergebnis.

Damit hat Watts einen deutlichen Beleg erbracht, dass Datenadjustierungen und Wärmeinseleffekte keinen wesentlichen Einfluss auf die Veränderung der Temperaturen haben, wenn die Messwerte entsprechend sachkundig korrigiert werden, was bei letzterem Effekt allein schon dadurch evident ist, dass dies ja nur durch eine deutliche Veränderung der Einwohnerzahl oder des Verhaltens der Einwohner hervorgerufen werden könnte. So schnell wie die Anthropogene Globale Erwärmung wirkt jedoch anscheinend keiner dieser beiden denkbaren Effekte. Mit einem völlig anderen Ansatz belegt Parker (2006) ebenfalls die Validität der Korrekturrechnungen des Stadtklima-Effekts, indem er die Temperaturtrends windstiller (dominanter Einfluss der lokalen, städtischen Temperatur) und stürmischer Tage (Einflüsse aus großer Entfernung) einander gegenüberstellt.

Warum aber werden Messdaten der Temperatur überhaupt bearbeitet?[5] Im Laufe der über 100-jährigen Geschichte der Wetteraufzeichnung haben sich die Messgegebenheiten immer wieder geändert, beispielsweise durch Stationsverlegungen, Änderung der Messumgebung, der Messpraxis oder der Messinstrumente (technische Verbesserungen oder Ausfall von Geräten). Diese Veränderungen können die Messreihe der gemessenen Parameter beeinflussen und Brüche in Messreihen verursachen. Diese sind dann natürlich nicht das Ergebnis

[5] Vgl. Trewin (2010) hierzu und zur Methodik der Homogenisierung.

einer Klimaänderung. Um die Veränderungen zwischen zwei Messsystemen zu quantifizieren, werden, soweit möglich, Parallelmessungen durchgeführt. Bei jedem Wechsel des Messsensors wird an sog. Klimareferenzstationen über einen ausreichend langen Zeitraum auch parallel gemessen, um sicherzustellen, dass es zu keinem Bruch in der Messreihe kommt und eine zuverlässige Analyse der Zeitreihe möglich ist. Neu eingerichtete Messstationen oder Stationen mit starken Änderungen der Umgebungsparameter (z. B. städtischer Wärmeinseleffekt bei Wachstum der Stadt um die Station herum) werden ausschließlich für Trendberechnungen ab dem Zeitpunkt ihrer Einrichtung bzw. ab Änderung der Parameter herangezogen. Oft können Änderungen der Umgebungsparameter auch durch Parallelmessungen an benachbarten Stationen korrigiert werden. Die Tatsache, dass in jüngster Zeit weltweit einige Klimastationen aufgegeben wurde, hat sogar zu einer leichten statistischen Verringerung der ermittelten Temperaturzunahme geführt, da insbesondere Stationen im Gebirge weggefallen sind, wo sich der Klimawandel eigentlich etwas stärker auswirkt als in Tiefländern (Geithner & Kleber 2020).

Das Justieren von Datenreihen ist in allen Naturwissenschaften gängige Praxis. Es gibt deshalb bewährte statistische Verfahren, um mit Problemen, wie wir sie eben beschrieben haben, und mit Datenlücken umzugehen, die auch in der Klimatologie angewandt werden (Hausfather et al. 2016; Karl et al. 1995; Karl & Williams 1987). Auch in der Klimatologie gibt es neben den hier diskutierten zahlreiche weitere Datensätze, bei denen dies entsprechend erforderlich wird, um sinnvolle Schlüsse aus ihnen ziehen zu können. Viele dieser Datensätze werden deshalb wegen angeblicher Manipulation von trumpistischer Seite angegriffen. Aber uns ist kein Datensatz bekannt, in dem tatsächlich Daten gefälscht oder absichtlich manipuliert wurden. Gelegentlich kommt es zu Fehlern bei der Statistik oder zu Überinterpretation der Daten. Die Selbstheilungskräfte der Wissenschaft sind jedoch gerade bei so wichtigen Themen sehr wirksam und solche Fehler werden meist schnell korrigiert.

Ein weiteres Beispiel für einen derartigen Angriff auf Datenkorrekturen (vgl. Kleber 2020d) möchten wir noch anführen, weil sich damit der Kreis zum vorherigen Kap. 4.2 schließt: Karl et al. (2015) fanden einen Fehler in der Anpassung der Luft-Temperaturdaten an der Meeresoberfläche, deren Bedeutung für „die Pause" der Erwärmung wir ja oben bereits gesehen haben. Nach der Korrektur wurde deutlich, dass während „der Pause" ein stärkerer Erwärmungstrend herrschte, als man vorher wahrgenommen hatte. Diese Veröffentlichung wurde aus formalen Gründen, weil interne Abstimmungsprozesse innerhalb der NOAA (National Oceanic and Atmospheric Administration der USA) nicht eingehalten worden waren, kritisiert. Dieser Vorwurf wurde zu einer Datenmanipulation aufgebauscht (Rose 2017), obwohl der ursprüngliche Kritiker dem explizit widersprochen hatte (Waldman 2017). Dennoch wird der Vorwurf bis heute erhoben (D'Aleo 2020), auch wenn die Validität der Datenkorrektur schon lange von unabhängiger Seite, auch aus der Arbeitsgruppe Berkeley Earth, bestätigt wurde (Hausfather et al. 2016; Rohde 2021).

Auch der gelegentlich geäußerte Vorwurf, die britische Forschergruppe, die den CRUTEM-Datensatz der Temperaturänderungen zusammenträgt, habe die Originaldaten „verschwinden" lassen, sodass man ihre Berechnungen nicht nachprüfen könne (vgl. Kap. 4.5.2), bricht in sich zusammen, da Wetterdaten aller Länder für jedermann abrufbar sind (vgl. Russell et al. 2010).

4.3.2 Die Daten der Temperaturentwicklung widersprechen einander

Die Zahl der möglichen „Belege“ für scheinbar widersprüchliche Entwicklungen von Temperaturdaten oder Klimafolgen ist umfangreich, weshalb wir hier nur Schnipsel und keine Einzelzitate anführen können. Als Belege gegen eine Klimaerwärmung findet man zum Beispiel: a) einzelne Klimastationen, die keine Erwärmung zu verzeichnen haben – beliebt sind Messstationen in Westgrönland; b) einzelne Gletscher, die ihre Fläche vergrößert haben – gerne wird die Ostantarktis als Beispiel zitiert; c) einzelne Küstenorte, in denen kein Anstieg des Meeresspiegels verzeichnet wurde – häufig genutzt ist die Pazifikinsel Vanuatu; und vieles mehr.

Einzelfälle haben keinerlei Erklärungsmacht für oder gegen eine globale Entwicklung. Oder: Die Ausnahme bestätigt die Regel.

Die unterschiedlichen Behauptungen, dass lokale Einzelbeispiele den weltumspannenden Trend widerlegen könnten, sind typische Beispiele für Rosinenpicken – Einzelphänomene können nicht repräsentativ für die Welt sein, wenn sie untersucht und ihre Abnormalität begründet bzw. Fehler in der Beweisführung aufgedeckt wurden. So darf man z. B. bei der Pazifikinsel Vanuatu nicht übersehen, dass auch die Erdoberfläche (egal ob unter Wasser oder nicht) immer noch in Bewegung ist und es auch hier zu Höhenunterschieden kommen kann, die dann den Anstieg des Meeresspiegels ausgleichen können.

Die zahllosen Beispiele für sich scheinbar widersprechende Daten stammen vorwiegend aus geographisch besonderen Regionen. Kaum jemand wird auf die Idee kommen, Westgrönland, die Antarktis oder eine Pazifikinsel für repräsentativ für die gesamte Welt zu halten. Westgrönland beispielsweise liegt an einer Meeresstraße, deren Wassertemperatur in erheblichem Maß von kaltem Schmelzwasser grönländischer Gletscher gesteuert wird. Die Zunahme der Gletscherschmelze bedingt eine Abkühlung des Meeres, und diese wiederum teilt sich den nahegelegenen Küsten mit (vgl. Kap. 5.2 zur allgemeinen Temperaturentwicklung in den hohen nördlichen Breiten).

In der Antarktis hat sich die Eisfläche auf dem Meer tatsächlich vergrößert – eine Entdeckung, die anfangs überrascht hat (Vizcarra 2014). Bereits in dieser ersten Veröffentlichung wurde aber vermutet, dass das zusätzliche Eis vom antarktischen Festland abgeflossen sein könnte, was sich in der Folge bestätigt hat. Dennoch ist nach wie vor nicht eindeutig geklärt, ob das Eis der Antarktis bisher insgesamt an Volumen zu- oder abgenommen hat (IMBIE Team 2018). Wie ist es also möglich, dass Gletscher in einem sich erwärmenden Klima dennoch an Volumen zunehmen können? Gletscher sind in ihrer Massenbilanz grob gesagt von zwei wesentlichen Einflussgrößen abhängig: der Temperatur und der Menge an Schnee. Bleibt der Schnee gleich und die Temperatur nimmt ab, gewinnt der Gletscher an Masse. Dies wird in den letzten Jahrzehnten selten geschehen sein. Aber bleibt umgekehrt die Temperatur gleich und der Schnee nimmt zu, wird ein Gletscher ebenfalls anwachsen. Wenn sich nun in einem Klimawandel beide Größen gegenläufig ändern, kommt es darauf an, welche das größere Gewicht bekommt. In den mit Abstand meisten Gebieten der Welt wird die Bedeutung der Temperatur überwiegen. In besonderen Gebieten ist das Wachstum der Gletscher aber gar nicht durch zu hohe Temperaturen eingeschränkt, sondern ausschließlich durch zu geringe Niederschläge. In einem kalten, aber wüstenartig trockenen Klima (beispielsweise in den hohen Anden Südamerikas und eben auch in der

Ostantarktis) wird eine Temperaturänderung überhaupt keinen Einfluss auf das Gletschervolumen nehmen, da es an Schnee-Niederschlägen fehlt. Nehmen Letztere jedoch zu, was in einem wärmeren Klima mit erhöhter Verdunstung oder in der Nähe eines sich erwärmenden Ozeans kaum verwundert, dann kann ein Gletscher durchaus wachsen, auch wenn die Temperaturen steigen.

Und mit dem Meeresspiegel an ausgewählten Küstenorten, insbesondere im Pazifik, ist es ähnlich: Auch hier kommen zusätzliche Einflüsse über den absoluten Meeresspiegel hinaus zum Tragen, nämlich die Tatsache, dass sich auch Landmassen in ihrer Höhe ändern können, sodass sich insbesondere an Vulkaninseln, wie z. B. Vanuatu, das Land heben kann, weshalb der Meeresspiegel um eine solche Insel herum scheinbar konstant bleiben oder eventuell sogar fallen kann (ausführlicher Kap. 6.3).

4.4 Sind Computermodelle nicht höchst unzuverlässig?

4.4.1 Das Klima ist laut IPCC nicht vorhersagbar

„Der ‚UN-Weltklimarat' IPCC konstatierte in seinem dritten Report von 2001: ‚In Sachen Klimaforschung und -modellierung sollten wir anerkennen, dass es sich dabei um ein gekoppeltes, nicht-lineares, chaotisches System handelt. Deshalb sind längerfristige Vorhersagen über die Klimaentwicklung nicht möglich.' Tatsächlich wohnt Prognosen der klimatischen Entwicklung, die über einen Zeitraum von mehr als zehn Jahren hinausgreifen, keinerlei Vorhersagekraft mehr inne. Die Klimaforschung behilft sich daher mit Szenarien, die zwar plausibel und in sich widerspruchsfrei sind, denen aber aufgrund ihrer Konstruktion keine Ein-

trittswahrscheinlichkeiten zugeordnet werden können. Allein der unvermeidbare statistische Fehler bei der Bestimmung des Langwellenstrahlungseffekts der Wolkenbildung in Standard-Klimamodellen ist über hundertmal größerals der Effekt, der nach diesen Modellen vom CO_2 *verursacht sein soll. Frage*[an die politischen Parteien]*: Wie wollen Sie angesichts der geschilderten Umstände die Einhaltung eines bestimmten Klimaziels sicherstellen, wenn doch verlässliches Wissen über zukünftige klimatische Entwicklungen prinzipiell nicht erworben werden kann?“* (Klimafragen.org 2020)

Das Zitat des IPCC ist aus dem Zusammenhang gerissen und dadurch völlig entstellt

Das Zitat aus einem frühen Sachstandsbericht des IPCC (2001) ist aus dem Kontext gerissen und deshalb vollkommen verdreht interpretiert. Im Original geht es darum, wie genau die Klima-Modellierung einen bestimmten Klimazustand vorhersagen kann, also beispielsweise ob es im Jahr 2064 einen Vulkanausbruch (und somit ein überdurchschnittlich kühles Jahr) oder ein El Niño (und somit ein besonders warmes Jahr) geben wird. Wie also die Klimamodellierung mit individuellen, anscheinend mehr oder weniger zufälligen Schwankungen zwischen einzelnen Jahren umgehen soll. Solche Einzelereignisse sind tatsächlich nicht langfristig vorhersagbar. Diese Aussage hat aber mit „Klimaentwicklung“ nicht das Geringste zu tun. Das IPCC schlug als Lösung des Problems übrigens vor, mittels mehrerer Simulationen mit unterschiedlichen Anfangsbedingungen und externen Einflüssen diese verbleibende Unsicherheit zu ermitteln, was seither auch in allen fortschrittlichen Klimasimulationen umgesetzt wird (Rahmstorf 2020).

Ironischerweise wird dem IPCC immer wieder vorgeworfen, es wäre ausschließlich zu dem Zweck gegründet worden, den menschlichen Anteil an der Erwärmung zu beweisen (z. B. Idso et al. 2016). Im Angesicht dessen erscheint der Vorwurf, das IPCC selbst hätte derart fundamental gegen die angebliche eigene Regel verstoßen, in sich ziemlich widersprüchlich.

4.4.2 Das Wetter ist doch chaotisch

„Lorenz (1963) *sagte in dem bahnbrechenden Papier, welches die Chaostheorie begründete, dass, weil das Klima ein mathematisch-chaotisches Objekt ist (ein Punkt, den der Klimarat der UNO zugibt), eine genaue langfristige Vorhersage der zukünftigen Entwicklung des Klimas ‚mit keiner Methode' möglich sei. Gegenwärtig können Klimaprognosen schon sechs Wochen im Voraus das genaue Gegenteil dessen sein, was tatsächlich eintritt, selbst wenn sich die Prognosen auf eine kleine Region des Planeten beschränken. Im April 2007 beispielsweise sagte das UK Met Office voraus, dass dieser Sommer der heißeste, trockenste und dürreanfälligste Sommer seit Beginn der Aufzeichnungen sein würde, nur wenige Wochen vor dem Beginn des kältesten, nassesten und überschwemmungsgefährdetsten Sommers seit Beginn der Aufzeichnungen. Im Herbst 2008 sagte das Wetteramt einen überdurchschnittlich warmen Winter voraus, nur wenige Wochen vor Beginn des kältesten Winters seit zwei Jahrzehnten.*

Daher hat sich sowohl in der Theorie als auch in der Praxis die Prognosefähigkeit von Computer-Klimamodellen als begrenzt erwiesen. Bei einem chaotischen Objekt ist es unerlässlich, die vollständige mathematische Beschreibung des Objekts an einem gewählten Ausgangspunkt seiner Entwicklung zu kennen. Das bedeutet, den Anfangswert der Millionen von Variablen zu kennen, die das Klima definieren – und zwar mit einer Präzision, die in der realen Welt einfach nicht erreichbar ist.

Warum kümmert sich dann überhaupt jemand um Computermodelle des Klimas? Sie sind wirklich nur für sehr kurzfristige Vorhersagen nützlich – höchstens ein paar Tage im Voraus. Und warum? Weil eines der Merkmale, die allen chaotischen Objekten gemeinsam sind, darin besteht, dass eine sehr kleine Störung im Anfangswert nur einer der vielen Variablen, die das Objekt definieren und sein Verhalten bestimmen, die zukünftige Entwicklung des Objekts radikal verändern kann, indem sie den Zeitpunkt des Beginns, die Dauer, die Größe und sogar das Vorzeichen der ‚Phasenübergänge' oder plötzliche Änderungen in einem zuvor linearen Verhalten, die bei chaotischen Objekten immer auftreten, verändert." (Monckton of Brenchley 2009).

In dieser Aussage wird Wetter unzulässigerweise mit Klima gleichgesetzt, obwohl beide unterschiedliche Zeitdimensionen haben

Der Denkfehler ist, Klima sei nichts anderes als Langzeitwetter und damit den gleichen chaotischen Einflüssen unterworfen, die einmal zu warmen, dann wieder zu kühlen, einmal zu regnerischen, dann wieder zu trockenen Tagen führen. Schon wenn ein 2 °C zu warmer auf einen 2 °C zu kühlen Monat folgt, beträgt jedoch der Durchschnitt beider Monate 0 °C. Wenn das Klima also konstant bliebe, würden sich diese chaotischen Einflüsse über Jahre hinweg betrachtet gegenseitig aufheben. Nun gibt es aber nicht nur zu kühle oder zu warme Wochen und Monate, sondern auch zu kühle oder warme Jahreszeiten oder gar Jahre. Deren Ursachen sind aber oft schon besser zu verstehen (z. B. Vulkanausbrüche, El Niño und andere Oszillationen, d. h. Schwingungen des Klimas, also ein Auf und Ab innerhalb des Klimasystems). Aber auf ein El Niño oder mehrere folgen wieder Jahre mit gegenläufigen Tendenzen (vgl. Abb. 4.1d), die Abkühlung durch kleinere Vulkanausbrüche hält auch nicht lange vor. Auch diese besonderen Einflüsse gleichen sich also auf Dauer gegenseitig aus, anstatt sich aufzuschaukeln, wie die frühe Chaostheorie vermutete. Und Klima, wie wir einleitend gesehen haben (Kap. 1.3.1), ist der langjährige Durchschnittswert, der nicht im Geringsten von einzelnen Wetterereignissen und ganz wenig von einzelnen extremen Jahren beeinflusst wird.

Wetter verhält sich chaotisch, weil Luft leicht ist, eine geringe Reibung aufweist, sich bei Kontakt mit heißen

Oberflächen stark ausdehnt und Wärme schlecht leitet. Daher ist das Wetter nie im Gleichgewicht und der Wind weht beinahe ständig. Das Klima dagegen wird hauptsächlich durch die Balance zwischen Einstrahlung und Ausstrahlung bestimmt, welche langfristig die globalen Temperaturen bestimmt. Gibt es nämlich zwischen Ein- und Ausstrahlung ein Ungleichgewicht, wird dieses auf Dauer durch eine veränderte Temperatur ausgeglichen. Die Phase, während derer es zu diesem Ausgleich kommt, bezeichnet man als Klimaänderung.

Die frühe Chaosforschung ging davon aus, dass die ungenaue Kenntnis der Anfangsbedingungen eines chaotischen Systems, was das Wetter unzweifelhaft ist, zu exponentiell anwachsenden Fehlern bei Prognosen führt; wenn es schon bei stark vereinfachten Berechnungen unmöglich ist, die Zukunft solcher Systeme vorherzusagen, dann müsste der Fehler bei den weitaus zahlreicheren Variablen eines realistischen Modells noch weit größer werden (Lorenz 1963). Wenn die Atmosphäre derart instabil ist, dann könnte der Flügelschlag einer Möwe genügen, ihre Entwicklung entscheidend zu beeinflussen; aus der Möwe wurde dann ein Schmetterling und es entstand der weithin bekannte „Schmetterlingseffekt". Shen et al. (2020) zeigen jedoch, dass – im Gegensatz zu der Ansicht, dass Wetter ausschließlich chaotisch sei – Wetter in Wirklichkeit sowohl chaotische als auch nichtchaotische Elemente enthalte, also Chaos *und* Ordnung.

In jüngerer Zeit wurde in der Meteorologie anhand von gemessenen Witterungsverläufen untersucht, wie sich ein Anfangsfehler tatsächlich in den Wettervorhersage-Modellen fortsetzt. Dabei zeigte sich, dass nach einigen Tagen die Störungen nicht mehr exponentiell anwachsen, wie Lorenz vorhergesagt hat, sondern nur noch linear, das heißt proportional zur verflossenen Zeit. Der Fehler von Lorenz lag darin, dass er davon ausging, die Fehler würden mit zunehmender Komplexität der Modelle zunehmen – jedoch ist genau das Gegenteil der Fall. Die statistische Mechanik, die Ludwig Boltzmann gegen Ende des 19. Jahrhunderts entwickelte, lieferte eigentlich bereits die Antwort auf diese Fehleinschätzung: die ordnende Wirkung großer Zahlen (Robert 2001). Zwei Beispiele: Man möchte den Zerfall eines einzelnen radioaktiven Atoms beobachten. Wenn man Glück hat, muss man lediglich ein paar Sekunden warten, oder aber auch Jahrtausende. Das Verhalten einzeln betrachteter Atome ist chaotisch, absolut nicht vorhersehbar. Betrachtet man aber viele solche Atome, dann kann man eine äußerst konstante Halbwertszeit messen; so zerfällt beispielsweise von einer großen Anzahl von ^{234}Uran-Atomen genau die Hälfte nach 245.500 Jahren. Großen, komplexen Systemen wohnt eine Ordnung inne, die kleine Systeme aus den gleichen Elementen nicht besitzen. Ein Beispiel für Ordnung in Fließsystemen (wie auch die Atmosphäre physikalisch eines ist) kann man oft bei Gewässern beobachten: Wenn die Strömung zunimmt und Turbulenzen entstehen, sind diese erst kurzzeitig ungeordnet, chaotisch, aber dann bilden sich Wirbel, die immer wieder an der gleichen Stelle in der gleichen Größe auftreten. Die Bewegung einzelner Wassermoleküle ließe sich dennoch nicht vorhersagen, sie verhalten sich tatsächlich chaotisch. Somit führen die chaotischen Änderungen im Kleinen zur Ausbildung von geordneten Strukturen im Großen. Letztlich kann man die Atmosphärenphysik durchaus mit einem Gewässer vergleichen, und auch da erkennt man immer wiederkehrende Muster von Verwirbelungen (beispielsweise Azoren-Hoch, Island-Tief, Genua-Tief …). Und genau aus diesem Grund ist Klima nicht einfach die Aneinanderreihung von Wetterereignissen, sondern ein statistischer Mittelwert, errechnet aus Zuständen eines zu Ordnung tendierenden Systems, in dem sich die Elemente des Chaos gegenseitig aufheben.

Wetter und Klima zu verwechseln, ist aus Sicht dieser modernen Auffassung der Chaostheorie ein massiver Fehler. Statistische Analysen haben gezeigt, dass nach einer Entwicklung des Klimas von spätestens 20–35 Jahren die chaotischen Einflüsse vollkommen in den Hintergrund treten und sich die Wirkung der Strahlungsantriebe, derzeit insbesondere der Treibhausgase, durchsetzt (Bojanowski 2015; Marotzke & Forster 2015). Allerdings ist einschränkend zu sagen, dass es wahrscheinlich auch im Klimasystem nachhaltig nichtlineare Einflüsse gibt, die Kipppunkte bzw. Tipping Points (vgl. Kap. 8).

4.4.3 Klimamodelle werden getunt

„*Modelle können die Wolken, den Staub, die Chemie und die Biologie von Feldern, Bauernhöfen und Wäldern nur sehr schlecht beschreiben. Sie sind nicht einmal ein Beginn, um die reale Welt zu beschreiben, in der wir leben. … Sie sind voll von Schummel-Faktoren, die an das bestehende Klima angepasst sind, sodass die Modelle mehr oder weniger mit den beobachteten Daten übereinstimmen. Aber es gibt keinen Grund zu der Annahme, dass die gleichen willkürlichen Faktoren das richtige Verhalten in einer Welt mit einer anderen Chemie ergeben würden, zum Beispiel in einer Welt mit erhöhtem CO_2-Gehalt in der Atmosphäre.*“(Plauché 2017)

„*In der Tat wurden die Computerprogramme, die die Modelle für den Klimawandel erstellen, ‚getunt‘, um die gewünschte Antwort zu erhalten. Die Werte verschiedener Parameter wie Wolken und die Konzentrationen von anthropogenen Aerosolen werden angepasst, um die beste Übereinstimmung mit den Beobachtungen zu erzielen. Und – vielleicht zum Teil deshalb – sind sie bei der Vorhersage des zukünftigen Klimas erfolglos gewesen, selbst über Zeiträume von nur fünfzehn Jahren. Tatsächlich sind die realen Werte der meisten Parameter und die Physik, wie sie das Klima der Erde beeinflussen, in den meisten Fällen nur grob bekannt, zu grob, um ausreichend genaue Daten für Computer-Vorhersagen zu liefern. Meiner Meinung nach und der Meinung vieler anderer Wissenschaftler, die mit der Problematik vertraut sind, liegt das Hauptproblem der Modelle in der Behandlung der Wolken, deren Veränderungen wahrscheinlich einen viel größeren Einfluss auf die Temperatur der Erde haben als die Veränderung des* CO_2*-Gehalts.*" (Happer 2011)

Modelle werden in allen naturwissenschaftlichen Disziplinen mittels anerkannter statistischer Verfahren kalibriert, nicht „getunt"

Klima-, oder besser Erdsystemmodelle, die auf physikalischen Gesetzmäßigkeiten und Zusammenhängen basieren, können überprüft werden, indem man sie mit bereits bekannten Rahmenbedingungen der Vergangenheit füttert und dann feststellt, wie gut sie die tatsächlich aufgetretenen Temperaturänderungen rekonstruieren konnten (vgl. z. B. Abb. 4.4). Je genauer sie sind und exakter ihre Aussagen zutreffen, umso größer ist das Vertrauen, dass die Modelle auch realistische Projektionen der Zukunft errechnen können. Dabei müssen Modelle fähig sein, das bestehende Klima nachzubilden.

Wenn Erdsystemmodelle wirklich so schlecht wären, fände sich die mögliche zukünftige Realität gleichermaßen ober- als auch unterhalb der Modellprojektionen. Wenn also im Bereich des Möglichen liegt, dass alles noch schlimmer kommt, würde dann die Fürsorgepflicht des Staates im Sinne der Generationengerechtigkeit nicht sogar noch stärker greifen?

Klimamodelle sind numerische Darstellungen des Klimasystems auf Grundlage der physikalischen, chemischen und biologischen Eigenschaften seiner Komponenten, ihrer Wechselwirkungen und Rückkopplungsprozesse sowie unter Berücksichtigung möglichst vieler der bekannten Eigenschaften. Das Klimasystem kann durch Modelle unterschiedlicher Komplexität dargestellt werden, d. h., für jede einzelne Komponente oder Kombination von Komponenten kann ein Spektrum oder eine Hierarchie von Modellen identifiziert werden, die sich in Aspekten wie der Anzahl der räumlichen Dimensionen, dem Ausmaß, in dem physikalische, chemische oder biologische Prozesse explizit dargestellt werden, oder der Ebene, auf der empirische Parametrisierungen[7] beteiligt sind, unterscheiden. Gekoppelte Atmosphäre-Ozean-Zirkulationsmodelle der 5. und 6. Generation sind die derzeit komplexesten; immer mehr Teilsysteme der Umwelt wurden im Laufe ihrer Weiterentwicklung in diese Modelle integriert (vgl. Kap. 2.3 und Kleber 2019c: Abb. 4.3). Modelle sind jedoch immer Vereinfachungen der Wirklichkeit, weswegen korrekte Darstellungen grundsätzlich einen Fehlerbereich (meist den für 95 % Wahrscheinlichkeit des Eintreffens) enthalten, nicht nur einen Mittelwert (vgl. z. B. Abb. 4.3b).

Modelle sind in allen Naturwissenschaften Abbilder der Wirklichkeit, sie sind nicht die Wirklichkeit. Wenn die Entwicklung eines Modells beginnt, ist es in der Regel noch sehr grob und fehlerhaft. Woran merkt man nun die Fehler? Wenn das Modell die bereits vorhandenen Daten nicht gut genug erklärt. Bei der Klimamodellierung z. B. werden einem Modell die bekannten Startwerte eines früheren Zeitpunkts sowie eventuelle zwischenzeitliche Veränderungen in den Rahmenbedingungen eingegeben

[7] Das sind durch Messungen ermittelte Größen von Faktoren, die nicht allein durch physikalische Gesetzmäßigkeiten und Formeln bestimmt werden können.

und man lässt das Modell rechnen bis zur aktuellen Zeit, als ob es eine Vorhersage treffen müsste. Stimmt das Modell nun nicht mit den bereits abgelaufenen Entwicklungen überein, so enthält es Fehler. Diese müssen gefunden und korrigiert werden. Dann wird das Modell erneut getestet, bis es gut genug die tatsächlichen Daten simuliert. Das nennt man Modellkalibrierung. Darunter versteht man die Ausrichtung eines Modells an den gemessenen Daten (s. o., Parametrisierung). Ein kalibriertes Modell trifft unter den getroffenen Annahmen und Voraussetzungen die gemessenen Werte. Ein Vergleich der simulierten Größen mit den Beobachtungsdaten eröffnet aber einen Weg zur Bestimmung derjenigen Modellparameter, die nicht genau genug bekannt sind, also die genaue Größe der Werte, die in physikalische Formeln eingesetzt werden müssen. Variationen der Parameter liefern während der Kalibrierphase Informationen über die Sensitivität einzelner Kenngrößen und erhöhen das Verständnis. Deswegen sieht man in korrekten Darstellungen von Modellrechnungen selten nur eine Linie – allenfalls eine Linie, die ausdrücklich den Mittelwert verschiedener Modellläufe wiedergibt –, sondern normalerweise ein Bündel von Linien oder eine Flächensignatur, die die statistische Bandbreite der Modellläufe angibt (Beispiele dafür zeigen Abb. 4.3b und 4.4 im folgenden Kapitel).

In einem nächsten Schritt kann man nun beispielsweise das Klima einer Eiszeit mit dem Modell nachbilden (Ganopolski & Rahmstorf 2001; Kawamura et al. 2017), in einem übernächsten viele Millionen Jahre (Berner 2006a). Zwar werden die für die Kontrolle verfügbaren Daten ungenauer, je weiter man in die geologische Vergangenheit zurückschaut, jedoch kann man dadurch sehr

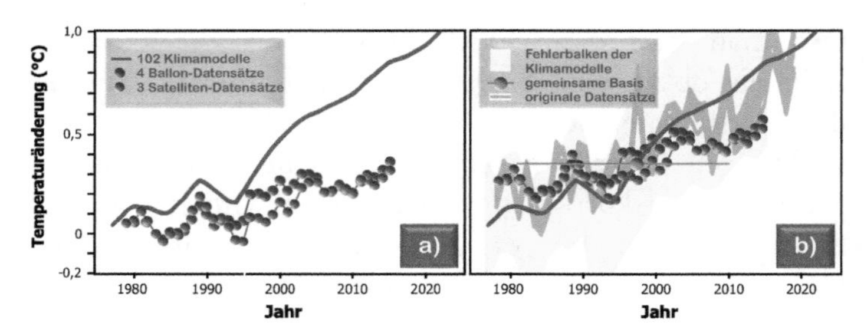

Abb. 4.3 Vergleich Klimamodelle und Daten nach Christy. a) „Über fünf Jahre gemittelte Jahresmittelwerte (1979–2015) der globalen Temperatur der gesamten tieferen Atmosphäre (als ‚mittel-troposphärisch' bezeichnet), dargestellt durch den Mittelwert von 102 IPCC CMIP5-Klimamodellen, den Mittelwert von 3 Satellitendatensätzen (UAH, RSS, NOAA) und 4 Ballondatensätzen (NOAA, UKMet, RICH, RAOBCORE)" (Christy 2015). **b)** Durchschnitt von 102 Klimamodellen mit 95 %-Fehlermarge nach Schmidt (2016a), die kompletten (originalen) Datensätze, die die Arbeitsgruppe von John Christy folgendermaßen erläutert: „Zeitreihen globaler jährlicher Temperaturanomalien für die tiefere Troposphäre aus Radiosonden, Mikrowellen-Emissionen von Satelliten und Re-Analysen" (Dunn et al. 2020, S. 31). Diese originale Datenreihe reicht bis 2019, in der ursprünglichen Grafik 4.3a) bis 2016. Alle Datensätze sind, soweit möglich, auf den Durchschnittswert der Jahre 1981–2010 (orangefarbener Balken) justiert. Da die Ballon- und Satellitendaten aus der ursprünglichen Grafik 4.3a) nicht dokumentiert und damit quantitativ nicht exakt nachvollziehbar sind, kann die Justierung für diese Daten nicht mit letzter Genauigkeit durchgeführt werden; wir haben deshalb die geometrische Mitte (orangefarbener Punkt) zu Hilfe genommen.

viel extremere Klimazustände in die Kalibrierung der Modelle einbeziehen.

Sogenannte stochastische Modelle, solche nämlich, die ausschließlich aufgrund statistischer Analysen der Daten erstellt werden, scheitern häufig, wenn sich die Bedingungen außerhalb des Kalibrierbereichs bewegen.

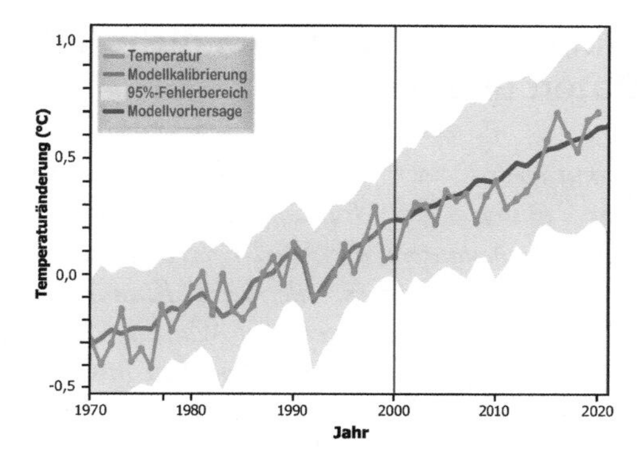

Abb. 4.4 Vergleich von Temperaturmesswerten und Ergebnissen der Klimamodellierung. Temperaturänderungen seit 1970 (NASA GISTEMP-Datensatz) und Ergebnisse von Globalen Zirkulationsmodellen (Klimamodellen) aus dem Jahr 2000. Die Modelle konnten sich anhand der tatsächlichen Temperaturentwicklung von 1970 bis 2000 „warmlaufen" und projizierten dann die Entwicklung unter der Annahme gleich bleibender CO_2-Emissionen (Buis 2020).

Physikalische Modelle wie die modernen Klimamodelle sind da meist wesentlich robuster, aber Unsicherheiten und das Risiko von Fehlern bei der Projektion der Zukunft gibt es auch hierbei, selbst wenn die Modelle die Vergangenheit noch so gut erklären können. Wir werden uns damit noch befassen (Kap. 5.7 und Kap. 8). In der Tat ist die Entwicklung der Wolkentypen die wichtigste Unsicherheit bei den Projektionen, deshalb werden wir uns in Kap. 5.7 ausführlich mit dem Problem befassen. Im Vorgriff kann man aber auf jeden Fall festhalten, dass Wolken temperaturabhängig entstehen, sie sind ein Teil der klimatischen Rückkopplungssysteme. Sie können deshalb die Erwärmung nicht komplett dämpfen, da die zusätzliche Bewölkung dann verschwände.

4.4.4 Klimamodelle stimmen nicht mit den Daten überein

„Ich diskutiereerst die andauernde Nichtanerkennung gemessener Daten der Lufttemperaturen der höheren Atmosphäre. Insbesondere die[Abb. 4.3a] *hat die Gemüter erregt, und zwar bei denen, die beim Klimasystem einen raschen, vom Menschen verursachten Wandel hin zu einem Klima annehmen, an das sich die Menschen nur sehr schwer anpassen könnten. Dieses einfache Diagramm verdeutlicht, dass die durchschnittliche Modellprojektion, auf der ihre Ängste beruhen, für die fundamentale Temperaturmetrik, die angeblich am stärksten auf zusätzliche Treibhausgase anspricht, schlecht abschneidet – die Temperatur der gesamten Atmosphären der Schicht von der Oberfläche bis ca. 10.000 m. (Die gezeigte Schicht ist als mittlere Troposphäre oder MT bekannt und wird verwendet, weil sie sich mit der Region der tropischen Atmosphäre überschneidet, die die größte erwartete Signatur der Treibhausreaktion nach Masse aufweist – zwischen 4000 und 10.000 m.) Die Grafik zeigt, dass die Theorie darüber, wie Klimaveränderungen stattfinden, und die damit verbundenen Auswirkungen zusätzlicher Treibhausgase nicht gut genug verstanden werden, um das vergangene Klima überhaupt zu reproduzieren. … Tatsächlich übertreiben die Modelle die Temperaturentwicklung der Atmosphäre erheblich. Das Problem für den Kongress ist hier, dass solche nachweislich mangelhaften Modellprojektionen für die Politikgestaltung verwendet werden.“* (Christy 2015)

„Alle Klimamodelle sagen voraus, daß sich für den Fall, daß Treibhausgase den Klimawandel antreiben, ein einzigartiger Fingerabdruck in Gestalt eines Erwärmungstrends in der tropischen Troposphäre ergeben würde, der mit der Höhe zunehmen sollte, also in dem Bereich der Atmosphäre, der bis zu ungefähr 15.000 m Höhe erstreckt … Klimaveränderungen infolge von Sonnenschwankungen

oder anderen bekannten natürlichen Faktoren sollte dieses charakteristische Merkmal nicht aufweisen. Nur eine dauerhafte Treibhauserwärmune [sic] *wird so etwas bewirken. … Die Nichtübereinstimmung der beobachteten und berechneten Fingerabdrücke falsifiziert die Hypothese von der anthropogenen globalen Erwärmung deutlich. Wir müssen daher zwangsläufig schlußfolgern, daß die anthropogenen Treibhausgase nur zu einem geringeren Grad zur laufenden Erwärmung beitragen, die hauptsächlich auf natürlichen Ursachen beruht.*" (Singer 2008)

Christy hat 2020 seine Behauptungen selbst widerlegt

Die Grafik in Abb.4.3a ist hochgradig manipulativ (vgl. Kap. 4.2): Die dargestellten Daten sind selektiert, der Ausgangspunkt ist – für den ungeübten Betrachter kaum erkennbar – willkürlich und wissenschaftlichen Standards widersprechend gewählt, sodass er den eigenen Zwecken dienlich ist. Die Kurve ist geglättet und ohne Fehler angegeben, was in der Wissenschaft unüblich ist, da hier eine absolute Aussage vermittelt wird.

Ein wesentliches Kennzeichen naturwissenschaftlicher Theorien ist ihre Fähigkeit zu zutreffenden Vorhersagen (vgl. Kap. 1.1.1). Da eine wichtige Methode zum Erstellen von Prognosen in den meisten modernen Naturwissenschaften, wie auch in der Klimatologie, die computergestützte Modellierung ist, würde diese Kritik die Grundfesten der Theorie treffen – wenn sie denn zuträfe. Die Abb. 4.3a wäre ein solcher Beleg. Als führender Autor des Kapitels „Troposphärische Temperatur" schreibt jedoch John Christy später selbst: „*… seit 1979 bleibt ein globaler Erwärmungstrend von* $+0{,}12 \pm 0{,}04$ *°C je*

Dekade bestehen, der durch vorübergehende, natürliche Phänomene nicht erklärt werden kann" (Dunn et al. 2020, S. 30–32). Damit und mit dem Vergleich mit den vollständigen Daten (Abb. 4.3b) könnten wir die Diskussion über Abb. 4.3a eigentlich beenden, sie ist damit bereits widerlegt.

Dennoch möchten wir uns noch etwas weiter mit ihr befassen, da Abb. 4.3a ein Musterbeispiel dafür ist, wie man mit grafischen Darstellungen manipulieren kann. Vorab sei noch bemerkt, dass es von dieser manipulativen Grafik zahlreiche Varianten gibt, die man teilweise bei Christy (2015) findet. Ganz ähnliche Praktiken hat er auch für die Atmosphäre der Tropen angewandt. Die Varianten werden an vielen Stellen wiedergegeben und kritisch diskutiert (z. B. Schmidt 2016b; Nuccitelli 2016b; Benestad 2017a; Java 2020). Wir wollen hier die gravierendsten Kritikpunkte aufgreifen (vgl. Kleber 2020i):

- Alle Kurven sind so eingezeichnet, dass sie einen gemeinsamen Startpunkt im Jahr 1979 haben, dort schneiden sich also die verschiedenen Datenreihen. Das klingt auf den ersten Blick vernünftig, ist aber aus gutem Grund eine völlig unübliche Vorgehensweise, denn durch die willkürliche Wahl eines Schnittpunkts kann man ungeübte Betrachter sehr leicht hinters Licht führen.[8] Wie manipulativ dies wirkt, wird dadurch verdeutlicht, dass wir zum Vergleich in Abb. 4.3b die in der Wissenschaft übliche Herangehensweise anwenden und die Datenreihen auf eine gemeinsame Referenzperiode beziehen (soweit in Anbetracht der fehlenden

[8] Hawkins & Sutton (2016) zeigen auf, wie viele Fehlerquellen und damit Manipulationsmöglichkeiten die Wahl des Referenzpunkts beinhaltet.

Dokumentation einiger Werte möglich). Üblich ist in der Klimatologie eine Periode von 30 Jahren.

- Die Ergebnisse von Klimamodellen hängen von bestimmten Annahmen über Randbedingungen und Werte physikalischer Größen (vgl. z. B. Kap. 5.7) ab sowie von der Wahl der Startbedingungen, also: Zu welchem Zeitpunkt beginnt das Modell mit den Berechnungen und wie genau sind die Bedingungen zu diesem Zeitpunkt bekannt? Da viele Forschergruppen derartige Modelle betreiben, werden zahlreiche Berechnungen (Läufe) durchgeführt. Die von Christy gewählten 102 sind bei Weitem noch nicht alle derartigen Modellläufe. Der Durchschnittswert gilt als der wahrscheinlichste, jedoch wird akzeptiert, dass der wahre Wert innerhalb der Ergebnisse der meisten Läufe liegt. Dabei wird eine Zuverlässigkeit von 95 % berechnet – das ist der Wahrscheinlichkeitswert, mit dem das tatsächliche Ergebnis richtig vorhergesagt wird (vgl. Stainforth et al. 2005). Abb. 4.3b zeigt auch diesen Wertebereich, innerhalb dessen Grenzen dann tatsächlich auch nahezu alle gemessenen Werte zu liegen kommen. Christys Grafik hat diesen Fehlerbalken weggelassen, wodurch allein schon vertuscht wird, wie gut die Modelle die Realität beschreiben.
- Die zitierte Grafik gibt in ihrer Überschrift als Höhenbereich der Messungen 0–50 k-feet an (in der Hoffnung, dass die Leserschaft nicht realisiert, dass „k“ einen Faktor von 1000 bedeutet), was ungefähr 0–15.000 m entspricht. Der Text und die Abbildungsunterschrift sprechen dagegen vom mittlerem Stockwerk der Troposphäre, also ca. 4000–10.000 m.
- Die Daten in der ursprünglichen Grafik scheinen gezielt ausgewählt (Rosinenpicken) zu sein, sodass ausgerechnet die höheren Temperaturabweichungen

ab dem Ende der 90er-Jahre fehlen, während die niedrigeren Werte in der Abbildung (vgl. 4.3a und b) erscheinen.

Festzuhalten ist auf jeden Fall, dass bereits das Modell von Exxon-Wissenschaftlern im Jahre 1982 erstaunlich genaue Prognosen bis auf den heutigen Tag produzieren konnte (Banerjee et al. 2015) wie auch zahlreiche spätere Modellierungen (Hausfather 2017), wogegen alternative Modelle, die einen geringen oder fehlenden Einfluss von Treibhausgasen zugrunde legen, versagen (Readfearn 2017). Auch die Ergebnisse der Satellitenmessungen stimmen mittlerweile mit den Messwerten am Boden überein, nachdem Fehler der früheren Berechnungen beseitigt wurden (Dunn et al. 2020; Hogan 2005). Dabei wurden auch Diskrepanzen der früheren Messwerte zu den modellierten Temperaturänderungen, auf die z. B. das Zitat von Singer (2008) hinweist, in der höheren Troposphäre über den Tropen (Christy 2015; Trenberth & Smith 2006) geklärt, da Fehler in der Kalibrierung der UAH-Satellitendaten bereinigt wurden (Allen & Sherwood 2008; Fu 2005; Lloyd 2018). Zu den Kalibrierungsfehlern kam hinzu: In der Troposphäre findet die Erwärmung durch einen „Stau“ des Wärmeabflusses statt, weshalb sich die darüberliegende Stratosphäre, die weniger Strahlung aus den tieferen Schichten erhält, abkühlt. Satellitenmessungen erfassen neben der oberen Troposphäre auch einen Teil der Stratosphäre, sodass die Diskrepanz zwischen Messungen und Modellvorhersagen teilweise auf diese unbeabsichtigte Addition zweier gegenläufiger Trends zurückging (Fu et al. 2004).

Der Denkfehler von Singer (2008) ist die Annahme, die von Klimamodellen postulierte überproportionale

Temperaturzunahme in der oberen Troposphäre[9] über den Tropen sei ein „Fingerabdruck" der Anthropogenen Globalen Erwärmung – sie ist aber eine Konsequenz *jeglicher* Erwärmung an der Erdoberfläche, unabhängig von deren Ursache. Sie kommt nämlich dadurch zustande, dass die Erwärmung am Boden zu einer höheren Verdunstung führt und damit zu einer größeren Feuchtigkeit der aufsteigenden Luft. Da die Luft in den Tropen oft bis an die Grenze der Troposphäre, die sog. Tropopause, aufsteigt, wird ein Teil dieser Luftfeuchte erst dort kondensieren bzw. zu Eiskristallen erstarren. Dabei wird latente Wärme frei; diese ist die Quelle der Temperaturerhöhung.

Da Erdsystemmodelle der wichtigste Pfeiler aller Szenarien und Projektionen der Klimaentwicklung sind, gehören Versuche, ihre Treffgenauigkeit in Zweifel zu ziehen, zu den häufigsten Angriffen. Viele stützen sich dabei auf Grafiken der Gruppe um John Christy oder Varianten davon (z. B. Global Climate Intelligence Group 2019; Michaels 2010; Berkhout 2020 bei Minute 3:00). Besonders häufig findet man Vergleiche zwischen der mittels Modellen vorhergesagten Temperaturentwicklung (Hansen et al. 1988) und der realen Temperaturentwicklung, z. B. bei Michaels (1998). Dabei werden die Berechnungen in Hansen et al. (1988) auf höchst manipulative Art wiedergegeben: Hansen et al. haben nämlich drei Szenarien berechnet, die von einer unterschiedlich hohen Freisetzung von Treibhausgasen ausgingen. Von diesen Szenarien wird meist lediglich eines wiedergegeben, das von einer noch für Jahrzehnte

[9] Die Troposphäre ist das klimawirksame untere Stockwerk der Atmosphäre. Sie erreicht in den Tropen eine Höhe von ungefähr 16 km (im Zuge des Klimawandels mit der Zeit leicht ansteigend), wo sie von der Tropopause begrenzt wird. Darüber folgt die Stratosphäre.

zunehmenden Freisetzung von Treibhausgasen ausging, was glücklicherweise nicht eingetreten ist. Das mittlere Szenario, von Hansen et al. selbst als das wahrscheinlichste bezeichnet, sagte die Realität mit einiger Präzision voraus, wurde aber von Michaels ignoriert. In einem Versuch, sich gegen Kritik zu verteidigen, ging Michaels (2012) sogar so weit zu behaupten, er habe das „*Business as usual*"-Szenario von Hansen verwendet, dem Hansen vehement widerspricht: „*Michaels hat die Grafik aus unserem Papier von 1988 mit simulierten globalen Temperaturen für die Szenarien A, B und C genommen, die Ergebnisse für die Szenarien B und C gelöscht und in öffentlichen Präsentationen nur die Kurve für Szenario A gezeigt, wobei er so tat, als wäre es unsere Vorhersage für den Klimawandel. Kommt dies nicht einem wissenschaftlichen Betrug nahe?*" (Hansen, zitiert nach Nuccitelli 2012c)

Betrachtet man hingegen die tatsächliche Vorhersagegenauigkeit, so stellt man Erstaunliches fest (vgl. Kleber 2019c): Selbst sehr frühe, noch mit recht einfachen Kalkulationen operierende Vorhersagen waren, was den Gesamtverlauf der Temperaturentwicklung betrifft, erstaunlich treffsicher, z. B. bereits Broecker (1975), aber auch die Forschungen der Ölindustrie und ihre Vorhersagen (vgl. Kap. 3.1). Im Laufe der Zeit, mit der oben erwähnten zunehmenden Komplexität, hat die Genauigkeit, insbesondere auch was die regionalen Auswirkungen und das zeitliche Verhalten des Klimawandels betrifft, stetig zugenommen (vgl. Abb. 4.4 und Schmidt 2020). „*Systematische Fehler der Modelle können wir mit unserem Test tatsächlich nicht entlarven. Machen alle Modelle den gleichen Fehler, fällt er nicht auf. Dann sehen wir im schlimmsten Fall nur, dass die Modelle von der Realität abweichen. Bislang aber sind die Abweichungen nicht gravierend. Wir sollten uns also auf eine erhebliche globale Erwärmung einstellen*" (Jochem Marotzke, zitiert nach Bojanowski 2015). Wir fügen hinzu: Fehler der Modellierung könnten mit mindestens der gleichen Wahrscheinlichkeit eine stärkere wie eine schwächere Erwärmung im Vergleich zu den Szenarien bedeuten (vgl. Kap. 8).

4.4.5 Klimamodelle vernachlässigen alternative Erklärungsansätze

> *„Ob Sie es glauben oder nicht, sehr wenig Forschung wurde jemals finanziert, um nach natürlichen Mechanismen der Erwärmung zu suchen – es wurde einfach angenommen, dass die globale Erwärmung vom Menschen gemacht ist. Diese Annahme ist für Wissenschaftler ziemlich einfach, da wir nicht über genügend genaue globale Daten über einen ausreichend langen Zeitraum verfügen, um zu sehen, ob natürliche Erwärmungsmechanismen am Werk sind.“* (Spencer 2008)
>
> *„In den Modellen fehlen entscheidende Klimaprozesse und Rückkopplungen vollständig und sie repräsentieren einige andere wichtige Klimaprozesse und Rückkopplungen in stark verzerrter Weise, was diese Modelle für eine aussagekräftige Klimavorhersage völlig unbrauchbar macht. … [Dies sind im Einzelnen:]*
>
> - *Klimavorhersagen sind schon allein deswegen unmöglich, weil man die zukünftige Entwicklung der Sonnen-Einstrahlung nicht vorhersehen kann,*
> - *die groß- und kleinskalige Ozeandynamik wird ignoriert,*
> - *ein komplettes Fehlen von sinnvollen Darstellungen von Aerosolveränderungen, die Wolken erzeugen,*
> - *es mangelt an Verständnis der Einflüsse von Rückkopplungen, die mit der Eis-Albedo verbunden sind: Ohne eine einigermaßen genaue Darstellung ist es unmöglich, sinnvolle Vorhersagen über Klimavariationen und*

-änderungen in den mittleren und hohen Breiten und damit für den gesamten Planeten zu machen,
- *man kann nicht mit den Elementen des Wasserdampfs umgehen.*" (Thomas 2019)

„Indem sie die Erde mit kosmischer Strahlung bombardiert und eine treibende Kraft hinter der Wolkenbildung ist, spielt die Sonne eine viel größere Rolle für das Klima, als ‚Konsenswissenschaftler' zugeben wollen. Dr. Henrik Svensmark vom dänischen Nationalen Weltrauminstitut hat in seiner jüngsten Studie ‚Höhere Gewalt – die große Rolle der Sonne beim Klimawandel'[Svensmark 2019] *eine Vielzahl von Daten und Beweisen zusammengetragen. Die Studie zeigt, dass die Sonne in der Geschichte und in der Gegenwart eine mächtige Rolle im Klimawandel spielt. Die Sonnenaktivität beeinflusst die kosmische Strahlung, die mit der Wolkenbildung verbunden ist. Wolken, ihre Fülle oder ihr Mangel, beeinflussen direkt das Klima der Erde. Klimamodelle berücksichtigen die Rolle der Wolken oder der Sonnenaktivität beim Klimawandel nicht genau, sodass sie davon ausgehen, dass die Erde viel empfindlicher auf die Treibhausgaskonzentration reagiert, als sie es tut. Leider sind die Auswirkungen von Wolken und Sonne auf das Klima nicht ausreichend untersucht, weil die Klimawissenschaft so politisiert wurde.*" (Burnett 2019)

Erkenntnisse über natürliche Ursachen von Klimaänderungen aus der Paläoklimaforschung fließen in die Klimamodellierung ein

Prozesse wie Strahlungsänderungen und Projektionen davon, verschiedenste Arten von Rückkopplungen, Ozeandynamiken etc. sind in moderne Erdsystemmodelle integriert. Auch werden neuere Erkenntnisse in bereits vorhandene Modelle eingearbeitet und führen dann auch zu neueren bzw. präziseren Ergebnissen. Letztlich sind alle

Vorhersagen aber natürlich ungenau, da bis heute nicht alle Ursachen vollumfänglich erkannt, verstanden bzw. erklärt sind. Gerade Wolken und ihre Bildung sind ein sehr komplexer Bestandteil des Klimas der Erde und noch immer nicht genau vorhersagbar, da ihre Bildung von so vielen Variablen abhängt (vgl. Kap. 5.7).

Ein großes Teilgebiet der Klimaforschung, die Paläoklimatologie, erforscht natürliche Ursachen von Klimaänderungen und erhält dafür Forschungsmittel in erheblicher Höhe – wir werden mehrfach deren Ergebnisse diskutieren (z. B. Kap. 5.1 bis 5.4.1). Prozesse, die durch diese Forschungen rekonstruiert werden konnten, wurden, soweit sie überhaupt in relevanten Zeitskalen ablaufen, in Modellierungen der Klimaentwicklung berücksichtigt, keineswegs also vernachlässigt. Da Roy Spencer nicht aus diesem Fachgebiet stammt, sei ihm die mangelnde Kenntnis dieser Forschungsgebiete verziehen.

Die zukünftige Einstrahlung ist beim derzeitigen Kenntnisstand wohl tatsächlich nicht exakt vorhersagbar. Deshalb werden in Modellen Fortschreibungen der aktuellen Strahlungswerte mit den ungünstigsten Annahmen über die künftige Einstrahlung verglichen; dabei zeigt sich ein relativ geringer Unterschied (Feulner & Rahmstorf 2010). Die Rückkopplungen zwischen Wasserdampf und Klima waren von Anfang an ein integraler Bestandteil von Klimamodellen, denn ohne diese wären überhaupt keine realitätsnahen Aussagen möglich. Modelle der Ozeandynamiken wurden bereits 1990, Modelle der Aerosoldynamik und ihrer Wechselwirkungen 1996, Modelle der Eis-Albedo[10]-Wechselbeziehungen

[10] Albedo ist das Maß für das Rückstrahlvermögen von reflektierenden, also nicht selbst leuchtenden Oberflächen. In unserem Fall ist das Licht gemeint, das nicht zur Erwärmung der Erde oder ihrer Atmosphäre dient, sondern direkt in den Weltraum zurückgestrahlt wird. Die Albedo wird normalerweise als Faktor angegeben, man liest aber gelegentlich auch Prozentwerte.

2007 in die Klimamodelle integriert (Ambrizzi et al. 2019: Abb. 2, und Kap. 1.3.7).

Das zweite Zitat bezieht sich auf ein Buch von Svensmark (2019), in dem er im Wesentlichen eine Idee ausführt, die bereits durch Svensmark & Friis-Christensen (1997) der wissenschaftlichen Öffentlichkeit zur Diskussion gestellt wurde. Diese fand so viel Resonanz, dass sogar am CERN Versuche angestellt wurden, ob der vermutete Effekt grundsätzlich möglich ist. Zumindest teilweise hat sich dies bestätigt (Kirkby et al. 2011). Die Behauptung, Svensmarks Idee würde von der Wissenschaft unterdrückt (Test 2020), entbehrt also offensichtlich jeder Grundlage: Mitte Dezember 2020 war deren ursprüngliche Veröffentlichung bereits 1459-mal zitiert worden!

Deren Hypothese besagt kurz gefasst Folgendes: Die Veränderungen der globalen Wolkenbedeckung würden deutlich mit dem kosmischen Strahlungsfluss korrelieren. Dieser wiederum ist stärker, wenn die Sonnenaktivität schwächer ist, und umgekehrt. Verklumpte Partikel der kosmischen Teilchenstrahlung seien als sog. Kondensationskeime für die unterschiedlich starke Wolkenbildung verantwortlich. Die Wolkenbedeckung habe wiederum einen wesentlichen Einfluss auf die eintreffende Sonnenstrahlung. Damit würde der Einfluss der Sonne auf das Klima verstärkt, weil bei schwächerer Strahlung auch die Wolkenbedeckung zunimmt, die weitere Strahlung von der Erdoberfläche abhält, und umgekehrt bei hoher Sonnenaktivität.

Unabhängig davon, ob der beschriebene Mechanismus so wirkt oder nicht, kann er die globale Erwärmung der letzten Jahrzehnte nicht erklären, sondern müsste ihr sogar entgegenwirken. Bei der in jüngster Zeit tendenziell abnehmenden Sonnenaktivität (Kap. 5.6) müsste der

Effekt nämlich zu einer verstärkten Wolkenbildung führen. Der Wassergehalt (ob fest, flüssig oder gasförmig) der Atmosphäre würde sich nicht ändern, denn die kosmogenen Keime enthalten ja kein zusätzliches Wasser. Der Treibhauseffekt (der im Wesentlichen mit der Zahl der Moleküle zusammenhängt) würde sich also nicht ändern, lediglich der Aggregatzustand des Wassers. Welchen Effekt hätten also zusätzliche Wolken, wenn sie den Treibhauseffekt nicht ändern: Die einzige weitere wichtige Funktion von Wolken ist Rückstrahlung;[11] mehr Wolken müssten also abkühlend wirken. Wenn die Wirkung der zusätzlichen Kondensationskeime wäre, dass der Wasserdampf schneller kondensiert und damit früher in Form von Regen wieder aus der Atmosphäre verschwindet, hätte das den gleichen Effekt, da der Treibhauseffekt verringert würde. In Wahrheit steigt die Temperatur jedoch. Svensmark selbst hat übrigens zwischenzeitlich in einer wissenschaftlichen Veröffentlichung den Einfluss der kosmischen Strahlung auf die Klimaentwicklung als allenfalls geringfügig bezeichnet (Svensmark et al. 2017; vgl. auch Pierce 2017). Neu (2017) resümiert, dass die von Svensmark postulierten Zusammenhänge nicht generell gefunden werden konnten, allenfalls regional und für eher begrenzte Zeiträume. In Kap. 5.7 werden wir uns mit dem wissenschaftlichen Gehalt dieser Hypothese noch etwas weitergehend auseinandersetzen. Insgesamt wird sich Kap. 5 mit zahlreichen der angeblich vernachlässigten Parameter und nicht berücksichtigten Prozesse befassen.

---

[11] Aus einem Flugzeug betrachtet sind alle Wolken weiß. Dies kommt von reflektiertem Sonnenlicht, welches nun natürlich die Erdoberfläche nicht mehr erwärmen kann.

4.5 Steckt hinter der Klimaerwärmung eine konspirative Verschwörung?

4.5.1 Die Verschwörung von Wissenschaft und Medien

„Jeder Wissenschaftler, der im Rat[IPCC, sog. Weltklimarat] *war, und den Vorgaben widersprochen hat, hat Forschungsauftrag und Job verloren.“* (Hartmann 2019)

„... Vielmehr ist mir aufgefallen, dass viele der Wissenschaftler, die den menschengemachten Klimawandel jedenfalls hier im dt. Sprachraum abstreiten, bereits im Ruhestand ... sind. Sie machen den Mund auf, weil sie nicht mehr befürchten müssen, aus Lohn und Brot getrieben zu werden. Für mich klar ein Beleg der Unabhängigkeit. Während auf der anderen Seite die vom Potsdamer Institut für Klimafolgeforschung gerade dafür bezahlt werden, die steile These, dass die Variation von 0,01 % CO_2 in der Luft eine massive Auswirkung aufs Klima hätte, zu vertreten.“ (Biehler 2019)

„Es ist sowohl für Wissenschaftler als auch für Politiker schwer, von einem so bequemen und gewinnbringenden rollenden Gefährt abzuspringen, da deren Ansehen, Ruf und Gehalt davon abhängt.“ (Freeman 2016)

„Ich glaube, dass es eine beträchtliche Anzahl von Wissenschaftlern gibt, die Daten manipuliert haben, damit sie Geld in ihre Projekte fließen lassen können. ... Ich glaube nicht an eine Gruppe von Wissenschaftlern, die in einigen Fällen entdeckt wurden, dass sie diese Informationen manipulieren.“ (Rick Perry), zitiert nach Goldenberg 2011

„Eine Minderheit der Wissenschaftler hat sich an die Spitze der CO_2-Alarmisten gesetzt, um die eigene Karriere zu fördern und Forschungsgelder zu erhalten. Ganz oben steht das IPCC, dessen ‚CC‘ für ‚Climate Change‘ steht, und das schließen müsste, wenn es Zweifel am menschengemachten Klimawandel zuließe. Die ‚Klimakrise‘ ist eher

eine Krise der Wissenschaft, die für Geld ihre Seele verkauft. … Die ‚Mainstream-Medien' lassen keine Gegner der CO_2-Theorie zu Wort kommen und schweigen Widerlegungen und andere Meinungen tot. Sie diffamieren selbst hochkarätigste Wissenschaftler, die ihr Geschäftsmodell stören würden, als inkompetent, unseriös oder gekauft. Journalisten, die die CO_2-Theorie anzweifeln, finden in den Massenmedien keinen Job. … Bezeichnend für die Gleichschaltung der Medien ist die Tatsache, dass alle Wissenschaftler ausgegrenzt werden, die an der CO_2-Theorie zweifeln. Wer an einer Universität seinen Job verlieren könnte, wenn er seine Zweifel an der CO_2-Theorie äußert, lässt es bleiben. Dementsprechend treten bei EIKE (oder wie Prof. Mahlberg bei der Kleinpartei BüSo) praktisch nur Professoren auf, die im Ruhestand sind und frei sprechen dürfen." (Gastmann 2020)

Eine Verschwörung Tausender Klimawissenschaftler*innen wäre schon lange aufgeflogen. Außerdem fehlt ihnen das Motiv

Die Meinung, der Klimawandel sei eine reine Erfindung, um Forschungsmittel zu generieren, hält sich hartnäckig in Diskussionsforen und Blogs. Dabei würden Wissenschaftler*innen andere unter Druck setzen, keine abweichende Meinung zu äußern. Diese Ansicht verkennt völlig:

- die Eigendynamik des Wissenschaftsbetriebs, insbesondere den individuellen Geltungsdrang, der durch eine fachlich fundierte, oppositionelle Hypothese großen Aufschwung erfahren könnte – Ruhm in der Wissenschaft erlangt, wer gängige Theorien widerlegt;
- die Strukturen der Forschungslandschaft, dass nämlich in den meisten Ländern, wie auch in Deutschland, Wissenschaftler*innen verbeamtet (oder äquivalent abgesichert) sind, um die Freiheit der Wissenschaft vor

dem Zugriff des Staates zu bewahren. Dementsprechend wäre es schwer möglich, jemanden nur wegen Äußerung einer wissenschaftlich fundierten Meinung aus dem Staatsdienst zu entfernen, ohne dass Arbeitsgerichte den Fall überprüfen würden;
- dass sich in Diensten der Öl- und Kohleindustrie weitaus leichter viel Geld verdienen ließe … – und teilweise sogar als persönliches Einkommen der Projektleitung und nicht zweckgebunden wie im Fall von Forschungsmitteln;
- dass demgegenüber zumindest in der deutschen Wissenschaft erfolgsabhängige Einkommensanteile nur einen kleinen Teil des persönlichen Einkommens ausmachen; sowie
- dass eine Verschwörung dieser Größenordnung mit vielen Tausenden beteiligten Personen, die z. T. gegenläufige persönliche Interessen und individuellen Ehrgeiz haben, nicht geheim zu halten wäre (Grimes 2016; Smart Energy for Europe Platform 2016). Dies gilt für alle weiteren, in den folgenden Abschnitten angeführten Verschwörungsmythen ähnlich.

Darüber hinaus wäre es zu einer synchronen Gleichschaltung der gesamten **seriösen Presse** gekommen. Dann dürfte kein Journalist mehr entlassen werden, der könnte ja leicht zum „Whistleblower“ werden, um sich zu revanchieren.

Nebenbei: Auch für Forschungen gegen Krebs, für COVID-19-Impfungen, künstliche Intelligenz, alternative Antriebe für Automobile oder für die Erdbebenvorhersage gibt es hohe Drittmittelsummen: Wird diesen Forschungsthemen deshalb ebenfalls wegen einer Verschwörung der Wissenschaftler*innen nachgegangen?

4.5.2 Climategate und Mann ./. Ball

„Der schlimmste wissenschaftliche Skandal unserer Generation.“ (Booker 2009)

„Die Gesinnungsgemeinschaft des AGW[Anthropogener Globaler Wandel] *ist gespickt mit Korruption und wurde bereits zahlreiche Male entlarvt, Daten frisiert und Bilanzen gefälscht zu haben; insbesondere im Climategate-Skandal mit den durchgesickerten E-Mails der University of East Anglia."* (Freeman 2016)

„„Am 17. November 2009 wurde der bis dato anscheinend so unfehlbare Weltklimarat (IPCC) von einem ersten kleinen Erdbeben erschüttert: Insider[12]*der CRU stellten über 1000 interne E-Mails und Datenfiles der IPCC-Klimaforscher in das Internet. Daraus ging hervor, daß Daten in Richtung auf einen ansteigenden Temperatur-Trend manipuliert, sowie anders-denkende, IPCC-kritische Wissenschaftler massiv ausgegrenzt und diffamiert wurden. Es entstand ein gewaltiger Medien-Druck im englisch-sprachigen Raum. Das zwang das IPCC-Führungs-Institut der University of East Anglia CRU den Chef Phil Jones einige Tage später zu beurlauben.*[13] *Weitere Beurlaubungen, aber auch Rücktritte folgten, die Aufdeckung einer Fülle von IPCC-Fehlern und Manipulationen nahezu im Wochen-Takt auch. Das ist 10 Jahre her. Um ClimateGate ist es ‚still' geworden. DAS ist dem starken Kartell von Alarmisten, Politikern und Medien gelungen – bis vor kurzem: Ein kanadisches Gericht hat gegen Michael Mann entschieden, der die legendäre und gefälschte! ‚Hockeyschläger'-Klimakurve erstellt hat. Er unterlag in einem jahrelangen Rechtsstreit gegen Tim Ball, Professor für Klimatologie an der Universität von Winnipeg und Autor zahlreicher Bücher über Klimawissenschaften. Ein Urteil mit weiterem Sprengstoff. … Nun hätte kürzlich Prof. Mann einem obersten kanadischen Provinzialgericht die allerletzten, von ihm stets zurückgehaltenen Details zu seinem Computer-*

[12] Die Mails wurden durch Hacker vermutlich aus Jekaterinburg, nicht durch Insider nach außen getragen.

[13] Jones ließ für die Dauer der Untersuchung durch die Ethikkommission sein Amt als Direktor der CRU ruhen.

Modell liefern sollen. Dies hat er nie befolgt, weshalb er einen von ihm angezettelten achtjährigen Ehrverletzungsprozess verloren hat, womit er auch in die äusserst beträchtlichen Kosten gefällt[sic] *worden ist, was er offensichtlich vorzieht, als dieses Detail zu liefern, das er – was unter Wissenschaftler unüblich ist, wenn es nicht gerade um ein Patent handelt – als sein ‚geistiges Eigentum' deklariert. Somit ist offensichtlich geworden: Prof. Mann scheut sich davor, seine Fälschung offenzulegen, was seinen Ruf mit Sicherheit endgültig ruinieren würde.*" (Gassmann 2019)

Die zitierten Textstellen wurden aus ihrem Zusammenhang gerissen. In dem Prozess Mann ./. Ball ging es gar nicht um Klimadaten und es gab auch kein Urteil

Betrachtet man ausschließlich die immer wieder angeführten Textstellen der gestohlenen E-Mails einer britischen Universität, so scheinen sie mehrfach Betrug zu belegen. Im jeweiligen Zusammenhang gelesen, erweisen sich die unglücklichen Formulierungen jedoch als Insider-Jargon und es geht um ganz andere Sachverhalte als suggeriert.

Dass ein Kläger eines Verleumdungsprozesses, im zitierten Fall ein führender Klimaforscher, bei der Einstellung des Verfahrens für die Gerichtskosten aufkommen muss, ist kanadisches (und auch deutsches) Recht. Ein Urteil gab es jedoch nie und es ging in dem Prozess auch überhaupt nicht um die Klimarekonstruktion des Wissenschaftlers.

Mit Climategate bezeichnet man 2009 und 2011 gehackte, online (zuerst auf einem russischen Server und dann bei WikiLeaks) veröffentlichte und selektiv, also aus dem Zusammenhang gerissene, in zahlreichen internationalen Medien zitierte Mails, über 1000 an der Zahl, des Klimaforschungszentrums der Climatic

Research Unit (CRU) an der Universität von East Anglia, Großbritannien. Die zitierten Fragmente erweckten den Eindruck von Betrug, von wissenschaftlicher Unredlichkeit und einer Verschwörung der führenden Klimaforscher (Washington & Cook 2012). Trumpisten diente die Affäre als Beleg, dass es sich beim Klimawandel um einen Schwindel handelt (Leiserowitz et al. 2013). Durch die gezielte Auswahl einzelner Sätze oder Satzfragmente unter Weglassen des Kontexts wurde dieser Eindruck erweckt, obwohl aus dem vollständigen Zusammenhang der Mails deutlich hervorgeht, dass technische Details diskutiert und keine Strategien oder Verschwörungen besprochen wurden (Farmer & Cook 2013). Die Nachrichten in vielen Medien über den angeblichen Skandal führten zu einem merklichen Rückgang des Vertrauens in die Wissenschaft zumindest in den USA (Leiserowitz et al. 2013).

Am weitesten verbreitet wurde folgender Satz: „*I've just completed Mike's Nature trick of adding in the real temps to each series for the last 20 years (i.e. from 1981 onwards) amd* [sic] *from 1961 for Keith's to hide the decline*“, übersetzt: „*Ich nutzte gerade Mikes Nature-Kniff, indem ich die tatsächlichen Temperaturen bei jeder Serie der letzten 20 Jahre (also ab 1981) und bei den Daten von Keith ab 1961 mitberücksichtige, um den Rückgang zu kaschieren.*“ Durch dieses Zitat wurde suggeriert, ein Kniff wäre verwendet worden, um einen tatsächlichen Temperaturrückgang zu verschleiern. Aus dem Kontext der Mail geht aber hervor, dass sich der Satz gar nicht auf aktuelle Temperaturentwicklungen bezog, sondern auf ein damals noch unverstandenes Phänomen, einen Rückgang beim Jahresringwachstum von Bäumen in den 60er-Jahren in hohen Breiten, der im klaren Gegensatz zu gemessenen Temperaturen stand und damit erwiesenermaßen fehlerhaft war (Cook 2010b; Washington & Cook 2012).

„Mikes Kniff" bezog sich auf die Darstellung des sog. Hockey Stick (Kap. 5.2), Temperaturrekonstruktionen des letzten Jahrtausends mit den Messdaten ab Verfügbarkeit von Temperaturmessungen zu verbinden. Konkret ging es um das Titelbild für einen Bericht an die WMO, das plakativ wirken sollte, in dieser Form in einer begutachteten Publikation aber sicherlich kaum hätte veröffentlicht werden können (vgl. Kleber 2019e; Muller 2011).

Ähnlich viel Aufsehen erregte: „*The fact is that we can't account for the lack of warming at the moment and it is a travesty that we can't*", übersetzt: „*Tatsache ist, dass wir momentan den Mangel an Erwärmung nicht erklären können, und es ist ein Hohn, dass wir das nicht können.*" Auch hier ging es nicht um einen Mangel an Erwärmung insgesamt, sondern um das damals noch weitgehend unverstandene Phänomen, dass das Klima trotz steigender Treibhausgas-Konzentrationen immer wieder Phasen langsamerer Erwärmung zeigt (Washington & Cook 2012, vgl. Kap. 4.2).

Andere, weniger bekannte Stellen sehen allerdings auch wir skeptisch, wo es um den Begutachtungsprozess und die Souveränität wissenschaftlicher Zeitschriften ging. Auch Russell et al. (2010, Kap. 8) kritisieren diese Passagen in einer unabhängigen Begutachtung der Mails, kommen ansonsten aber zu dem Schluss, dass keine der übrigen Anschuldigungen Substanz hat. Zum gleichen Ergebnis kommt die unabhängige Untersuchung durch die National Science Foundation, Office of Inspector General (2011) sowie zahlreiche weitere wissenschaftliche und juristische Organisationen (Cook & Wight 2011). Jedoch kritisiert das House of Commons, Science & Technology Committee (2010), eine Untersuchungskommission des britischen Parlaments, die in den Mails diskutierte Weigerung, Primärdaten zu veröffentlichen.[14] Mittlerweile ist die Veröffentlichung von Primärdaten essenzieller Bestandteil naturwissenschaftlicher Arbeiten, was damals noch keine Grundbedingung war.

Insgesamt stimmen wir unabhängig von der Wertung des Verhaltens einzelner Personen Monbiot (2009) zu: „*Rechtfertigen diese Enthüllungen die Behauptungen der Skeptiker, dass dies ‚der letzte Nagel im Sarg' der globalen Erwärmungstheorie ist? Ganz und gar nicht. Sie beschädigen die Glaubwürdigkeit von drei oder vier Wissenschaftlern. Sie werfen Fragen über die Integrität von einer oder vielleicht zwei von mehreren hundert Beweislinien auf. Um den menschengemachten Klimawandel zu begraben, müsste eine weitaus größere Verschwörung aufgedeckt werden.*"

Mit großem Medienecho wurden mehrfach ähnliche Skandale publik gemacht, die alle gleichermaßen aufgebauscht waren und auf Verfälschungen beruhten; lediglich ein Zahlendreher bezüglich der Gletscherschmelze im Himalaya und eine von niederländischen Behörden falsch zugelieferte Angabe zu potenziellen Überschwemmungsflächen im IPCC-Bericht von 2007 erwiesen sich z. B. als sachlich unrichtig (Rahmstorf 2010).

Nun zu dem Prozess Mann ./. Ball. Timothy Ball war von Michael E. Mann wegen übler Nachrede verklagt worden. Worum ging es? T. Ball äußerte in einem Interview mit dem klimawandelkritischen Frontier Centre for Public Policy, FCPP, folgenden Satz: „*Mann should be in the State Pen, not Penn State*" (ersteres ist ein Gefängnis, letzteres die Universität, an der M. E. Mann lehrt). Die Website, die den folgenden Prozess zu einer Auseinandersetzung über Manns Forschungsergebnisse aufbauschte,

[14] Vgl. aber das Supplement zu Mann et al. (2008), in welchem die Primärdaten bereits vor Veröffentlichung der geleakten Mails publiziert wurden.

hat die Vorwürfe übrigens 2019 zurückgezogen und sich entschuldigt (Kleber 2020k).

Das zuständige Gericht, der British Columbia Supreme Court, hat die Klage aus verfahrenstechnischen Gründen letztlich abgewiesen (Supreme Court of British Columbia 2019). Nach kanadischem Recht muss in einem solchen Fall der Kläger die Gerichtskosten tragen – es erging jedoch überhaupt kein Urteil, lediglich dieser Einstellungsbeschluss. Einstellungsgründe für das Gericht waren gemäß diesem Beschluss neben Verzögerungen durch den Anwalt Manns, dass die drei Leumundszeugen, die Ball benannt hatte, zwischenzeitlich verstorben waren, sowie die Eingabe Timothy Balls, worin dessen Anwalt sein Alter, seinen Gesundheitszustand sowie, nach Auskunft des Anwalts von M. E. Mann, seine geringe Glaubwürdigkeit und wissenschaftliche Bedeutungslosigkeit (in einem anderen Prozess war Ball bereits aktenkundig mit dieser Ausrede durchgekommen[15]) geltend machte. Es hat somit nie ein Urteil gegeben, also kann Mann auch nicht verurteilt worden sein. Da es bei der inkriminierten Beleidigung nicht um Angriffe auf wissenschaftliche Äußerungen von Mann ging, war auch der sog. Hockey Stick gar nicht Gegenstand der Verhandlung. Schon aus diesem Grund entbehrt der Vorwurf, Michael Mann habe die Herausgabe von Daten dazu verweigert, jeglicher Grundlage. Hierzu ein Auszug aus dem oben zitierten Beschluss: *„Der Kläger, Dr. Mann, und der Beklagte, Dr. Ball, haben dramatisch unterschiedliche Meinungen zum Klimawandel. Ich habe nicht die*

[15] Wie Farley (2012) auflistet, musste T. Ball Lügen über seine Person zugeben, die er verbreitet oder zumindest zugelassen hatte, z. B. dass er einen Doktortitel in Klimatologie besäße. Ball hat übrigens in den 1980er-Jahren letztmals in begutachteten Fachmagazinen zu Themen, die allenfalls randlich mit Klima zu tun hatten, publiziert.

Absicht, auf diese Unterschiede einzugehen. Es genügt, dass der eine glaubt, der Klimawandel sei menschengemacht, und der andere nicht [kein Wort vom Hockey Stick!]. *Aufgrund dieser unterschiedlichen Auffassungen befinden sich die beiden seit vielen Jahren in einem nahezu ständigen Konflikt.*"

Grundsätzlich muss bei einer Beleidigungsklage der Beklagte belegen, dass die Beleidigung im Rahmen seines Rechts auf freie Meinungsäußerung inhaltlich gerechtfertigt war. Keinesfalls müsste aber ein Kläger den Beweis führen, dass die Beleidigung ungerechtfertigt war. Also ist auch die oft kolportierte Aussage, Mann habe die Herausgabe der Hockey Stick-Daten verweigert, eine pure Erfindung. Mann hat für den Prozess übrigens drei Ordner als Beweismittel zu den Gerichtsakten eingereicht. Bereits diese waren dem Gericht zu viel (Supreme Court of British Columbia 2019) – er hat also offenbar keine Akten zurückgehalten, die das Gericht angefordert hätte, sondern im Gegenteil das Gericht mit Material überschüttet.

Pikantes Detail am Rande: Die geleakten Dokumente des Heartland Institute (einer libertären Denkfabrik, die sich mehreren industrienahen Themen verschrieben hat, wie der Unschädlichkeit von DDT, des Rauchens und eben auch des Klimawandels, vgl. Kap. 3.2) zeigen, ohne dass man Sätze aus dem Zusammenhang reißen müsste, wie sehr die Ölindustrie versucht, die öffentliche Meinung zu diesem Thema zu manipulieren (Sinclair 2012). Auch investigativer Journalismus durch Correctiv.org und Frontal21 deckte die eigentliche Verschwörung auf, an der auch das deutsche Institut EIKE beteiligt ist (Huth et al. 2020), die der ehemalige Vorstandschef von Exxon, Rex Tillerson, unter Eid letztlich auch eingestand (vgl. Kap. 3.1).

4.5.3 Die NASA verheimlicht die Wahrheit

„Seit mehr als 60 Jahren weiß die National Aeronautics and Space Administration(NASA), dass die Veränderungen der planetarischen Wetterverhältnisse völlig natürlich und normal sind. Aber die Raumfahrtbehörde hat, aus welchem Grund auch immer, beschlossen, den vom Menschen gemachten globalen Erwärmungsbetrug weiter bestehen zu lassen und sich zu verbreiten [sic],zum Schaden der menschlichen Freiheit.

Es war das Jahr 1958, um genau zu sein, als die NASA zum ersten Mal beobachtete, dass Änderungen der Sonnenbahn der Erde und Änderungen der Erdneigung für das verantwortlich sind, was die Klimawissenschaftler heute als ‚Erwärmung' (oder ‚Abkühlung', je nach ihrer Agenda) bezeichnen. In keiner Weise erwärmt oder kühlt der Mensch den Planeten durch das Fahren von Geländewagen oder das Essen von Rindfleisch, mit anderen Worten.

Im Jahr 2000 veröffentlichte die NASA auf ihrer Website des Earth Observatory Informationen über die Milankovitch-Klima-Theorie, die zeigen, dass sich der Planet tatsächlich durch äußere Faktoren verändert, die absolut nichts mit menschlichen Aktivitäten zu tun haben. Aber auch diese Informationen sind nach 19 Jahren noch nicht in den Mainstream eingeflossen." (Anonymus 2019)

Die Milanković-Zyklen beschreiben Einstrahlungsänderungen, die sich über Jahrtausende erstrecken und deshalb nicht in einem Zeitraum von Jahrzehnten wirken können. Daher führt die NASA diese Erklärung für kurzfristige Phänomene nicht an

Der Text findet sich auf telegra.ph, der Blogging-Plattform von Telegram, wo jede*r bloggen kann, was er/sie möchte. Dort wird auf eine Radio-Show von Hal Turner verlinkt

(Desk 2019). In der Show wird lediglich die Milanković-Theorie (vgl. Bubenzer & Radtke 2007) erklärt. Ohne Begründung wird aus der (seit 1925) altbekannten Tatsache, dass das Klima in der Erdgeschichte zeitweise durch die mit dieser Theorie beschriebenen Veränderungen der regionalen Verteilung der Sonneneinstrahlung gesteuert war (wobei übrigens schon daran Treibhausgase als Element des Rückkopplungssystems entscheidenden Anteil hatten, vgl. Kleber 2020a) gefolgert, dass dies für alle Klimaänderungen gelte und dass die NASA seit Jahrzehnten etwas anderes wider besseres Wissen behaupte. Als Beleg wird am Ende auf drei NASA-Seiten verlinkt. Aber auch da finden sich lediglich die genannten Zyklen erklärt, jedoch nicht der geringste Hinweis, dass sich daraus irgendetwas ergäbe, was die aktuelle globale Erwärmung erklären könnte (Graham 2000; dort finden sich Links zu den weiterführenden Seiten). Hintergrund der Milanković-Theorie sind übrigens rhythmische Schwankungen in den Parametern der Erdumlaufbahn um die Sonne, hervorgerufen durch den Einfluss der Schwerkraft insbesondere des Jupiters (vgl. Kap. 5.4.1).

4.5.4 Sozialisten und Spekulanten als Kern der Verschwörung

„Den Kampf zu Sozialistenund der Klima-Linken tragen: Traurig, 2020 wird in die Geschichte eingehen als ein Jahr der beispiellosen Angriffe auf die menschliche Freiheit. Die Amerikaner litten unter … einer demokratischen Partei, die zunehmend sozialistisch geworden ist. Und die Linke plant bereits noch aggressivere Angriffe im Jahr 2021. … Natürlich ist die Aufgabe, die vor uns liegt, nicht einfach. Mächtige internationale Interessen auf dem Weltwirtschaftsforum (WEF) planen für 2021 einen ‚Großen Reset' des Kapitalismus, der die soziale und wirtschaftliche Freiheit auf der ganzen Welt beseitigen soll. Mit der Unterstützung und Beteiligung globaler politischer Führer und internationaler Eliten verspricht das WEF: ‚gemeinsam und schnell … alle Aspekte unserer Gesellschaften und Volkswirtschaften umzu-

gestalten, von der Bildung bis zu Sozialverträgen und Arbeitsbedingungen.' Unter dem Großen Reset des WEF wird der Stakeholder-Kapitalismus der neue Kapitalismus sein, der die nationalen Wirtschaften den Befehlen linker identitätspolitischer Gruppen unterwirft." (Taylor 2020)

„Ebensowenig kann bestritten werden, dass die gesamte Hysterie einer Klimapanikindustrie, die, jawoll, linksgrün gesteuert ist, geschuldet wird." (Wenzl-Sylvester 2019)

„Parteien wie die Grünen, die Linken und die SPD schlachten CO_2 *als Wahlkampfmunition aus. Insbesondere die Grünen nutzen* CO_2*, um die Gesellschaft nach ihren Wünschen zu formen. Die Grünen-Chefs Habeck und Baerbock wollen Autofahren, Heizen, Reisen, Skifahren und seit kurzem ganz offen auch den Konsum von Fleisch und Milchprodukten zum Luxus zu machen. Konservative Parteien wie die CDU und CSU sind eingeschüchtert von Medienkampagnen und grünen Wahlerfolgen … Die AfD hingegen positioniert sich als einzige der großen Parteien gegen den Klima-Alarm und sammelt hier viele Wähler ein. … ‚Links' ist, wenn durch* CO_2*-Steuern nur noch Reiche Flugreisen, Autofahrten, Fleisch, Milchprodukte und ausreichendes Heizen bezahlen können. … Ganz wesentliche Antreiber der Klimahysterie sind Finanzinvestoren, die* CO_2 *für unterschiedliche Wege nutzen, um ihr Vermögen zu mehren: Von Großspekulant George Soros ist bekannt, dass er u. a. Fridays for Future sponsert, um die Aktienkurse von Kohleunternehmen in den Keller zu treiben und sie dann billig aufzukaufen – wohlwissend, dass der steigende weltweite Energiehunger die Kohlepreise und Aktienkurse mittelfristig wieder nach oben treiben wird. Andere Spekulanten haben in den letzten 20 Jahren auf regenerative Energien gesetzt und wollen nun endlich Renditen sehen.*" (Gastmann 2020)

Dieser Vorwurf adressiert die panische Furcht vieler Menschen, insbesondere in den USA, vor Sozialismus

Speziell in den USA ist die Angst vor linker Politik tief verwurzelt, vermutlich seit der McCarthy-Ära. Die Aussage würde im Umkehrschluss bedeuten, dass konservative Menschen Maßnahmen zur Mitigation (Kap. 1.3.9) des Klimawandels ablehnen müssten – nun kommt aber konservativ vom lateinischen „conservare" für „bewahren". Auch mit einer konservativen politischen Einstellung könnte man das dahingehend interpretieren, dass damit beispielsweise die Umwelt gemeint ist und nicht etwa die Einkommen der Aktionäre von Ölkonzernen. Es ist vielleicht kein Zufall, dass man entsprechende Strömungen kaum noch unter politisch Konservativen und in den entsprechenden Parteien in Europa findet. Atemberaubend ist die Idee der letzten zitierten Quelle, dass sich das internationale Spekulantentum[16] mit den Sozialisten verbündet hat.

4.5.5 Es geht nur darum, Steuern zu erhöhen

„*... Die Absicht der neuen Weltordnung, einen Weltgerichtshof und eine weltweite Kohlendioxidsteuer einzuführen ... dass die wahre Absicht eine geballte Herrschaftsgewalt ist. Globale Erwärmung ist der Aufhänger, um eine neue Weltordnung zu erschaffen. Bei der AGW* [Anthropogene Globale Erwärmung] *geht es darum, euch zu kontrollieren, nicht das Klima. Das Klima ist seit Jahrzehnten die führende Ausrede, seit dieser Plan in Unterlagen wie dem Bericht vom ... Club of Rome in 1991, und von den Rothschilds und Rockefellers beim 4. World Wilderness Congress (Welt Wildnis-Kongress) im Jahr 1987 ausgebrütet und veröffentlicht wurde.*" (Freeman 2016)

[16] Auch die Kernenergiewirtschaft wird gelegentlich als Profiteur und Kern der Verschwörung angeführt.

„Die rezente, im Vergleich mit der Klimageschichte geringfügige Erwärmung der Nordhemisphäre im 20. Jahrhundert veranlasste die UN, den IPCC (‚Weltklimarat') zu gründen. Damit wurde die Klimawissenschaft politisch und ideologisch instrumentalisiert. Ziel war und ist es, den nationalen Regierungen die propagandistische Grundlage für einschneidende Änderungen ihrer Energie- und Fiskalpolitik zu liefern. Somit können restriktive und die demokratischen Freiheiten massiv einschränkende Gesetze leichter durchgesetzt werden. Dabei arbeiten IPCC, Regierungen, Parteien, Klimainstitute, ideologische NGOs, aber auch profitierende Industrien wie Windrad-, Photovoltaik-, Dämmstoffindustrie sowie Energiemonopolisten, Versicherungen, Banken und Medienmonopole Hand in Hand – zum Schaden der Armen in der dritten Welt, unserer Volkswirtschaft und jedes einzelnen deutschen Verbrauchers." (EIKE – Europäisches Institut für Klima & Energie 2016)

„Das Ganze [der Klimaschwindel] *ist ein Politikum. Die Politik beauftragt die Klimawissenschaftler, für Geld entsprechende Gutachten zu erstellen. Mit den Falschinformationen soll die Öffentlichkeit getäuscht werden. Der Politik gehe es darum, eine Möglichkeit zu finden, weitere Steuern einzutreiben und Abgaben einzufordern. Wir sehen das aktuell bei der Klimasteuer, die bald eingeführt werden soll. … Wir sollen zu einer Gesellschaft von Handwerkern und Bauern wie in der Feudalherrschaft werden. Oben sitzen die Feudalen und unten sind die Bauern, die Steuern zahlen. … Allerdings lassen die Politiker das langsam angehen, damit es keiner merkt. Die Politik verfolgt langfristige Ziele."* (Interview mit Werner Kirstein in Stein 2019)

Seit wann braucht es für Steuererhöhungen Ausreden?

Ginge es wirklich um Steuern, wäre die Politik wahrscheinlich schon lange voll Enthusiasmus auf den Zug aufgesprungen. Seit es das IPCC gibt, wurden zahlreiche Steuern erhöht – warum sollte es gerade in diesem Fall Jahrzehnte der Vorbereitung brauchen?
Das Energiesteuergesetz löste in Umsetzung der europäischen Energiesteuerrichtlinie 2006 das Mineralölsteuergesetz ab. Letzteres wurde in seiner ursprünglichen Form 1939 erlassen, hat also mit Klimawandel gar nichts zu tun. Eine CO_2-Steuer hätte ja, wenn dies das zentrale Motiv und der Wille „der Politik" wäre, schon viel früher kommen können. Wir sehen diese Trägheit im Handeln, etwas überspitzt formuliert „erst wenn man von einer schwedischen Schülerin vor sich hergetrieben wird", als überdeutlichen Beleg, dass die oft wiederholte Behauptung, es ginge bei der Diskussion um die Anthropogene Globale Erwärmung primär um Steuererhöhungen, grundfalsch ist. Beinahe schon lustig ist es, die „Energiemonopolisten" (in Wahrheit gibt es in diesem Wirtschaftssektor lediglich Oligopole) als Teil der Verschwörung zu klassifizieren (vgl. Kap. 3.1).

Literatur

Allen RJ, Sherwood SC (2008) Warming maximum in the tropical upper troposphere deduced from thermal winds. Nat. Geosci. 1:399–403. https://doi.org/10.1038/ngeo208

Ambrizzi T, Reboita MS, da Rocha RP, Llopart M (2019) The state of the art & fundamental aspects of regional climate modeling in South America. Annu New York Acad Sci 1436:98–120. https://doi.org/10.1111/nyas.13932

Anonymus (2019) Die NASA gibt zu, dass der Klimawandel aufgrund von Veränderungen der Sonnenbahn der Erde stattfindet und NICHT aufgrund von SUVs und fossilen Brennstoffen. telegra.ph. https://telegra.ph/Die-NASA-gibt-zu-dass-der-Klimawandel-aufgrund-von-Ver%C3%A4nderungen-der-Sonnenbahn-der-Erde-stattfindet-und-NICHT-aufgrund-von-SUVs-01-16. Letzter Zugriff: 29.12.2020

Australian Government Bureau of Meteorology (2017) Southern Oscillation Index (SOI) history. http://www.bom.gov.au/climate/current/soihtm1.shtml. Letzter Zugriff: 20.08.2020

Banerjee N, Cushman JH, Hasemeyer D, Song L (2015) Exxon: The road not taken. InsideClimate News, https://perma.cc/acy4-8nw5

Benestad RE (2008) Mind the Gap! RealClimate. http://www.realclimate.org/index.php/archives/2008/11/mind-the-gap/. Letzter Zugriff: 21.08.2020

Benestad RE (2017a) The true meaning of numbers: John Christy's misleading graphs, RealClimate. http://www.realclimate.org/index.php/archives/2017/03/the-true-meaning-of-numbers/. Letzter Zugriff: 24.11.2020

Berkhout G (2020) Hört auf, irreführende Computermodelle zu benutzen. YouTube. https://www.youtube.com/watch?v=zJ-5rCa752M. Letzter Zugriff: 01.12.2020

Berner RA (2006a) GEOCARBSULF: A combined model for Phanerozoic atmospheric O_2 & CO_2. Geochimica et Cosmochimica Acta 70:5653–5664. https://doi.org/10.1016/j.gca.2005.11.032

Biehler H (2019) Kommentar zu: Sind Klimawandel-Leugner ein Beleg für den Dunning-Kruger-Effekt? Quora.com. https://de.quora.com/Sind-Klimawandel-Leugner-ein-Beleg-f%C3%BCr-den-Dunning-Kruger-Effekt/answer/Klaus-Miehling/comment/111783538. Letzter Zugriff: 28.12.2020

Black BC, Hassenzahl DM, Stephens JC, Weisel G, Gift N (eds) (2013) Climate change: An encyclopedia of science & history. ABC-CLIO, Santa Barbara, Calif.

Bojanowski A (28.01.2015) Verfehlte Prognosen: Klimamodelle bestehen wichtigsten Test. Der Spiegel. https://www.spiegel.de/wissenschaft/natur/klimaprognosen-klimamodelle-bestehen-test-zur-pause-der-erwaermung-a-1015415.html. Letzter Zugriff: 04.03.2021

Booker C (2009) Climate change: this is the worst scientific scandal of our generation. The Telegraph. https://www.telegraph.co.uk/comment/columnists/christopherbooker/6679082/Climate-change-this-is-the-worst-scientific-scandal-of-our-generation.html. Letzter Zugriff: 29.12.2020

Broecker WS (1975) Climatic change: are we on the brink of a pronounced global warming? Science 189:460–463. https://doi.org/10.1126/science.189.4201.460

Bubenzer O, Radtke U (2007) Natürliche Klimaänderungen im Laufe der Erdgeschichte. In: Endlicher W, Gerstengarbe F-W (Hrsg.) Der Klimawandel: Einblicke, Rückblicke und Ausblicke. Potsdam-Inst. für Klimafolgenforschung, Potsdam:17–26

Buis A (2020) Study confirms climate models are getting future warming projections right. NASA‘s Jet Propulsion Laboratory. https://climate.nasa.gov/news/2943/study-confirms-climate-models-are-getting-future-warming-projections-right/. Letzter Zugriff: 22.03.2021

Burnett HS (2019) Svensmark's force majeure, the sun's large role in climate change. Watts Up With That? https://wattsupwiththat.com/2019/05/09/svensmarks-force-majeure-the-suns-large-role-in-climate-change/. Letzter Zugriff: 15.12.2020

Carter B (2006) There is a problem with global warming ... it stopped in 1998. The Telegraph. https://www.telegraph.co.uk/comment/personal-view/3624242/There-IS-a-problem-with-global-warming...-it-stopped-in-1998.html. Letzter Zugriff: 05.08.2020

Christy J (2015) Testimony to the U.S. House Committee on Science, Space & Technology. U.S. House of Representatives Document Repository. https://docs.house.gov/meetings/SY/SY00/20160202/104399/HHRG-114-SY00-Wstate-ChristyJ-20160202.pdf. Letzter Zugriff: 25.11.2020

Clark P (2020) Wood for trees: Interactive graphs. https://woodfortrees.org/plot/. Letzter Zugriff: 05.08.2020

Climatic Research Unit (University of East Anglia) & Met Office (2020) Temperature data (HadCRUT4, CRUTEM4) Climatic Research Unit global temperature. https://crudata.uea.ac.uk/cru/data/temperature/. Letzter Zugriff: 21.08.2020

Collins B (2013) Examining the recent "pause" in global warming. Berkeley Earth. http://static.berkeleyearth.org/memos/examining-the-pause.pdf. Letzter Zugriff: 20.08.2020

Cook J (2010b) Tree-ring proxies & the divergence problem. Skeptical Science. https://skepticalscience.com/Tree-ring-proxies-divergence-problem.htm. Letzter Zugriff: 09.04.2021

Cook J, Wight J (2011) Behauptung: „Gehackte E-Mails von Klimaforschern belegen, dass sie lügen und betrügen". klimafakten.de. https://www.klimafakten.de/behauptungen/behauptung-gehackte-e-mails-von-klimaforschern-belegen-dass-sie-luegen-und-betruegen. Letzter Zugriff: 29.12.2020

D'Aleo J (19.01.2011) Why NOAA & NASA proclamations should be ignored. SPPI Original Paper:2–8. http://scienceandpublicpolicy.org/science-papers/originals/noaa-and-nasa-proclamations. Letzter Zugriff: 07.10.2020

D'Aleo J (2020) Über den grandiosen Betrug des Klima-Alarmismus, EIKE – Europäisches Institut für Klima & Energie. https://www.eike-klima-energie.eu/2020/03/13/ueber-den-grandiosen-betrug-des-klima-alarmismus/. Letzter Zugriff: 08.10.2020

D'Aleo J, Watts A (2010) Surface temperature records: Policy-driven deception? Science & Public Policy Institute, Haymarket, VA. http://scienceandpublicpolicy.org/images/stories/papers/originals/surface_temp.pdf. Letzter Zugriff: 22.02.2020

Desk N (2019) NASA: „Climate Change" & Global Warming caused by Changes in Earth's Solar Orbit & Axial Tilt – NOT MAN-MADE CAUSES, Hal Turner Radio Show. https://halturnerradioshow.com/index.php/en/news-page/world/nasa-climate-change-and-global-warming-caused-by-changes-in-earth-s-solar-orbit-and-axial-tilt-not-man-made-causes. Letzter Zugriff: 29.12.2020

Dunn RJH, Stanitski DM, Gobron N, Willett KM (2020) Global Climate. Bull Amer Meteorol Soc 101:S9-S128. https://doi.org/10.1175/BAMS-D-20-0104.1

EIKE – Europäisches Institut für Klima & Energie (2016) Grundsatzpapier Klima. EIKE – Europäisches Institut für Klima & Energie. https://www.eike-klima-energie.eu/die-mission/grundsatzpapier-klima/. Letzter Zugriff: 30.12.2020

Fall S, Watts A, Nielsen-Gammon J, Jones E, Niyogi D, Christy JR, Pielke RA (2011) Analysis of the impacts of station exposure on the U.S. Historical Climatology Network temperatures & temperature trends. J Geophys Res 116. https://doi.org/10.1029/2010JD015146

Farley JW (01.05.2012) Petroleum & Propaganda. Monthly Review. https://monthlyreview.org/2012/05/01/petroleum-and-propaganda. Letzter Zugriff: 01.05.2021

Farmer GT, Cook J (2013) Climate change science, a modern synthesis: Volume 1 – The physical climate. Springer, Dordrecht

Feulner G, Rahmstorf S (2010) On the effect of a new grand minimum of solar activity on the future climate on Earth. Geophys Res Lett 37. https://doi.org/10.1029/2010GL042710

Freeman M (2016) 10 prominente Wissenschaftler widerlegen die Behauptung menschengemachter Klimaerwärmung mit stichhaltigen Forschungsarbeiten. Transinformation.net. https://transinformation.net/10-prominente-wissenschaftler-widerlegen-die-behauptung-menschengemachter-klimaerwaermung-mit-stichhaltigen-forschungsarbeiten/. Letzter Zugriff: 28.12.2020

Frey C (2018b) NOAA-DatenManipulation um 1,4 °C: „Schlimmer kann Wissenschaft nicht degenerieren“. EIKE – Europäisches Institut für Klima & Energie. https://www.eike-klima-energie.eu/2018/03/28/noaa-datenmanipulation-um-14c-schlimmer-kann-wissenschaft-nicht-degenerieren/. Letzter Zugriff: 21.08.2020

Frey C (2018c) Temperatur-Manipulationen mildern Wutanfälle. EIKE – Europäisches Institut für Klima & Energie.

https://www.eike-klima-energie.eu/2018/08/23/temperatur-manipulationen-mildern-wutanfaelle/. Letzter Zugriff: 21.08.2020
Fu Q (2005) Satellite-derived vertical dependence of tropical tropospheric temperature trends. Geophys Res Lett 32. https://doi.org/10.1029/2004GL022266
Fu Q, Johanson CM, Warren SG, Seidel DJ (2004) Contribution of stratospheric cooling to satellite-inferred tropospheric temperature trends. Nature 429:55–58. https://doi.org/10.1038/nature02524
Ganopolski A, Rahmstorf S (2001) Rapid changes of glacial climate simulated in a coupled climate model. Nature 409:153–158. https://doi.org/10.1038/35051500
Gassmann U (2019) Frischluft für die Klimadebatte. Vimentis. https://www.vimentis.ch/dialog/readarticle/frischluft-fuer-die-klimadebatte/?open=10282&jumpto=235921. Letzter Zugriff: 29.12.2020
Gastmann J (2020) Klima, CO_2 und Sonne: Warum die CO_2-Theorie unwahrscheinlich ist. https://www.economy4mankind.org/klima-co2-sonne. Letzter Zugriff: 15.01.2021
Geithner W, Kleber A (2020) Kann es eine gesunde Skepsis gegenüber dem Klimawandel geben? Quora.com. https://de.quora.com/Kann-es-eine-gesunde-Skepsis-gegen%C3%BCber-dem-Klimawandel-geben/answer/Arno-Kleber?comment_id=128211091&comment_type=2. Letzter Zugriff: 08.10.2020
Giles J (2005) Climate sceptics place bets on world cooling down. Nature 436:897. https://doi.org/10.1038/436897a
Global Climate Intelligence Group (2019) There is no climate emergency. CLINTEL. https://clintel.org/wp-content/uploads/2019/11/World-Climate-Declaration-1.pdf. Letzter Zugriff: 01.12.2020
Goldenberg S (18.08.2011) Rick Perry accuses scientists of ‚manipulating' climate. The Guardian. https://www.theguardian.com/environment/blog/2011/aug/18/rick-perry-scientists-climate-data. Letzter Zugriff: 29.12.2020

Graham S (2000) Milutin Milankovitch. NASA Earth Observatory. https://earthobservatory.nasa.gov/features/Milankovitch/milankovitch.php. Letzter Zugriff: 29.12.2020

Grimes DR (2016) On the viability of conspiratorial beliefs. PLoS One 11:e0147905. https://doi.org/10.1371/journal.pone.0147905

Hansen J, Fung I, Lacis A, Rind D, Lebedeff S, Ruedy R, Russell G, Stone P (1988) Global climate changes as forecast by Goddard Institute for Space Studies three-dimensional model. J Geophys Res 93:9341. https://doi.org/10.1029/JD093iD08p09341

Happer W (2011) The truth about greenhouse gases: The dubious science of the climate crusaders. First Things. https://www.firstthings.com/article/2011/06/the-truth-about-greenhouse-gases. Letzter Zugriff: 05.03.2021

Hartmann R (2019) Kommentar zu: Welche Argumente von Klimawandelskeptikern konnten bislang nicht widerlegt werden? Quora.com. https://de.quora.com/Welche-Argumente-von-Klimawandelskeptikern-konnten-bislang-nicht-widerlegt-werden/answer/Klaus-Miehling/comment/111075561. Letzter Zugriff: 28.12.2020

Hausfather Z (2017) Analysis: How well have climate models projected global warming? Carbon Brief 05.10.2017. https://www.carbonbrief.org/analysis-how-well-have-climate-models-projected-global-warming. Letzter Zugriff: 22.01.2021

Hausfather Z, Cowtan K, Menne MJ, Williams CN (2016) Evaluating the impact of U.S. Historical Climatology Network homogenization using the U.S. Climate Reference Network. Geophys Res Lett 43:1695–1701. https://doi.org/10.1002/2015GL067640

Hawkins E, Sutton R (2016) Connecting climate model projections of global temperature change with the real world. Bull Amer Meteorol Soc 97:963–980. https://doi.org/10.1175/BAMS-D-14-00154.1

Heller T (2018) NOAA data tampering approaching 2.5 degrees. Real Climate Science. https://realclimatescience.

com/2018/03/noaa-data-tampering-approaching-2-5-degrees/. Letzter Zugriff: 03.09.2020

Hogan J (2005) Warming debate highlights poor data. Nature 436:896. https://doi.org/10.1038/436896a

House of Commons, Science & Technology Committee (2010) The disclosure of climate data from the Climatic Research Unit at the University of East Anglia. https://publications.parliament.uk/pa/cm200910/cmselect/cmsctech/387/387i.pdf. Letzter Zugriff: 29.12.2020

Huth K, Peters J, Seufert J (2020) Die Heartland-Lobby. correctiv.org. https://correctiv.org/top-stories/2020/02/04/die-heartland-lobby-2/. Letzter Zugriff: 29.12.2020

Idso CD, Carter RM, Singer SF (2016) Why scientists disagree about global warming: The NIPCC Report on Scientific Consensus, 2. Aufl. The Heartland Institute, Arlington Heights, IL

IMBIE Team (2018) Mass balance of the Antarctic Ice Sheet from 1992 to 2017. Nature 558:219–222. https://doi.org/10.1038/s41586-018-0179-y

IPCC (2001) TAR climate change 2001: The scientific basis. IPCC. https://www.ipcc.ch/report/ar3/wg1/. Letzter Zugriff: 23.11.2020

Java J (2020) Less misleading versions of J Christy‘s models. Twitter. https://twitter.com/priscian/status/1221313440440049664. Letzter Zugriff: 24.11.2020

Jones RN, Ricketts JH (2016) The climate wars & "the pause" – are both sides wrong? Climate Change Working Paper 37, Victoria Institute of Strategic Economic Studies, Victoria University, Melbourne. https://vuir.vu.edu.au/33856/1/37_Jones&Rickkets_2016_Climate_Wars_&_Pause.pdf. Letzter Zugriff: 09.06.2021

Karl TR, Arguez A, Huang B, Lawrimore JH, McMahon JR, Menne MJ, Peterson TC, Vose RS, Zhang H-M (2015) Climate change. Possible artifacts of data biases in the recent global surface warming hiatus. Science 348:1469–1472. https://doi.org/10.1126/science.aaa5632

Karl TR, Derr VE, Easterling DR, Folland CK, Hofmann DJ, Levitus S, Nicholls N, Parker DE, Withee GW (1995) Critical issues for long-term climate monitoring. Climatic Change 31:185–221. https://doi.org/10.1007/BF01095146

Karl TR, Williams CN (1987) An approach to adjusting climatological time series for discontinuous inhomogeneities. J Climate Appl Meteorol 26:1744–1763. https://doi.org/10.1175/1520-0450(1987)026%3C1744:AATACT%3E2.0.CO;2

Kawamura K, Abe-Ouchi A, Motoyama H, Ageta Y, Aoki S, Azuma N, Fujii Y, Fujita K, Fujita S, Fukui K, Furukawa T, Furusaki A, Goto-Azuma K, Greve R, Hirabayashi M, Hondoh T, Hori A, Horikawa S, Horiuchi K, Igarashi M, Iizuka Y, Kameda T, Kanda H, Kohno M, Kuramoto T, Matsushi Y, Miyahara M, Miyake T, Miyamoto A, Nagashima Y, Nakayama Y, Nakazawa T, Nakazawa F, Nishio F, Obinata I, Ohgaito R, Oka A, Okuno J, Okuyama J, Oyabu I, Parrenin F, Pattyn F, Saito F, Saito T, Saito T, Sakurai T, Sasa K, Seddik H, Shibata Y, Shinbori K, Suzuki K, Suzuki T, Takahashi A, Takahashi K, Takahashi S, Takata M, Tanaka Y, Uemura R, Watanabe G, Watanabe O, Yamasaki T, Yokoyama K, Yoshimori M, Yoshimoto T (2017) State dependence of climatic instability over the past 720,000 years from Antarctic ice cores & climate modeling. Sci Adv 3:e1600446. https://doi.org/10.1126/sciadv.1600446

Keenlyside NS, Latif M, Jungclaus J, Kornblueh L, Roeckner E (2008) Advancing decadal-scale climate prediction in the North Atlantic sector. Nature 453:84–88. https://doi.org/10.1038/nature06921

Kirkby J, Curtius J, Almeida J, Dunne E, Duplissy J, Ehrhart S, Franchin A, Gagné S, Ickes L, Kürten A, Kupc A, Metzger A, Riccobono F, Rondo L, Schobesberger S, Tsagkogeorgas G, Wimmer D, Amorim A, Bianchi F, Breitenlechner M, David A, Dommen J, Downard A, Ehn M, Flagan RC, Haider S, Hansel A, Hauser D, Jud W, Junninen H, Kreissl F, Kvashin A, Laaksonen A, Lehtipalo K, Lima J, Lovejoy ER,

Makhmutov V, Mathot S, Mikkilä J, Minginette P, Mogo S, Nieminen T, Onnela A, Pereira P, Petäjä T, Schnitzhofer R, Seinfeld JH, Sipilä M, Stozhkov Y, Stratmann F, Tomé A, Vanhanen J, Viisanen Y, Vrtala A, Wagner PE, Walther H, Weingartner E, Wex H, Winkler PM, Carslaw KS, Worsnop DR, Baltensperger U, Kulmala M (2011) Role of sulphuric acid, ammonia & galactic cosmic rays in atmospheric aerosol nucleation. Nature 476:429–433. https://doi.org/10.1038/nature10343

Kleber A (2019c) Welche sind die für Dich plausibelsten Klimamodelle? Quora.com. https://de.quora.com/Welche-sind-die-f%C3%BCr-Dich-plausibelsten-Klimamodelle-Auf-welchen-Grundannahmen-fu%C3%9Fen-sie/answer/Arno-Kleber. Letzter Zugriff: 01.12.2020

Kleber A (2020a) CO_2 in der Erdgeschichte. Quora.com – Klima der Vorzeit. https://de.quora.com/q/cpyrrgqjzbcbexku/CO2-in-der-Erdgeschichte. Letzter Zugriff: 19.03.2020

Kleber A (2020d) Die EIKE hat einen Post, in dem sie der NOAA Datenmanipulation vorwirft (siehe Link). Was ist da dran? Quora.com – Klimawandel und -diskussion. https://klimawandeldiskussion.quora.com/Die-EIKE-hat-einen-Post-in-dem-sie-der-NOAA-Datenmanipulation-vorwirft-siehe-Link-Was-ist-das-dran. Letzter Zugriff: 03.05.2021

Wenzl-Sylvester T (2019) Kommentar zu „Warum behaupten viele Menschen, dass der Klimawandel nicht von Menschen verursacht wird?" Quora.com. https://de.quora.com/Warum-behaupten-viele-Menschen-dass-der-Klimawandel-nicht-von-Menschen-verursacht-wird/answer/Arno-Kleber/comment/120809096. Letzter Zugriff: 29.12.2020

Kleber A (2019e) Why were those involved in the "climategate" fiasco completely absolved of any wrongdoing? Quora.com.https://www.quora.com/Why-were-those-involved-in-the-climategate-fiasco-completely-absolved-of-any-wrongdoing/answer/Arno-Kleber. Letzter Zugriff: 17.06.2021

Kleber A (2020f) How would you suggest this article opposing climate change be refuted? Quora.com. https://www.quora.com/How-would-you-suggest-this-article-opposing-climate-change-be-refuted-preferably-in-simple-easily-understandable-terms/answer/Arno-Kleber. Letzter Zugriff: 07.10.2020

Kleber A (2020i) Sind Klimamodelle die totalen Versager? Quora.com – Klimawandel und -diskussion. https://de.quora.com/q/klimawandeldiskussion/Sind-Klimamodelle-die-totalen-Versager. Letzter Zugriff: 24.11.2020

Kleber A (2020k) Was bedeutet das Urteil, das gegen den führenden Klimaforscher, Michael Mann, gefallen ist, für die Klimadebatte? Quora.com. https://de.quora.com/Was-bedeutet-das-Urteil-das-gegen-den-f%C3%BChrenden-Klimaforscher-Michael-Mann-gefallen-ist-f%C3%BCr-die-Klimadebatte/answer/Arno-Kleber. Letzter Zugriff: 29.12.2020

Klimafragen.org (2020) Klimawandel: Wir hätten da ein paar Fragen. https://www.klimafragen.org. Letzter Zugriff: 11.02.2020

Leiserowitz AA, Maibach EW, Roser-Renouf C, Smith N, Dawson E (2013) Climategate, public opinion, & the loss of trust. American Behavioral Scientist 57:818–837. https://doi.org/10.1177/0002764212458272

Limburg M (2009a) Global Cooling – Paradigmenwechsel des IPCC? EIKE – Europäisches Institut für Klima & Energie. https://www.eike-klima-energie.eu/2009/09/21/global-cooling-paradigmenwechsel-des-ipcc/. Letzter Zugriff: 21.08.2020

Lloyd EA (2018) The role of "complex" empiricism in the debates about satellite data & climate models. In: Lloyd EA, Winsberg E (Hrsg.) Climate Modelling. Springer Nature Switzerland:137–173

Lorenz EN (1963) Deterministic nonperiodic flow. J Atmos Sci 20:130–141. https://doi.org/10.1175/1520-0469(1963)020%3C0130:DNF%3E2.0.CO;2

Mann ME, Zhang Z, Hughes MK, Bradley RS, Miller SK, Rutherford S, Ni F (2008) Proxy-based reconstructions of hemispheric & global surface temperature variations over the past two millennia. PNAS 105:13252–13257. https://doi.org/10.1073/pnas.0805721105

Marotzke J, Forster PM (2015) Forcing, feedback & internal variability in global temperature trends. Nature 517:565–570. https://doi.org/10.1038/nature14117

Menne MJ, Williams CN, Palecki MA (2010) On the reliability of the U.S. surface temperature record. J Geophys Res 115. https://doi.org/10.1029/2009JD013094

Michaels PJ (2010) Testimony of Patrick J. Michaels on climate change. Cato Institute. https://www.cato.org/publications/congressional-testimony/testimony-patrick-j-michaels-climate-change. Letzter Zugriff: 01.12.2020

Michaels PJ (2012) A Response to Skeptical Science's "Patrick Michaels: Serial deleter of inconvenient data". Watts Up With That? https://wattsupwiththat.com/2012/01/17/a-response-to-skeptical-sciences-patrick-michaels-serial-deleter-of-inconvenient-data/. Letzter Zugriff: 01.12.2020

Michaels PJ (31.12.1998) Long hot years: Latest science debunks – global warming hysteria. Policy Analysis. https://www.mega.nu/ampp/pa329.pdf. Letzter Zugriff: 01.12.2020

Monbiot G (2009) The Knights Carbonic. https://www.monbiot.com/2009/11/23/the-knights-carbonic/. Letzter Zugriff: 29.12.2020

Monckton of Brenchley C (2009) Dangerous climate change is coming. Science & Public Policy. http://scienceandpublicpolicy.org/science-papers/monckton/dangerous-climate-change-is-coming-3. Letzter Zugriff: 23.11.2020

Monckton of Brenchley C (2014) It's official: no global warming for 18 years 1 month. Watts Up With That? https://wattsupwiththat.com/2014/10/02/its-official-no-global-warming-for-18-years-1-month/. Letzter Zugriff: 05.08.2020

Monckton of Brenchley C (2017) How they airbrushed out the inconvenient pause. Watts Up With That? https://wattsupwiththat.com/2017/07/07/how-they-airbrushed-out-the-inconvenient-pause/. Letzter Zugriff: 08.04.2021

Muller R (2011) Climategate ‚hide the decline'. YouTube. https://www.youtube.com/watch?v=8BQpciw8suk. Letzter Zugriff: 29.12.2020

Muller R (2018) What convinced Richard Muller that climate change is real? Quora.com. https://www.quora.com/What-convinced-Richard-Muller-that-climate-change-is-real-i-e-was-there-a-defining-moment-in-your-research/answer/Richard-Muller-3. Letzter Zugriff: 07.10.2020

Muller R (28.07.2012) The conversion of a climate-change skeptic. The New York Times. https://www.nytimes.com/2012/07/30/opinion/the-conversion-of-a-climate-change-skeptic.html. Letzter Zugriff: 07.10.2020

National Science Foundation, Office of Inspector General (2011) Closeout Memorandum: Case Number: A09120086 NSF. https://junkscience.com/wp-content/uploads/2011/08/nsf-mann-memo.pdf. Letzter Zugriff: 10.06.2021

Neu U (2017) Behauptung: „Kosmische Strahlung verursacht den Klimawandel." klimafakten.de. https://www.klimafakten.de/behauptungen/behauptung-kosmische-strahlung-verursacht-den-klimawandel. Letzter Zugriff: 15.12.2020

Nuccitelli D (19.02.2016b) Republicans' favorite climate chart has some serious problems. The Guardian. https://www.theguardian.com/environment/climate-consensus-97-per-cent/2016/feb/19/republicans-favorite-climate-chart-has-some-serious-problems. Letzter Zugriff: 24.11.2020

Nuccitelli D (2012a) Global warming & step functions. Skeptical Science. https://skepticalscience.com/its-a-climate-shift-step-function-caused-by-natural-cycles.htm. Letzter Zugriff: 07.04.2021

Nuccitelli D (2012c) Patrick Michaels: Serial Deleter of Inconvenient Data. Skeptical Science. https://skepticalscience.com/patrick-michaels-serial-deleter-of-inconvenient-data.html. Letzter Zugriff: 01.12.2020

Parker DE (2006) A demonstration that large-scale warming is not urban. J Climate 19:2882–2895. https://doi.org/10.1175/JCLI3730.1

Pierce JR (2017) Cosmic rays, aerosols, clouds, & climate: Recent findings from the CLOUD experiment. J Geophys Res Atmos 122:8051–8055. https://doi.org/10.1002/2017JD027475

Plauché GA (2017) Freeman Dyson on scientific organizations & climate models. http://web.archive.org/web/20171219234307/http://gaplauche.com/blog/2007/05/23/freeman-dyson-on-scientific-organizations-and-climate-models/. Letzter Zugriff: 23.11.2020

Rahmstorf S (2010) Climategate: ein Jahr danach. KlimaLounge, SciLogs – Wissenschaftsblogs. https://scilogs.spektrum.de/klimalounge/climategate-ein-jahr-danach/. Letzter Zugriff: 29.12.2020

Rahmstorf S (31.01.2020) Kampagne von Klimaskeptikern: Bei diesen Fragen ist was faul. Der Spiegel. https://www.spiegel.de/wissenschaft/natur/klimawandel-diese-pr-offensive-der-klimaleugner-kommt-ganz-unschuldig-daher-a-c1267902-f27a-4354-8801-44041f794171. Letzter Zugriff: 23.11.2020

Rahmstorf S, Mann M, Bradley R, Connolley W, Archer D, Ammann C (2008) Die Klimawette. KlimaLounge, SciLogs – Wissenschaftsblogs. https://scilogs.spektrum.de/klimalounge/die-klimawette/. Letzter Zugriff: 21.08.2020

Readfearn G (19.12.2017) Checkmate: how do climate science deniers' predictions stack up? The Guardian. https://www.theguardian.com/environment/planet-oz/2017/dec/19/checkmate-how-do-climate-science-deniers-predictions-stack-up. Letzter Zugriff: 22.01.2021

Robert R (2001) Chaosforschung: Das Ende des Schmetterlingseffekts. Spektrum der Wissenschaft. https://www.spektrum.de/magazin/das-ende-des-schmetterlingseffekts/828112. Letzter Zugriff: 23.11.2020

Rohde R (2021) Global temperature report for 2020. Berkeley Earth. http://berkeleyearth.org/global-temperature-report-for-2020/. Letzter Zugriff: 07.04.2021

Wikipedia (2020a) Anthony Watts (blogger). https://en.wikipedia.org/w/index.php?title=Anthony_Watts_(blogger)&oldid=982167491. Letzter Zugriff: 07.10.2020

Rose D (04.02.2017) World leaders duped by manipulated global warming data. Dailymail Online. https://www.dailymail.co.uk/sciencetech/article-4192182/Worldleaders-duped-manipulated-global-warming-data.html#ixzz4YJuPMPvY. Letzter Zugriff: 07.10.2020

Russell M, Boulton G, Clarke P, Eyton D, Norton J (2010) The independent climate change e-mails review: Final Report. University of East Anglia. http://www.cce-review.org/pdf/FINAL%20REPORT.pdf. Letzter Zugriff: 29.12.2020

Schmidt GA (2016a) Comparing models to the satellite datasets. RealClimate. http://www.realclimate.org/index.php/archives/2016/05/comparing-models-to-the-satellite-datasets/. Letzter Zugriff: 24.11.2020

Schmidt GA (2016b) John Christy's misleading graphs. RealClimate. https://www.realclimate.org/index.php/archives/2016/05/comparing-models-to-the-satellite-datasets/. Letzter Zugriff: 24.11.2020

Schmidt GA (2020) Update day 2020! RealClimate. http://www.realclimate.org/index.php/archives/2020/01/update-day-2020/. Letzter Zugriff: 24.11.2020

Shen B-W, Pielke R, Zeng X, Baik J-J, Faghih-Naini S, Cui J, Atlas R, Reyes T (2020) Is weather chaotic? Coexisting chaotic & non-chaotic attractors within Lorenz models. 13th CHAOS Conf Proc. https://doi.org/10.1175/BAMS-D-19-0165.1

Sinclair P (2012) Heartland panics over leak: 71 year old vet, young mom fire back at threats. Climate Denial Crock of the Week. https://climatecrocks.com/2012/02/20/heartland-panics-over-leak-71-year-old-vet-young-mom-fire-back-at-threats/. Letzter Zugriff: 29.12.2020

Singer SF (2008) Die Natur, nicht menschliche Aktivität, bestimmt das Klima: Technische Zusammenfassung für politische Entscheider zum Bericht der Internationalen Nichtregierungskommission zum Klimawandel. Sci Environ Policy Proj 2008. TvR-Medienverlag, Jena

Smart Energy for Europe Platform (2016) Von der Unwahrscheinlichkeit der Klima-Verschwörung. klimafakten.de. https://www.klimafakten.de/meldung/von-der-unwahrscheinlichkeit-der-klima-verschwoerung. Letzter Zugriff: 15.12.2020

Smith G (2008) 2008 temperature summaries & spin. RealClimate. http://www.realclimate.org/index.php/

archives/2008/12/2008-temperature-summaries-and-spin/langswitch_lang/in/. Letzter Zugriff: 20.08.2020

Smith G (2017) No warming since 1979?! http://www.barrettbellamyclimate.com/page6.htm. Letzter Zugriff: 20.08.2020

Spencer RW (2008) Global warming: Natural or manmade? drroyspencer.com. https://www.drroyspencer.com/global-warming-natural-or-manmade/. Letzter Zugriff: 16.03.2021

Stainforth DA, Aina T, Christensen C, Collins M, Faull N, Frame DJ, Kettleborough JA, Knight S, Martin A, Murphy JM, Piani C, Sexton D, Smith LA, Spicer RA, Thorpe AJ, Allen MR (2005) Uncertainty in predictions of the climate response to rising levels of greenhouse gases. Nature 433:403–406. https://doi.org/10.1038/nature03301

Stein R (2019) Fakten vs. Klimahysterie – Prof. Werner Kirstein bei SteinZeit. SteinZeit auf YouTube. https://www.youtube.com/watch?v=zzdtuW9B-tg. Letzter Zugriff: 01.01.2021

Supreme Court of British Columbia (2019) 2019 BCSC 1580 Mann v. Ball. https://www.bccourts.ca/jdb-txt/sc/19/15/2019BCSC1580.htm. Letzter Zugriff: 29.12.2020

Svensmark H (2019) Force majeure: The sun's role in climate change. GWPF Reports 33. The Global Warming Policy Foundation, London, United Kingdom

Svensmark H, Enghoff MB, Shaviv NJ, Svensmark J (2017) Increased ionization supports growth of aerosols into cloud condensation nuclei. Nat Commun 8:2199. https://doi.org/10.1038/s41467-017-02082-2

Svensmark H, Friis-Christensen E (1997) Variation of cosmic ray flux & global cloud coverage – a missing link in solar-climate relationships. J Atmos Solar-Terrestr Phys 59:1225–1232. https://doi.org/10.1016/S1364-6826(97)00001-1

Taylor J (2020) Taking the fight to socialists & the climate left. The Heartland Institute. https://www.heartland.org/news-opinion/news/taking-the-fight-to-socialists-and-the-climate-left. Letzter Zugriff: 29.12.2020

Test W (2020) Prof. Svensmark benötigt Ihre Unterstützung. EIKE – Europäisches Institut für Klima & Energie. https://

www.eike-klima-energie.eu/2020/11/07/prof-svensmark-benoetigt-ihre-unterstuetzung/. Letzter Zugriff: 15.12.2020

Thomas T (2019) A climate modeller spills the beans. Quadrant Online. https://quadrant.org.au/opinion/doomed-planet/2019/09/a-climate-modeller-spills-the-beans/. Letzter Zugriff: 14.12.2020

Trenberth KE, Smith L (2006) The vertical structure of temperature in the Tropics: Different flavors of El Niño. J. Climate 19:4956–4973. https://doi.org/10.1175/JCLI3891.1

Trewin B (2010) Exposure, instrumentation, & observing practice effects on land temperature measurements. WIREs Clim Change 1:490–506. https://doi.org/10.1002/wcc.46

Vizcarra N (2014) Unexpected ice. Earthdata. https://earthdata.nasa.gov/learn/sensing-our-planet/unexpected-ice. Letzter Zugriff: 23.11.2020

Waldman S (2017) ‚Whistleblower' says protocol was breached but no data fraud. E&E News. https://www.eenews.net/stories/1060049630. Letzter Zugriff: 08.10.2020

Washington H, Cook J (2012) Climate Change Denial: Heads in the Sand. Taylor & Francis, Hoboken

Watts A (2012) Surface Stations Project Homepage. http://surfacestations.org/. Letzter Zugriff: 01.09.2009

Watts A (2014) List of excuses for ‚The Pause' in global warming. Watts Up With That? https://wattsupwiththat.com/list-of-excuses-for-the-pause-in-global-warming/. Letzter Zugriff: 21.08.2020

Watts A, Monckton of Brenchley C (2011) Monckton skewers Steketee. Watts Up With That? https://wattsupwiththat.com/2011/01/09/monckton-skewers-steketee/. Letzter Zugriff: 29.03.2021

5

Sind wir Menschen überhaupt schuld am Klimawandel?

5.1 Hat sich das Klima nicht schon immer geändert?

„Das Klima ändert sich ständig. Wir hatten Eiszeiten und wärmere Perioden, als Alligatoren in Spitzbergen gefunden wurden. Eiszeiten sind in den letzten 700.000 Jahren in einem hunderttausendjährigen Zyklus aufgetreten, und es gab frühere Perioden, die anscheinend wärmer waren als die jetzigen, obwohl der CO_2-Gehalt niedriger war als jetzt. In jüngerer Zeit hatten wir die mittelalterliche Warmzeit und die kleine Eiszeit. Während letzterer stießen die Alpengletscher zum Leidwesen der überfahrenen Dörfer vor. Seit dem Anfang des 19. Jahrhunderts ziehen sich diese Gletscher zurück. Offen gesagt, wir verstehen weder den Vormarsch noch den Rückzug vollständig.“ (Lindzen 2011)

„… bisher ist noch jeder der unzähligen Klimawandel der Erdgeschichte ohne Zutun oder Auslösung des Menschen

A. Kleber und J. Richter-Krautz, *Klimawandel FAQs – Fake News erkennen, Argumente verstehen, qualitativ antworten*,
https://doi.org/10.1007/978-3-662-64548-2_5

gekommen und, so wird es auch weiterhin sein. Wir spielen bei den Vorgängen keine Rolle!“ (Sommer 2019)

„Es gab in der Vergangenheit viele Erwärmungen und Abkühlungen, bei denen sich der CO_2-Gehalt nicht verändert hat. Ein bekanntes Beispiel ist die mittelalterliche Erwärmung, etwa um das Jahr 1000, als die Wikinger Grönland besiedelten (als es noch grün war) und Wein aus England exportiert wurde. Auf diese Warmzeit folgte die ‚kleine Eiszeit', als die Themse im Winter häufig zufror. Es gibt weder Beweise für einen signifikanten Anstieg von CO_2 in der mittelalterlichen Warmzeit noch für einen signifikanten Rückgang zur Zeit der nachfolgenden kleinen Eiszeit. Dokumentierte Hungersnöte mit Millionen von Toten traten während der kleinen Eiszeit auf, weil das kalte Wetter die Ernten vernichtete. Seit dem Ende der kleinen Eiszeit hat sich die Erde in Schüben erwärmt, und die Lebensqualität der Menschheit hat sich entsprechend verbessert.“ (Happer 2011)

Dass sich Klima auch durch natürliche Vorgänge verändern kann, schließt einen Einfluss des Menschen nicht im Geringsten aus.

Richtig, das Klima hat sich schon immer geändert – na und?

Das oben zitierte Argument steht meist ohne eine Schlussfolgerung im Raum. Es soll beim Lesenden eine eigene, falsche Schlussfolgerung, einen „Frame" (vgl. Kap. 1.2.7) provozieren, den das zweite Zitat explizit macht: Alle Klimaänderungen hätten natürliche Ursachen, seien vom Menschen nicht beeinflussbar und deshalb auch nicht menschlichem Verhalten zuzuschreiben.

Folgende Fehlschlüsse sind damit verbunden:

1. **dass die Menschheit das naturgegebene Klima nicht verändern könne,**
2. **dass der Mensch somit nicht Ursache der globalen Erwärmung sein könne und**
3. **dass deshalb die globale Erwärmung gar nicht aufgehalten werden kann.**

Alle drei Schlussfolgerungen sind falsch!

Wenn wir heute unter den gleichen klimatischen Bedingungen leben müssten wie die Dinosaurier oder Lucy, unsere Vorfahrin von vor 3,2 Millionen Jahren, würden wir das weder als positiv noch als wünschenswert empfinden.

Im Folgenden diskutieren wir diese drei Fehlschlüsse in der gleichen Reihenfolge:

1. Hätte sich das Klima im Lauf der Erdgeschichte *nicht* geändert – trotz markanter Änderungen der Größe und Lage der Kontinente, der Sonneneinstrahlung oder der CO_2-Konzentrationen in Folge von Vulkanismus, Verwitterung und Aufnahme/Abgabe durch die Ozeane –, dann müsste man daraus schließen, dass es äußerst wirksame stabilisierende Rückkopplungen im Klimasystem gibt. Gerade die Klimaänderungen der Erdgeschichte (Eiszeitalter, Warmphasen) belegen jedoch, dass das Klimasystem durchaus empfindlich auf Störungen im Strahlungshaushalt (zu dem auch, aber eben nicht nur Veränderungen bei den Treibhausgasen zählen) reagiert. Nun besteht, wie wir noch sehen werden, kein Zweifel daran, dass menschliche Aktivitäten die Menge an Treibhausgasen in der Atmosphäre entscheidend verändert haben (Kap. 5.4.7 und 5.5). Das Maß für die Empfindlichkeit des Klimasystems auf Änderungen bei den Treibhausgasen ist die Klimasensitivität, d. h. – am Beispiel des CO_2 – das Ausmaß der globalen Erwärmung bei einer verdoppelten CO_2-Konzentration (ausführlicher Kap. 1.3.5 und 5.9). Diese Maß wird mit vielen Methoden bestimmt, wobei es durchaus unterschiedliche Ergebnisse gibt, sodass es als wahrscheinlich gilt, dass der Wert bei ca. 3 °C liegt, aber auch ein Wert im Bereich 2–4,5 °C im

Bereich des Möglichen liegt. Eine wichtige Quelle für Abschätzungen dieses Werts, die in den Berichten des IPCC selbstverständlich ausführlich erläutert wird, sind die abgelaufenen und rekonstruierten Klimaänderungen der Erdgeschichte (PALAEOSENS Project Members 2012). Nicht dass der Mensch das naturgegebene Klima nicht verändern kann, sondern der gegenteilige Schluss ist also die logische Konsequenz vergangener Klimaänderungen.

Wir sind übrigens selbst in unserer Forschung auf dem Gebiet der Paläoklimatologie tätig und befassen uns mit vergangenen, natürlich bedingten Umweltverhältnissen – und das z. T. seit Jahrzehnten (von Kleber 1984 bis Richter-Krautz et al. 2021). Wir würden uns sehr beschweren, wenn der Vorwurf, das IPCC ignoriere Klimaänderungen der Vergangenheit (z. B. Berner & Hollerbach 2004), zuträfe.

2. „*Stellen Sie sich vor, es hat einen Waldbrand gegeben. Die Polizei hat umfangreiche Beweise, dass es Brandstiftung war. Sie kennt die Stelle, wo das Feuer begann. Sie hat dort Brandbeschleuniger gefunden. Zeugen haben zum fraglichen Zeitpunkt dort einen Mann beobachtet, dessen Auto in der Nähe parkte. In seinem Kofferraum findet man Flaschen mit Brandbeschleuniger, in seinem Haus findet man noch mehr davon … Vor Gericht verteidigt er sich: Waldbrände habe es immer schon gegeben, durch Blitzschlag, schon bevor es überhaupt Menschen auf der Erde gab. Deshalb sei er unschuldig. – Überzeugt Sie das Argument? Die Beweise für die menschliche Ursache der globalen Erwärmung sind* [gleichermaßen] *erdrückend.*" (Rahmstorf 2017)
3. Wenn also Treibhausgase einen erheblichen Einfluss auf das Weltklima haben, dann entpuppt sich auch das dritte Argument, der Mensch könne eh nichts

ändern, als unsinnig. Selbstverständlich haben damit die Gesellschaften einen Einfluss auf ihre Emissionen und könnten so wirksam die Anthropogene Globale Erwärmung verlangsamen.

Mit dem viel zitierten Grönland-Argument beschäftigen wir uns gleich im Anschluss.

Eines möchten wir zum Schluss dieses Abschnitts aber noch festhalten: Die Aussage, der derzeitige Klimawandel unterscheide sich allein schon durch die Geschwindigkeit der Temperaturänderung von allen Klimaänderungen früherer Zeiten, lässt sich so nicht halten, da die zeitliche Auflösung umso gröber wird, je weiter wir in die Vergangenheit blicken. Ob es in der geologischen Vergangenheit ähnlich schnelle Änderungen (oder zumindest Phasen im Laufe einer Klimaänderung) gab oder nicht, lässt sich deswegen schlichtweg nicht mit Sicherheit rekonstruieren.

5.2 War es früher nicht schon viel wärmer?

„… die wohlbekannte mittelalterliche Warmzeit (MWP), erreicht ihren Höhepunkt um 1200 n. Chr. und wich dann der kleinen Eiszeit (LIA), die von etwa 1400 bis 1850 n. Chr. dauerte. Diese Perioden sind in der Geschichte gut dokumentiert und werden von Klimatologen akzeptiert. Die Besiedlung Grönlands durch die Wikinger fand während der MWP statt, als eine üppige grüne Vegetation gedieh, die dem Land seinen Namen gab. Die Wikingersiedlungen brachen während der LIA zusammen, als sogar die Themse in London zufror. … Die MWP erreichte ihren Höhepunkt bei einer höheren Temperatur als heute und zu einer Zeit, in der es keinen signifikanten menschlichen Ausstoß von CO_2 gab. Dies warf natürlich die Frage auf: Was wäre so ungewöhnlich an

dem aktuellen Erwärmungstrend, dass man ihn mit menschlichen CO_2-Emissionen in Verbindung bringen müsste? Im Gegenzug machten die AGW-Befürworter auf eine wenig bekannte Arbeit aus dem Jahr 1999 aufmerksam, in der Baumringdaten zur Beurteilung vergangener Temperaturen verwendet wurden, was Erinnerungen an die berüchtigte ‚Hockeyschläger'-Kurve weckt." (Hertzberg et al. 2016)

„*Gerade macht der Rückgang des Grönland-Eises wieder Schlagzeilen. Das mag zwar schrecklich sein und hat auch mit der Erderwärmung zu tun; doch jeder sollte wissen, dass wir vor tausend Jahren einen viel größeren Eis-Rückgang gehabt haben. Grönland war damals fast eisfrei.*" (Fritz Vahrenholt in der Neuen Osnabrücker Zeitung, zitiert nach Rahmstorf 2012a)

„*Grönland war im 11./12. Jahrhundert, im sogenannten Klimaoptimum, zu großen Teilen eisfrei und für die Wikinger Grünland – lokal mit Getreideanbau.*" (Kirstein 2010, Minute 21:22)

„*Die Existenz der kleinen Eiszeit und der mittelalterlichen Warmzeit waren eine Peinlichkeit für das Establishment der globalen Erwärmung, weil sie zeigten, dass die aktuelle Erwärmung fast ununterscheidbar von früheren Erwärmungen und Abkühlungen ist, die nichts mit der Verbrennung fossiler Brennstoffe zu tun hatten. Die Organisation, die damit beauftragt ist, wissenschaftliche Unterstützung für den Kreuzzug gegen den Klimawandel zu produzieren, der Zwischenstaatliche Ausschuss für Klimaänderungen (IPCC), fand schließlich eine Lösung. Sie schrieben die Klimageschichte der letzten 1000 Jahre mit dem berühmten ‚Hockeyschläger'-Temperaturrekord neu. … Die Hockeystick-Kurve erregte die Aufmerksamkeit von zwei Kanadiern, Steve McIntyre, einem Bergbauberater, und einem akademischen Statistiker, Ross McKitrick. Als sie begannen, sich die Originaldaten genauer anzusehen – viele davon aus Baumringen –, und die Analyse, die zum Hockeystick führte, wurden sie immer verwirrter. Durch harte, bemerkenswert detaillierte und hartnäckige Arbeit über viele Jahre hinweg, wobei sie in ihren Bemühungen, Originaldaten und Datenanalysemethoden zu erhalten, immer wieder frustriert wurden, zeigten sie, dass der Hockeystick nicht durch Beobachtungsdaten gestützt wurde [McIntyre & McKitrick 2003].“* (Happer 2011)

Der Name Grönland war ein Marketing-Trick Erik des Roten, um Siedler zu locken. Die „Hockeyschläger"-Kurve wurde durch unabhängige Forschungen bestätigt.

Der Name Grønland gilt unter Historikern als Marketing-Gag von Erik dem Roten, um überhaupt Siedler in diese unwirtliche Gegend zu locken. Wäre Grönland tatsächlich nahezu eisfrei gewesen, wäre es schon sehr verwunderlich, 1) wie man dort mehr als 40.000 Jahresschichten von Eis finden konnte und 2) wieso man nichts davon weiß, dass vor 1000 Jahren der globale Meeresspiegel durch das geschmolzene Inlandeis mehrere Meter höher lag. Heute werden in Grönland bereits anspruchsvolle Feldfrüchte im Freiland angebaut (Traufetter 2006), während in den gerade mal drei Siedlungen der Norse lediglich Gerste wuchs.

Die hauptsächlich auf Baumringanalysen beruhende Hockeyschläger-Kurve, bei der Temperaturdaten der letzten 1000 Jahre (der Nordhalbkugel) rekonstruiert wurden und die aufgrund ihrer Form an dieses Sportgerät erinnert, wurde auf beiden Seiten politisch genutzt und steht deshalb im Mittelpunkt des Interesses, was wohl eine Überhöhung ihrer Bedeutung darstellt. Sie wurde aber mittlerweile durch unabhängige Forschergruppen auch auf der Grundlage neuer Indikatoren vollumfänglich bestätigt.

Dies ist nur ein – wenn auch recht häufig zu findendes – Beispiel für „Rosinenpicken“, das sich auch leicht widerlegen lässt (s. o. und Rahmstorf 2012a). Tatsächlich gibt es aber durchaus lokale oder regionale Beispiele, wo es im Laufe des Holozäns[1] wahrscheinlich wirklich bereits

[1] Als Holozän wird die aktuelle Warmzeit (Interglazial) bezeichnet, die seit etwa 12.000 Jahren herrscht und insgesamt relativ mildes Klima beschert.

wärmer war als heute, zumindest gibt es entsprechende Hinweise, z. B. für die Hochlagen der europäischen Alpen (Kleber 2021d). Gletscher reagieren allerdings äußerst träge auf Klimaänderungen, da sie sich nur über Massenbilanzänderungen ausdehnen oder schrumpfen können. Die aktuelle Erwärmung wirkt gerade mal etwas über 100 Jahre, während das in Teilen Europas unbestrittene Mittelalterliche Klimaoptimum länger anhielt und den Gletschern entsprechend Zeit zum „Rückzug“ gab. Die heutigen Gletscher sind demgemäß noch nicht im Gleichgewicht mit den aktuellen Temperaturbedingungen, sodass der Vergleich mit der mittelalterlichen Gletscherausdehnung hinkt. Insgesamt ist aber keiner dieser Fälle repräsentativ, denn sie besitzen keine überregionale Gültigkeit, es sind Einzelfälle (vgl. Neukom et al. 2019).

Gerne werden Temperaturrekonstruktionen der letzten Jahrtausende aus Gletscherarchiven in Grönland zitiert, um zu zeigen, dass die Temperaturen dort deutlich höher waren als heute (z. B. Easterbrook 2010, Abb. 5; Vahrenholt & Lüning 2013). Abgesehen von dem misslichen Umstand, dass ein einzelner Ort recht wenig Aussagekraft für ein globales Phänomen besitzt („Rosinenpicken“), wird dabei völlig übersehen, dass aufgrund der Zeit, die nötig ist, bis Schnee und Firn sich zu Gletschereis verdichten und damit die darin enthaltene Luft von der freien Atmosphäre abschließen, die gezeigten Kurven der Grönland-Eisbohrungen ungefähr mit dem Jahr 1855 enden (Box et al. 2009), also bestenfalls zu Beginn der Anthropogenen Globalen Erwärmung. Nebenbei befindet sich Grönland nach wie vor in einer Hebungsphase nach der Entlastung von einem noch viel schwereren Eispanzer nach der letzten Eiszeit (Lecavalier et al. 2013; Vinther et al. 2009), der sog. Eis-Isostasie. Es wird in den hoch gelegenen Gebieten, wo die Bohrungen abgeteuft wurden, also dort einfach aufgrund der Höhenlage langsam, aber kontinuierlich kälter. Die Quelle für die höheren Temperaturen Grönlands, welche Vahrenholt & Lüning (2013) angeben, nämlich Kobashi et al. (2013), vergleicht und relativiert explizit die Sondersituation im Gipfelbereich des grönländischen Eisschilds mit Daten der Temperaturentwicklung der Nordhalbkugel der letzten 4000 Jahren und kommt zu dem Ergebnis, dass die jüngsten Temperaturen der Nordhemisphäre wahrscheinlich beispiellos waren. Nebenbei bemerkt lässt sich die Abbildung, welche laut Vahrenholt & Lüning (2013) von Kobashi et al. (2013) stammt, dort nicht finden.

Die erwähnte Hockeyschläger-Kurve („Hockey Stick") bezieht sich auf eine Darstellung der Temperaturentwicklung der Nordhalbkugel während der letzten 1000 Jahre (Mann et al. 1998, 1999). Der Begriff geht zurück auf die Ähnlichkeit dieser Kurve mit einem Hockeyschläger, zumindest wenn man lediglich den mittleren Wert ohne die Fehlerbalken ansieht: Die Temperatur fällt danach fast 1000 Jahre lang beinahe kontinuierlich ab, es wurde also langsam kühler – das ist der Griff des Schlägers –, und ab der Mitte des 19. Jahrhunderts steigt sie wieder steil an – das entspricht dem Schlägerblatt. Gerade diese Kurve stand und steht so im zentralen Interesse der Trumpisten, weil eine Klimarekonstruktion, die im Wesentlichen für Zentral-England gültig ist, aber mit gewissem Recht auf Teile Europas, z. B. die Alpen (vgl. Kap. 5.1), übertragen wurde und zeigt, dass es dort im Mittelalter ähnlich warm war wie heute, durch diese Rekonstruktion als lediglich von regionaler Bedeutung enttarnt wurde.

Die erwähnte Kritik von McIntyre & McKitrick (2003) war berechtigt, sie bezog sich aber nicht auf die Daten als solche, sondern auf statistische Verfahren. Die Kritik wurde in späteren Veröffentlichungen berücksichtigt – so funktioniert der „Selbstheilungsprozess" in der Wissenschaft –, ohne dass sich an der grundlegenden Aussage etwas änderte (Cowie 2011; Wahl & Ammann 2007). Was die Daten selbst betrifft, so beruhen sie hauptsächlich auf Ergebnissen der Dendroklimatologie, das ist eine Methode, aus den Jahrringen von Bäumen die Umweltbedingungen für deren Wachstum zu rekonstruieren. Problem solcher Daten ist, dass Bäume dominant auf die Tagestemperaturen während der Vegetationsperiode reagieren; Nacht- und Wintertemperaturen können dementsprechend nicht mit der gleichen Zuverlässigkeit ermittelt werden. Ferner reagieren Bäume nicht nur auf Temperatur-, sondern auch auf Niederschlagsschwankungen, sodass es besonders wichtig ist, Daten jeweils von Standorten nahe der Kältegrenze der jeweiligen Baumart und nicht nahe deren Trockengrenze zu gewinnen. Der Hockeyschläger wurde jedoch mittlerweile durch ein großes Autorenkonsortium, PAGES2k, voll umfänglich und sogar für einen Zeitraum von 2000 Jahren bestätigt, das ein mittlerweile umfangreicheres Datenmaterial sowie Klimamodelle nutzte (Neukom et al. 2019), sowie durch Rekonstruktionen, die auf verschiedenen anderen Indikatoren („Proxys"), nicht auf Baumringen, beruhen (Kaufman et al. 2020). Erkenntnisse über Wintertemperaturen finden sich seltener, da es dafür nur wenige Proxys gibt. Klimamodelle lassen annehmen, dass in den hohen Breiten der Nordhalbkugel zumindest auf den Landflächen entgegen dem ganzjährigen Trend die Winter während der letzten Jahrtausende tendenziell wärmer wurden, was durch

Untersuchungen an Eiskeilen[2] in Sibirien bestätigt wurde (Meyer et al. 2015; vgl. zur trumpistischen Resonanz Vahrenholt & Lüning 2015).

Ein wichtiger Grund für den Eifer ihrer Kritiker ist, dass die Kurve zu einem Symbol der Anthropogenen Globalen Erwärmung überhöht wurde und sozusagen als eine Art Aushängeschild dient (vgl. Bojanowski 2020b). Dies kommt ihr unserer Ansicht nach aus fachlicher Sicht nicht in diesem Maß zu, da es für den aktuellen Klimawandel nur von randlicher Bedeutung ist, welche Klimabedingungen in früheren Zeiten herrschten.

5.3 Die Rekonstruktion früherer CO_2-Konzentrationen ist fehlerhaft

> *„Der Biologe Beck [*2007*], überprüfte die Daten des Weltlkimarates* [sic] *und entdeckte erhebliche Ungereimtheiten: Beck fand heraus: Auch im 19ten und 20ten Jahrhundert waren die CO_2-Werte zeitweise bereits über den heutigen Werten, ja sogar über 430 ppm. Die IPCC-Autoren haben hohe CO_2-Werte bei ihren Darstellungen einfach weggelassen! Die Autoren, so Beck, ‚… haben schlampige und selektive Forschung betrieben, um ihre Theorie vom menschengemachten Klima zu begründen'. Ein schwerer Vorwurf gegen diese Klimaforscher, der nicht nur von Beck erhoben wird."* (Limburg 2009b)
>
> *„Gab es während der letzten paar tausend Jahre eine Zeit, in der der CO_2-Gehalt der Atmosphäre genauso hoch oder*

[2] Eiskeile sind Phänomene im dauerhaft gefrorenen Untergrund („Dauerfrostboden", „Permafrost"), bei denen es zum Einsickern von sommerlichem Schmelzwasser in Tieffrost-Schrumpfungsrisse des Eises kommt. Das Wasser dehnt sich dann im Winter aus und verdrängt das Umliegende, sodass es im Laufe der Zeit zu einem Keil heranwächst.

höher war als heute? Ja, gab es, und zwar am Ende der letzten Eiszeit zur Zeit des Jüngeren Dryas. Wo lag die Temperatur zu jener Zeit? Es war viel kälter als heute, in Grönland bis zu 12 K. Ist die Temperatur gleichzeitig mit dem CO_2-Anstieg gestiegen? Nein, sie war gefallen." (Caryl 2014)

Veraltete Messmethoden und Proxys, die von individuellen Umweltbedingungen abhängen, sind wenig aussagekräftig.

Pflanzen unterliegen kleinräumigen Einflüssen des speziellen Ökosystems, in dem sie wachsen, während die Luft im Gletschereis viele Jahre benötigt, um endgültig von der Atmosphäre abgeschlossen zu werden. Rekonstruktionen aus den beiden Archiven sind also nicht miteinander vergleichbar. Ebenso wenig können Messwerte miteinander verglichen werden, die mit unterschiedlichen Messmethoden gewonnen wurden und bei denen unterschiedliche Anforderungen an die Freiheit der Messstellen von Verunreinigungen gestellt werden.

Beck (2007) trägt historische Messungen der Gehalte der Luft an CO_2 hauptsächlich aus der Zeit vor 1958 zusammen, vor dem Zeitpunkt also, als der heutige Standard der CO_2-Messung etabliert wurde (Hessen et al. 2019). Diese alten Messungen sind aus zwei Gründen für einen Vergleich ungeeignet. Zum einen war die Messmethode früher eine andere und unterschiedliche Messmethoden dürfen nie ohne Kalibrierung miteinander verglichen werden (Keeling 2007). Zweitens trägt Beck nicht nachvollziehbar und ohne Wertung unterschiedlichste Messungen zusammen: Verglichen werden dürfen nur solche Messungen, die auch unter vergleichbaren geographischen Rahmenbedingungen gewonnen wurden. Der Standard sind Hochlagen auf kontinentfernen Inseln, weil in Hochlagen selten sog. Inversionswetterlagen auftreten, die den Austausch der bodennahen Luft mit der freien Atmosphäre behindern und die Messungen verfälschen. Selbst die Messwerte in verschiedenen Höhen eines Turms unterscheiden sich beispielsweise, weil die Luft am Boden schlechter durchmischt wird (Meijer 2007). Fern von großen Landflächen spielen darüber hinaus lokale Unterschiede infolge der kleinräumigen Änderungen der Dichte und Art des Pflanzenwuchses sowie der agrarischen Nutzungen eine geringere Rolle. Wie daraus deutlich wird, ist auch die Antarktis bestens für repräsentative Messungen geeignet, da sie kontinentfern gelegen ist, hohe Erhebungen aufweist und selbst keine den CO_2-Gehalt beeinflussende Vegetation trägt.[3] Der Vorwurf schlampiger und selektiver Forschung ist unbegründet, ganz im Gegenteil wäre es wissenschaftlich unredlich, Messwerte miteinander zu vergleichen, die nicht im Geringsten vergleichbar sind.

Gelegentlich liest man auch den Einwand, dass die CO_2-Messungen auf Hawaii an einem Vulkan, Mauna Loa, vorgenommen würden, obwohl ein anderer Vulkan, Kilauea, gerade mal 50 km entfernt kontinuierlich CO_2 ausstößt (Walden 2009). Unkenntnis der Messvorrichtung und der Auswertungsmethoden stecken einerseits hinter dieser Argumentation: Winde sind turbulent und deshalb schwanken bei Ausbrüchen des Kilauea die Werte im Minutentakt, sind also in den Messwerten leicht zu identifizieren, zumal die vorherrschenden Passatwinde sehr konstant nach Südwesten und Westen wehen und deshalb vom Kilauea her nur selten die Messstation erreichen (Sutton et al. 2000). Wäre der ständige Anstieg beim CO_2 auf diesen „vulkanischen Smog“ zurückzuführen,

[3] Tatsächlich gab es von Anfang an Überlegungen, die erste Messstelle dort einzurichten, mittlerweile gibt es eine solche natürlich.

müsste der Ausstoß des Kilauea kontinuierlich zunehmen, andernfalls würde bei jedem Nachlassen der Aktivität das CO_2 wieder sinken – was beides nicht der Fall ist. Auch zeigt der gemessene CO_2-Anstieg einen äußerst linearen Trend und verändert sich nicht maßgeblich mit der Intensität der Ausbrüche. Zuletzt sei angemerkt, dass heutzutage Hawaii bei Weitem nicht mehr die einzige Messstation für CO_2 ist, es gibt weltweit mittlerweile 98 davon mit mindestens monatlichen Werten (NOAA Global Monitoring Laboratory, Earth System Research Laboratories 2021).

Damit sind wir beim zweiten Argument (Caryl 2014) angekommen. Hier dienen Messungen der Spaltöffnungen (Stomata) von in Sedimenten begrabenen Pflanzen zur Rekonstruktion der CO_2-Gehalte der Luft, was ein etabliertes Verfahren ist, da Pflanzen die Weite der Öffnungen aus Gründen des Verdunstungsschutzes an die Verfügbarkeit von CO_2 anpassen. Die Fundstellen liegen im Bereich ehemals dichten Pflanzenbestands auf Kontinenten. Damit unterliegen die Messergebnisse ähnlichen Einschränkungen wie die Messwerte Becks: Die Standorte standen wahrscheinlich nicht im freien Austausch mit der Atmosphäre, die Messwerte müssen deshalb höher ausfallen, als gleichzeitige Messungen der Atmosphäre in Höhenlagen einer Insel oder bei einem Ballonaufstieg erbracht hätten. Darauf, dass ihre Ergebnisse nicht im Gegensatz zu den Messungen aus dem Eis der Antarktis stehen, verweisen auch die Autorinnen selbst (Steinthorsdottir et al. 2014). Eine weitere gravierende Einschränkung ist die Jahreszeit, für welche Stomata-Weiten repräsentativ sind: Birken, wie sie Steinthorsdottir et al. (2013) nutzen, sind laubabwerfend und ihre Blätter geben deshalb nur über sommerliche Verhältnisse Auskunft. Die direkten Messungen der in antarktischen Eisblasen eingeschlossenen Luft sind also grundsätzlich weit weniger fehlerbehaftet als die indirekten Schlüsse aus den Spaltöffnungen von Pflanzen, bei denen die jahreszeitlichen und lokalen Einflüsse eine wesentliche modifizierende Rolle spielen. Jedoch sind Messungen aus dem Eis nicht geeignet, kurzfristige Schwankungen zu erfassen, da der Abschluss gegen die Außenluft im Eis, wie gesagt, einige Zeit benötigt. Dadurch sind allerdings die Messungen aus dem Eis hervorragend geeignet, langfristige Gehalte bzw. deren Änderungen abzubilden (van Hoof et al. 2005). Darüber hinaus enthält die Behauptung von Caryl (2014) neben einer Abbildung, deren Quelle nicht benannt wird und die nicht von den zitierten Autorinnen stammt, einen unverständlichen Fehler, der nur erklärbar ist, wenn er die zitierte Arbeit gar nicht gelesen hat: Die hohen CO_2-Werte von 400 ppmv rekonstruieren Steinthorsdottir et al. (2013) gar nicht für die Jüngere-Dryas-Zeit, sondern für das vorangegangene Alleröd, eine ausgeprägte Warmphase gegen Ende der letzten Kaltzeit. Dieser maximale rekonstruierte Werte wurde übrigens kurz nach Erscheinen der ersten Arbeit auf 340 ppmv korrigiert (Steinthorsdottir et al. 2014).

5.4 Liegt die Erwärmung überhaupt am CO_2?

5.4.1 Ändert sich nicht CO_2durch Klima, statt Klima durch CO_2?

„Der Hauptbestandteil der Hypothese der anthropogenen globalen Erwärmung ist die Annahme, dass atmosphärische Kohlendioxidschwankungen die Ursache für Temperaturschwankungen sind. In diesem Beitrag diskutieren wir diese Annahme und analysieren sie ... Es ist offensichtlich, dass CO_2 der Temperatur hinterherhinkt. Dies ist durchgängig

der Fall. … Zusammenfassend lässt sich sagen, dass die hier getestete Idee, dass CO_2 die Ursache für Temperaturschwankungen ist, unsere Signalanalyse nicht besteht.“ (Stallinga & Khmelinskii 2018; ähnlich auch Hertzberg et al. 2016; Soares 2010).

„Die … stark klimaverstärkende Wirkung steigender atmosphärischer CO_2-Konzentrationen, die vom IPCC befürwortet wird, steht im Widerspruch zur Klimaentwicklung in geologischen, historischen und aktuellen Zeiten. Obwohl die atmosphärischen CO_2-Konzentrationen während der Industriezeit kontinuierlich anstieg, stiegen die Temperaturen nicht kontinuierlich auf das heutige Niveau, sondern stagnierten oder gingen sogar leicht zurück … Der vom IPCC behauptete und weithin propagierte Treibhauseffekt durch steigende atmosphärische CO_2-Konzentrationen … ist besonders ärgerlich, da er ohne ausreichende wissenschaftliche Begründung überschätzt wird. Große beobachtete Klimaschwankungen, die für geologische und historische Zeiten dokumentiert sind, sowie der Mangel an Verständnis des Verhaltens komplexer Systeme stellen ernsthaft das Konzept der anthropogenen globalen Erwärmung in Frage.“ (Rörsch & Ziegler 2013)

„Die Erdgeschichte zeigt, dass CO_2 vom Klima, aber nicht umgekehrt abhängt! … In früheren Zeiten war das atmosphärische Kohlendioxid weit höher als heute, trieb aber nicht den Klimawandel an. Es gab keinen Runaway-Treibhauseffekt oder saure Ozeane in Zeiten mit übermäßig hohem Kohlendioxid. Während vergangener Eiszeiten war der Kohlendioxidgehalt höher, als er heute ist.“ (Plimer 2010; vgl. auch Florides & Christodoulides 2009)

„Im späten 20. Jahrhundert wurde die Hypothese, dass der kontinuierliche Anstieg der CO_2-Konzentration in der Atmosphäre eine Folge der Verbrennung fossiler Brennstoffe ist, zum vorherrschenden Paradigma. Um dieses Paradigma zu etablieren, und seither in zunehmendem Maße, wurden historische Messungen, die auf schwankende CO_2-Konzentrationen zwischen 300 und mehr als 400 ppmv

hinweisen, vernachlässigt. … Offensichtlich verwenden sie [IPCC] nur einige wenige, sorgfältig ausgewählte Werte aus der älteren Literatur und wählen ausnahmslos Ergebnisse, die mit der Hypothese eines induzierten Anstiegs von CO_2 in der Luft durch die Verbrennung von fossilen Brennstoffen übereinstimmen." (Beck 2007)

„*Diese Grafik* [z. B. unsere Abb. 5.1c] *zeigt, dass die CO_2-Werte in der Vergangenheit um ein Vielfaches höher waren und dass sie heute auf einem extrem niedrigen Niveau liegen. Tatsächlich handelt es sich um einige der niedrigsten CO_2* [sic] *in der erdgeschichtlichen Vergangenheit. Beachten Sie, dass es keine generelle Korrelation zwischen CO_2 und Temperaturen gibt, so dass Wärme lediglich einen kurzfristigen Antrieb darstellt. Etwas anderes hat einen langfristigen Einfluss auf die Menge an CO_2 in der Atmosphäre.*" (Thomasson & Gerhard 2019)

„*In Anbetracht der Tatsache, dass es im späten Ordovizium eine Eiszeit gab (mit dem damit verbundenen Massenaussterben), während die atmosphärischen CO_2-Werte um mehr als 4000 ppm höher waren als heute (ja, das ist eine ganze Größenordnung höher), Werte, bei denen aktuelle Schätzungen der Klimaempfindlichkeit gegenüber atmosphärischem CO_2 nahelegen, dass jedes letzte Stückchen Eis vom Planeten geschmolzen sein sollte, haben wir eine erhebliche Skepsis gegenüber vereinfachenden Behauptungen, dass ein kleiner Anstieg des atmosphärischen CO_2 gleichbedeutend mit einem getoasteten Planeten ist. Zugegeben, die Kontinentalkonfiguration ist heute nicht mehr so wie damals, die Sonneneinstrahlung ist anders, ebenso wie die Umlaufbahnen, die Schräglage usw. usw., aber es gibt keine offensichtliche Korrelation zwischen dem atmosphärischen CO_2 und der Temperatur des Planeten in den letzten 600 Mio. Jahren, warum sollten also so relativ winzige Mengen jetzt plötzlich zu einem kritischen Faktor werden?*" (Anonymus 2005)

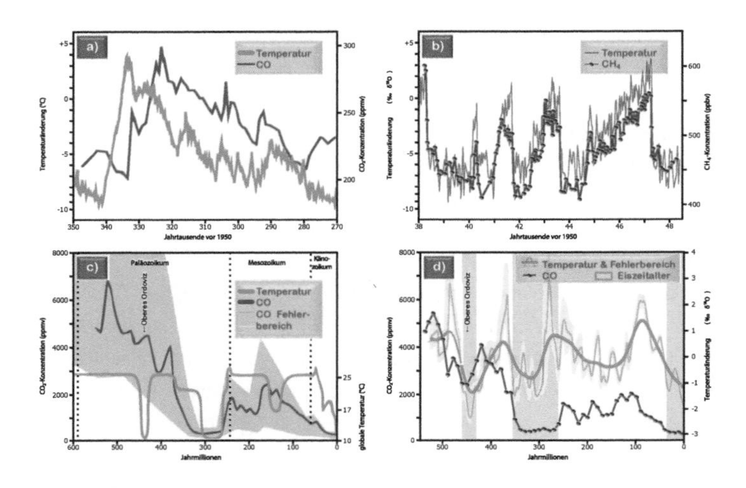

Abb. 5.1 Temperatur und Treibhausgaskonzentrationen in der Erdgeschichte. *Beziehungen zwischen Temperaturen und Treibhausgaskonzentrationen der Atmosphäre.* **a)** *Die zeitliche Beziehung zwischen Temperaturänderung und Änderung der* CO_2*-Konzentrationen (gemessen an im Eis eingeschlossenen Luftblasen) für einen Zeitraum vor ungefähr 300.000 Jahren, gewonnen aus einem Eisbohrkern in der Antarktis (Stallinga & Khmelinskii 2018).* **b)** *Die zeitliche Beziehung zwischen Temperaturänderung und Änderung der Methan* (CH_4)*-Konzentrationen (gemessen an im Eis eingeschlossenen Luftblasen) für einen Zeitraum vor ungefähr 44.000 Jahren, gewonnen aus einem Eisbohrkern in Grönland (Flückiger et al. 2004).* **c)** *„Hieb-Grafik": Beziehung zwischen Temperatur (ungefähre Schätzung durch Scotese) und* CO_2*-Konzentrationen (Ergebnis der Modellierung mit dem Globalen Atmosphärenzirkulationsmodell GeoCarb III (Berner & Kothavala 2001) für ca. 550 Mio. Jahre der Erdgeschichte (Plimer 2009 nach Hieb, zuletzt aktualisiert 2018).* **d)** *Dasselbe wie c), jedoch mit einer realistischeren, auf konkrete Messdaten gestützten Rekonstruktion der Temperaturänderungen (Sauerstoffisotope* $\delta^{18}O$*; vereinfacht nach Veizer et al. 2000), ausgeprägten Eiszeitaltern sowie dem aktuellen Stand der* CO_2*-Modellierung, GeoCARBSulf (Berner 2006b); dargestellt sind die modellierten Werte als Punkte, die miteinander verbunden sind.* **e)** *und* **f)** *Vereinfachtes Schema der Rückkopplungen, die in eine Eiszeit (e, Glazial) bzw. eine Warmzeit (f, Interglazial) führen, bis sich ein neues, den Treibhausgaskonzentrationen entsprechendes Fließgleichgewicht der Temperatur eingestellt hat. (eigener Entwurf).*

Der grundsätzliche Denkfehler ist die Unterstellung, die Wissenschaft würde alle Klimaänderungen der Vergangenheit immer auf eine einzige Ursache, nämlich CO_2, zurückführen.

Die Argumentation unterstellt, die „Mainstream"-Klimawissenschaft würde behaupten, jede Klimaänderung sei allein durch CO_2 angetrieben. Dies ist eine Form der Pappkameraden-Argumentation (Kap. 1.2.9). Der allgemeine Wissensstand ist aber, dass es sehr wohl zahlreiche Faktoren gibt, die das Klima beeinflussen. Es gibt externe Auslöser von Klimaänderungen, z. B. Strahlungsunterschiede, die anfänglich nicht mit CO_2 verbunden sind. Viele Klimaveränderungen in der Vergangenheit wurden durch solche anderen Ursachen ausgelöst, aber das atmosphärische CO_2 hat sich dadurch ebenfalls geändert und den ursprünglichen Prozess als wesentliches Element der klimatischen Rückkopplungskette verstärkt.

Die verschiedenen, oben zitierten Argumentationsstränge sollen Zusammenhänge zwischen den CO_2-Konzentrationen der Atmosphäre und der Temperatur belegen, die den derzeitigen etablierten Wissensstand widerlegen. Allerdings scheinen einander die Argumente selbst zu widersprechen: Das erste Argument will beweisen, dass CO_2 immer erst nach einer Temperaturänderung folgt, womit grundsätzlich ein Zusammenhang zwischen beiden Phänomenen besteht; das zweite jedoch, dass die CO_2-Konzentration überhaupt nicht mit Temperaturänderungen korreliert, also gar kein Zusammenhang besteht.

Grundsätzlich kann man zwei fundamentale Arten von bedeutenden Klimaänderungen unterscheiden:

1. Der eine Typ wird von außen ausgelöst, insbesondere durch Änderungen der Einstrahlung bzw. deren räumlicher Verteilung. Die Eiszeiten sind ein Beispiel hierfür, bei denen sich aufgrund zyklischer Schwankungen

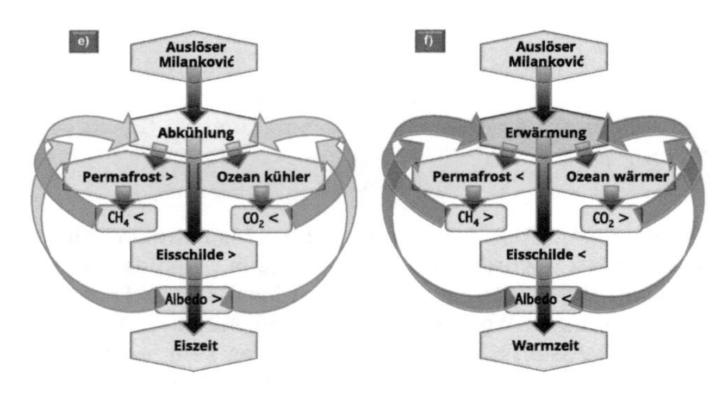

Abb. 5.1 (Fortsetzung)

in der Erdumlaufbahn um die Sonne die Einstrahlung unterschiedlich auf die verschiedenen Breitenzonen der Erde verteilt (Kaufmann & Juselius 2013). Aufgrund der ungleichen Reaktionen kontinentaler Flächen und Meere (und damit auch zwischen Süd- und Nordhalbkugel) sowie höherer und niedrigerer Breiten lösen diese Änderungen der Verteilung der Einstrahlung eine Temperaturänderung aus. Diese Einflüsse werden als Milanković-Zyklen bezeichnet.

2. Der andere fundamentale Typ von Klimaänderungen wird durch Änderungen der Treibhausgaskonzentrationen in der Atmosphäre ausgelöst, beispielsweise durch vulkanische Exhalation von CO_2 oder Verbrauch von atmosphärischem CO_2 durch Verwitterung von Kalzium-Silikaten.[4]

Bei beiden Arten der Klimaänderung kommt dem Treibhauseffekt und insbesondere, wenn auch nicht unbedingt

---

[4] Ein Extrembeispiel der Folgen eines drastischen, vulkanisch bedingten CO_2-Anstiegs ist das Massenaussterben an der Wende vom Perm zur Trias, das bisher bedeutendste, seit es höheres Leben gibt, bei dem es übrigens auch zu einer drastischen Versauerung der Ozeane kam (vgl. Kleber 2020c).

ausschließlich, CO_2 eine Schlüsselrolle zu, wenn sich diese „Rolle“ auch bei beiden Typen unterscheidet: Bei (1) stößt ein Auslöser, der von außen kommt, einen Rückkopplungsprozess im Klimasystem an; der Anstoß allein würde nicht ausreichen, um die tatsächlich beobachtete Klimaänderung zu erklären. Aber er verändert die Treibhausgaskonzentrationen in der Atmosphäre und verstärkt sich mithilfe von deren Strahlungsantrieb sozusagen selbst, eine hauptsächlich positive Rückkopplung setzt ein. Abb. 5.1e und 5.1f stellen dies am Beispiel einer Eiszeit stark schematisiert dar: Die anfängliche Erwärmung führt zum Austreten von CO_2 aus den Ozeanen (wobei die Tiefsee besonders langsam regiert, Monnin et al. 2001) und zum Freisetzen von Methan (CH_4) aus im Permafrost gefrorenen Mooren (Zech 2012); dies alles führt wiederum zu einer Verkleinerung der Schnee- und Gletscherflächen, wodurch weniger Sonnenstrahlung direkt ins All reflektiert wird (Albedo). Eine initiale Abkühlung wirkt genau gegensätzlich (vgl. auch Kleber 2019d). Bei einer Klimaänderung vom Typ (2) dagegen ist die Treibhausgaskonzentration der Atmosphäre der primäre Auslöser der Klimaänderung und stößt ihrerseits wieder andere Rückkopplungen an (siehe unten und Kleber 2021b).

Abb. 5.1a zeigt eine deutliche Verzögerung zwischen dem Beginn einer Temperaturänderung und der entsprechenden Änderung der CO_2-Konzentration in Luftblasen, die im Gletschereis der Antarktis eingeschlossen waren. Hierbei handelt es sich um Klimaänderungen vom Typ (1). Zeitverzögerungen zwischen dem beginnenden Anstieg der Temperatur und der CO_2-Konzentration der Atmosphäre sollen beweisen, dass CO_2 grundsätzlich eine getriebene, keine treibende Größe im Klimasystem ist, also nicht Ursache, sondern Wirkung einer Klimaänderung. Dieser Fakt ist auch von antarktischen Eisbohrkernen lange bekannt (Koutsoyiannis & Kundzewicz 2020; Lorius et al. 1990). Aber das muss auch so sein! Denn der Schwanz kann nicht mit dem Hund wackeln – etwas physikalischer formuliert: Die Ursache muss der Wirkung immer vorangehen. Die Ursache der Klimaschwankungen des Eiszeitalters waren die Milanković-Zyklen. Und erst *nach* dieser „Initialzündung" setzt der oben beschriebene Rückkopplungsmechanismus ein. Zudem muss bedacht werden, dass das Eis der Antarktis sehr lange Zeit benötigt, bis sich die Luftblasen schließen und kein Austausch mit der Atmosphäre mehr stattfinden kann. Bei schnell wachsenden Gletschern, wie dem grönländischen Inlandeis, dauert dieser Prozess nur wenige Jahre bis Jahrzehnte und ist relativ gut bekannt. Für die Antarktis mit ihren äußerst geringen Akkumulationsraten an Schnee weiß man viel weniger über die Schließungsdauer der Luftblasen unter eiszeitlichen Bedingungen mit ihren geringen Schneemengen und damit über die Zeit, die zwischen der Ablagerung des Schnees (für diesen Zeitpunkt wird die Temperatur rekonstruiert) und dem Abschluss der Luft vergangen ist (Loulergue et al. 2007). Eisbohrkerne aus der Antarktis werden noch auf andere Weise benutzt, indem die Werte für das CO_2 aus den Luftblasen mit Temperaturdaten des Eises[5] über einen Zeitraum von wenigen Jahrhunderten verglichen werden und aus den im Vergleich fehlenden Schwankungen des CO_2 die Unabhängigkeit beider von-

[5] Erschlossen aus $\delta^{18}O$, dem Maß für den Anteil der beiden wichtigsten Isotope des Sauerstoffs; dieses ist ein Indikator für die Menge an Eis, die den Ozeanen entzogen war, da ^{18}O schwerer verdunstet als ^{16}O und sich damit im Ozean anreichert. Da die globale Eismenge stark mit der globalen Temperatur zusammenhängt, gilt dieses Maß als Indikator für die Temperatur.

einander gefolgert wird (Berner & Hollerbach 2004). Aufgrund der noch einige Zeit anhaltenden Diffusion der Luft im Firneis[6] ist dies ebenfalls ein Fehlschluss (vgl. Kap. 5.3).

Eine Grundaussage zahlreicher unterschiedlicher Versuche, Alternativen zur Theorie der Anthropogenen Globalen Erwärmung zu entwickeln, ist, dass bei den Prognosen und Projektionen ausschließlich die CO_2-Konzentration berücksichtigt würde und alle anderen Einflussgrößen auf das Klima vernachlässigt blieben – wir setzen uns in verschiedenen Kapiteln dieses Buchs mit solchen Behauptungen auseinander. Die Idee, Phasenverzüge beim Eiszeitklima wären ein Beweis eines mangelnden Einflusses von CO_2 auf das Klimasystem, fußt auf eben diesem falschen Vorwurf. Letztlich handelt es sich um ein Pappkameraden-Argument (Kap. 1.2.9): Man unterstellt der aktuellen Forschung fälschlicherweise Einseitigkeit und widerlegt eben diese Einseitigkeit. Allerdings berücksichtigt die Klimaforschung ebenso wie die Paläoklimaforschung, soweit irgend möglich, alle bekannten und relevanten Einflussgrößen auf das Klima gleichermaßen. Abb. 5.1b zeigt als Beispiel den deutlichen Zusammenhang zwischen der Temperatur eines grönländischen Eisbohrkerns und dem Methan-Gehalt der eingeschlossenen Luft. Offensichtlich hatte das eiszeitliche Klima also nicht nur mit CO_2, sondern auch mit anderen Treibhausgasen Wechselwirkungen. Neuere Analysen der Veränderungen von CO_2-Konzentrationen im grönländischen Eis deuten an, dass diese insbesondere gegen Ende der letzten Kaltzeit bei einigen kürzeren Schwankungen der Temperatur deren Veränderung ebenfalls vorausgingen (Bauska et al. 2021), was auf

[6] Firneis ist noch nicht endgültig zu Gletschereis verfestigter Altschnee.

Änderungen in der Ozeanzirkulation im Nordatlantik zurückgeführt wird (Shakun et al. 2012). Eine Fixierung auf einen einzelnen Faktor ist für die Vergangenheit ebenso wenig zulässig wie für Gegenwart und Zukunft. Es gibt sogar ernstzunehmende Hinweise, dass veränderte Methankonzentrationen zu einigen Zeiten während des Eiszeitalters einen ähnlich starken Einfluss wie CO_2 auf die Temperatur-Rückkopplungen hatten (Loulergue et al. 2008; Tzanis et al. 2020; Zech 2012).

Alle Auslöser von bedeutenden Klimaänderungen wirken langsam, soweit wir wissen – was jedoch nicht ausschließt, dass es innerhalb einer solchen klimatischen Umbruchphase auch Zeitabschnitte mit schnellen Änderungen gegeben haben kann, insbesondere im Fall von Tipping Points[7]. Die derzeit ablaufende Anthropogene Globale Erwärmung ist grundsätzlich vom Typ (2). Allerdings liegt die Rate der Veränderung der Treibhausgaskonzentrationen in der Atmosphäre über dem, was aus der Erdgeschichte rekonstruiert werden kann.[8] Glücklicherweise werden wir aber vermutlich die Höchstwerte der geologischen Vergangenheit nicht erreichen, da uns vorher der „Sprit" ausgehen dürfte (vgl. Murphy & Hall 2011).

Das Fehlen einer Korrelation zwischen CO_2 und Temperatur soll aus Vergleichen wie in Abb. 5.1c (die es in verschiedenen Varianten gibt, vgl. Schmidt 2014) belegt werden. Für die Darstellung der Temperaturänderungen wird dabei meist eine Handzeichnung von Scotese

[7] Kipppunkte im Klimasystem, bei denen bestimmte Schwellenwerte irreversibel überschritten werden, vgl. Kap. 8.

[8] Wobei die zeitliche Auflösung der Rekonstruktion vergangener Klimaänderungen oft nicht ausreicht, um auszuschließen, dass es nicht auch Zeitabschnitte mit ähnlich steil verlaufenden Änderungen gegeben haben kann.

(1999) benutzt, der im Wesentlichen kalte und warme Klimaphasen ohne Bezug auf Proxy-Daten (quantitative Indikatoren, die indirekte Rückschlüsse auf das Klima erlauben) darstellt; Scotese et al. (2021) haben diese alte Darstellung übrigens mittlerweile komplett revidiert. Für die Veränderungen der CO_2-Konzentrationen wird GeoCarb in der Version 3 nach Berner & Kothavala (2001), nicht in der aktuellen Version GeoCarbSulf, zitiert. Anscheinend ist nicht allgemein bekannt, dass es sich bei GeoCarb um das Ergebnis einer Modellierung handelt (Berner & Kothavala 2001), der genau eines der immer wieder eloquent angezweifelten Klimamodelle zugrunde liegt. Letztlich werden also dafür genau die gleichen physikalischen Zusammenhänge zwischen CO_2 und Klima zugrunde gelegt wie in den ach so unzuverlässigen Projektionen, die durch das IPCC regelmäßig zusammengefasst werden – nur hier scheint auf den ersten Blick eine Stütze für die eigene Meinung vorzuliegen, da schaut man dann nicht so genau hin (Bestätigungsfehler); und während eine Verlässlichkeit von ± 95 % bei Erdsystemmodellen inakzeptabel sein soll, sind deshalb in diesem Fall extrem breite Fehlerbalken (Abb. 5.1c) überhaupt kein Problem mehr. Benutzt man auf Proxy-Daten gestützte Temperaturangaben und den aktuellen Stand der Modellierung der CO_2-Konzentrationen (Abb. 5.1d; Berner 2006a), so ergibt sich ein deutlich anderes Bild: Zum einen zeigt sich ein erkennbarer Zusammenhang zwischen den beiden Klimaelementen, zum anderen, dass bei langfristigen Betrachtungen die Änderung des CO_2 der Temperaturänderung vorausgeht. Also das genaue Gegenteil der relativ kurzfristigen Betrachtung der Klimazyklen des Eiszeitalters (s. o.). Eine Modellierung der Temperaturänderungen auf der Grundlage von GeoCarbSULF stimmt im Rahmen der zeitlichen Auflösung des Modells mit den Proxy-Daten gut überein; aus dieser Modellierung errechnet sich ein Wert für die Klimasensitivität des CO_2 von knapp 3 °C (Royer et al. 2007), das ist sehr nahe an dem Mittelwert, den Klimamodelle der fünften Generation ergeben (vgl. Kap. 5.9).

Einige Besonderheiten dieser Modellierung im Vergleich zu den für die Modellierung zukünftiger Klimaänderungen benutzten Modellen müssen allerdings noch berücksichtigt werden: Die zeitliche Auflösung der GeoCARB-Modellfamilie beträgt im günstigsten Fall 10 Mio. Jahre, in einigen Fällen liegen Basisdaten z. B. für die Konfiguration von Kontinenten lediglich in einem Raster von 30 Mio. Jahren vor (Berner & Kothavala 2001). Aufgrund dieses weiten zeitlichen Rasters können die Modelle mit Fließgleichgewichten rechnen und müssen kurzfristige Ungleichgewichte nicht berücksichtigen, wie sie aktuell im Rahmen der Anthropogenen Globalen Erwärmung auftreten (Berner 1994). In solchen Zeiträumen haben sich andererseits viele Einflussgrößen auf das Klima drastisch verändert, sodass einige Zusammenhänge über die der aktuellen Erdsystemmodelle hinaus berücksichtigt werden müssen: Kontinente und Meeresströmungen; Vulkane, die CO_2 an die Atmosphäre abgeben; Verwitterungsprozesse, bei denen sich Kalzium und Magnesium mit CO_2 aus der Luft zu Karbonaten verbinden, die gelöst und letztlich im Meer abgelagert werden; und vieles andere mehr (Kleber 2019d, 2021b). Besonders wichtig für die Beurteilung des Zusammenhangs der beiden Klimaelemente ist jedoch, dass die Sonnenstrahlung seit Milliarden Jahren stetig zunimmt. Dies macht alle 100 Mio. Jahre ungefähr 1 % aus (Guinan & Ribas 2002). Da die Sonne die entscheidende Energiequelle im Klimasystem ist, bedeutet eine niedrigere Strahlungsintensität, dass es beispielsweise auch bei deutlich höheren CO_2-Konzentrationen als heute zu Eiszeitaltern kommen konnte oder dass bei vergleichsweise äußerst hohen Konzentrationen das Klima nicht in extreme Heißzeiten kippte (Royer 2006). Es ist schon sehr verwunderlich, dass der Einfluss der Sonneneinstrahlung immer wieder als zum CO_2-Anstieg alternative Erklärung des Klimawandels angeführt (vgl. Kap. 5.5), bei der Würdigung vergangener Klimaänderungen aber sträflich ignoriert wird.

Unlängst ist eine neue Variante dieser Grafik aufgetaucht (Davis 2017). Darin wird die auf Proxy-Daten gestützte Temperaturrekonstruktion von Prokoph et al. (2008) anstelle der Schätzdaten von Scotese den CO_2-Rekonstruktionen einer GeoCarb III-Variante gegenübergestellt. Die angegebene Quelle der letzteren Daten existiert leider nicht, sodass wir deren Herkunft nicht nachprüfen konnten. Darüber hinaus begeht der Autor fundamentale fachliche Fehler: Die Fehlerquellen und -größen, die regionalen Lücken und die räumliche Differenzierung der Temperaturdaten, welche die Originalquelle (Prokoph et al. 2008) ausführlich diskutiert, werden völlig ignoriert. Stattdessen fasst Davis alle Daten zusammen, als wären sie gleichwertig. Ferner soll eine Frequenzanalyse der beiden Datensätze beweisen, dass die CO_2-Änderungen gänzlich andere Rhythmen aufweisen als die der Temperatur. Diese Analyse umfasst Frequenzen bis zu 20 Mio. Jahren – obwohl GeoCarb bestenfalls alle 10 Mio. Jahre einen Wert liefert (s. o.). Prokoph et al. (2008) nehmen jedoch ebenfalls eine Frequenzanalyse ihrer Daten vor und zeigen, dass die mit Abstand dominante Frequenz der Temperaturänderungen bei 38 Mio. Jahren liegt, also jenseits dessen, was Davis überhaupt statistisch auswertet (vgl. Kleber 2020j). Für das Känozoikum (die letzten 65 Mio. Jahre) ist die Datendichte sehr viel besser als für den gesamten bisher betrachteten Zeitraum, und die Bewegungen der Kontinentalplatten sowie die Änderung der Stärke der

Sonne spielen kaum eine Rolle. Für diesen Zeitabschnitt können Beerling & Royer (2011) eine Phasengleichheit der beiden Klimaelemente Temperatur und CO_2 gut belegen.

5.4.2 Ist nicht Wasserdampf das wichtigste Treibhausgas?

> *„Die IPCC-Hypothese der vom Menschen verursachten globalen Erwärmung und die Computermodellierungswerkzeuge, die zu ihrer Untermauerung verwendet werden, sind fundamental fehlerhaft. Natürlich vorkommender Wasserdampf, nicht Kohlendioxid, ist das primäre Treibhausgas in der Atmosphäre, und sein Konzentrationsmuster variiert ständig."* (The Age 2005)
>
> *„Robuste wissenschaftliche Beweise zeigen, dass der Sonnenwinkel den Wasserdampfgehalt der Atmosphäre, die Hauptkomponente der Rückstrahlung, im jährlichen Zyklus steuert. Der Wasserdampfgehalt, gemessen als das Verhältnis der Anzahl der Wassermoleküle zu den CO_2-Molekülen, variiert von 1:1 in der Nähe der Pole bis 97:1 in den Tropen. Die Wirkung der Rückstrahlung auf die Erdatmosphäre ist bis zu 200 Mal größer als die von CO_2 und wirkt in die entgegengesetzte Richtung. Wenn CO_2 also einen Einfluss auf die atmosphärische Temperatur und den Klimawandel hat, ist dieser nach unseren Erkenntnissen vernachlässigbar."* (Lightfoot & Mamer 2017)
>
> *„Daher fehlt es nicht an massiver Kritik von führenden Wissenschaftlern aus aller Welt an diesen computergestützten Spekulationsmodellen: ‚Das ist physikalisch vollkommen absurd. In der Natur geht eine höhere Verdunstung immer mit mehr Niederschlag einher. Zudem kann eine höhere Verdunstung niemals zu einem höheren Wasserdampfgehalt in Lufthöhen von drei Kilometern führen. Und genau dort ist die kritische Grenze, da Wasserdampf zwischen drei Kilometern und der Tropopause den Treibhauseffekt dominiert.' Die*

gleichen weitreichenden Zweifel haben auch die Meteorologie-Professoren H. Kraus und U. Ebel: ‚Mit einer Erwärmung der Atmosphäre kann auch der Wasserdampfgehalt zunehmen, und man könnte erwarten, dass sich der hydrologische Zyklus intensiviert ...; ob sich die Folgen wirklich einstellen, läßt sich selbst durch sehr komplexe Modellrechnungen nicht zuverlässig herausfinden.'" (Zitate aus Puls 2009)

Die Wasserdampf-Rückkopplung ist seit jeher ein integraler Bestandteil der Klimamodelle, weil deren Bedeutung für das Klimasystem lange bekannt ist.

Es ist richtig, dass Wasserdampf den Treibhauseffekt zumindest in tieferen Atmosphärenschichten dominiert. Aus sich selbst heraus kann er keinen Klimawandel auslösen, aber wenn eine Veränderung durch andere Einflüsse angestoßen wird, verstärkt er sie (allerdings erheblich). Je wärmer es ist, umso mehr Wasser kann weltweit verdunsten und umgekehrt. Diese essenzielle Form der Rückkopplung wurde schon in den allerersten Klimamodellen berücksichtigt.

Es ist völlig unstrittig und altbekannt, dass Wasserdampf das dominante Treibhausgas ist, welches ca. 75 W/m^2 zum Strahlungsantrieb beiträgt, während der Beitrag des CO_2 Ende des letzten Jahrhunderts ca. 32 W/m^2 ausmachte (Kiehl & Trenberth 1997), was auch durch Strahlungsmessungen, die aus der Atmosphäre zur Erde zurückemittiert werden, gut belegt ist (Puckrin et al. 2004).[9] Zwei Denkfehler oder falsche Behauptungen liegen der Kritik zugrunde: 1), dass dieser Umstand in

[9] Man liest gelegentlich, dass der Anteil des Wasserdampfs am Treibhauseffekt 98 % betrüge, wobei diese Zahl auf das IPCC zurückgeführt wird. Dieser Wert findet sich jedoch, soweit wir herausfinden konnten, in keinem der Berichte, er scheint frei erfunden. Wenn, dann bezieht er sich möglicherweise auf die erdbodennächste Luft.

Erdsystemmodellen nicht berücksichtigt wäre, und 2), dass diese Tatsache bedeute, dass der Einfluss des CO_2 auf die Klimaerwärmung vernachlässigbar gering sei. Ersteres ist schlichtweg falsch, Letzteres auch … Aber dafür müssen wir etwas tiefer gehen: Welche Eigenschaft muss ein Treibhausgas haben, um eine Temperaturänderung *auszulösen*? Seine Konzentration in der Atmosphäre muss sich unabhängig von der Temperatur verändern können. Beim CO_2 geschieht das, wie wir an mehreren Stellen bereits gesehen haben, auch unter natürlichen Bedingungen, beispielsweise durch Vulkanismus, Verwitterung oder Änderungen in der ozeanischen Zirkulation. Wie ist das aber nun mit dem Wasserdampf? Wasserdampf gelangt in die Atmosphäre durch Verdunstung. Der wichtigste Auslöser von Verdunstung ist die Temperatur. Was geschieht also, wenn durch den Anstieg des Treibhausgases CO_2 die Temperatur leicht ansteigt? Die Verdunstung steigt und damit der Wasserdampf in der Atmosphäre. Und schon haben wir einen positiven Rückkopplungseffekt: Mehr CO_2 führt zu Erwärmung, diese führt zu mehr Wasserdampf, dieser führt zu mehr Erwärmung. Wasserdampf verstärkt also ohne Zweifel die Erwärmung, kann diese aber nicht auslösen, weil er sich allenfalls unwesentlich unabhängig von der herrschenden Temperatur ändert; ozeanische Zyklen können eine Veränderung der Oberflächentemperatur der Meere herbeiführen und damit die Verdunstung beeinflussen – jedoch hat jeder Zyklus einen Auf- und danach wieder einen Abschwung. Die Effekte gleichen sich also mittelfristig aus (vgl. Kap. 5.8). Toureille (2019) ist zuzustimmen, dass der Löwenanteil des Treibhauseffekts auf Wasserdampf zurückzuführen ist. Er hat jedoch unrecht, wenn er daraus schließt, dass auch längerfristige Veränderungen der Temperatur allein auf Konzentrationsänderungen des Wasserdampfs zurückgehen könnten.

Da Wasser die einzige Verbindung in der Atmosphäre ist, die in allen drei Phasen vorkommt, kondensiert das Gas mit zunehmender Höhe, wo es kühler wird, zu flüssigem Wasser, und in noch größeren Höhen wird es sogar zu Eis. Sobald Wassertropfen oder Eiskristalle groß genug werden, fallen sie gegen die Auftriebskräfte in der Luft wieder als Regen, Schnee oder Hagel zu Boden. Aufgrund dieser geringen Verweildauer des Wasserdampfs in der Atmosphäre reichert er sich dort nicht an, während CO_2 um ein Vielfaches länger verweilen kann (vgl. Kap. 5.4.7). Als weitere Folge nimmt die Konzentration des Wasserdampfs mit der Höhe drastisch ab, während CO_2 nur wenig variiert. Dies ist auch dem oben nach Puls (2009) zitierten Argument Lindzens entgegenzuhalten: Wasserdampf und Wolken verweilen in der Atmosphäre und wirken somit als Treibhauskomponenten, deren atmosphärischer Gehalt von der Temperatur abhängt; ihr Effekt ist aber nicht langfristig, sodass sie nur als Verstärker, nicht als Akteure im Klimasystem wirken können.

Richtig ist, dass die große Spannweite der Vorhersagen der Temperaturänderung viel mit Wasser zu tun hat, denn der Wasserdampf kondensiert irgendwann zu Wolken. Die Art der entstehenden Wolken und die Tageszeit ihrer Entstehung sind jedoch bisher nicht vollständig vorhersagbar. Wolken sind nämlich einerseits ein Teil des Treibhauseffekts, weil alle Wassermoleküle Wärmestrahlung absorbieren, andererseits reflektieren sie tagsüber Sonnenstrahlung und wirken damit abkühlend. Sie haben also positive und negative Rückkopplungseffekte mit der Temperatur (ausführlicher Kap. 5.7). Kraus & Ebel (zitiert nach Puls 2009) haben Unrecht: Die Wasserdampfgehalte der Atmosphäre sind in ihrer globalen Summe sehr wohl vorhersagbar – dass eine höhere Temperatur die Verdunstung begünstigt, ist beinahe eine Binsenweisheit –, im Gegensatz jedoch zu den Wolkentypen, die daraus entstehen.

5.4.3 Wie kann CO_2, mit 0,04 % nur ein unwesentlicher Bestandteil der Atmosphäre, das Klima beeinflussen?

„…ein Blick auf die Größenordnungen: Die CO_2-Konzentration in der Luft ist in den letzten 100 Jahren von ca. 0,030 %v auf 0,038 %v angestiegen, d. s. 8 Moleküle mehr in 100.000 Luftmolekülen. Diese 8 Moleküle mehr sind angeblich für die heute verkündete Klimakatastrophe verantwortlich!“ (Limburg 2009b)

„… Zweifel [an der Theorie der Treibhausgase] *sollten aufkommen, wenn man die niedrigen Konzentrationen des Kohlenstoffdioxids berücksichtigt, insbesondere, wenn man weiß, dass seine Konzentration von 400 ppm [einem Anteil an der Atmosphäre von] 0,04 % entspricht. Das sind in der Summe ungefähr ein 2500tel der gesamten Luft. Falls ausschließlich CO_2 Wärmestrahlung absorbieren würde, müsste es die umgebende Luft miterwärmen, wozu es wegen seiner hohen Wärmekapazität nicht in maßgeblichem Umfang in der Lage ist.“* (Allmendinger 2018)

Nicht der Anteil von CO_2 an der Gesamtatmosphäre ist für seine klimatische Bedeutung wichtig, sondern sein Anteil an den Treibhausgasen.

CO_2 hat unstrittig einen geringen Anteil an der Atmosphäre. Das Argument suggeriert, dass es aus diesem Grund auch keinen wesentlichen Einfluss auf das Gesamtsystem haben könne. Der grundlegende Denkfehler dabei ist, dass der Anteil des CO_2 an der gesamten Atmosphäre für dessen Anteil am Treibhauseffekt entscheidend sei. In Wahrheit ist es aber sein Anteil an den Treibhausgasen. So gesehen ist CO_2 das zweithäufigste Treibhausgas in der tieferen und das häufigste in der höheren Troposphäre. Da es aber durch die Aufnahme von Wärmestrahlung zum Schwingen angeregt wird und dadurch Wärme absorbiert, verstärkt es den Treibhauseffekt. Die häufigsten atmosphärischen

Gase Stickstoff und Sauerstoff reagieren praktisch nicht auf Wärmestrahlung und sind somit dafür unwichtig. Erst das viel seltenere CO_2 absorbiert Wärmestrahlung, und dadurch ist sein Anteil sehr wohl bedeutsam.

Um das zitierte Argument und seine Tragfähigkeit einordnen zu können, muss erst einmal geklärt werden, welche Moleküle überhaupt eine wesentliche Auswirkung auf den Treibhauseffekt haben können und welche nicht. Molekülschwingungen sind Bewegungen miteinander verbundener Atome in einem Molekül mit einer bestimmten Schwingungsfrequenz. Diese Schwingungen können durch Wärmestrahlung (Infrarot-, abgekürzt IR-Strahlung) angeregt werden. Einzelne Atome vollführen keine Schwingungen dieser Art; damit fällt das Argon (Ar), das dritthäufigste Gas in der Atmosphäre, schon einmal weg. Jedes Molekül, also jede Verbindung von mindestens zwei Atomen, kann dagegen solche Schwingungen vollführen. Allerdings entscheidet der Aufbau eines Moleküls, wie viele Schwingungsarten möglich sind und wie diese angeregt werden können. Moleküle aus zwei gleichen Atomen können im Wesentlichen nur entlang der Bindungsebene der beiden Atome schwingen (symmetrische Streckschwingung).[10]

Dies betrifft die beiden mit Abstand häufigsten Atmosphärenbestandteile: Stickstoff (N_2) und Sauerstoff (O_2). Infrarotaktiv nennt man Molekülschwingungen, die zu einer IR-Absorption führen, d. h. bei denen sich

[10] Mit der seltenen Ausnahme, dass eines der Atome aus einem schwereren Isotop besteht, z. B. ^{18}O beim Sauerstoff, wodurch solche Moleküle ebenfalls asymmetrisch sind. Ferner kann es nach Smith & Newnham (1999) im sog. nahen Infrarotbereich, also außerhalb der üblicherweise von der Erdoberfläche ausgehenden Wärmestrahlung, zu schwachen Schwingungen kommen kann, die nach Karman et al. (2018) durch Kollision der Moleküle untereinander ausgelöst werden.

das Energieniveau des Moleküls durch Aufnahme[11] von Wärmestrahlung ändern kann. Moleküle sind dann IR-aktiv, wenn während der Schwingung das Dipolmoment (also letztlich der Schwerpunkt) des Moleküls im einen Extrem der Schwingung verschieden von dem im anderen ist. Bei Schwingungen, die nicht symmetrisch zum Symmetriezentrum erfolgen, tritt eine solche Änderung des Dipolmoments auf. Daraus folgt, dass symmetrische Moleküle wie O_2 und N_2 weitestgehend[49] IR-inaktiv sind. Das aus drei Atomen aufgebaute CO_2-Molekül hingegen kann durch die Aufnahme von Wärmestrahlung zu Schwingungen angeregt werden (Abb. 5.2, links), es absorbiert also Wärme, und dies in Frequenzbereichen, die auch für die irdische Wärmeausstrahlung typisch sind (Abb. 5.2, rechts).

Moleküle, die selbst schon Dipole sind, insbesondere Wasserdampf, können zu weiteren Schwingungsarten angeregt werden und absorbieren deshalb bei noch mehr verschiedenen Wellenlängen. Dabei verändert sich nämlich auch bei einer symmetrischen Streckschwingung das Dipolmoment, sodass auch diese Schwingungsart, anders als bei CO_2, IR-aktiv ist. Aus diesem Grund können Wasserdampf und die Wassertropfen in Wolken in der Nähe der Erdoberfläche, wo deren Konzentration üblicherweise am höchsten ist, die Wellenbereiche der anderen Treibhausgase teilweise überdecken (Abb. 5.2, rechts oben), was in höheren Atmosphärenschichten nicht mehr im gleichen Maß der Fall ist, da dort der Wasserdampf nur noch viel seltener auftritt.

[11] Wohlgemerkt: Die Aufnahme (Absorption) von Wärmestrahlung ist entscheidend, nicht deren Abgabe (Emission), was gelegentlich verwechselt wird (vgl. Kap. 5.4.8).

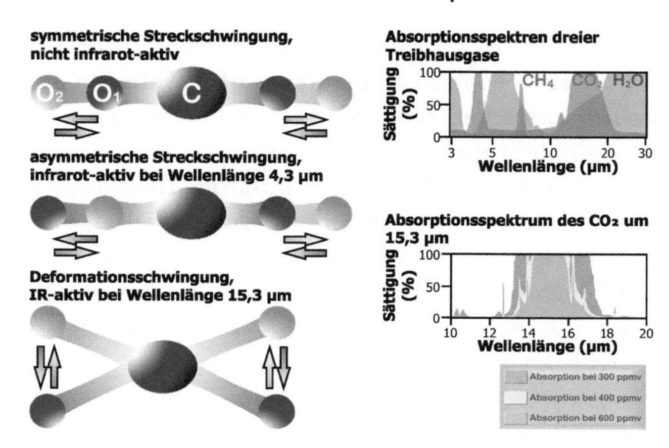

Abb. 5.2 Schwingungsarten und Absorptionsspektren. links die wichtigsten Schwingungsarten des CO_2-Moleküls, wobei (lila) (in der obersten Abbildung zusätzlich mit O1 gekennzeichnet) den einen, (orange) (O2) den anderen Extremzustand darstellt, unter der vereinfachenden Annahme, dass das zentrale Kohlenstoffatom (C) an der Schwingung nicht teilnimmt (IR = infrarot). **Rechts oben** ist der hauptsächliche Frequenzbereich der Wärmeabstrahlung der Erde dargestellt sowie, vereinfacht, die Absorptionsspektren dreier wichtiger Treibhausgase: Wasserdampf (H_2O), Kohlenstoffdioxid (CO_2) und Methan (CH_4). Daraus ergibt sich u. a., dass Wärmestrahlung mit einer Wellenlänge nahe 9 µm durch das sog. atmosphärische Fenster ziemlich ungehindert die Atmosphäre passieren kann. **Rechts unten** wird die Intensität der Strahlungsabsorption des CO_2 im besonders wichtigen Wellenlängenbereich um 15,3 µm für verschiedene Anteile des Gases an der Atmosphäre (in ppmv = Volumenanteile in Promille) gezeigt. Die Darstellung gilt für den untersten Kilometer der Atmosphäre (ohne Überlappung mit Wasserdampf, bei einem Luftdruck von ca. 1013 hPa und einer Temperatur von ca. 12 °C) und ist stark vereinfacht, da sich aus quantenmechanischen Gründen die Flächen in Wirklichkeit – über das gesamte IR-Frequenzspektrum – aus 390.000 vertikalen Linien zusammensetzen würden (Abb. vereinfacht nach einer Vorlage von Sébastien Payan, LATMOS Laboratoire, Frankreich, auf Basis der HITRAN-Datenbank; Spektrallinien: Gordon et al. 2017b; Hill 2020; vgl. auch bereits Strong & Plass 1950; die Abbildung, welche uns als Vorlage diente, findet sich bei Hoffmann 2009). Auf diesen rechten Teil der Abbildung nehmen wir erst im folgenden Kapitel ausführlicher Bezug.

Für den Treibhauseffekt, dessen Grundprinzip darin besteht, dass Moleküle in der Luft Wärmestrahlung absorbieren, spielen somit N_2, O_2[12] und Ar keine wesentliche Rolle, ihre absolute Menge ist nahezu irrelevant. Entscheidend ist die Menge der infrarotaktiven Gase und Substanzen, und unter denen ist der Anteil des CO_2, zum Teil neben H_2O, bei Weitem der höchste. Sein Anteil an der Gesamtatmosphäre ist für den Treibhauseffekt nicht sehr wichtig, sein Anteil an der Gesamtmenge der Treibhausgase jedoch sehr wohl.

5.4.4 Ist die CO_2-Absorption nicht bereits gesättigt?

„Durch differenziertere Betrachtungen, als sie in den vom IPCC herangezogenen Modellen durchgeführt werden, lässt sich zeigen, dass einerseits durch ein bereits stark gesättigtes Absorptionsverhalten von CO_2 und besonders auch von Wasserdampf und andererseits durch einen stark dämpfenden Einfluss von Konvektion und Evaporation in Form einer negativen Rückkopplung nur ein Temperaturanstieg durch CO_2 von weniger als 0,3 °C über das letzte Jahrhundert erklärbar ist (Harde 2017a*).“* (Harde 2019)

„Jede Einheit CO_2, die Sie in die Atmosphäre einbringen, hat einen immer geringeren Einfluss auf die Erwärmung. Sobald die Atmosphäre einen Sättigungspunkt erreicht hat, hat eine zusätzliche Zufuhr von CO_2 keine große Wirkung mehr. Es ist, als würde man seinen Dachboden isolieren. Sie geben eine empfohlene Menge an und danach können Sie

[12] Auch die Absorption von ultravioletter Strahlung durch Sauerstoffmoleküle ändert im Gegensatz zu Rogelio (2018) daran nichts, da die damit verbundene Erwärmung sich in der Ozonschicht der Stratosphäre abspielt und keinen wesentlichen Einfluss auf die erdoberflächennahen Atmosphärenschichten nimmt. Zudem sinken die Temperaturen in der Stratosphäre.

die Isolierung bis zum Dach stapeln und es wird keine Auswirkungen haben. Man kann nur so viel einbauen. Und das ist das Wesentliche an CO_2 … in der stabilisierenden Atmosphäre.“ (Marc Morano, zitiert nach Hawkeye 2007)

Dieses Argument entstand 1900 und ist durch neuere Forschungen über die Physik der Atmosphäre widerlegt.

Das Argument fußt auf überholten Erkenntnissen über die Physik der Treibhausgase aus dem Jahre 1900. Mit einer Erhöhung der CO_2-Konzentration geht eine Verbreiterung der Frequenzbereiche einher, in denen die von der Erdoberfläche ausgehende Wärme aufgenommen und in alle Richtungen wieder abgestrahlt wird. Die endgültige Abstrahlung wird lediglich in höhere Schichten der Atmosphäre verlagert. In den tieferen Schichten verbleibt die Wärme deshalb länger.

Knut Ångström ließ eine luftgefüllte Röhre mit Wärme bestrahlen, wobei keine durchgehende Wärmestrahlung gemessen werden konnte. Daraus folgerte er, dass die Absorption des CO_2 bereits gesättigt sei und zusätzliches CO_2 keinen Effekt haben könne. Darüber hinaus ging er davon aus, dass sich die Absorptionsbanden[13] des CO_2 mit denen des Wasserdampfs überlagern würden (Ångström 1900). Beides hat sich schon vor Langem als falsch herausgestellt, da sich die Frequenzbereiche mit zunehmender Konzentration des CO_2 verbreitern (Abb. 5.2 rechts unten; Strong & Plass 1950) und die Überlappung mit dem Wasserdampf nur Teile des Spektrums betrifft (Abb. 5.2 rechts oben; Rothman et al. 2013). Hinzu

[13] Die Bereiche des Spektrums der Wärmestrahlung, in denen die Moleküle Strahlung absorbieren.

kommt, dass je höher man in der Atmosphäre kommt, der Anteil des Wasserdampfs aufgrund der Bildung von Wolken und Regen abnimmt, sodass die überlappenden Bereiche immer kleiner werden. Zwar verschmälern sich mit der Höhe auch die Absorptionsbanden der einzelnen Gase, die starke Abnahme der Wasserdampfkonzentration führt aber dazu, dass dessen Anteil am Treibhauseffekt mit der Höhe überproportional zurückgeht.

Anschaulich und mit durch Messungen bestätigten Modellrechnungen schildert Pierrehumbert (2011) diese Zusammenhänge im Kern folgendermaßen: Was geschieht mit der Infrarotstrahlung, die von der Erdoberfläche abgegeben wird? Während sie sich Schicht für Schicht durch die Atmosphäre nach oben bewegt, wird in jeder Schicht etwas davon aufgehalten. Genauer gesagt: Ein Molekül Kohlendioxid, Wasserdampf oder das eines anderen Treibhausgases absorbiert ein wenig Energie aus der Strahlung. Das angeregte Molekül kann wieder Wärme in eine beliebige Richtung abstrahlen. Oder es kann durch Zusammenstöße mit anderen Luftmolekülen (Konduktion) seine direkte Umgebung erwärmen. Die Luftschicht strahlt einen Teil der aufgenommenen Wärme zurück zum Boden und einen Teil nach oben in höhere Schichten. Je höher man kommt, desto dünner und kälter wird die Atmosphäre. Schließlich erreicht die Wärme eine Schicht mit so niedrigen Treibhausgaskonzentrationen, dass die Strahlung in den Weltraum entweichen kann. Was geschieht bei einer Zunahme des CO_2? In den Schichten, die so hoch und dünn sind, dass ein Großteil der Wärmestrahlung von unten „durchschlüpft", bedeutet die Zugabe von mehr Treibhausgasmolekülen, dass diese Schicht nun mehr Strahlung absorbieren kann. Das Niveau in der Atmosphäre, von dem aus die meiste Wärmeenergie die Erde schließlich verlässt, verschiebt sich somit in höhere Schichten. Das sind kältere Schichten, sodass sie die Wärme nicht so gut abstrahlen.[14] Der Planet als Ganzes nimmt nun mehr Wärme auf, als er zeitnah abstrahlt (was in der Tat unsere aktuelle Situation ist). Da die höheren Schichten einen Teil des Überschusses wieder nach unten abstrahlen, erwärmen sich alle tieferen Schichten bis hinunter zur Oberfläche. Das Ungleichgewicht muss weitergehen, bis die hohen Ebenen ausreichend temperiert sind, um so viel Wärme abzustrahlen, dass die Bilanz der Strahlung ausgeglichen wird. Eine Sättigung in tieferen Schichten würde daran nicht viel ändern, denn es sind die abstrahlenden Atmosphärenschichten, wo die Strahlungsbilanz ausgeglichen wird. Deren konkrete Höhenlage hängt von der jeweiligen Wellenlänge der Strahlung ab; in Abb. 5.2 rechts oben sieht man beispielsweise, dass im Bereich um 9 µm kaum[15] Treibhausgase die Abstrahlung wirksam behindern, in diesem „atmosphärischen Fenster" kann Wärmestrahlung also direkt den Planeten verlassen. Umgekehrt ist im Kernbereich der durch das CO_2 absorbierten Wellenlängen die Sättigung tatsächlich so ausgeprägt, dass deren endgültige Abstrahlung (d. i. Abkühlung) erst in der Stratosphäre erfolgt, weshalb sich diese Atmosphärenschicht abkühlt[16]. Messungen durch Satelliten bestätigen diesen ursprünglich theoretisch hergeleiteten Effekt (Chen et al. 2007; Griggs & Harries 2007). Umgekehrt kann die aus der Atmosphäre zur Erdoberfläche zurückgestrahlte Wärme ebenfalls gemessen werden (Quellen im folgenden Kap. 5.4.5).

[14] Tatsächlich konnte dieser Effekt bereits durch Harries et al. (2001) anhand von Satellitendaten auch vom Weltraum aus erfasst werden, was Trenberth et al. (2009) mit einem umfangreicheren Datensatz bestätigen konnten.

[15] Lediglich Ozon, O_3, auf das wir ansonsten nicht weiter eingehen und das in der hohen Atmosphäre, der Stratosphäre, gehäuft auftritt, absorbiert in einem schmalen Band im Bereich des „atmosphärischen Fensters".

[16] Welcher Effekt sich aber mit der Temperaturabnahme überlagert, die immer noch auf die Schädigung der Ozonschicht durch Fluorkohlenwasserstoffe (FCKW) zurückgeht.

Damit ist ein Großteil der obigen Aussagen widerlegt. Ein Satz aber ist unstrittig: „*Jede Einheit CO_2, die Sie in die Atmosphäre einbringen, hat einen immer geringeren Einfluss auf die Erwärmung.*“ Der natürliche Treibhauseffekt, also der Betrag, um den sich die tatsächliche (vorindustrielle) Temperatur von der Temperatur einer Erde ohne Treibhauseffekt, aber unter der Annahme gleicher Reflexionseigenschaften der Erdoberfläche unterscheiden würde, wird auf ungefähr 33 °C berechnet. Verdoppelt man, fügt also genau die gleiche absolute Menge CO_2 noch einmal hinzu, ergibt sich ein Temperatureffekt von ca. 3 °C (wahrscheinlichster Wert der Klimasensitivität des CO_2). Diese Asymmetrie ist genau auf die Tatsache zurückzuführen, dass die CO_2-Bänder in ihren Kernfrequenzen gesättigt sind. Um dies noch einmal deutlich zu machen: Eine Verdopplung von 10 ppmv auf 20 ppmv entspricht einer Temperaturerhöhung von ca. 3 °C, derselbe Betrag ergibt sich bei einer weiteren Verdopplung von 20 auf 40, und dann von 40 auf 80, von 80 auf 160 ppmv usw. Bei der aktuellen Diskussion geht es um eine Verdopplung des mittleren vorindustriellen Werts von ca. 280 auf 560 ppmv (aktuell stehen wir bei ca. 420 ppmv). Dieser Effekt des logarithmisch gedämpften Verlaufs der Zuwächse durch diese Sättigung und die partielle Überdeckung der Absorptionsbereiche mit dem Wasserdampf ist längst in die Klimamodellierung einberechnet (IPCC 2001). Dieser Wert von ca. 3 °C ist übrigens deswegen relativ ungenau bekannt (die Spannweite liegt in der Größenordnung 2–4,5 °C, Proistosescu & Huybers 2017), weil es sich hier um den Gesamtwert der Veränderung inklusive der Rückkopplungen handelt (vgl. Kap. 5.7). Der rückkopplungsfreie Wert, der also ausschließlich auf CO_2 zurückgeht, ist sehr viel genauer bekannt; er beträgt ziemlich genau 1,2 °C bei einer Verdopplung der Konzentration (Roe 2009; Seinfeld & Pandis 2016).

5.4.5 Nach dem 2. Hauptsatz der Thermodynamik gibt es keinen Treibhauseffekt

„Der atmosphärische Treibhauseffekt … wird in der Globalklimatologie immer noch als grundlegend angesehen und beschreibt im Wesentlichen einen fiktiven Mechanismus, in dem die planetare Atmosphäre wie eine Wärmepumpe arbeitet, die von ihrer Umgebung angetrieben wird, die sich mit dem atmosphärischen System zwar in einer Stahlungswechselwirkung, aber gleichzeitig in einem Strahlungsgleichgewicht befindet. Nach dem Zweiten Hauptsatz der Thermodynamik kann eine solche planetare Maschine niemals existieren. Der 2. Hauptsatz besagt, dass ein kälterer Körper keinen wärmeren erwärmen kann. Also kann die im Treibhauseffekt unterstellte Rückstrahlung von Wärme aus der Atmosphäre zum Erdboden nicht stattfinden (Clausius zitiert nach Cardwell 1971*). Der gesamte Treibhauseffekt ist damit widerlegt. Trotzdem wird in fast allen Texten der Globalklimatologie und in einer weit verbreiteten Sekundärliteratur stillschweigend vorausgesetzt, dass ein solcher Mechanismus physikalisch möglich ist. … ob der behauptete atmosphärische Effekt eine physikalische Basis hat. Dies ist nicht der Fall. Zusammenfassend gesagt gibt es keinen Treibhauseffekt, insbesondere keinen atmosphärischen* CO_2*-Treibhauseffekt, weder in der Theoretischen Physik, noch in der Ingenieursthermodynamik. Es ist daher nicht legitim, daraus Vorhersagen herzuleiten und sie als Beratungslösung für Ökonomie und regierungsübergreifende Politik zu verkaufen.“ (Gerlich & Tscheuschner* 2009*)*

„Es gibt offensichtlich keine Einschränkung, in welche Richtung sich die Photonen bewegen können. Aber es gibt eine Einschränkung, welcher Körper die Temperatur seiner Nachbarn erhöhen kann. Nur der heißere Körper kann die Temperatur eines kälteren Nachbarn erhöhen. … Es gibt nur eine Richtung, in der sich die Temperatur an den jeweiligen Körpern ändern kann.“ (Joseph Postma in einem Kommentar zum Blog von Hammer 2011*)*

Die Interpretation des 2. Hauptsatzes ist physikalisch falsch und wird auf ein fehlerhaftes Modell des Treibhauseffekts angewandt.

Der 2. Hauptsatz der Thermodynamik bedeutet, dass Wärmestrahlung vom Warmen zum Kalten immer größer ist als umgekehrt. Er besagt nicht, dass überhaupt keine Wärme vom Kalten zum Warmen übergehen kann. Der Treibhauseffekt erwärmt Atmosphäre und Erdoberfläche in Wahrheit nicht, sondern er verlangsamt ihre Abkühlung.

Viele Alltagserfahrungen belegen, dass Strahlung nicht auf eine Richtung beschränkt ist: Wie sonst könnte ein Infrarot-Thermometer funktionieren, wenn das Thermometer wärmer als das Messobjekt ist? Wie sonst könnte es in einer wolkenlosen Winternacht am Erdboden kälter werden als in der Luft darüber?[17] Wie sonst könnte mittels Infrarot-Astronomie von der Erde aus der Mars beobachtet werden? Wie könnten wir angesichts unserer Körpertemperatur einen sich gerade aufheizenden Heizkörper fühlen? Vergessen wir nicht, dass Wärmestrahlung nichts anderes ist als Licht, nur mit einer anderen Wellenlänge – wie wäre es also möglich, dass wir ein dunkleres Objekt sehen können, wenn wir selbst im Hellen stehen?

Trifft Wärmestrahlung auf ein noch wärmeres Hindernis, so kann sie nicht wieder umkehren, sondern muss ihre Energie dem Objekt weitergeben. Sie kann also offensichtlich das Temperaturniveau auch eines warmen Körpers noch weiter steigern.

Methoden, Logik und Schlussfolgerungen von Gerlich & Tscheuschner (2009) sind fehlerhaft (Halpern et al. 2010). Dies betrifft insbesondere den Versuch, die Clausius-

[17] Nach einer wolkenfreien Winternacht bildet sich Nebel, der sich oft den ganzen Vormittag nicht auflöst. Steigt man auf einen Fernsehturm, erlebt man, dass es dort oben wärmer ist als am Boden. Die ganze Nacht über hat die Erdoberfläche durch Ausstrahlung Wärme verloren, und zwar so viel, dass sie irgendwann stärker abgekühlt ist als die darüberliegende Luft – eine Inversion (eine Umkehr der üblichen Temperaturschichtung der Luft) ist entstanden.

Version des 2. Hauptsatzes der Thermodynamik („*Es gibt keine Zustandsänderung, deren einziges Ergebnis die Übertragung von Wärme von einem Körper niederer auf einen Körper höherer Temperatur ist*“) nur auf eine Seite eines Wärmeübertragungsprozesses anzuwenden statt auf den gesamten Prozess, sowie die systematische Vernachlässigung nichtstrahlender Wärmeübertragungen in der Atmosphäre (Konduktion, Kollision von Molekülen; Aufstieg von Luft durch Konvektion, in Bodennähe der wichtigste Übertragungsweg von Wärme überhaupt). Sie behaupten, dass die Strahlungswärmeübertragung von einer kälteren Atmosphäre zu einer wärmeren Oberfläche unmöglich sei, ignorieren dabei aber, dass die Übertragung in die andere Richtung überwiegt und damit der gesamte Prozess im Rahmen des Hauptsatzes sehr wohl zulässig ist (Halpern et al. 2010). „*Der wichtigste unter vielen fundamentalen Physikfehlern* [von Gerlich und Tscheuschner] *ist die These, die kühlere Atmosphäre könne gar keine Strahlung zum wärmeren Erdboden senden, diesen Transfer von kalt nach warm verbiete der 2. Hauptsatz der Thermodynamik. Dies ist physikalischer Unsinn; nur über den Netto-Transfer*[18] *macht der 2. Hauptsatz eine Aussage*“ (Rahmstorf 2014). Streng genommen wird die Atmosphäre durch den Treibhauseffekt gar nicht erwärmt, sondern ihre Abkühlung lediglich verzögert (Hammer 2011). Dies kann nicht durch eine verringerte, von der Erdoberfläche abgestrahlte Wärme geschehen, deren Ausstrahlung die Atmosphäre nicht beeinflussen kann.

[18] Auf Wärmeleitung, also bei direktem Kontakt unterschiedlich warmer Objekte, kann der Hauptsatz tatsächlich in der engen Interpretation angewendet werden. Bei Strahlung müsste aber schließlich jedes strahlende Objekt „wissen“, in welcher Richtung sich wärmere, in welcher sich kühlere Objekte befinden, und gezielt dorthin die Strahlung lenken. Der Treibhauseffekt wurde übrigens auch vielfach experimentell demonstriert, zuletzt von Frey (2020).

Vielmehr wird ein Teil der abgestrahlten Wärme in Form der sog. Rückstrahlung und der allgemeinen Erwärmung der Atmosphäre wieder an die Oberfläche zurückgegeben.

Im Übrigen werden diese Strahlung, die aus der Atmosphäre zur Erdoberfläche gerichtet ist, und deren Veränderung routinemäßig gemessen (Feldman et al. 2015; Gorbarenko 2016; Philipona 2004; Wang & Dickinson 2013). Die Messergebnisse stimmen mit den Prognosen von Klimamodellen überein (Puckrin et al. 2004).

Im Rahmen von Lehrveranstaltungen demonstrieren wir mit einfachen Mitteln den Treibhauseffekt: Man benötigt ein handelsübliches Infrarot-Thermometer. Bei klarem Himmel, freier Sicht und ruhigen Wetterverhältnissen misst man damit die Strahlungstemperatur erst senkrecht nach oben und mit abnehmenden Winkeln bis zum Horizont. Bei einem solchen Versuch für die Lehre ergaben sich beispielsweise folgende Werte: 90°: −25 °C; 60°: −22 °C; 30°: −15 °C; 0°: +2,6 °C; Wolken am Horizont: +10,1 °C. Erstens fragt man sich, wie ein solches Thermometer, das selbst sehr viel wärmer ist, Minus-Temperaturen registrieren könnte, wenn das Argument des 2. Hauptsatzes zuträfe. Zweitens stellt man fest, dass die Temperatur regelmäßig mit abnehmendem Messwinkel zunimmt. Dies liegt daran, dass durch den schrägen Winkel die Strahlung erfasst wird, die von einer größeren Menge Treibhausgase ausgeht. Wolken mit ihrer großen Zahl von Wassermolekülen erhöhen den Wert noch weiter.

5.4.6 Das ideale Gasgesetz ersetzt die Theorie des Treibhauseffekts

„*Holmes (*2018*) hat in seiner Veröffentlichung nachgewiesen, dass die* [sic] *mit der Molmassenversion des idealen Gasgesetzes die Temperaturen verschieden* [sic] *Planeten genau berechnet* *werden kann. … Hier wird eine einfache und zuverlässige Methode zur Berechnung der durchschnittlichen oberflächennahen atmosphärischen Temperatur auf Planetenkörpern vorgestellt, die einen atmosphärischen Oberflächendruck von über 10 kPa besitzen. Diese Methode erfordert die Kenntnis der Gaskonstante und nur dreier variabler Gasparameter; den durchschnittlichen oberflächennahen atmosphärischer Druck, die durchschnittliche oberflächennahe atmosphärische Dichte und die mittlere Molmasse der Atmosphäre.“*

Die verwendete Formel ist die Molmassenversion des idealen Gasgesetzes. Hier wird gezeigt, dass die Informationen, die nur in diesen drei Gasparametern enthalten sind, ein äußerst genauer Prädiktor für durchschnittliche oberflächennahe atmosphärische Temperaturen in Atmosphären von > 10 kPa sind. Daher sind alle Informationen über die effektive plus die oberflächennahe atmosphärische Resttemperatur auf Planetenkörpern mit dicken Atmosphären bestimmt; Residuum bedeutet, dass die Differenz zwischen dem effektiven [Temperaturniveau] *(dem durch das S-B-Schwarzkörpergesetz vorhergesagten) und der gemessenen Aktualität automatisch in die Parameter der drei genannten Gase, eingebrannt,‘ sind. Dies führt direkt zu der Schlussfolgerung, dass eine kleine Änderung eines einzelnen atmosphärischen Gases (z. B. Kohlendixid* [sic]*) nicht nur einen geringen Einfluss auf die atmosphärischen Temperaturen hat, sondern auch einen sehr ähnlichen Effekt wie die gleiche prozentuale Änderung eines anderen atmosphärischen Gases hat. Es ist daher ersichtlich, dass kein einziges Gas (auch nicht Methan!) die atmosphärischen Temperaturen gegenüber einem anderen Gas besonders beeinflusst; daher kann es keine signifikante „Treibhauserwärmung“ geben, die durch Treibhausgase auf der Erde oder auf einem anderen Planetenkörper verursacht wird. Stattdessen wird vorgeschlagen, dass die Resttemperaturdifferenz von 33 °C auf der Erde und der beobachtete troposphärische Wärmegradient tatsächlich durch adiabatische Autokompression verursacht werden.“ (Sapper* 2020*)*

„Wir präsentieren eine neue Untersuchung der physikalischen Natur der atmosphärischen Temperatur unter Verwendung eines neuen empirischen Ansatzes zur Vorhersage der globalen mittleren jährlichen oberflächennahen Gleichgewichtstemperatur (GMAT) von Planeten mit fester Kruste mit unterschiedlicher Atmosphärenzusammensetzung. … Unsere Analyse ergab, dass GMATs von Gesteinsplaneten … über einen weiten Bereich von Bedingungen genau vorhergesagt werden können, wenn man nur zwei Antriebsvariablen verwendet: die solare Bestrahlungsstärke an der Oberseite der Atmosphäre und den atmosphärischen Gesamtdruck an der Oberfläche. Die hier entdeckte planetenübergreifende Druck-Temperatur-Beziehung erweist sich als statistisch robust und beschreibt ein glattes physikalisches Kontinuum ohne klimatische Kipppunkte. … Eine wichtige Schlussfolgerung ist, dass der atmosphärische ‚Treibhauseffekt', der derzeit als Strahlungsphänomen angesehen wird, in Wirklichkeit eine adiabatische (druckinduzierte) thermische Verstärkung ist, die der Kompressionserwärmung entspricht und von der atmosphärischen Zusammensetzung unabhängig ist. Folglich scheint der globale, abwärts gerichtete langwellige Fluss, von dem derzeit angenommen wird, dass er die Erwärmung der Erdoberfläche antreibt, ein Produkt der Lufttemperatur zu sein, die durch die Sonnenerwärmung und den atmosphärischen Druck eingestellt wird. Mit anderen Worten: Die so genannte ‚Treibhausrückstrahlung' ist global gesehen eher ein Ergebnis des atmosphärischen thermischen Effekts als eine Ursache dafür." (Nikolov & Zeller 2017)

Das ideale Gasgesetz kann nicht auf Prozesse angewendet werden, da es lediglich Zustände beschreibt.

Das Gesetz der idealen Gase beschreibt u. a. die Beziehung zwischen Temperatur und Dichte von Gasen, nicht jedoch, warum diese Beziehung so ist, wie sie ist.

Das ideale Gasgesetz mit der Formel

$$n \cdot R_m \cdot \mathrm{T} = \mathrm{p} \cdot \mathrm{V} \quad (5.1)$$

beschreibt den Zustand eines idealen Gases bezüglich der Zustandsgrößen Druck (p), Volumen (V), Temperatur (T), molarer Gaskonstante (R_m) und Stoffmenge (n) (bei Gasgemischen: Molmasse). Es herrscht Einigkeit daüber, dass die Atmosphäre einem idealen Gas ähnlich genug ist, um das Gesetz auf sie mit geringen Fehlern anzuwenden.

Die zitierten Arbeiten wenden das Gesetz dementsprechend auf Atmosphären an. Allerdings ist das Ergebnis eine Binsenweisheit: Wenn man die Werte für drei dieser Terme kennt, dann ist der vierte bestimmt. Es gibt aber keinen Hinweis darauf, *warum* diese Terme bestimmte Werte haben. Würde jemand mit einer gigantischen Herdplatte unsere Atmosphäre aufheizen, würden sich dadurch nicht nur die Temperatur, sondern auch z. B. das Volumen ändern – mit dem Effekt, dass das ideale Gasgesetz weiterhin gültig wäre. Das Gesetz stellt also die Existenz und Effekte von Treibhausgasen nicht im Geringsten infrage, denn es kann keine Information darüber geben, dass die Atmosphäre in dem eben konstruierten Beispiel künstlich aufgeheizt war – es gibt keine Möglichkeit, allein aus den Werten der Glieder des Gasgesetzes auf die Existenz der Herdplatte zu schließen. Das Gasgesetz sagt also nichts über die Prozesse aus, die zu einer bestimmten Temperatur geführt haben. Gäbe es keine anthropogene Verstärkung des Treibhauseffekts, sollte die Erdoberfläche genauso viel Energie abgeben, wie sie von der Sonne erhält, was messbar nicht der Fall ist. Die einzige bekannte Möglichkeit der Erklärung ist der atmosphärische Treibhauseffekt: Um es deutlich zu sagen, die Oberfläche strahlt mehr ab, als sie von der Sonne erhält, aber der Planet strahlt im Durchschnitt genauso viel in den Weltraum ab, wie er von der Sonne erhält. Wie schon erwähnt (Kap. 5.4.5), wird die Atmosphäre durch den Treibhauseffekt gar nicht im engeren Sinn erwärmt, sondern ihre Abkühlung wird lediglich verzögert. Bezeichnend ist, dass auch einer der bekanntesten Skeptiker der Anthropogenen Globalen Erwärmung, Roy Spencer (2011), die Anwendung des Gasgesetzes zur Erklärung der Temperatur entschieden ablehnt. Einige über diesen grundsätzlichen Denkfehler hinausgehende Fehler in den physikalischen Ableitungen von Nikolov & Zeller (2017) führt Rabett (2017) auf.

5.4.7 Der menschliche Anteil am globalen CO_2 ist minimal und kann daher keine Auswirkungen haben

„Das IPCC der UN stimmt zu, dass menschliches CO_2 nur 5 % und natürliches CO_2 95 % des atmosphärischen CO_2-Eintrags ausmacht. Das Verhältnis von menschlichem zu natürlichem CO_2 in der Atmosphäre muss gleich sein dem Verhältnis der Einträge. Und doch behauptet das IPCC, dass menschliches CO_2 allein für den gesamten CO_2-Anstieg in der Atmosphäre über 280 ppm hinaus ursächlich ist." (Frey 2019*)*

„Die vom IPCC vertretenen Modelle zum Kohlenstoff-Kreislauf gehen von einer Anreicherung des anthropogen emittierten CO_2 in der Atmosphäre aus mit Verweilzeiten von mehr als 100.000 Jahren. Aber solche Modelle stehen im klaren Widerspruch zu grundlegenden physikalischen Gesetzmäßigkeiten, zu Messungen an CO_2-Isotopologen[19] mit einer mittleren Verweilzeit in der Atmosphäre von nur wenigen Jahren, und sie stehen im Widerspruch zu einer Absorptionsrate, die mit der CO_2-Konzentration in der Atmosphäre skaliert und nicht, wie vom IPCC angenommen, mit der Emissionsrate." (Harde 2019*)*

[19] Isotopologe sind chemische Verbindungen, deren Moleküle sich lediglich in der Isotopen-Zusammensetzung unterscheiden.

„Eine Frage von entscheidender Bedeutung im Hinblick auf das Paradigma des IPCC ist die Herkunft der jüngsten CO_2-Anstiege. Sind sie natürlich oder durch die Verbrennung fossiler Brennstoffe verursacht? … Die überwiegende Zahl der Beweise deutet darauf hin, dass die menschlichen Emissionen kein signifikanter Faktor für den Anstieg sind. Wie unten gezeigt, haben frühere IPCC-Veröffentlichungen, die nicht mehr online verfügbar[20] *sind, die menschlichen CO_2-Emissionen auf etwa 4–5 % der globalen Gesamtemissionen berechnet. Die natürlichen Kohlenstoffquellen überwiegen die menschlichen Emissionen bei weitem. Die Senken, die diese Quellen in geologischer Zeit ausgleichen, sind die Auflösung von CO_2 in den kalten Ozeanen, seine Zirkulation innerhalb der Ozeane, die Photosynthese zur Bildung von Pflanzenmaterial …, seine Verwendung durch Meeresorganismen zur Bildung von Exoskeletten und seine anorganische Ausfällung als Calciumcarbonat. Satellitendaten bestätigen Segalstads* [1998] *Analyse des $^{13}C/^{12}C$-Verhältnisses für CO_2 in der Atmosphäre. Er zeigte, dass das Isotopenverhältnis in der Atmosphäre heute nicht viel anders ist als in der vorindustriellen Zeit. Da fossile Brennstoffe reich an ^{12}C sind, würde ihre Verbrennung das Verhältnis stören, und Segalstads Messungen deckten nur geringe isotopische Unterschiede zwischen der heutigen und der vorindustriellen Atmosphäre auf, ein klares Zeichen dafür, dass fossile Brennstoffe nicht die Hauptquelle für den Anstieg des atmosphärischen CO_2 sind. … Es gibt eine beträchtliche Menge an neueren globalen Daten von europäischen, amerikanischen und japanischen Satelliten, die das gesamte atmosphärische CO_2 weltweit messen. Die Daten sind schwer zugänglich, und wo sie veröffentlicht wurden, erschienen die Interpretationen ihrer Autoren ‚primitiv' und ‚herausgepickt', um der ‚Parteilinie'*

[20] Berichte und Zwischenberichte des IPCC können ohne Ausnahme von www.ipcc.ch abgerufen werden.

der Agentur über die Gefahren von ‚Treibhausgasen' zu entsprechen. … Die Daten … zeigen, dass die CO_2-Gehalte über den industriell geprägten USA und Westeuropa etwa 25 ppmv niedriger sind als die Werte über dem Amazonas und subtropischen Afrika. Mit ihrer üppigen Vegetation wären die tropischen Regenwälder mit ihrer üppigen Vegetation eine Photosynthese-Senke, doch die Daten zeigen hohe Werte, die charakteristisch für sie als Quelle sind. Die Agenturen, die die Daten sammeln, vermuten, dass die hohen CO_2-Werte durch das ‚Verbrennen von Savannen und Wäldern' verursacht werden. Die Daten zeigen auch, dass die tropischen Breiten sowohl über Land als auch Wasser die Hauptquellen sind." (Hertzberg et al. 2016).

„Die derzeitigen Modelle für den Kohlenstoffkreislauf verlassen sich zur Erklärung der jüngsten Trends auf unbekannte Senken. Angeblich bestanden diese zusätzlichen Senken vor der Industrialisierung nicht und sind erst als Folge der zunehmenden Kohlendioxidkonzentration in der Atmosphäre aufgetaucht." (Singer 2008)

Nicht jedes einzelne zusätzliche CO_2-Molekül in der Atmosphäre geht direkt auf menschliches Handeln zurück, die zusätzliche Gesamtmenge jedoch sehr wohl

Die Natur kann ein vom Menschen stammendes CO_2-Molekül kaum von einem anderen unterscheiden. Entscheidend ist, dass für jedes Molekül, welches über die Aufnahmefähigkeit der Natur hinausgeht, dieses oder ein anderes Molekül in der Atmosphäre verbleibt. Nur ein (allerdings sehr wohl messbarer) Teil davon ist direkt auf menschliche Aktivitäten zurückzuführen. Die Anreicherung, die natürliche Einflüsse übersteigt, ist jedoch sehr wohl vom Menschen verursacht.

Der grundsätzliche Denkfehler der zitierten Argumente ist es, den Quellen von CO_2 (woher es stammt) nicht die

Senken[21] (wo es aus der Atmosphäre aufgenommen wird) unter Gleichgewichtsbedingungen gegenüberzustellen: Nehmen wir an, die Abgabe der natürlichen Quellen sei vorindustriell exakt auf dem gleichen Niveau gewesen wie die Aufnahme durch Ozeane, Pflanzen, Böden etc.[22] Bleiben alle anderen Einflussgrößen ebenfalls unverändert, so stellt sich eine bestimmte globale Temperatur ein. Es kommt dann also nicht zu einer Temperaturänderung. Geben wir jetzt zusätzliches Treibhausgas in die Atmosphäre, so verändert sich dieses Gleichgewicht. Die Konzentration des Treibhausgases steigt um den zusätzlichen Betrag abzüglich dessen, was die Senken – also diejenigen Komponenten der Umwelt, die CO_2 speichern können – zusätzlich aufnehmen können, was unter anderem abhängig von der Geschwindigkeit der CO_2-Änderung ist. Es kommt zu einer Temperaturänderung durch das CO_2, welches in der Atmosphäre verbleibt, sich also dort anreichert. Das ursprüngliche CO_2-Niveau ist nun sehr wohl für die absolute Höhe der Temperatur, jedoch nicht für das Maß der Temperaturänderung von Bedeutung. Folglich ist es das zusätzliche CO_2, welches die Veränderung der Temperatur bewirkt. Diese Betrachtung ist vereinfacht, da auch die natürlichen Einflussgrößen in Wahrheit nicht konstant bleiben, macht aber den grundlegenden Trugschluss in der obigen Argumentation deutlich.

Der Denkfehler bezüglich der wirkenden Prozesse in den zitierten Argumenten ist, dass alles „natürliche"

[21] Ein natürliches Reservoir, welches Kohlenstoff aufnehmen und zeitweise oder dauerhaft speichern kann.

[22] In Wirklichkeit handelt es sich um ein Fließgleichgewicht, also ein Pendeln um einen relativ konstanten Wert, der einmal über-, ein anderes Mal unterschritten wird.

CO_2 in den natürlichen Kreislauf einbezogen würde, während jedes einzelne anthropogene CO_2-Molekül in der Atmosphäre verbleiben würde. Die Realität ist aber, dass die Senken kaum zwischen den Molekülen aus unterschiedlichen Quellen unterscheiden können. Entsprechend nimmt eine Senke das nächste verfügbare CO_2-Molekül auf, ziemlich gleichgültig, ob dieses aus natürlichen Kreisläufen oder vom Menschen stammt. Nimmt sie dabei jedoch ein „anthropogenes" Molekül auf, so lässt sie ein „natürliches" in der Atmosphäre zurück. Die Anreicherung ist also menschengemacht, auch wenn nicht jedes einzelne menschengemachte Molekül in der Atmosphäre verbleibt. Da sich die Aufnahmekapazität der Senken, insbesondere der Ozeane (Kap. 5.5) und der Vegetation (Kap. 6.2), erhöht hat[23], ist der Zuwachs in der Atmosphäre sogar niedriger als die Gesamtsumme der Emissionen.

Die mittlere Verweildauer zusätzlicher CO_2-Moleküle (nicht die Verweildauer der individuellen Moleküle!) in der Atmosphäre lässt sich abschätzen, wobei Unsicherheiten vor allem darin bestehen, wie lange und in welchem Maß die Senken in der Lage sein werden, zusätzliches CO_2 aufzunehmen (Friend et al. 2014). 20–35 % der Menge zusätzlichen Kohlenstoffdioxids werden für mindestens 200 Jahre in der Atmosphäre verweilen (Archer et al. 2009), die komplette Neutralisierung wird auf mindestens drei Jahrtausende berechnet (Archer 2005).

[23] Früher wegen mangelnder Kenntnis der Größe, nicht aber der Art als „unbekannt" bezeichnete Senken, wie z. B. von Riebesell & Wolf-Gladrow (1993) beschrieben, können mittlerweile deutlich präziser erfasst werden, wie z. B. Resplandy et al. (2018) zeigen.

*„Auch zum Treibhaus hat Berner [*Berner & Streif 2000*] ‚Klimafakten' zu berichten: er betont, der Mensch trage nur 2 % zum Treibhauseffekt bei. Der Laie atmet auf: der Einfluss des Menschen ist eben doch verschwindend gering. Doch auch hier schlummert kein Wissenschaftsstreit – die Zahl entstammt dem IPCC-Bericht. Streiten kann man höchstens darüber, wie Berner diesen Wert in seiner Öffentlichkeitsarbeit einsetzt: nämlich meist, ohne zu erwähnen, dass der gesamte (natürliche) Treibhauseffekt etwa 33 °C ausmacht; ohne ihn herrschte auf der Erde lebensfeindliche Kälte. Eine kurze Überschlagsrechnung macht auch dem Laien klar: Eine Verstärkung durch den Menschen um zwei Prozent passt gut zu der gemessenen Erwärmung von 0,7 Grad in den vergangenen 100 Jahren."* (Rahmstorf 2002)

Die Ausführungen von Hertzberg et al. (2016) zeigen übrigens typische manipulative Argumentationstechniken. Nehmen wir als Beispiel eine der Abbildungen (deren Abb. 8). Diese Abbildung zeigt die höchsten atmosphärischen CO_2-Konzentrationen über tropischen Wäldern. Als Quelle wird der Blog Brandenberger (o. J.) angegeben. Diese Quellenangabe ist offensichtlich falsch, da es sich bei der Abbildung erkennbar um eine Bildschirmkopie aus einem knapp einstündigen YouTube-Video von Salby (2011) handelt, in dem diese Abbildung ohne Angabe des genauen Zeitpunkts der Messung wiedergegeben wird. Die falsch angegebene Quelle ist dennoch sehr aufschlussreich, denn sie verlinkt wiederum auf ein seriöses Video (Deutsches Zentrum für Luft- und Raumfahrt 2012), aus dem offensichtlich wird, dass die Abbildung eine Momentaufnahme aus einer zehnjährigen Messreihe darstellt, bei der dieses Muster nur gelegentlich auftritt: Rosinenpicken vom Feinsten!

Die Ideen von Harde wurden tatsächlich in einer der angesehensten Fachzeitschriften veröffentlicht (Harde 2017b). Diese Arbeit gilt nach einer Widerlegung mit fundamentaler Kritik (Andrews 2020; Köhler et al. 2018) als Musterbeispiel dafür, dass das Gutachtersystem in Einzelfällen auch versagen kann, wodurch es zur Veröffentlichung wissenschaftlich inakzeptabler Beiträge kommen kann (Grosjean et al. 2018). Berry (2019) und Essenhigh (2009) unterlaufen ähnliche Fehlschlüsse (vgl. Andrews 2020; Cawley 2011).

Mit den in den Texten erwähnten Isotopenverhältnissen der Kohlenstoffatome in den CO_2-Molekülen werden wir uns in Kap. 5.5 beschäftigen.

5.4.8 CO_2 wirkt in Wahrheit abkühlend

„Messungen der obersten Sandschicht [in der Sahara] *ergaben Temperaturen von 80 °C, die bereits am späten Vormittag erreicht wurden und danach nicht mehr anstiegen. … Wenn man nun die Treibhaushypothese wörtlich nimmt, dann müssten diese Temperaturen in der Sahara um 33 °C über einer fiktiven Temperatur liegen, die sich ergäbe, wenn nicht dank ‚Treibhausgasen' die Erde zusätzlich beheizt würde. Andersherum betrachtet müsste ein Himmelskörper ohne Lufthülle und damit ohne ‚Treibhausgase' bei gleichen Bedingungen (geographische Breite, Sand- oder Stauboberfläche, Abstand zur Sonne) eine Temperatur in der Umgebung von 47 °C aufweisen, weil ihm die angeblich heizenden IR-aktiven Gase ja fehlen. Ein solcher Vergleichshimmelskörper ist überraschenderweise tatsächlich vorhanden. Es handelt sich um den Erdmond. … Er hat keine Atmosphäre. Bei dem derzeit laufenden ‚Diviner-Experiment' wurden von einem den Mond umkreisenden Satelliten Temperaturen von bis zu 137 °C gemessen. Offensichtlich widerspricht die Aussage ‚Himmelskörper wird heiß durch Treibhausgase' der Naturbeobachtung. … Die Kühlung der Erde wird also weit überwiegend durch die Atmosphäre bewirkt. … Weil die Luft kalt ist, kann sie den Erdboden kühlen. Deshalb ist der Erdboden selbst in der Sahara viel kälter als der sonnenbeschienene*

Mondstaub. ... Die Spurengase und Wasserdampf sind IR-aktiv, d. h., sie strahlen Energie im Infrarotspektrum ab. Sie sind es also, die aus der Atmosphäre heraus Energie ins Weltall entsorgen. Sie kühlen die Atmosphäre und sind für 70 % der Kühlung der Erde insgesamt verantwortlich. Im Rahmen des CO_2*-Dogmas werden diese IR-aktiven Gase ‚Treibhausgase' genannt. Die ‚Treibhausgase' kühlen also die Erde." (Ermecke 2014, 2018)*

Diese Aussage ignoriert meteorologische, astronomische und physikalische Grundlagen

Die wichtigsten Fehler: Die Mondoberfläche kühlt sich in der Mondnacht extrem ab; Winde transportieren Wärme aus der Sahara ab; „infrarotaktiv" bedeutet nicht die Abgabe von Wärmestrahlung, sondern deren Absorption, also Aufnahme.

Zum Ersten sind schon einmal die erwarteten 33 °C Unterschied falsch berechnet, da die Mondoberfläche ganz andere Reflexionseigenschaften besitzt als die Erde (vgl. zur Bedeutung der Reflexionen Kap. 6.3). Obendrein ist in der Sahara das wichtigste Treibhausgas, Wasserdampf, nur zeitlich sehr begrenzt vorhanden (vgl. Kap. 5.4.2). Der nächste Fehler ist das Vernachlässigen der Atmosphärischen Zirkulation[24]: Die Sahara liegt nämlich unter dem ganzjährigen Einfluss des sog. Subtropenhochs,

[24] Die atmosphärische Zirkulation ist die Summe der großräumigen vertikalen und horizontalen Luftbewegungen. Sie ist eine Folge der räumlichen Unterschiede in der Sonneneinstrahlung, die zu regionalen Luftdruckunterschieden und damit Winden führen. Gegenspieler ist die ablenkende Kraft der Erdrotation (Coriolis-Scheinkraft), die einen Ausgleich von großräumigen Luftdruckunterschieden in der Höhe der Troposphäre verhindert. Diese Kraft wird in Erdnähe wiederum durch Reibung gebremst, sodass dort ein Ausgleich durch Winde erfolgen kann, der aber typischerweise auch nicht auf geradem Weg, sondern auf gekrümmten Pfaden erfolgt.

d. h., dass Luft von dort praktisch nie in die höhere Atmosphäre aufsteigt, sondern Winde in Erdoberflächennähe in höhere und niedrigere Breiten wehen und dabei Wärme mit sich nehmen. Ferner wird lediglich die Temperatur der Mondoberfläche nach mehreren (Erden-) Tagen mit intensiver Sonneneinstrahlung aufgeführt, nicht aber die extrem niedrigen Temperaturen der Mondnacht (bis zu −150 °C), woraus sich eine Durchschnittstemperatur auf dem Mond von auf jeden Fall unter 0 °C ergeben würde (Rahmstorf 2014). Die Schlussfolgerung, dass Treibhausgase die Atmosphäre kühlen würden, ist physikalischer Unsinn (Benestad 2017a) mit einem Körnchen Wahrheit: Wenn die Treibhausgase, allen voran CO_2, in der Höhe der Atmosphäre die Wärmestrahlung nicht an den Weltraum abgeben würden, wäre die Temperatur der Atmosphäre noch weitaus höher (vgl. Kap. 5.4.4). Ferner verlagert sich die Abgabe an den Weltraum, wo die Atmosphäre also letztlich abgekühlt wird, in höhere Atmosphärenschichten; ein Teil dieser Abgabe erfolgt erst in der Stratosphäre, die sich dort dann tatsächlich abkühlt (vgl. Kap. 5.4.4). Hinzu kommen noch weitere „Kleinigkeiten": Der Begriff IR-aktiv bezieht sich nicht vorrangig auf die Abgabe von Photonen, sondern auf die Fähigkeit eines Moleküls, IR-Strahlung aufzunehmen (vgl. Kap. 5.4.1); die Abgabe kann dann sowohl durch Wärmestrahlung als auch durch Konduktion erfolgen. Darüber hinaus geht es bei der Diskussion der Anthropogenen Globalen Erwärmung nicht um die Bodentemperatur, sondern um die Temperatur der Luft.

Eine andere, sogar publizierte Quelle leitet eine Kühlung der Atmosphäre durch CO_2 allein aus den Temperaturgradienten der Atmosphäre ab (Chilingar et al. 2008) und begeht dabei die gleichen Denkfehler, wie wir sie in Kap. 5.4.6 diskutiert haben: nämlich aus statischen Betrachtungen, die letztlich auf dem Gasgesetz basieren, dessen einzelne Zustandsgrößen voneinander abhängen, auf atmosphärische Prozesse zu schließen; ferner vernachlässigen sie dabei die tatsächliche, messbare Temperaturverteilung in der Atmosphäre. Thumulla (2015), der ebenfalls eine Kühlung postuliert, begeht genau den gegenteiligen Fehler, indem er das Gasgesetz überhaupt nicht berücksichtigt und annimmt, in einer Atmosphäre ohne Treibhausgase müsste sich eine vertikal einheitliche Temperatur einstellen.[25]

5.4.9 Andere Planeten des Sonnensystems erwärmen sich auch – ohne menschliche Beteiligung

„Manche Menschen glauben, dass unser Planet an einem Fieber leidet. Jetzt sagen uns Wissenschaftler, dass der Mars seine eigene planetarische Erwärmung erlebt: die marsianische Erwärmung. Es scheint, dass Wissenschaftler in letzter Zeit bemerkt haben, dass eine ganze Reihe von Planeten in unserem Sonnensystem sich ein bisschen zu erwärmen scheint, einschließlich Pluto. Die NASA sagt, dass die ‚Eiskappe' des Mars-Südpols seit drei Sommern in Folge schrumpft. Vielleicht hat der Mars sein Fieber von der Erde bekommen. Wenn dem so ist, hat der Jupiter wohl die gleiche Erkältung erwischt, denn auch er erwärmt sich, wie der Pluto. Das hat einige Leute, nicht unbedingt Wissenschaftler, dazu gebracht, sich zu fragen, ob Mars und Jupiter, die das Kyoto-Abkommen nicht unterzeichnet haben, tatsächlich von außerirdischen SUV-fahrenden Industriellen bewohnt werden, die ihre Klimaanlagen auf 60 Grad laufen lassen und sich weigern zu recyceln. Dumm, ich weiß, aber ich frage mich, was

---

[25] Aufgrund der mit der Höhe abnehmenden Druck- und Dichtewerte müsste nach Formel (5.1) auch in einer solchen Atmosphäre die mittlere Temperatur mit der Höhe sinken.

all diese Planeten, Zwergplaneten und Monde in unserem SOLAR-System gemeinsam haben. Hmmmm. SOLAR-System. Hmmmm. Sonnensystem? Ich frage mich. Nee, ich denke, wir sollten nicht einmal darüber reden. Die Wissenschaft ist absolut entschieden. Es gibt doch einen Konsens …" (National Review Staff 2007)

Die Daten vom Mars zeigen in Wahrheit keinen Temperaturtrend, die Werte wurden „rosinengepickt" und die äußeren Planeten werden noch gar nicht lange genug beobachtet, um ihr Klima zu verstehen

Der einzige Himmelkörper, für den die Möglichkeit eines Klimawandels analog zur Erde wissenschaftlich diskutiert wurde, ist der Mars. Fenton et al. (2007) haben zwei Albedo-Daten publiziert, die eine Erwärmung zeigen sollten. Nimmt man aber alle bekannten Daten zusammen, erkennt man, dass aus einem (scheinbaren) Chaos von Werten gerade zwei passende herausgesucht wurden (Kleber 2019a). Für alle äußeren Planeten ist die Beobachtungszeit noch viel zu kurz: Lediglich bei Jupiter gibt es über mehr als eines seiner Jahre (≈ 12 Erdenjahren) Beobachtungen, aber keineswegs für 30 davon. Für alle anderen äußeren Planeten hat man noch nicht einmal über eines ihrer Jahre Daten. Es ist also unbekannt, welchen Rhythmen die Klimate anderer Planeten unterworfen sind.

5.5 Das CO_2 stammt in Wahrheit aus den Ozeanen

„*Die wahrscheinlichsten Quellen* [von CO_2 während der eiszeitlichen Klimaänderungen] *wären die tropischen Ozeane und andere natürliche Ereignisse wie vulkanische Emissionen, Waldsterben, vegetativer Zerfall und Kalksteinverwitterung. Die gleichen Quellen sind wahrscheinlich auch für den jüngsten Anstieg des atmosphärischen CO_2 verantwortlich.*

Die Menge an CO_2, die in den Ozeanen als Kohlenstoff gelöst ist, ist etwa 50-mal größer als die Menge in der Atmosphäre. Wenn sich die Ozeane erwärmen, wird gelöstes CO_2 in die Atmosphäre abgegeben, so wie Limonade CO_2 -Blasen abgibt, wenn sie in ein wärmeres Glas gegossen wird. Wenn die Ozeane wieder abkühlen, löst sich das CO_2 wieder in den Ozeanen auf…" (Hertzberg et al. 2016)

„*Fakt ist: Die CO_2-Anhänger schließen alle anderen Faktoren aus, obwohl andere Faktoren viel überzeugender sind, vor allem Sonnenintensität und Wolkenbildung. Diese Faktoren (die größtenteils miteinander verbunden sind) beeinflussen das Klima:*

- *Sonne mit ihren Schwankungen bei Elektromagnetismus, UV-Strahlen, etc.*
- *Wasserdampf/Wolkenbildung durch Aerosole*
- *Ozeane (als Puffer für Temperaturen, Quelle für Verdunstung, Abgabe von CO_2 bei Erwärmung, Aufnahme von CO_2 bei Abkühlung).*
- *Natürlich schwankende Meeresströmungen wie El Niño und La Niña (El Niño-Southern Oscillation, ENSO) – das Ereignis 2015/2016 war das drittstärkste seit 65 Jahren.*
- *Milancovic-Zyklen (zyklische Schwankungen bei Erdumlaufbahn, Achsenneigung, etc.)*
- *Albedo (Reflexionsgrad und Reflexionsflächen von Eisflächen, Wolken, etc.)*
- *Natürliche Schwankungen des Erdmagnetfelds*
- *Atmosphären-Zusammensetzung, Luftverschmutzung und dämmende Schmutzpartikel*
- *Abholzung der Wälder durch den Menschen*
- *Hitzeflächen (Städte)*
- *Kosmische Strahlung*
- *Gase wie CO_2, Methan, Distickstoffmonoxid (Lachgas) und Fluorchlorkohlenwasserstoffe*
- *Vulkaneruptionen (vor allem unter Wasser)*" *(Gastmann* 2020, *in diesem Kapitel greifen wir v. a. das dritte Argument auf, welches sich auf die Ozeane bezieht)*

„Wenn die globale Temperatur steigt, nimmt die Löslichkeit des Kohlendioxids im Ozeanwasser ab, und ein Teil des Kohlendioxidgehalts des Ozeanwassers wird in die Atmosphäre verlagert, wodurch die Illusion entsteht, dass die erhöhte Konzentration des Kohlendioxids, das die Atmosphäre erwärmt, eine Folge anthropogener Aktivitäten ist.“ (Khilyuk & Chilingar 2006)[26]

Das vom Menschen abgegebene CO_2 wird teilweise von den Ozeanen aufgenommen, daher kann es nicht von dort stammen

Wie viel CO_2 die Ozeane aufnehmen, hängt neben der Temperatur von der Menge an CO_2 in der Atmosphäre ab. Da Letztere so stark ansteigt, nehmen die Meere derzeit sogar zusätzliches CO_2 auf.

Tatsächlich zeigen Isotopen-Messungen, dass der Kohlenstoff in der Atmosphäre zunehmend aus einer alten organischen Quelle stammt. Solche Quellen sind Erdöl, Erdgas oder Kohle. Zudem lässt sich aus ökonomischen Daten abschätzen, wie viel CO_2 die Menschheit freisetzt.

Die Aussage, dass das CO_2 während der Eiszeitzyklen im Wesentlichen im Austausch mit den Ozeanen in die Atmosphäre gelangt ist, ist korrekt (vgl. Kap. 5.4.2). Die Idee, dass Quellen für atmosphärisches CO_2 auch Kalksteine sein können, ist allerdings unsinnig, da bei der Lösung von Kalkstein CO_2 eingebunden wird, welches bei der erneuten Ausfällung wieder frei wird – also ein

[26] Diese Veröffentlichung enthält eine Vielzahl noch weit schwerwiegenderer Fehlschlüsse, auf die Aeschbach-Hertig (2007) ausführlich eingeht. Sie kann ebenfalls als ein Beispiel des Versagens des Begutachtungssystems gelten. Eine seriöse Zeitschrift dürfte eine Arbeit, die derart außerhalb ihrer sonstigen inhaltlichen Ausrichtung und Expertise liegt, eigentlich gar nicht zur Begutachtung annehmen, sondern müsste auf ein anderes Publikationsorgan verweisen, wo eine entsprechende Fachkompetenz vorliegt.

Nullsummenspiel.[27] Die Schlussfolgerungen für die aktuelle CO_2-Anreicherung sind allerdings völlig falsch. Grundsätzlich trifft zwar zu, dass die physikalische Löslichkeit von Gasen in einer Flüssigkeit sich umgekehrt zur Temperatur verhält, aber der Zusammenhang ist komplizierter. Die Beziehung zwischen Löslichkeit und Temperatur zeigen die folgende Formel und die Tabelle für CO_2 gemäß dem Henry-Gesetz:

$$CO_{2(\text{gelöst})} = L \cdot P_i \cdot 1,964 \cdot \left(\text{mg} \cdot l^{-1}\right) \tag{5.2}$$

Die Formel beschreibt die (hauptsächlich physikalische) Lösungskonzentration des Gases CO_2 in Wasser. Sie besteht aus zwei Variablen und einer Konstanten. Der variable Faktor L beschreibt die Temperaturabhängigkeit, einige Werte dafür finden sich in der Tab. 5.1. Aber da ist ja noch ein zweiter variabler Faktor: P_i. Dabei handelt es sich um den sog. Partialdruck des CO_2, der sich wie folgt errechnen lässt:

$$P_i(\text{Partialdruck}) = \chi_i\left(\text{Stoffmengenanteil } CO_2\right) \cdot P(\text{gesamter Luftdruck}) \tag{5.3}$$

Dieser zweite Faktor beschreibt somit den Anteil des CO_2 an der gesamten Atmosphäre, mit der Einheit Pascal für Druck. Nicht die Temperatur des Ozeans allein entscheidet also darüber, ob der Ozean CO_2 aufnimmt (bei Abkühlung) oder abgibt (bei Erwärmung),

Tab. 5.1 Temperaturabhängigkeit der Löslichkeit von CO_2 in Wasser

t (°C)	0	5	10	15	17	20	30
L	1,7	1,4	1,2	1	0,95	0,9	0,7

[27] Die Neubildung von Kalkstein entzieht sogar CO_2 aus der Atmosphäre.

sondern zusätzlich muss noch die Menge an CO_2 in der Atmosphäre berücksichtigt werden. Die beiden Faktoren wirken derzeit gegeneinander: Die Ozeane erwärmen sich in weiten Teilen und geben deshalb CO_2 ab, der CO_2-Partialdruck erhöht sich jedoch und bewirkt, dass das Wasser mehr CO_2 aufnimmt. Sieht man von der Trägheit des Prozesses (und den Besonderheiten durch die Tiefenströmungen der Ozeane) einmal ab, so lässt sich nach Formel (5.2) für jede Kombination der beiden Faktoren zumindest ermitteln, ob sich in den Ozeanen mehr oder weniger CO_2 lösen kann als bei einer anderen Kombination. Steigt P_i schneller als L abnimmt, dann nimmt das Wasser trotz steigender Temperatur zusätzliches CO_2 auf. Beim derzeitigen exzessiven Anstieg des CO_2 ist dies gegeben. Nebenbei sei bemerkt: Der Gehalt der Atmosphäre an Sauerstoff, also sein Partialdruck, wächst im Gegensatz zum CO_2 nicht. Da Sauerstoff aber den gleichen physikalischen Gesetzmäßigkeiten unterliegt, nimmt mit der globalen Erwärmung seine Konzentration in den Ozeanen ab, was für das Leben im Meer eine existenzielle Bedrohung darstellt (Keeling et al. 2010; Robinson 2019).

Dass sich die oberen Schichten der Ozeane in den letzten Jahrzehnten erwärmt haben, wurde vielfach durch Messungen bestätigt (Barnett et al. 2005; Swart et al. 2018; Tokarska et al. 2019). Zugleich lässt sich aber auch messen, dass die Ozeane CO_2 aufnehmen und nicht abgeben, da der pH-Wert, also das Maß dafür, ob eine wässrige Lösung einen sauren oder basischen Charakter aufweist, sinkt. Das Ozeanwasser ist messbar saurer geworden: Vor der Industrialisierung lag der durchschnittliche pH-Wert bei 8,16, während er heute 8,05 beträgt (Doney et al. 2020; Terhaar et al. 2020).

Wenn die Aussage also offensichtlich falsch ist, dass das CO_2 in der Atmosphäre aus den erwärmten

Ozeanen stammt, stellt sich die Frage, ob sich die tatsächlichen Quellen ermitteln lassen. Hierbei hilft die Analyse von Isotopen des Kohlenstoffs. Atome des gleichen Elements unterscheiden sich manchmal in der Zahl der Neutronen im Atomkern. Die Summe von Protonen und Neutronen, die sog. Massenzahl, wird durch eine hochgestellte Zahl vor dem Elementsymbol dargestellt. Drei der wichtigsten Elemente in der Atmosphäre sind Sauerstoff (O), Wasserstoff (H) und Kohlenstoff (C). Wir befassen uns an dieser Stelle hauptsächlich mit Letzterem. Kohlenstoff hat drei relativ häufige Isotope: ^{12}C, ^{13}C und ^{14}C. Letzteres zerfällt mit einer Halbwertszeit von 5730 Jahren, die beiden anderen sind stabil. Haben wir in Kap. 5.4.7 noch geschrieben, dass die Natur die CO_2-Moleküle fast gleich behandelt, müssen wir uns jetzt mit dem Wörtchen „fast" befassen. Pflanzen nehmen nämlich das etwas leichtere CO_2-Molekül mit einem ^{12}C-Atom bevorzugt auf und lassen deshalb häufiger eines mit ^{13}C in der Atmosphäre zurück. Im Wasser der Ozeane hingegen herrscht beinahe ein Gleichgewicht mit der Kohlenstoff-Isotopenzusammensetzung der Atmosphäre. Die Atmosphäre ist den Werten der Ozeane somit sehr nahe. Wenn also die Ozeane CO_2 an die Atmosphäre abgeben würden, dann bliebe dort das Isotopenverhältnis annähernd gleich. Nun lässt sich aber messen, dass der Anteil des ^{13}C in der Atmosphäre kontinuierlich abnimmt (ESRL Global Monitoring Division 2021; Keeling et al. 2005; Rayner et al. 2008), was Ozeane als Quelle ausschließt[28]; er erniedrigt sich sogar in den Ozeanen selbst, die ja aus der sich ändernden Atmosphäre CO_2 aufnehmen, wie an Korallen des Great Barrier Reef,

[28] Was mittlerweile durch Piao et al. (2020b) auch mit anderen Methoden bestätigt wurde.

Australien, gemessen wurde (Wei et al. 2009). Dies belegt, dass die dominierende Quelle des CO_2 eine biologische sein muss, während die Ozeane ausgeschlossen werden können. Biologische Quellen sind Pflanzen (z. B. bei Verwesung, Bränden oder durch Rodungen) oder Böden, aber auch Erdöl, Erdgas oder Kohle.

Wie schon erwähnt, gibt es auch ein radioaktives Kohlenstoff-Isotop ^{14}C. Dieses zerfällt und ist spätestens nach 70.000 Jahren praktisch nicht mehr nachweisbar. Dementsprechend enthalten fossile Energieträger, die ja Jahrmillionen alt sind, allenfalls geringste Spuren dieses Isotops (vgl. Kleber 2020g: #7). Da dieses Isotop in Eisschichten und in das Holz von Jahresringen der Bäume eingelagert wird, kann man seine Veränderung z. T. aufs Jahr genau rekonstruieren. Dabei zeigt sich, dass seit Beginn der Industrialisierung der Anteil des ^{14}C in der Atmosphäre ständig abnahm (Basu et al. 2016; Hmiel et al. 2020). Damit ist belegt, dass das zusätzliche CO_2 aus Quellen stammte, die arm an radioaktivem Kohlenstoff waren, also nicht aus der lebendigen Natur, sondern aus alten Quellen – fossilen Energieträgern. Allerdings konnte diese Methode nur bis ca. 1950 ohne Einschränkungen angewandt werden, weil danach durch Kernwaffentests große Mengen radioaktiven Kohlenstoffs in die Atmosphäre gelangten (Carbon Dating Service, AMS Miami 2015). In jüngerer Zeit liegen jedoch so dichte Messwerte des ^{14}C in der Atmosphäre vor, dass auch äußerst kleine Veränderungen beobachtet werden können. Infolgedessen wird die Herkunft des CO_2 aus fossilen Quellen nun auch wieder zusätzlich mit diesem methodischen Ansatz analysiert (Basu et al. 2020).

Die Möglichkeit, die Vögele (2017) andeutet, dass die Abnahme der ^{14}C-Anteile auch durch vulkanische Quellen erklärt werden könnte, würde bedeuten, dass der Vulkanismus in den letzten gut 150 Jahren drastisch zugenommen haben müsste, wofür es keine Anzeichen gibt (Lehmann et al. 2013). Insbesondere aber steht diese Idee in klarem Gegensatz zur Veränderung beim ^{13}C-Anteil, der wiederum nicht durch vulkanische Quellen, sondern nur durch eine organische Herkunft des CO_2 erklärt werden kann (s. o.). Die absolute Menge an CO_2, das durch Vulkanismus in den letzten Jahrzehnten in die Atmosphäre gelangte, kann recht genau abgeschätzt werden und liegt – von einzelnen großen Ausbrüchen in historischer Zeit abgesehen, die jeweils nur eine kurzfristige Wirkung von zwei bis drei Jahren hatten – auf jeden Fall um eine Größenordnung unter dem anthropogenen Beitrag (Gerlach 2011; Werner et al. 2020). Und diese Menge müsste ja seit Jahrzehnten drastisch ansteigen, ohne dass wir von steigender vulkanischer Aktivität etwas mitbekommen hätten.

Ganz generell scheitert jeder Versuch, die gestiegenen CO_2-Konzentrationen der Atmosphäre vorwiegend natürlichen Quellen zuschreiben zu wollen, daran, dass der globale Verbrauch an fossilen Brennstoffen und damit die Menge frei gewordenen Kohlenstoffdioxids ziemlich genau bekannt sind (Le Quéré et al. 2016), wenn auch Behörden möglicherweise dazu neigen, etwas zu niedrige Angaben weiterzuleiten (Lauvaux et al. 2020).

5.6 Ist nicht die Sonne der wichtigste Einflussfaktor für das Klima?

„So geht das IPCC davon aus, dass die über das letzte Jahrhundert beobachtete Zunahme in der CO_2-Konzentration von 90 ppm maßgeblich für die Erwärmung um 0,8 °C verantwortlich sei. Aber auch dies steht im Widerspruch zu einem beobachteten zwischenzeitlichen Temperaturrückgang in den 40er- bis 70er-Jahren, der nur über den solaren Ein-

fluss erklärbar ist, während die CO_2-Konzentration in dieser Zeit kontinuierlich weiter anstieg. … Dagegen trägt entgegen den Annahmen durch das IPCC die Sonne, die auch schon vor der Industrialisierung maßgeblich unser Klima diktierte, zu einer weiteren Erwärmung von knapp 0,5 °C über das vergangene Jahrhundert bei. Dieser Beitrag erklärt sich aus der vor allem über die zweite Hälfte des letzten Jahrhunderts leicht angestiegenen Solaraktivität und ihrer Rückwirkung auf die Wolkenbildung. Dabei wird durch aktuelle Ergebnisse bestätigt, dass die in die Atmosphäre eintretende kosmische Hintergrundstrahlung einen direkten Einfluss auf die Wolkenbildung besitzt (Svensmark et al. 2017*). Diese Strahlung wird bei erhöhter Solaraktivität und somit erhöhtem Solarmagnetfeld leicht geschwächt, was eine reduzierte Bewölkung zur Folge hat, wie sie auch über die 80er- und 90er-Jahre über Satellitenmessungen beobachtet wurde. Dies führt dann ihrerseits zu einer Verstärkung der solaren Aufheizung in Form einer positiven Rückkopplung. … Damit lässt sich die gemessene Erwärmung über das letzte Jahrhundert in sehr guter Übereinstimmung mit allen weiteren Beobachtungen und Rechnungen in Einklang bringen. Danach zeigt sich, dass der Solareinfluss gut 60 % und das CO_2 weniger als 40 % zu der Erwärmung über diesen Zeitraum beigetragen haben (Harde* 2017a*). Da nur 15 % des globalen CO_2-Anstiegs anthropogenen Ursprungs sind, bleiben gerade einmal 15 % von 0,3 °C, also weniger als 0,05 °C über, die dem Menschen in der Gesamtbilanz zuzuschreiben sind. Angesichts dieses verschwindend kleinen Beitrags, an dem die Deutschen wiederum nur zu 2,8 % beteiligt sind, erscheint es geradezu lächerlich annehmen zu wollen, dass ein Kohle-Ausstieg und weitere Einsparungen bei fossilen Brennstoffen auch nur im Entferntesten einen Einfluss auf unser Klima haben könnten. Änderungen unseres Klimas gehen auf natürliche Wechselwirkungsprozesse zurück, die unseren menschlichen Einfluss um Größenordnungen übersteigen.“* (Harde 2019)

„Was solare Einflüsse auf das Klima betrifft, war das IPCC unredlich. Ihr erster Bericht ignorierte Schwankungen der Sonnenaktivitat gänzlich. Die IPCC begann erst nach den

*bahnbrechenden Arbeiten von Baliunas & Jastrow (*1990*) und der überraschenden Korrelation zwischen der Temperaturentwicklung und der Lange* [sic] *der Sonnenzyklen im 20. Jahrhundert, die Friis-Christensen & Lassen (*1991*) veröffentlicht hatten, davon Notiz zu nehmen. Selbst danach und bis heute haben sich die IPCC-Berichte nur auf die zyklischen Veränderungen der Gesamtsonnenstrahlung (total solar irradiance, TSI) konzentriert, die in der Größenordnung von 0,1 % recht gering ausfallen (Lean et al.* 1995*; Willson & Mordvinov* 2003*). Indem der Bericht die viel größeren Änderungen der UV-Strahlung der Sonne (Haigh* 1996, 2003*) oder des Sonnenwinds und die Auswirkungen des durch diesen angeregten Magnetfelds auf die Höhenstrahlen und damit auf die Wolkendecke (Svensmark* 2007*) missachtet oder übergeht, ist es der IPCC gelungen, die Klimawirkungen der Sonnenschwankungen zu trivialisieren. ... Es bestehen inzwischen wenig Zweifel, dass die Hauptursache für den Klimawandel in Zeiträumen von Jahrzehnten die Schwankungen des Sonnenwindes darstellen. Sobald die IPCC mit dieser Erkenntnis zurechtkommt, wird sie einräumen müssen, dass Schwankungen der Sonnenaktivität eine bessere Erklärung für die Erwärmung des 20. Jahrhunderts liefern als Auswirkungen von Treibhausgasen. Tatsächlich könnten solare Veränderungen die Erwärmung vor 1940 und die nachfolgende Abkühlungsperiode ... erklären".* (Singer 2008)[29]

„Um die Hypothese der externen Klimasteuerung zu überprüfen, verwendete man Klimamodelle, in denen das virtuelle Klimasystem durch die Änderung der Solarstrahlung und Auftreten von großen Vulkanausbrüchen angetrieben wird. Ergebnisse dieser Rechnungen mit dem ECHO-G-Modell machen deutlich, dass die Sonne in hohem Maße das Klima der letzten 1000 Jahre beeinflusst hat und Vulkanausbrüche zu kurzen Perioden kühlerer Temperaturen beigetragen haben. Diese Modellierung mit einem gekoppelten

[29] Was falsch ist, wie man sich im ersten Sachstandsbericht des IPCC von 1990, bei Shine et al. (1990), ohne Probleme überzeugen kann, da sämtliche Berichte des IPCC unter www.ipcc.ch weiterhin öffentlich verfügbar sind.

Ozean-Atmosphären-Modell passt sehr gut zu der Vielzahl von Einzelrekonstruktionen." (Berner & Hollerbach 2004)

Nach den 1970er-Jahren ist die mittlere Aktivität der Sonne nicht mehr weiter angestiegen

Ohne Sonne kein Leben, richtig. Um aber einen Klima-*wandel* zu erklären, müsste sich der Trend der Einstrahlung entsprechend ändern, was seit Jahrzehnten nicht mehr der Fall ist.

Es ist in der Wissenschaft unstrittig, dass die Sonne der entscheidende Motor des Klimasystems ist. Ebenso wenig wird bestritten, dass Veränderungen der Einstrahlung und insbesondere Schwankungen in ihrer geographischen Verteilung ursächlich für oder zumindest wesentlich beteiligt an vielen Klimaänderungen der geologischen und historischen Vergangenheit waren, einschließlich des Zeitraums bis 1940 (vgl. Kap. 5.1). Die Frage ist jedoch, ob sie auch für die globale Erwärmung der letzten Jahrzehnte verantwortlich zu machen sind. Die Unterstellung, wenn frühere Klimaänderungen durch natürliche Prozesse zustande kamen, müsse auch der aktuelle Wandel natürlichen Ursprungs sein, beruht auf einem falschen, monokausalen Verständnis des Klimasystems (Kap. 5.1 und 5.2).

Da der angeblich vernachlässigte Einfluss der Sonnenstrahlung auf das Klima das häufigste Argument ist, mit dem der menschliche Anteil an der Erwärmung negiert oder zumindest minimiert wird, müssen wir uns besonders ausführlich mit dieser Thematik auseinandersetzen. Diese Dominanz des Themas „Sonne" führt auch dazu, dass wir hier bei Weitem nicht alle Quellen im Wortlaut zitieren können, die diese These postulieren; deshalb sehen Sie nachfolgend eine Liste einiger weiterer Quellen, wobei wir uns aber bemüht haben, dass die obigen Zitate alle wesentlichen Begründungen abdecken: Blaauw (2017) erfindet eine Kurve der Strahlungsveränderungen, die in der von ihm angegebenen Quelle (Krivova et al. 2007) nicht zu finden ist; Robinson et al. (2007) vergessen, dass eine ausschließliche Steuerung der Temperatur durch die Einstrahlung ohne die Pufferung durch den Treibhauseffekt zu nächtlichen Minusgraden bis unter −200 °C führen müsste, und sie verwechseln die Erde mit einer Scheibe, da sie deren annähernde Kugelform in ihren Berechnungen vernachlässigen (MacCracken 2007; Scafetta 2010, 2012); Scafetta et al. (2016) zeigt, dass die Verlangsamungen und Beschleunigungen der globalen Erwärmung mit längerfristigen Zyklen der Sonneneinstrahlung zusammenhängen könnten, kann aber keine Begründung für den längerfristigen Anstiegstrend geben, außer einer methodisch problematischen, eigenen statistischen Analyse der Satellitenmessungen der TSI (Scafetta & Willson 2019), die in starkem Gegensatz zu allen anderen Analysen der Daten und zu den Beobachtungen steht (Battams et al. 2020; Lean et al. 2020); ähnlich argumentieren Lüdecke et al. (2013), jedoch zeigt sich bei Analyse ihrer Daten, dass die von ihnen postulierte Zykluslänge der Temperaturänderungsraten[30] von ca. 34 Jahren seit den 1920er-Jahren völlig verfehlt wird (Kap. 5.8 und Kleber 2020b). Weitere Autoren mit grundsätzlich ähnlichen Argumentationslinien sind Lüning & Vahrenholt (2016, vgl. Hoffmann 2012) oder Davis & Taylor (2018; Davis et al. 2019; vgl. zu den statistischen Herangehensweisen des Hauptautors Kap. 5.4.1 sowie Kleber 2020j).

Weite Verbreitung hat darüber hinaus der Film „The Great Global Warming Swindle" (deutsch: „Die globale Erwärmung – Wahrheit oder Schwindel?") gefunden, ein „Dokumentarfilm" von Martin Durkin aus dem Jahr 2007.

[30] Auf die eigentlich relevanten Änderungen, also den längerfristigen Temperaturtrend, gehen die Autoren gar nicht erst ein.

Ein Schwerpunkt darin ist ein Interview mit Eigil Friis-Christensen, der zusammen mit Knud Lassen die Hypothese aufstellte, dass ein Zusammenhang zwischen der Länge der Sonnenfleckenzyklen und der Temperaturentwicklung bestünde (Friis-Christensen & Lassen 1991). Friis-Christensen kritisiert den Film und den Zusammenschnitt seines Interviews jedoch scharf, seine Daten seien verfälscht dargestellt worden und der Film schließe zu Unrecht menschliche Treibhausgas-Emissionen als Ursache der globalen Erwärmung aus (s. u.); auch ein anderer im Film befragter Wissenschaftler, Carl Wunsch, erklärt, dass er fehlerhaft dargestellt wurde (Jones et al. 2007). „*Unfreiwillig beweist der Film das Gegenteil dessen, was er eigentlich zeigen wollte. Er beweist, dass es seriöse Belege für einen Einfluss der Sonne oder Argumente gegen die Verursachung der aktuellen Erwärmung durch den Menschen derzeit nicht gibt. Gäbe es seriöse Argumente, dann hätte ein solcher Film sie präsentiert. Er hätte nicht mit offensichtlicher Manipulation und Bauernfängertricks arbeiten und eine Reihe von Lobbyisten und klimatologischen Laien als ‚Experten' präsentieren müssen.*" (Rahmstorf 2007)

Abb. 5.3 links vergleicht die Entwicklung der Temperatur mit der Intensität der solaren Zyklen. Matthes et al. (2017) haben die unterschiedlichen Datensätze der Einstrahlung zusammengetragen und erörtern ausführlich deren Einbettung in die Klimamodellierung. In allen Datensätzen zeigt sich, dass bis Ende der 1950er-Jahre die Einstrahlung eine deutlich zunehmende Tendenz zeigte. Diese Tendenz hielt offensichtlich nicht lediglich bis 1940 an, wie Singer (2008) und Harde (2019) behaupten, sodass der vorübergehende Temperaturabfall der 1950er-Jahre schon nicht mehr allein damit erklärbar ist.[31] Der

[31] Man nimmt nach Smith et al. (2011) an, dass eine wichtige Ursache des vorübergehenden Temperaturabfalls die starke Luftverschmutzung mit Schwefelverbindungen war, die in dieser Phase extrem anstieg und ab Mitte der 1970er-Jahre durch Rauchgasentschwefelung und ähnliche Maßnahmen wieder reduziert werden konnte.

solare Zyklus um 1970 war besonders schwach ausgeprägt, ohne dass es zu einem entsprechend großen Rückgang bei der Temperatur gekommen wäre. Die folgenden drei Zyklen erreichten praktisch die jeweils gleiche Intensität auf mittlerem Niveau, sodass sie ebenfalls den Trend der Temperatur seit Ende der 1970er-Jahre nicht erklären können (vgl. Lockwood & Fröhlich 2007). Der bisher letzte Zyklus mit Maximum um 2014 war sogar der schwächste im betrachteten Zeitraum überhaupt. Die Behauptung Hardes (2019) einer *„vor allem über die zweite Hälfte des letzten Jahrhunderts leicht angestiegenen Solaraktivität“* ist also offensichtlich frei erfunden. Seit 1978 gibt es satellitengemessen den TSI-Wert, der den direkten Strahlungsantrieb in Watt je Quadratmeter misst und der fast exakt parallel zu den Sonnenfleckenzahlen verläuft[32]. Demnach liegen die Schwankungen der einzelnen Zyklen in einer Größenordnung von knapp über 1 W/m^2, der Unterschied zwischen den Maxima des stärksten und des schwächsten Zyklus bei deutlich unter 1 W/m^2. Bei der Einschätzung dieser Werte muss bedacht werden, dass beinahe ein Drittel der Sonnenstrahlung direkt reflektiert wird, ohne wesentlich zur Erwärmung der klimawirksamen Atmosphäre beizutragen. Das Argument, dass eine verstärkte Sonneneinstrahlung die Wolkenbildung reduziert und so zur Erwärmung beiträgt, fällt damit in sich zusammen (vgl. genauer dazu Kap. 5.7). Mit der „Milchmädchenrechnung“[33] vom Anteil des Menschen an der globalen Erwärmung haben wir uns bereits in Kap. 5.4.3 auseinandergesetzt.

[32] Weshalb die Sonnenflecken auch genutzt werden, um die TSI von vor den Satellitenmessungen zu rekonstruieren.

[33] Eine auf Trugschlüssen oder logischen Fehlern beruhende Erwartung, sie wird für fehlerhafte Prognosen oder Voraussagen durch falsche Annahmen verwendet.

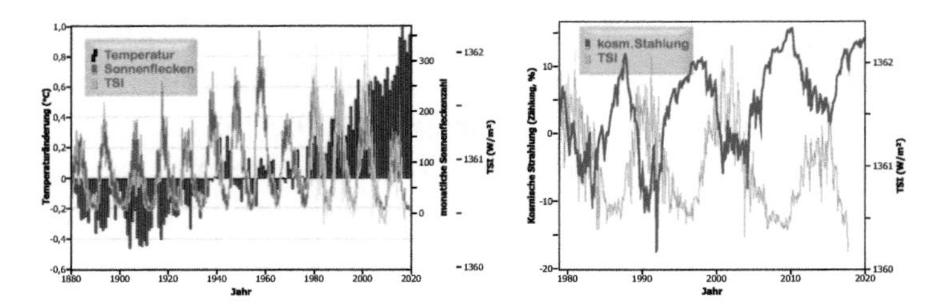

Abb. 5.3 Temperaturentwicklung, Sonneneinstrahlung und kosmische Strahlung. Die **Abbildung links** stellt die globale Temperaturentwicklung seit 1880 (nach NOAA 2021) den Werten für die Sonneneinstrahlung gegenüber (Sonnenfleckenzahl, Daten: Solar Influences Data Analysis Center, Royal Observatory of Belgium, Darstellung nach Clark 2020; Total Solar Irradiance TSI seit 1978, Daten: Physikalisch-Meteorologisches Observatorium Davos, World Radiation Center, Darstellung nach Clark 2020). Zu beachten ist, dass die TSI auf einer Fläche senkrecht zum Strahlengang gemessen wird, wogegen die Erde eine annähernde Kugelform besitzt, nachts nicht beschienen wird und einen Teil der Strahlung reflektiert: Auf den Quadratmeter Erdoberfläche berechnet, machen die maximalen Unterschiede der Einstrahlung in der Zeit, seit die TSI gemessen wird, somit nur noch ca. 0,25 W aus, d. i. etwa ein Zehntel des verstärkten

Singer (2008) bestätigt, dass die Schwankungen der TSI nicht ausreichen, die Klimaänderung zu erklären. Er argumentiert mit den gegenüber der TSI viel größeren Schwankungen der UV-Strahlung der Sonne, übersieht dabei aber einige wesentliche Punkte:

- Die Schwankungen der UV-Strahlung sind nach der von Singer zitierten Autorin in der Tat prozentual höher als die der Gesamt-TSI, sind aber nur ein Teilbereich, eine Untermenge der TSI, können also das Ausmaß des Strahlungsantriebs der TSI in ihrer Summe nicht übersteigen.
- Die UV-Strahlung reagiert zum größten Teil bereits in der höheren Atmosphäre (Stratosphäre) mit Sauerstoff-

Strahlungsantriebs, der im gleichen Zeitraum allein[34] auf CO_2 zurückgeht. Bedingt durch die Havarie des Challenger Space Shuttle gibt es bei der TSI eine Datenlücke von beinahe zwei Jahren 1989 bis 1991. Die Lücke wird von verschiedenen Arbeitsgruppen unterschiedlich geschlossen und den nachfolgenden Messwerten angeglichen, da aufgrund von Stabilisierungsproblemen der Umlaufbahn angenommen wird, dass die anfänglichen Messungen des folgenden Satelliten (ACRIM-II) noch fehlkalibriert waren. Die Interpolationen nutzen andere Messwerte der Sonneneinstrahlung, wobei Scafetta & Willson (2009) die Justierung unter Berufung auf Krivova et al. (2007) im Wesentlichen ablehnen, wogegen im Gegensatz dazu die von ihnen zitierten Autoren Krivova et al. (2007) sowie Lockwood & Fröhlich (2008) und Ball et al. (2012) auf Basis von Sonnenflecken und magnetischem Fluss deutlich die Justierung bestätigen.[35] Eine umfassende Diskussion der Messung der TSI inklusive der Datenlücke findet sich bei Zacharias (2014). Für die Erklärung des globalen Erwärmungstrends der vergangenen Jahrzehnte spielt diese Diskrepanz bei der Daten-Interpolation allerdings keine entscheidende Rolle. Die Abbildung rechts zeigt die TSI (s. o.) und die kosmische Strahlung (druckkorrigierte Monatsmittelwerte des finnischen Oalu Neutronen-Monitors; https://cosmicrays.oulu.fi). Auf dieses Bild werden wir erst im folgenden Kapitel Bezug nehmen.

Molekülen zu Ozon, sodass sich Änderungen in diesem Frequenzbereich an der Erdoberfläche nur eingeschränkt auswirken.

- Ferner schreibt der von Singer als Beleg angeführte Haigh (2003) explizit: „*Überlegungen zum Strahlungsantrieb und die Ergebnisse von Energiebilanzmodellen und allgemeinen Zirkulationsmodellen legen nahe, dass die Erwärmung in der zweiten Hälfte des 20. Jahrhunderts nicht ausschließlich auf solare Effekte zurückgeführt werden kann.*“

---

[34] Ohne Rückkopplungen.

[35] Dies bekräftigen Krivova et al. (2009), die der Arbeitsgruppe um Scafetta vorwerfen, einen ungeeigneten ihrer Datensätze zur Rekonstruktion des TSI für deren Interpolation herangezogen zu haben.

Singer (2008) verweist darüber hinaus auf den Einfluss des Sonnenwinds auf das Klima. Auch der Sonnenwind hat aber von 1990 bis mindestens 2012 im Trend deutlich an Intensität verloren (He et al. 2018). Da bei der Hypothese von Svensmark die Sonne nur einen indirekten Einfluss nimmt, der Hauptantrieb aber über die Wolkendynamik erfolgt, werden wir darauf erst im folgenden Kapitel eingehen.

„*Friis-Christensen und Lassen veröffentlichen eine Korrelation des Sonnenfleckenzyklus mit der Erdtemperatur und folgern: ‚die Erwärmung ist größtenteils auf die Sonnenaktivität zurückzuführen‘ (*Friis-Christensen & Lassen 1991*). Anhand der Originaldaten wurde jedoch gezeigt, daß die gute Korrelation für die Erwärmung der achtziger Jahre mit den ungefilterten Rohdaten nicht nachvollziehbar ist*“ (Laut & Gundermann 1998) und auf einem statistischen Trick, nämlich einer unzulässigen Filterung der Daten beruhte (Rahmstorf 2002). Knud Lassen zog die Behauptung danach auch zurück und folgerte, aufgrund der Sonnenaktivität hätte sich das Klima in den letzten Jahrzehnten nicht erwärmen dürfen, die starke Erwärmung gerade in diesem Zeitraum deute also auf einen Einfluss des Menschen hin (Thejll & Lassen 2000). Dennoch dient die ursprüngliche, längst widerlegte Arbeit heute noch als vielfach zitierte Stütze für den starken Einfluss der Sonne und demgemäß einen geringen Einfluss menschlicher Tätigkeiten auf die Temperatur (Schneider et al. 2014).

Berner & Hollerbach (2004) ist ein böser Schnitzer unterlaufen: Sie belegen den ausschließlichen Einfluss natürlicher Antriebe, insbesondere der Sonne, auf die Temperaturentwicklung der letzten Jahrhunderte durch Simulationen eines Klimamodells, ECHO-G, ohne offenbar zu wissen, dass dieses Modell nicht ausschließlich den Einfluss natürlicher Faktoren, sondern auch die Wirkung der CO_2-Konzentrationsänderungen in die Modellierung einbezieht. Nur dadurch wird der beobachtete Temperaturverlauf seit Ende der 1970er-Jahre annähernd richtig wiedergegeben. Der solare Antrieb (gemessen in Watt je Quadratmeter), also der Einfluss der Sonne, erklärt in diesem Modell allenfalls ein Drittel des Erwärmungstrends des gesamten vergangenen Jahrhunderts (Zorita et al. 2004), seit ca. 1977 kann die Steigerung gar nicht mehr auf diesen Einfluss zurückgeführt werden, und seit Beginn des 20. Jahrhunderts wirkt er der Erwärmung sogar etwas entgegen (Dewitte & Clerbaux 2017). Aufgrund dieses unhaltbaren Zusammenhangs beschreitet Berner (zitiert nach Rahmstorf 2002) später auch einen anderen Weg: Er kombiniert in einer Abbildung eine nunmehr realistische Kurve der Sonnenstrahlung mit einer Temperaturkurve, die bis 1980 gemessene Bodendaten und danach Satellitendaten zeigt, welche integrativ Temperaturen bis in ca. 6 km Höhe erfassen. Damit „gelingt" es, die Temperaturerhöhung beinahe wegzumanipulieren, da mittlere Atmosphärenschichten sich nicht im gleichen Ausmaß wie die bodennahen erwärmen.

Häufig wird auch eine Kurve der TSI von Beer (2012) gezeigt, die allerdings nur als Hintergrundgrafik, nicht als ernsthafte wissenschaftliche Veröffentlichung gedacht war und bei der der Eindruck eines Anstiegs der solaren Aktivität um 1990 durch ein ungünstiges Glättungsverfahren erweckt wird. Beer selbst (in Gray et al. 2010) verwendet in einer ernsthaften wissenschaftlichen Arbeit diese grobe Glättung nicht (vgl. Radhakrishnan 2017).

Regionale (die übers Jahr gesehen strahlungsarmen Polargebiete erwärmen sich stärker als niedrigere Breiten), vertikale (der solare Einfluss müsste sich, von oben kommend, in höheren Atmosphärenschichten, insbesondere der Stratosphäre, die sich messbar abkühlt,

Kap. 4.4.4, eher als in tieferen auswirken), saisonale (die Erwärmung im strahlungsarmen Winter ist stärker als im Sommer) und tageszeitliche (die Erwärmung in der Nacht ist stärker als am Tag, wenn die Sonne scheint) Muster der Temperaturänderung sprechen eine deutliche Sprache gegen eine Dominanz des Strahlungseinflusses der Sonne auf die Erwärmung der letzten Jahrzehnte. Die Sonne müsste in jedem dieser Fälle einen gegenläufigen Fingerabdruck bewirken.

5.7 Die Wolken sind schuld am Klimawandel

„Das IPCC berücksichtigt in seinen Modellen keine Gegenkoppelungen[36]*. Es muss betont werden, dass die Wissenschaft keine zuverlässige Aussage darüber machen kann, ob verstärkende Rückkoppelungen oder abschwächende Gegenkoppelungen überwiegen.“* (Puls 2009)

„In unserer aerosolreichen Atmosphäre bedeutet mehr Wasserdampf auch mehr, dichtere und größere Wolken, besonders in der unteren Troposphäre, wo der größte Teil des Wetters und des Klimas stattfindet. Das bedeutet, dass mehr von der Sonnenenergie in den Weltraum reflektiert wird und weniger Sonnenwärme übrig bleibt, um die Luft, das Land und die Meere zu erwärmen und weniger zurück nach oben zu strahlen. Vielleicht erhöhen sich die angenommenen 30 % der Sonnenenergie, die von der Luft und den Wolken reflektiert werden, auf 31 % oder 34 % oder eine andere Zahl? … Wenn Wasserdampf in der Atmosphäre von seinem gasförmigen Zustand in flüssiges Wasser oder Eiskristalle übergeht, gibt er erhebliche Wärmemengen ab, von denen der größte Teil direkt in den Weltraum geht, wodurch die Troposphäre weiter

[36] Gemeint sind negative Rückkopplungen, vgl. Kap. 1.3.6.

abgekühlt wird. Könnten diese kombinierten Effekte tatsächlich eine Nettoabkühlung des Planeten verursachen? Das Problem ist, dass die Wissenschaftler nicht wissen, wie sie die Auswirkungen all dieser Veränderungen und deren Dynamik genau berechnen können. Während die Klimawandel-Alarmisten gerne den globalen Energiehaushalt durch den erhöhten Strahlungsantrieb belasten, belasten sie den globalen Energiehaushalt durch die erhöhte Albedo und die Zunahme der Wasserdampf-Kondensationskühlung, und wenn ja, wie und mit welcher Genauigkeit? Ist das der Grund, warum die Modelle zum Klimawandel die globale Erwärmung konsequent überschätzen?" (Lehr & Ciccone 2020)

„Die Unterschätzung der Sonne geht einher mit dem Versagen der selbsternannten Treibhausexperten, mit unbequemen Entdeckungen darüber Schritt zu halten, wie die solaren Variationen das Klima steuern. … [Svensmark] *erkannte anhand von Auswertungen von Wettersatellitendaten, dass die Bewölkung variiert, je nachdem, wie viele Atomteilchen von explodierenden Sternen her eintreffen. Mehr kosmische Strahlung, mehr Wolken. Das Magnetfeld der Sonne wehrt viele der kosmischen Strahlen ab, und seine Intensivierung im 20. Jahrhundert bedeutete weniger kosmische Strahlen, weniger Wolken und eine wärmere Welt. … Das einzige Problem mit Svensmarks Idee – abgesehen davon, dass sie politisch nicht korrekt ist – war, dass Meteorologen bestritten, dass kosmische Strahlung an der Wolkenbildung beteiligt sein könnte. Nachdem er lange brauchte, die Mittel für ein Experiment zusammenzukratzen, gelang es Svensmark und seinem kleinen Team am Danish National Space Center im Sommer 2005, den Jackpot zu knacken. In einer luftgefüllten Kiste im Keller konnten sie zeigen, dass Elektronen, die von der kosmischen Strahlung durch die Decke freigesetzt werden, Schwefelsäure- und Wassertröpfchen verbinden. Dies sind die Bausteine für die Wolkenkondensation. Aber eine Zeitschrift nach der anderen lehnte es ab, ihren Bericht zu veröffentlichen; die Entdeckung erschien schließlich Ende letzten Jahres in den Proceedings of the Royal Society (Svensmark et al. 2007)."* (Nigel Calder, zitiert nach Sheppard 2007)

Wolken dämpfen den Klimawandel, ohne sie wäre es noch wärmer Kosmische Strahlung spielt für die Wolkenbedeckung keine wesentliche Rolle.

Wolken sind ein Teil der atmosphärischen Rückkopplungen und dabei die größte Fehlerquelle für Vorhersagen, aber sie können den Temperaturanstieg allenfalls dämpfen, nicht verhindern. Sie können durch Eiskristalle und Wassertröpfchen Wärme absorbieren und somit die Erwärmung verstärken, jedoch wirken sie ihr auch entgegen, da sie Sonnenstrahlung reflektieren. Hätte die kosmische Strahlung einen wesentlichen Einfluss auf die Wolkenbildung, würde sie derzeit die Erwärmung dämpfen; sie kann also den beobachteten Klimawandel nicht erklären.

Die Behauptung, in den Globalen Zirkulationsmodellen, die in IPCC-Berichte Eingang finden, würden neben positiven (z. B. durch Wasserdampf, Kap. 5.4.2) keine negativen Rückkopplungen berücksichtigt, ist grob falsch. Jeder Bericht des IPCC enthält – sogar in der Zusammenfassung für politische Entscheider*innen – genaue Angaben über die positiven wie negativen Strahlungsantriebe und über die Unsicherheiten bei der Einschätzung des Ausmaßes des jeweiligen Prozesses (z. B. Stocker et al. 2014, Fig. SPM.5 und noch detaillierter Fig. TS.7): Demnach lag 2011 der durch menschliche Aktivitäten bedingte Strahlungsantrieb unter Berücksichtigung aller bekannten positiven wie negativen Rückkopplungen bei 1,1–3,3 W/m^2 (wahrscheinlichster Wert 2,3 W/m^2, Zwischenstaatlicher Ausschuss für Klimaänderungen 2014, Fig. SPM.3).

Der erste Absatz des Einwands von Lehr & Ciccone (2020) ist völlig berechtigt. Es ist unstrittig, dass die Wolkenbildung und ihre Effekte auf die Strahlungsantriebe die größte Unbekannte in den Klimamodellen darstellen. Die Unsicherheit liegt im Bereich eines

Strahlungsantriebs von –1,2–0 W/m^2 (Stocker et al. 2014). Vergleicht man diese Spanne (1,2 W/m^2) mit der Unsicherheit bei der Summe aller Strahlungsantriebe (s. o., 2,3 W/m^2), so ist leicht zu erkennen, dass der Einfluss der Wolken allein mehr als die Hälfte der gesamten Unsicherheit ausmacht. Die Kenntnisse sind deshalb so ungenau, weil es von großer Bedeutung für den Strahlungsantrieb, aber nicht ausreichend sicher vorhersagbar ist, welcher Wolkentyp zu welchem Zeitpunkt als Folge der Anthropogenen Globalen Erwärmung konkret entsteht. Wolken sind sozusagen ein zweischneidiges Schwert: Sie enthalten zum einen schwebende Eiskristalle oder Wassertröpfchen, die Wärmestrahlung in bestimmten Frequenzbereichen absorbieren, also zum Treibhauseffekt beitragen; zum anderen schirmen aber Wolken (je dicker, desto mehr) Sonnenstrahlung ab, die dann den Erdboden gar nicht mehr erreicht. Wolken wirken also nicht nur erwärmend, sondern zugleich auch abkühlend. Dieser zweite Effekt spielt aber natürlich nachts keine Rolle, sodass in der Nacht ausschließlich der Einfluss der Bewölkung auf den Treibhauseffekt relevant ist. Kommt es also zur Vermehrung tieferer, dichter Wolken hauptsächlich am Tag, so ist deren wichtigster Effekt die Reflexion von Sonneneinstrahlung; dieser Effekt wird jedoch abgemildert, wenn auch die nächtlichen Wolken häufiger werden[37]; entstehen dagegen mehr hohe (Cirrus-)Wolken, so reflektieren diese nur in geringem Maß, sind aber

[37] Die Nachttemperaturen steigen im Mittel etwas stärker als die Tagestemperaturen, die Temperaturunterschiede zwischen Tag und Nacht nehmen also tendenziell ab, was auf eine Wirkung des Treibhauseffekts, eine positive Rückkopplung durch Wolken, hinweist.

besonders wirksam in Bezug auf den Treibhauseffekt, da in diesen Höhen ansonsten relativ wenig Wasser bzw. Eis vorhanden ist.[38]

Der zweite Absatz von Lehr & Ciccone (2020) enthält zahlreiche Fehlinterpretationen: Bei der Kondensation von Wasserdampf zu Wasser bzw. dem Gefrieren zu Eis wird zwar latente Wärme frei. Jedoch strahlt davon nicht, wie Lehr & Ciccone meinen, der größte Teil direkt in den Weltraum ab, da oberhalb der Wolkenstockwerke ja noch Atmosphäre mit Treibhausgasen – allen voran CO_2 und je nach Höhe des Wolkenstockwerks auch noch weitere Wolken – folgt; in den entsprechenden Frequenzbereichen wird also weiterhin Wärmestrahlung absorbiert. Eine globale Nettoabkühlung durch diesen Prozess (Lindzen et al. 2001; Spencer et al. 2007) ist nicht möglich, weil jede Dämpfung eine Verringerung der Verdunstung und damit automatisch auch der Bewölkung mit sich brächte, wodurch der Effekt in sich selbst zusammenfiele – Wolken sind also keinesfalls die Rettung vor dem Klimawandel (vgl. Gillis 2012), zumal die für den Effekt postulierte Abnahme hoher Wolken in tropischen Regionen nicht den Beobachtungen entspricht (Hartmann & Michelsen 2002). Die Behauptung, Klimamodelle würden die Anthropogene Globale Erwärmung konsequent überschätzen, ist falsch (vgl. Kap. 4.4.4). Auch Korrelationen zwischen Temperaturänderungen und anscheinend frei erfundenen Bewölkungsdaten, wie sie Kauppinen & Malmi (2019) vorlegen, sind keine Belege eines Zusammenhangs (vgl. Kleber 2020h). Allerdings trifft die Aussage der beiden Autoren, wie gesagt, zu, dass der Entwicklung der Wolkenbedeckung und -höhe eine

[38] Dies ist einer der Gründe, warum der Flugverkehr mit seinen Kondensstreifen als besonders klimawirksam gilt.

große Rolle bei der Veränderung der globalen Temperatur in Abhängigkeit von den Treibhausgas-Konzentrationen zukommt (vgl. Virgin et al. 2021).

Abb. 5.3 rechts zeigt die Schwankungen der Sonneneinstrahlung und der kosmischen Strahlung. Beide Kurven verlaufen gegenläufig, weil ein parallel zur Einstrahlung verstärktes Magnetfeld der Sonne kosmische Strahlung besser abschirmt; wenn also erstere hohe Werte erreicht, fällt letztere ab und umgekehrt. Svensmarks vielfach zitierte Hypothese geht nun davon aus, dass die Ionisierung der Erdatmosphäre durch kosmische Strahlung zusätzliche Kondensationskeime schafft, welche die Wolkenbildung verstärken (Svensmark & Friis-Christensen 1997). Der Gehalt der Atmosphäre an Wassermolekülen würde sich durch diese Art der Wolkenbildung nicht ändern, lediglich deren Aggregatzustand, denn die kosmogenen Keime enthalten ja kein zusätzliches Wasser. Der Treibhauseffekt der Wassermoleküle würde sich also nicht wesentlich ändern. Ein wichtiger weiterer klimatologischer Effekt von Wolken ist, wie eben schon gesagt, Rückstrahlung (Albedo); mehr Wolken bei gleichem Wasserdargebot müssen also abkühlend wirken. Eine stärkere Wolkenbedeckung führt zu einer Abkühlung an der Erdoberfläche, da die Wolken Sonnenstrahlung reflektieren. Umgekehrt wirkt eine verringerte Bewölkung. Um mit diesem Effekt die globale Erwärmung zu erklären, müsste somit die kosmische Strahlung in den letzten Jahrzehnten stark abgenommen haben, um zu einer geringeren Wolkenbildung zu führen. Die Abbildung zeigt aber, dass die kosmische Strahlung im Trend eher leicht zu- als abgenommen hat, sie müsste also eigentlich abkühlend gewirkt haben. Der besagte Effekt kann demnach nicht für die globale Erwärmung verantwortlich sein, sondern er hätte ihr entgegengewirkt.

Ob kosmische Strahlung überhaupt einen Einfluss auf die Wolkenbildung hat, ist bisher ungeklärt. Laborexperimente am CERN (Europäisches Kernforschungszentrum) konnten zwar bestätigen, dass kosmische Strahlung Einfluss auf die Bildung von Partikeln (Aerosolen) haben kann, die eine Vorstufe für Kondensationskeime darstellen (Kirkby et al. 2011), wobei aber diese Vorstufe im Laborexperiment kaum zu echten Keimen führt.[39] Ferner ist die Atmosphäre bereits reich an Kondensationskeimen, sodass zweifelhaft ist, ob kosmogene Aerosole überhaupt einen merklichen Einfluss auf die Wolkenbildung hätten (Dunne et al. 2016). Eine mangelnde Korrelation zwischen Wolkenbildung und kosmischer Strahlung bestätigt diese Zweifel (Agee et al. 2012; Kulmala et al. 2010), zumal der von Svensmark benutzte Datensatz für die Wolkenbedeckung als problematisch angesehen wird (Evan et al. 2007). Konsequenterweise haben Svensmark et al. (2017) selbst den Effekt durch kosmische Partikel in einer wissenschaftlichen Veröffentlichung als „*tiny*“ (winzig) bezeichnet, auch wenn Svensmark in einer Publikation für eine britische Lobbyorganisation (The Global Warming Policy Foundation) die gleiche Hypothese erneut hervorholt (Svensmark 2019), woraufhin die deutsche Lobbyistengruppe EIKE zu Spenden für seine „Forschung“ aufruft (Test 2020). Obwohl Svensmarks Hypothese als Ursache der globalen Erwärmung offensichtlich nicht infrage kommt, geistert sie immer noch als *deus ex machina* durch die trumpistische Literatur, so z. B. bei Fleming (2020).

Aktuell mehren sich die Hinweise, dass in den Außertropen die Wolkendecke im Klimawandel stärker als

[39] Die Experimente am CERN von Gordon et al. (2017a) konnten den Kellerversuch von Svensmark et al. (2007) nämlich nicht bestätigen.

bisher angenommen zu höheren (weniger reflektierenden und kühler temperierten) Wolken statt zu tief gelegenen tendiert, da die physikalischen Prozesse der Wolkenbildung zunehmend besser verstanden werden (Yoshimori et al. 2020) und berechnet werden können (Gettelman et al. 2019; Rugenstein et al. 2020; Zelinka et al. 2020). Die Wolken bremsen demgemäß die Temperaturerhöhung vermutlich etwas weniger stark als in früheren Schätzungen, was durch Satellitenmessungen unterstützt wird (Kay et al. 2012; Vaillant de Guélis et al. 2018). Eine umfassende Übersicht über den Stand der derzeitigen Diskussion der Wolken-Rückkopplungen findet sich in Sherwood et al. (2020). Aus paläoklimatologischer Sicht liegen allerdings die Werte der Klimasensitivität, die sich aus diesen modellgestützten Berechnungen ergeben, etwas zu hoch (Zhu et al. 2020).

5.8 Zyklische Veränderungen im Klimasystem sind die Ursache des Klimawandels

„Als Argument für einen natürlichen Klimawandel präsentiere ich eine Analyse der Pazifischen Dekadischen Oszillation (PDO), die zeigt, dass die meisten Klimaveränderungen das Ergebnis von – dem Klimasystem selbst sein könnten! Da kleine, chaotische Fluktuationen in atmosphärischen und ozeanischen Zirkulationssystemen kleine Änderungen in der globalen durchschnittlichen Bewölkung verursachen können, ist dies alles, was notwendig ist, um einen Klimawandel zu verursachen.“ (Spencer 2008)

„Es zeigt sich, dass das Klimasystem derzeit durch periodische Oszillationen bestimmt wird. Wir finden Hinweise, dass die beobachteten Periodizitäten aus einer Eigendynamik resultieren. … Die Vorhersage einer

Temperaturabnahme in der nahen Zukunft [nach 2011, vgl. Abb. 5.4] *basiert im Wesentlichen auf dem ~ 64-Jahres-Zyklus, der unseres Wissens der Atlantischen (Pazifischen) Dekadischen Oszillation entspricht.*“ (Lüdecke et al. 2013)

„Zeitreihen des Meeresspiegelanstiegs sind durch eine Sinuskurve mit einer Periode von ca. 60 Jahren gekennzeichnet, die mit dem Zyklus der globalen Mitteltemperatur der Erde übereinstimmt. Dieser Zyklus erscheint in Phase mit der Atlantischen Multidekadischen Oszillation (AMO). Das letzte Maximum der Sinuskurve fällt mit dem seit Ende des 20. Jahrhunderts beobachteten Temperaturplateau zusammen. Der Beginn der abnehmenden Phase der AMO, der jüngste Überschuss der globalen Meereisflächenanomalie und die negative Steigung der globalen Mitteltemperatur, die von 2002 bis 2015 per Satellit gemessen wurde – all diese Indikatoren deuten auf den Beginn der abnehmenden Phase des 60-jährigen Zyklus hin. Sobald dieser Zyklus von den Beobachtungen abgezogen wird, wird die vorübergehende Klimareaktion nach unten revidiert, was mit den neuesten Beobachtungen, mit den neuesten Auswertungen, die auf der atmosphärischen Infrarotabsorption basieren, und mit einer allgemeinen Tendenz der veröffentlichten Klimasensitivität übereinstimmt.“ (Gervais 2016)

Zyklen erklären mittelfristige, nicht jedoch langfristige Temperaturentwicklungen

Zyklen in den Ozeanen können für mehrere Jahre den Klimawandel bremsen oder beschleunigen. Charakteristisch für zyklische Schwankungen ist aber, dass es immer nach einer Aufwärts- auch eine Abwärtsbewegung gibt. Der Trend der globalen Temperatur geht aber seit 40 Jahren im Wesentlichen nur in eine Richtung.

Es gibt kaum Diskussion in der Wissenschaft darüber, dass es klimainterne Zyklen gibt, die im Wesentlichen mit der Zirkulation der Ozeane zusammenhängen. Die

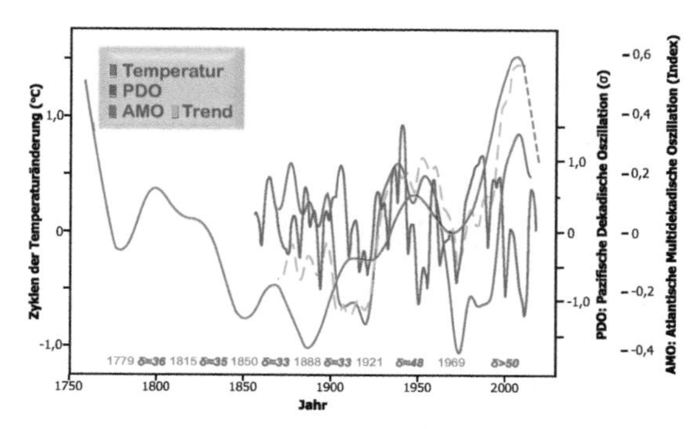

Abb. 5.4 Zyklen der Temperaturentwicklung, ermittelt durch eine Spektralanalyse (rot) sowie eine Prognose ab 2011 (rot gestrichelt) nach Lüdecke et al. (2013) und Tiefpass-gefilterte Jahresmittelwerte von Veränderungen in der Ozeandynamik des Pazifiks (blau, Einheit der y-Achse sind Standardabweichungen, NOAA_ERSST_V3b-Datensatz; NOAA/OAR/ESRL PSL 2020) und des Atlantiks (HadISST-Datensatz; dunkelgrün: letztere beiden sind jeweils um den Erwärmungstrend in Folge des Klimawandels bereinigt; hellgrün gestrichelt: unbereinigter Trend der AMO, die Einheiten der y-Achse beziehen sich auf die unbereinigte Version; Quelle Trenberth et al. 2021). Am Fuß der Abbildung sind die Jahre der Minima des jeweiligen Zyklus (rot) eingetragen sowie die ungefähre Dauer zwischen jeweils zwei Minima (δ≈, grün).

grundlegenden Arbeiten hierzu (Swanson & Tsonis 2009; Tsonis et al. 2007) werden von Trumpisten gerne als Beleg für eine Steuerung der Erwärmung durch solche Zyklen angeführt, dem der Hauptautor selbst aber vehement widerspricht (Swanson 2009). Die Ozeandynamik und ihre Auswirkungen auf das Klimasystem findet sehr wohl Berücksichtigung in den Klimawissenschaften, wie bereits in Kap. 4.2 angesprochen wurde (vgl. auch Marotzke & Forster 2015), und fließen in die Klimamodellierung ein (Miller et al. 2017). Auch aus Forschungen über die Eiszeiten sind – neben Kaltzeit-/Warmzeitzyklen (vgl. Kap. 4.5.3 und 5.4.1) – weitere, kürzere Zyklen seit

Langem bekannt (Dansgaard et al. 1993), in schwächerem Maß auch nach der letzten Eiszeit, dem Holozän (Bond 1997). Wir gehen im Folgenden der Frage nach, ob derartige Zyklen in der Lage sind, alleine oder zumindest zu einem wesentlichen Teil die Klimaerwärmung seit dem Ende der 1970er-Jahre zu erklären, was den anthropogenen Anteil an der globalen Erwärmung reduzieren oder gar ausradieren würde.

Während die Mehrzahl der Argumentationslinien gegen den anthropogenen Anteil an der Klimaerwärmung die Dynamik der Sonne in den Vordergrund stellen (vgl. Kap. 5.6 und 5.7), gehen die in diesem Kapitel zitierten Autoren davon aus, dass klimainterne Prozesse (Schwankungen in den Oberflächentemperaturen der Ozeane, die sich für ein bis mehrere Jahrzehnte nur unwesentlich ändern, um dann in eine gegenläufige Phase einzutreten, sog. Oszillationen) für die Klimaänderungen des letzten Jahrhunderts verantwortlich sind. Lediglich Loehle & Scafetta (2011) ziehen beide Möglichkeiten als Erklärung der Klimaentwicklung in Betracht.

Wie wir bereits in Kap. 4.2, insbesondere Abb. 4.1d, zeigten, spielen Prozesse, die intern im Klimasystem ablaufen, eine bedeutende Rolle bei der Erklärung der Temperaturänderungen von Jahr zu Jahr. Dies zeigten wir am Beispiel von El Niño/Südliche Oszillation, also einer Umverteilung der warmen Wassermassen im größten Ozean, dem Pazifik. Da erscheint es wenig verwunderlich, dass eine längerfristige Schwankung wie die Pazifische Dekadische Oszillation (PDO) oder die Atlantische Multidekadische Oszillation (AMO) ebenfalls modifizierend auf das Klimasystem wirken kann.

Stellvertretend präsentieren wir das Ergebnis von Spektralanalysen der Temperaturentwicklung durch Lüdecke et al. (2013) in Abb. 5.4 und stellen sie den zumeist genannten längerfristigen Oszillationen, der des

Pazifiks (PDO) und der des Atlantiks (AMO), gegenüber. Betrachtet man die unterschiedlichen Kurvenverläufe, so zeigen sich deutliche Parallelen zwischen der generalisierten Temperaturkurve und der AMO. Bei näherer Betrachtung erkennt man aber, dass Letztere der Temperaturentwicklung immer mehr oder weniger hinterherhinkt. Da Wirkungen immer auf Ursachen folgen (vgl. Kap. 5.4.1), ist es wenig wahrscheinlich, dass die Erwärmung der Ozeantemperatur die Ursache der Erwärmung der Atmosphäre sein kann.

Tatsächlich ist es so, dass die Atmosphäre einen Teil ihrer zusätzlichen Wärme an die Ozeane abgibt, sodass die Atmosphäre den Ozean erwärmt, nicht umgekehrt. Deshalb werden Ozeantemperaturen normalerweise ohne den Trend dargestellt, wie auch in unserer Abbildung (dunkelgrüne und blaue Kurven). Offen bleibt also, wie Lüdecke et al. (2013) mit ihrer statistischen Analyse den Anstieg der Temperaturen im langjährigen Trend erklären wollen, auch wenn dämpfende oder beschleunigende Effekte auf die Entwicklung der Temperatur durchaus wahrscheinlich sind (vgl. Kap. 4.2). Hinzu kommt aber, dass mit Lüdeckes Zyklen etwas nicht stimmt: Bis 1921 zeigen diese eine deutliche Regelmäßigkeit von 33–36 Jahren, danach aber nicht mehr: Der Zyklus bis ca. 1969 dauert 48, der nachfolgende, Stand 2011 noch nicht einmal abgeschlossene, bereits über 50 Jahre. Die Autoren selbst schließen übrigens anthropogene Einflüsse auf die Klimaentwicklung durch den Treibhauseffekt und CO_2 nicht aus (Lüdecke et al. 2013). Einen deutlichen Zusammenhang der ozeanischen Oszillationen mit der Klimaentwicklung, also eine Möglichkeit, die Erwärmung darauf zurückzuführen, können wir jedenfalls nicht erkennen. Gervais (2016) argumentiert darüber hinaus mit den (veralteten) satellitengestützten Temperaturkurven, auf die wir bereits in Kap. 4.2 eingegangen sind.

Beide Autoren prognostizieren einen markanten Rückgang der Temperaturen nach 2011, der bisher jedenfalls nicht eingetreten ist. Neueste Forschungen gehen sogar davon aus, dass die jüngere Dynamik der AMO weitgehend ein Artefakt ist, verursacht durch die Anthropogene Globale Erwärmung (Mann et al. 2020), und dass frühere Schwankungen ebenfalls v. a. auf externe Antriebe des Klimasystems reagierten (Mann et al. 2021)[40]. Regressionsanalysen, die das AMO-Signal von Trends der Temperaturentwicklung abziehen, um den anthropogenen Anteil an der Erwärmung zu reduzieren (Tung & Zhou 2013), verwechseln also vermutlich Ursache und Wirkung.

5.9 Der errechnete Zusammenhang zwischen Temperatur und CO_2 (Klimasensitivität) wird immer kleiner

> *„In der Tat, obwohl die Gleichgewichts-Klimasensitivität (ECS) für eine CO_2-Verdopplung in den GCMs [Globale Zirkulationsmodelle] stark um einen Mittelwert von 3,0 °C variiert, haben neuere Studien darauf hingewiesen, dass diese Werte zu hoch sind. Seit 2000 gibt es eine systematische Tendenz zu niedrigeren Klimasensitivitätswerten (Abb.* 5.5 *[Einträge in Blau]). Die jüngsten Studien deuten auf eine … effektive Klimasensitivität in der Nähe von 1,0 °C hin. Somit weisen alle Belege darauf hin, dass die IPCC-GCMs [Klimamodelle] die reale anthropogene Erwärmung mindestens verdoppeln oder sogar die reale anthropogene Erwärmung verdreifachen. Die Treibhausgas-Theorie bedarf wohl einer gründlichen Überarbeitung.“* (Scafetta et al. 2017)

[40] Interessanter Hintergrund: Michael Mann hat den Begriff AMO geprägt und entscheidende Forschungen dazu geliefert. Wenn gerade er diese Erkenntnisse jetzt revidiert, hat dies u. E. besonderes Gewicht.

„Ich denke, aber ich bin mir nicht sicher, dass die Klimasensitivitäten im Scafetta-Artikel alle auf instrumentellen Daten (Beobachtungen) basieren. Die Klimasensitivitäten im Carbon-Brief-Artikel [Hausfather 2018] *wurden durch mehrere verschiedene Methoden abgeleitet:*[41]

- *Modelle (Müll rein – und wieder Müll raus)*
- *Kalibrierte Modelle (höherwertiger Müll rein – Müll raus)*
- *Instrumentell (tatsächliche Beobachtungen)*
- *Paläoklima (Rekonstruktionen des vergangenen Klimas basierend auf Proxies)*
- *Kombinierte Ansätze (was auch immer)"* (Middleton 2020)

Die Einschätzungen der Höhe der Klimasensitivität haben sich im Laufe der letzten Jahre nicht wesentlich geändert

Die entscheidende Größe der Klimaprojektionen, die Klimasensitivität, wird heute in der Literatur genauso hoch eingeschätzt wie vor 20 Jahren. Neueste Klimamodelle und Analysen von Klimaänderungen der geologischen Vergangenheit schätzen sie heute sogar etwas höher ein. Eine extrem niedrige Sensitivität bedeutete eine hohe Stabilität des Klimas, sodass Klimaänderungen immer gering ausfallen müssten – im Gegensatz dazu lehrt die geologische Vergangenheit, dass das Klima selten über lange Zeiträume stabil blieb (Kap. 5.1).

Abb. 5.5 oben zeigt, wie sich die Angaben zur Gleichgewichtsklimasensitivität im Laufe der Jahre entwickelt haben, auf der Basis aller verschiedenen Arten

[41] Die Annahme ist richtig, dass ausschließlich instrumentell gewonnene Daten verwendet wurden. Allerdings stammen die erwähnten Daten ursprünglich nicht von Scafetta, sondern von Gervais (2016), der wiederum einen Vortrag von Lewis (2015) als Quelle angibt, in dem sich genau diese Abbildung jedoch nicht finden lässt.

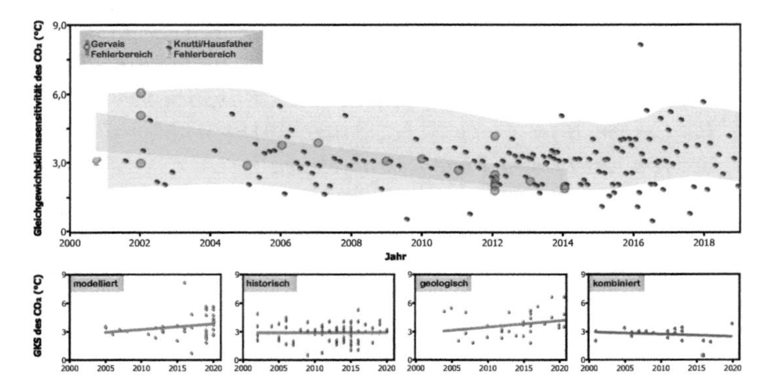

Abb. 5.5 Gleichgewichtsklimasensitivität des CO_2 *Literaturanalyse der Berechnungen der Gleichgewichtsklimasensitivität des CO_2 nach* Gervais (2016) *und* Knutti et al. (2017), *ab 2017 ergänzt durch* Hausfather (2018), *jeweils mit den durch die Autoren angegebenen Fehlerbereichen; in den unteren Abbildungen haben wir die Werte von 2019 bis einschließlich März 2021 durch eigene Literaturrecherche ergänzt (eingeflossen sind die Studien, die in der Metaanalyse von Meehl et al.* (2020) *erfasst sind, der Durchschnittswert dieser Analysen beträgt 3,7 °C; ferner* Choudhury et al. 2020; Farnsworth et al. 2019; Jiménez-de-la-Cuesta & Mauritsen 2019; Kluft et al. 2019; *Lunt et al. 2021;* Mauritsen & Roeckner 2020; Nijsse et al. 2020; Santer et al. 2019; Sherwood et al. 2020; Swart et al. 2019; Tierney et al. 2020; *Vega-Westhoff et al.* 2019; Zhu et al. 2019; Zhu & Poulsen 2021. *Eingetragen wurde jeweils der nach Angaben der Autor*innen wahrscheinlichste Wert. In den unteren vier Bildern werden die Werte für die Gleichgewichtsklimasensitivität nach der jeweils verwendeten Methode aufgeschlüsselt und mit einer Trendlinie versehen; alle Trends dieser Einzeldarstellungen sind statistisch nicht signifikant. Der sinkende Trend bei den kombinierten Werten, die durch Anwendung mehrerer Methoden gewonnen wurden, geht ausschließlich auf einen Ausreißer zurück (Specht et al.* 2016, *die eine Sensitivität von 0,4 °C angeben; durch einen blauen Kreis gekennzeichnet).*

der Ermittlung dieses Werts (Knutti/Hausfather) und unter Berücksichtigung von ausschließlich instrumentell gewonnenen, nichtkalibrierten Werten (Gervais). Es zeigt sich, dass der behauptete Trend zu einer Abnahme publizierter Werte mit der Zeit auf die Selektion der gewählten Quellen zurückzuführen ist.

Alle unterschiedlichen Methoden der Bestimmung der Klimasensitivität haben ihre Berechtigung: Eine Ermittlung allein aufgrund der instrumentell gemessenen historischen Temperaturentwicklung krankt daran, dass die Beobachtungszeit sehr kurz ist und somit noch nicht einmal annähernd Gleichgewichtsbedingungen erreicht sind (Gregory et al. 2020), da insbesondere die Trägheit der Erwärmung der Meere dies verhindert. Ohne Einbeziehung der physikalischen Prozesse bleibt der ermittelte Wert also sehr ungenau, auch wenn besonders gut bekannte Messwerte darin einfließen, was aber nur scheinbar ein Vorteil dieser Herangehensweise ist. Wir wollen dies aufzeigen, indem wir eine eigene Rechnung aufmachen: Die Temperaturänderung von 1980 bis 2020 betrug ca. 0,6 °C; gleichzeitig hat sich die CO_2-Konzentration von 340 ppm um ca. 70 ppm erhöht; extrapoliert man dies auf eine Verdopplung des CO_2, ergibt sich aus $x = 0,6°C \cdot 340/70$ *ein Wert für x von* $\approx$ 3°C:

Wohlgemerkt, dies ist eine *„Milchmädchenrechnung“*, die wenig mit der Realität zu tun hat, da wir ohne Berücksichtigung physikalischer Prozesse nicht im Geringsten abschätzen können, inwieweit sich in diesem Zeitraum das Klimasystem einem Gleichgewicht angenähert haben könnte, weil die logarithmische Funktion des Strahlungsantriebs nicht berücksichtigt ist und weil sich in der Zeit natürlich auch andere Einflussgrößen des Klimasystems geändert haben. Ohne Absicherung durch andere Methoden sollten solche Werte deshalb besser nicht genutzt werden. Im Gegensatz dazu stützt sich Gervais (2016) und mit ihm Scafetta et al. (2017) ausschließlich auf solche, auf Grundlage instrumentell bestimmter Temperaturwerte erstellte Schätzungen – und zwar auch nur auf solche, die nicht durch Klimamodellierung gestützt und kalibriert wurden. In ähnlicher Weise selektiert Middleton (2020) in seiner Betrachtung die Daten von Hausfather (2018).

Dem steht die Modellierung mittels Erdsystemmodellen bzw. Globalen Zirkulationsmodellen gegenüber. Dort fließen, soweit möglich, physikalische Gesetzmäßigkeiten ein, wobei aber einige Einflussgrößen (Parameter) geschätzt werden müssen (vgl. z. B. Kap. 5.7). Deshalb errechnet ein Modell üblicherweise viele Male die Klimaänderung und ändert dabei jedes Mal diese kritischen Parameter. Der Mittelwert aller ermittelten Klimasensitivitäten dieser Modellläufe wird dann als wahrscheinlichster Wert angegeben. Da das Modell so weit in die Zukunft die Werte berechnen kann, bis Gleichgewichtsbedingungen erreicht sind, entsteht der Fehler der instrumentellen Bestimmungen nicht, dafür sind die Ungenauigkeiten bei der Kenntnis der Parameter das Problem dieser Herangehensweise.

Ein Kompromiss zwischen beiden Methoden ist es, Klimamodelle auf Basis der physikalischen Gesetzmäßigkeiten die historische Klimaentwicklung berechnen zu lassen und die Parameter so anzupassen, dass die Messwerte möglichst genau erklärt werden können. Diese Modelle arbeiten also sozusagen kalibriert. Auf Grundlage der so optimierten Parameter berechnen sie dann die Zukunft, bis ein Gleichgewicht zwischen Strahlungsantrieb und Reaktion des Klimasystems erreicht ist. Da sie ebenso wie die rein instrumentellen Bestimmungen der Klimasensitivität auf den historisch gemessenen Daten beruhen, haben wir beide Herangehensweisen in Abb. 5.5 unten (zweites Diagramm von links) zusammengefasst.

Im Gegensatz dazu integrieren Klimamodelle, die Klimaänderungen der geologischen Vergangenheit (Paläoklima) simulieren, meist langfristige Rückkopplungen, die in der Definition der Gleichgewichtsklimasensitivität nach Charney et al. (1979) normalerweise gar nicht enthalten sind, wie z. B. eine Abnahme der Rückstrahlung einfallender solarer Strahlung durch schmelzende Gletscher oder die Verlagerung von Vegetationszonen, also Prozesse, die sich über eine Zeitdimension von mehreren Jahrhunderten oder noch deutlich länger erstrecken. Bei sehr hohen CO_2- und Temperaturniveaus, wie sie in Zeiten vor 50 Mio. Jahren und davor auftraten, sind auch die physikalischen Zusammenhänge nicht mehr ohne Weiteres vergleichbar (Seeley & Jeevanjee 2021). Dementsprechend liegen diese Ergebnisse i. d. R. etwas höher als die bei anderen Herangehensweisen.

Kombinierte Herangehensweisen berechnen die Gleichgewichtsklimasensitivität auf mehrere der dargestellten Arten und ermitteln einen gewichteten Mittelwert.

Abb. 5.5 unten zeigt, ergänzt durch weitere neuere Literaturquellen zur Gleichgewichtsklimasensitivität, die Entwicklung der ermittelten Werte mit der Zeit. Dabei wird deutlich, dass die auf Basis der historischen Daten ermittelten Werte über die letzten 20 Jahre gleich geblieben sind – Gleiches würde für die kombinierten Herangehensweisen gelten, wäre da nicht ein extremer Ausreißer[42] –, wogegen die Modellierungen und die Ermittlungen auf Basis von Klimaänderungen in geologischer Zeit eine leichte Erhöhung des Werts verzeichnen. Der Anstieg in den letzten Jahren bei den modellierten Werten der Gleichgewichtsklimasensitivität geht, wie in Kap. 5.7 schon diskutiert, hauptsächlich

[42] Werte der Sensitivität unter 1,5 °C, die als extrem unwahrscheinlich angesehen werden, vgl. Sherwood et al. (2020), zumal der Strahlungsantrieb des verdoppelten CO_2 allein bereits über 1 °C ausmacht.

auf eine geänderte Parametrisierung von Wolken-Rückkopplungen zurück (Virgin et al. 2021). Es gibt Hinweise, dass die Reaktion der Rückkopplungen auf eine Abnahme eines Antriebs (Klimaabkühlung) sogar etwas stärker ausfällt als auf eine Zunahme (Liu et al. 2020), was auch schon wegen des logarithmischen Zusammenhangs zwischen dem Strahlungsantrieb durch CO_2 und den direkten Temperatureffekten zu erwarten ist. Schon lange ist darüber hinaus bekannt, dass auch die Region eine wichtige Rolle für die Höhe von Rückkopplungen spielt, in der der Antrieb lokalisiert ist (Milanković-Theorie, vgl. Kap. 5.1 und Hansen et al. 1997). Das ist auch der wichtigste Grund, warum z. B. der niedrige von Lindzen & Choi (2009, 2011) ermittelte Wert (ca. 0,5 °C) für die Klimasensitivität mit der Realität wenig zu tun hat, denn sie berechnen ihn auf der Basis von Satellitenmessungen ausschließlich über tropischen Regionen, wo die starke Konvektion (aufsteigende Luftströmungen) zu einem anderen Anteil der Wärmeübertragung durch erwärmte Luftteilchen (relativ zum Strahlungsanteil) als bei einer globalen Betrachtung führt und wo ein ständiger starker Luftmassenaustausch mit anderen Klimazonen erfolgt.

Die folgenden Sätze können als eine Art Abschluss des gesamten Kap. 5 verstanden werden. Wie wir in den vorangegangenen Kapiteln gesehen haben, wird versucht, den Anteil des Menschen an der Erwärmung kleinzureden, indem andere Einflussgrößen und Prozesse (Sonne, kosmische Strahlung, Autozyklen etc.) ins Feld geführt werden. Die Klimasensitivität beschreibt nun letztlich die Auswirkung, welche eine beliebige Änderung eines primären Strahlungsantriebs (z. B. auch der Sonnenstrahlung) im Klimasystem auslöst; also die Summe aller Rückkopplungen im Klimasystem in Abhängigkeit von den Anfangsbedingungen. Nun ist es aber so, dass auch all die anderen ins Feld geführten Prozesse sich nur dann auf das Klimasystem auswirken können, wenn sie entsprechende Rückkopplungen auslösen. Wer also die Klimasensitivität kleinredet, redet auch alle Alternativen zum menschlichen Einfluss auf das Klima klein, denn die Rückkopplungen unterscheiden nicht grundsätzlich, ob nun die Strahlung, Autozyklen oder irgendetwas anderes, also eben auch CO_2, der ursprüngliche Antrieb der Klimaänderung war! (Tab. 5.1)

Literatur

Aeschbach-Hertig W (2007) Rebuttal of "On global forces of nature driving the Earth's climate. Are humans involved?" by L. F. Khilyuk & G. V. Chilingar. Environ Geol 52:1007–1009. https://doi.org/10.1007/s00254-006-0519-3

Agee EM, Kiefer K, Cornett E (2012) Relationship of lower-troposphere cloud cover & cosmic rays: An updated perspective. J. Climate 25:1057–1060. https://doi.org/10.1175/JCLI-D-11-00169.1

Allmendinger T (2018) The real cause of global warming & its consequences on climate policy. SciFed Journal of Global Warming 2:1–11

Andrews DE (2020) Correcting an error in some interpretations of atmospheric ^{14}C data. EARTH 9:126. https://doi.org/10.11648/j.earth.20200904.12

Ångström K (1900) Ueber die Bedeutung des Wasserdampfes und der Kohlensäure bei der Absorption der Erdatmosphäre. Annu Phys 308:720–732. https://doi.org/10.1002/andp.19003081208

Anonymus (2005) On global warming/climate change: Global temperatures & atmospheric carbon dioxide. Pete's Place Blogspot. http://petesplace-peter.blogspot.com/2008/04/global-temperatures-and-atmospheric.html. Letzter Zugriff: 15.01.2021

Archer D (2005) Fate of fossil fuel CO_2 in geologic time. J. Geophys. Res. 110. https://doi.org/10.1029/2004JC002625

Archer D, Eby M, Brovkin V, Ridgwell A, Cao L, Mikolajewicz U, Caldeira K, Matsumoto K, Munhoven G, Montenegro A, Tokos K (2009) Atmospheric lifetime of fossil fuel carbon dioxide. Annu. Rev. Earth Planet. Sci. 37:117–134. https://doi.org/10.1146/annurev.earth.031208.100206

Baliunas S, Jastrow R (1990) Evidence for long-term brightness changes of solar-type stars. Nature 348:520–523. https://doi.org/10.1038/348520a0

Ball WT, Unruh YC, Krivova NA, Solanki S, Wenzler T, Mortlock DJ, Jaffe AH (2012) Reconstruction of total solar irradiance 1974–2009. Astron Astrophys 541:A27. https://doi.org/10.1051/0004-6361/201118702

Barnett TP, Pierce DW, AchutaRao KM, Gleckler PJ, Santer BD, Gregory JM, Washington WM (2005) Penetration of human-induced warming into the world's oceans. Science 309:284–287. https://doi.org/10.1126/science.1112418

Basu S, Lehman SJ, Miller JB, Andrews AE, Sweeney C, Gurney KR, Xu X, Southon J, Tans PP (2020) Estimating US fossil fuel CO_2 emissions from measurements of ^{14}C in atmospheric CO_2. PNAS 117:13300–13307. https://doi.org/10.1073/pnas.1919032117

Basu S, Miller JB, Lehman S (2016) Separation of biospheric & fossil fuel fluxes of CO_2 by atmospheric inversion of CO_2 & $^{14}CO_2$ measurements: Observation system simulations. Atmos. Chem. Phys. 16:5665–5683. https://doi.org/10.5194/acp-16-5665-2016

Battams K, Howard RA, Dennison HA, Weigel RS, Lean JL (2020) The LASCO coronal brightness index. Sol Phys 295:1–29. https://doi.org/10.1007/s11207-020-1589-1

Bauska TK, Marcott SA, Brook EJ (2021) Abrupt changes in the global carbon cycle during the last glacial period. Nat. Geosci. 14:91–96. https://doi.org/10.1038/s41561-020-00680-2

Beck E-G (2007) 180 years of atmospheric CO_2 gas analysis by chemical methods. Energy & Environment 18:259–282. https://doi.org/10.1177/0958305X0701800206

Beer J (2012) Solar forcing – a new PAGES Working Group. PAGES News 20:91. https://doi.org/10.1029/2009RG000282

Beerling DJ, Royer DL (2011) Convergent Cenozoic CO_2 history. Nature Geosci 4:418–420. https://doi.org/10.1038/ngeo1186

Benestad RE (2017a) A mental picture of the greenhouse effect: A pedagogic explanation. Theor Appl Climatol 128:679–688. https://doi.org/10.1007/s00704-016-1732-y

Berner RA (1994) GEOCARB II: A revised model of atmospheric CO_2 over Phanerozoic time. Amer J Sci 294:56–91. https://doi.org/10.2475/ajs.294.1.56

Berner RA (2006a) GEOCARBSULF: A combined model for Phanerozoic atmospheric O_2 & CO_2. Geochimica et Cosmochimica Acta 70:5653–5664. https://doi.org/10.1016/j.gca.2005.11.032

Berner RA, Kothavala Z (2001) GEOCARB III: A revised model of atmospheric CO_2 over Phanerozoic time. American Journal of Science 301:182–204

Berner U, Hollerbach A (2004) Klimawandel und CO_2 aus geowissenschaftlicher Sicht, VDI-Tagung. http://crussow-lebenswert.de/dokumente/KLimawandel.pdf. Letzter Zugriff: 30.12.2020

Berner U, Streif H (eds) (2000) Klimafakten: Der Rückblick – ein Schlüssel für die Zukunft, 3. Aufl. Schweizerbart, Stuttgart

Berry EX (2019) Human CO_2 emissions have little effect on atmospheric CO_2. IJAOS 3:13. https://doi.org/10.11648/j.ijaos.20190301.13

Blaauw HJ (2017) Global warming: Sun & water. Energy & Environm 28:468–483. https://doi.org/10.1177/0958305X17695276

Bojanowski A (2020b) Heute vor 22 Jahren wurde die wohl bekannteste Klima-Studie veröffentlicht, Twitter. https://twitter.com/Axel_Bojanowski/status/1252999151736029185. Letzter Zugriff: 07.03.2021

Bond G (1997) A Pervasive Millennial-Scale Cycle in North Atlantic Holocene & Glacial Climates. Science 278:1257–1266. https://doi.org/10.1126/science.278.5341.1257

Box JE, Yang L, Bromwich DH, Bai L-S (2009) Greenland ice sheet surface air temperature variability: 1840–2007. J Climate 22:4029–4049. https://doi.org/10.1175/2009JCLI2816.1

Brandenberger A (o. J.) Kohlenstoffdioxid CO2, Internet-Vademecum. https://vademecum.brandenberger.eu/klima/wissen/co2.php. Letzter Zugriff: 05.03.2021

Carbon Dating Service, AMS Miami (2015) Bomb carbon effect, radiocarbon testing. Beta Analytic. https://www.radiocarbon.com/carbon-dating-bomb-carbon.htm. Letzter Zugriff: 11.03.2021

Cardwell DSL (1971) From Watt to Clausius: The rise of thermodynamics in the early industrial age. Heinemann, London

Caryl E (2014) Was geschah im Jüngeren Dryas? EIKE – Europäisches Institut für Klima & Energie. https://www.eike-klima-energie.eu/2014/11/20/was-geschah-im-juengeren-dryas/. Letzter Zugriff: 14.03.2021

Cawley GC (2011) On the atmospheric residence time of anthropogenically sourced carbon dioxide. Energy Fuels 25:5503–5513. https://doi.org/10.1021/ef200914u

Charney JG, Ad Hoc Study Group on Carbon Dioxide and Climate (1979) Carbon dioxide & climate: a scientific assessment. National Academy of Sciences, Washington, DC

Chen C, Harries J, Brindley H, Ringer M (2007) Spectral signatures of climate change in the Earth's infrared spectrum between 1970 & 2006. http://citeseerx.ist.psu.edu/viewdoc/download?doi=10.1.1.131.3867&rep=rep1&type=pdf. Letzter Zugriff: 13.03.2021

Chilingar GV, Khilyuk LF, Sorokhtin OG (2008) Cooling of atmosphere due to CO_2 emission. Energy Sources, Part A:

Recovery, Utilization, & Environmental Effects 30:1–9. https://doi.org/10.1080/15567030701568727
Choudhury D, Timmermann A, Schloesser F, Heinemann M, Pollard D (2020) Simulating Marine Isotope Stage 7 with a coupled climate-ice sheet model. Clim Past 16:2183–2201. https://doi.org/10.5194/cp-16-2183-2020
Clark P (2020) Wood for trees: Interactive graphs. https://woodfortrees.org/plot/. Letzter Zugriff: 05.08.2020
Cowie J (2011) Review of The Delinquent Teenager by Donna Laframboise. http://www.concatenation.org/nfrev/laframboise_delinquent.html. Letzter Zugriff: 04.03.2021
Dansgaard W, Johnsen SJ, Clausen HB, Dahl-Jensen D, Gundestrup NS, Hammer CU, Hvidberg CS, Steffensen JP, Sveinbjörnsdottir AE, Jouzel J, Bond G (1993) Evidence for general instability of past climate from a 250-kyr ice-core record. Nature 364:218–220. https://doi.org/10.1038/364218a0
Davis WJ (2017) The relationship between atmospheric carbon dioxide concentration & global temperature for the last 425 million years. Climate 5:76. https://doi.org/10.3390/cli5040076
Davis WJ, Taylor PJ (2018) The Antarctic Centennial Oscillation: a natural paleoclimate cycle in the southern hemisphere that influences global temperature. Climate 6:3. https://doi.org/10.3390/cli6010003
Davis WJ, Taylor PJ, Davis WB (2019) The origin & propagation of the Antarctic Centennial Oscillation. Climate 7:112. https://doi.org/10.3390/cli7090112
Deutsches Zentrum für Luft- und Raumfahrt (2012) co2_anim_deu_600.gif, DLR. https://www.dlr.de/dlr/Portaldata/1/Resources/bilder/portal/bonn/co2_anim_deu_600.gif. Letzter Zugriff: 05.03.2021
Dewitte S, Clerbaux N (2017) Measurement of the Earth radiation budget at the top of the atmosphere – A review. Remote Sensing 9:1143. https://doi.org/10.3390/rs9111143
Doney SC, Busch DS, Cooley SR, Kroeker KJ (2020) The Impacts of Ocean Acidification on Marine Ecosystems

& Reliant Human Communities. Annu Rev Environ Resour 45:83–112. https://doi.org/10.1146/annurev-environ-012320-083019

Dunne EM, Gordon H, Kürten A, Almeida J, Duplissy J, Williamson C, Ortega IK, Pringle KJ, Adamov A, Baltensperger U, Barmet P, Benduhn F, Bianchi F, Breitenlechner M, Clarke A, Curtius J, Dommen J, Donahue NM, Ehrhart S, Flagan RC, Franchin A, Guida R, Hakala J, Hansel A, Heinritzi M, Jokinen T, Kangasluoma J, Kirkby J, Kulmala M, Kupc A, Lawler MJ, Lehtipalo K, Makhmutov V, Mann G, Mathot S, Merikanto J, Miettinen P, Nenes A, Onnela A, Rap A, Reddington CLS, Riccobono F, Richards NAD, Rissanen MP, Rondo L, Sarnela N, Schobesberger S, Sengupta K, Simon M, Sipilä M, Smith JN, Stozkhov Y, Tomé A, Tröstl J, Wagner PE, Wimmer D, Winkler PM, Worsnop DR, Carslaw KS (2016) Global atmospheric particle formation from CERN CLOUD measurements. Science 354:1119–1124. https://doi.org/10.1126/science.aaf2649

Easterbrook DJ (2010) 2010 – where does it fit in the warmest year list? Watts Up With That? https://wattsupwiththat.com/2010/12/28/2010-where-does-it-fit-in-the-warmest-year-list/. Letzter Zugriff: 07.04.2021

Ermecke K (2014) Stellungnahme zum Thema „Klimaschutz“: für die Mitglieder des Ausschusses für Umwelt, Energie und Klimaschutz im Niedersächsischen Landtag. KE Research – die Andersdenker. https://urldefense.proofpoint.com/v2/url?u=http-3A__www.ke-2Dresearch.de_downloads_Stellungnahme-2DKlima-2DNiedersachsen.pdf&d=DwIF-g&c=vh6FgFnduejNhPPD0fl_yRaSfZy8CWbWnIf4XJhSqx8&r=zRj-2RyFL_eKGy26qvADy0NekDShvfOiIJazKG74Fg&m=7RR7ECIOKddTxrj_NoWcHoOolxbqUYgv1n1hWxgxxy4&s=60LDrCT9Pp19bjyRI92O9aiRb1uh7-_0PBTezdydccE&e=. Letzter Zugriff: 13.03.2021

Ermecke K (2018) Stellungnahme zum geplanten „Thüringer Klimagesetz“ und kritische Hinterfragung seiner Grundlagen. Thüringer Landtag. https://urldefense.proofpoint.com/v2/url?u=https-3A__forum.thueringer-2Dlandtag.de_sites_default_files_downloads_Fortschritt-2520in-2520Freiheit-2520e.-2520V.pdf&d=DwIF-g&c=vh6FgFnduejNhPPD0fl_yRaSfZy8CWbWnIf4XJhSqx8&r=zRj-2R-yFL_eKGy26qvADy0NekDShvfOiIJazKG74Fg&m=7RR7ECIOKddTxrj_NoWcHoOolxbqUYgv1n1hWxgxxy4&s=gzSoiQVD56TE71s0ZPwwK6npBenssR15cWt0tLb8Vbg&e=. Letzter Zugriff: 21.09.2021

ESRL Global Monitoring Division (2021) Global Monitoring Laboratory. Carbon Cycle Greenhouse Gases, NOAA Global Monitoring Laboratory – Earth System Research Laboratories. https://www.esrl.noaa.gov/gmd/outreach/isotopes/stable.html. Letzter Zugriff: 13.03.2021

Essenhigh RH (2009) Potential dependence of global warming on the residence time (RT) in the atmosphere of anthropogenically sourced carbon dioxide. Energy Fuels 23:2773–2784. https://doi.org/10.1021/ef800581r

Evan AT, Heidinger AK, Vimont DJ (2007) Arguments against a physical long-term trend in global ISCCP cloud amounts. Geophys Res Lett 34. https://doi.org/10.1029/2006GL028083

Farnsworth A, Lunt DJ, O'Brien CL, Foster GL, Inglis GN, Markwick P, Pancost RD, Robinson SA (2019) Climate sensitivity on geological timescales controlled by nonlinear feedbacks & ocean circulation. Geophys Res Lett 46:9880–9889. https://doi.org/10.1029/2019GL083574

Feldman DR, Collins WD, Gero PJ, Torn MS, Mlawer EJ, Shippert TR (2015) Observational determination of surface radiative forcing by CO_2 from 2000 to 2010. Nature 519:339–343. https://doi.org/10.1038/nature14240

Fenton LK, Geissler PE, Haberle RM (2007) Global warming & climate forcing by recent albedo changes on Mars. Nature 446:646–649. https://doi.org/10.1038/nature05718

Fleming RJ (2020) The rise & fall of the carbon dioxide theory of climate change. Springer International Publishing, Cham

Florides GA, Christodoulides P (2009) Global warming & carbon dioxide through sciences. Environ Int 35:390–401. https://doi.org/10.1016/j.envint.2008.07.007

Flückiger J, Blunier T, Stauffer B, Chappellaz J, Spahni R, Kawamura K, Schwander J, Stocker TF, Dahl-Jensen D (2004) N2O & CH4 variations during the last glacial epoch: Insight into global processes. Global Biogeochem. Cycles 18. https://doi.org/10.1029/2003GB002122

Frey C (2019) Menschliche CO_2-Emissionen haben kaum Auswirkungen auf den atmosphärischen CO_2-Gehalt. EIKE – Europäisches Institut für Klima & Energie. https://www.eike-klima-energie.eu/2019/07/12/menschliche-co2-emissionen-haben-kaum-auswirkungen-auf-den-atmosphaerischen-co2-gehalt/. Letzter Zugriff: 11.03.2021

Frey C (2020) Gibt es einen Treibhauseffekt? EIKE – Europäisches Institut für Klima & Energie. https://eike-klima-energie.eu/2020/11/17/gibt-es-einen-treibhauseffekt/. Letzter Zugriff: 21.08.2021

Friend AD, Lucht W, Rademacher TT, Keribin R, Betts R, Cadule P, Ciais P, Clark DB, Dankers R, Falloon PD, Ito A, Kahana R, Kleidon A, Lomas MR, Nishina K, Ostberg S, Pavlick R, Peylin P, Schaphoff S, Vuichard N, Warszawski L, Wiltshire A, Woodward FI (2014) Carbon residence time dominates uncertainty in terrestrial vegetation responses to future climate & atmospheric CO_2. PNAS 111:3280–3285. https://doi.org/10.1073/pnas.1222477110

Friis-Christensen E, Lassen K (1991) Length of the solar cycle: An indicator of solar activity closely associated with climate. Science 254:698–700. https://doi.org/10.1126/science.254.5032.698

Gastmann J (2020) Klima, CO_2 und Sonne: Warum die CO_2-Theorie unwahrscheinlich ist. https://www.economy4mankind.org/klima-co2-sonne. Letzter Zugriff: 15.01.2021

Gerlach T (2011) Volcanic versus anthropogenic carbon dioxide. Eos Trans AGU 92:201–202. https://doi.org/10.1029/2011EO240001

Gerlich G, Tscheuschner RD (2009) Falsification of the atmospheric CO_2 greenhouse effects within the frame of Physics. Int J Mod Phys B 23:275–364. https://doi.org/10.1142/S021797920904984X

Gervais F (2016) Anthropogenic CO_2 warming challenged by 60-year cycle. Earth-Sci Rev 155:129–135. https://doi.org/10.1016/j.earscirev.2016.02.005

Gettelman A, Hannay C, Bacmeister JT, Neale RB, Pendergrass AG, Danabasoglu G, Lamarque J-F, Fasullo JT, Bailey DA, Lawrence DM, Mills MJ (2019) High Climate Sensitivity in the Community Earth System Model version 2 (CESM2). Geophys Res Lett 46:8329–8337. https://doi.org/10.1029/2019GL083978

Gillis J (30.04.2012) Clouds' effect on climate change is last bastion for dissenters. The New York Times. https://www.nytimes.com/2012/05/01/science/earth/clouds-effect-on-climate-change-is-last-bastion-for-dissenters.html. Letzter Zugriff: 29.04.2021

Gorbarenko EV (2016) Climate changes in atmospheric radiation parameters from the MSU meteorological observatory data. Russ Meteorol Hydrol 41:789–797. https://doi.org/10.3103/S1068373916110078

Gordon H, Kirkby J, Baltensperger U, Bianchi F, Breitenlechner M, Curtius J, Dias A, Dommen J, Donahue NM, Dunne EM, Duplissy J, Ehrhart S, Flagan RC, Frege C, Fuchs C, Hansel A, Hoyle CR, Kulmala M, Kürten A, Lehtipalo K, Makhmutov V, Molteni U, Rissanen MP, Stozkhov Y, Tröstl J, Tsagkogeorgas G, Wagner R, Williamson C, Wimmer D, Winkler PM, Yan C, Carslaw KS (2017a) Causes & importance of new particle formation in the present-day & preindustrial atmospheres. J Geophys Res Atmos 122:8739–8760. https://doi.org/10.1002/2017JD026844

Gordon IE, Rothman LS, Hill C, Kochanov RV, Tan Y, Bernath PF, Birk M, Boudon V, Campargue A, Chance KV, Drouin BJ, Flaud J-M, Gamache RR, Hodges JT, Jacquemart D, Perevalov VI, Perrin A, Shine KP, Smith M-A, Tennyson J, Toon GC, Tran H, Tyuterev VG, Barbe A, Császár AG, Devi VM, Furtenbacher T, Harrison JJ, Hartmann J-M, Jolly A, Johnson TJ, Karman T, Kleiner I, Kyuberis AA, Loos J,

Lyulin OM, Massie ST, Mikhailenko SN, Moazzen-Ahmadi N, Müller H, Naumenko OV, Nikitin AV, Polyansky OL, Rey M, Rotger M, Sharpe SW, Sung K, Starikova E, Tashkun SA, Auwera JV, Wagner G, Wilzewski J, Wcisło P, Yu S, Zak EJ (2017b) The HITRAN2016 molecular spectroscopic database. J Quant Spectroscopy & Radiative Transfer 203:3–69. https://doi.org/10.1016/j.jqsrt.2017.06.038

Gray LJ, Beer J, Geller M, Haigh JD, Lockwood M, Matthes K, Cubasch U, Fleitmann D, Harrison G, Hood L, Luterbacher J, Meehl GA, Shindell D, van Geel B, White W (2010) Solar influences on climate. Rev Geophys 48. https://doi.org/10.1029/2009RG000282

Gregory JM, Andrews T, Ceppi P, Mauritsen T, Webb MJ (2020) How accurately can the climate sensitivity to CO_2 be estimated from historical climate change? Clim Dyn 54:129–157. https://doi.org/10.1007/s00382-019-04991-y

Griggs JA, Harries JE (2007) Comparison of spectrally resolved outgoing longwave radiation over the tropical Pacific between 1970 & 2003 using IRIS, IMG, & AIRS. J Climate 20:3982–4001. https://doi.org/10.1175/JCLI4204.1

Grosjean M, Guiot J, Yu Z (2018) Commentary: H. Harde: "Scrutinizing the carbon cycle and CO_2 residence time in the atmosphere". Global & Planetary Change 164:65–66. https://doi.org/10.1016/j.gloplacha.2017.12.023

Guinan EF, Ribas I (2002) The role of solar nuclear evolution & magnetic activity on earth's atmosphere & climate. In: Montesinos B (Hrsg.) The evolving sun & its influence on planetary environments: Proceedings of a Workshop held at Instituto de Astrofisica de Andalucia, Granada, Spain, 18–20 June 2001. Astronom Soc of the Pacific, San Francisco, Calif.:85–106

Haigh (1996) The Impact of solar variability on climate. Science 272:981–984. https://doi.org/10.1126/science.272.5264.981

Haigh JD (2003) The effects of solar variability on the Earth's climate. Philos Trans Royal Soc London, Ser A 361:95–111. https://doi.org/10.1098/rsta.2002.1111

Halpern JB, Colose CM, Ho-Stuart C, Shore JD, Smith AP, Zimmermann J (2010) Comment on „Falsification of the atmospheric CO_2 greenhouse effects within the frame of Physics". Int. J. Mod. Phys. B 24:1309–1332. https://doi.org/10.1142/S021797921005555X

Hammer M (2011) Why greenhouse gas warming doesn't break the second law of thermodynamics. JoNova. https://joannenova.com.au/2011/05/why-greenhouse-gas-warming-doesnt-break-the-second-law-of-thermodynamics/. Letzter Zugriff: 11.03.2021

Hansen J, Sato M, Ruedy R (1997) Radiative forcing & climate response. J Geophys Res 102:6831–6864. https://doi.org/10.1029/96JD03436

Happer W (2011) The truth about greenhouse gases: The dubious science of the climate crusaders. First Things. https://www.firstthings.com/article/2011/06/the-truth-about-greenhouse-gases. Letzter Zugriff: 05.03.2021

Harde H (2017a) Radiation transfer calculations & assessment of global warming by CO_2. Int J Atmos Sci 2017:1–30. https://doi.org/10.1155/2017/9251034

Harde H (2017b) Scrutinizing the carbon cycle & CO_2 residence time in the atmosphere. Global & Planetary Change 152:19–26. https://doi.org/10.1016/j.gloplacha.2017.02.009

Harde H (2019) Wie schädlich ist CO_2 wirklich für unser Klima? EIKE – Europäisches Institut für Klima & Energie. https://www.eike-klima-energie.eu/2019/02/15/wie-schaedlich-ist-co2-wirklich-fuer-unser-klima/. Letzter Zugriff: 01.03.2021

Harries JE, Brindley HE, Sagoo PJ, Bantges RJ (2001) Increases in greenhouse forcing inferred from the outgoing longwave radiation spectra of the Earth in 1970 & 1997. Nature 410:355–357. https://doi.org/10.1038/35066553

Hartmann DL, Michelsen ML (2002) No evidence for Iris. Bull Amer Meteorol Soc 83:249–254. https://doi.org/10.1175/1520-0477(2002)083<0249:NEFI>2.3.CO;2

Hausfather Z (2018) Explainer: What climate models tell us about future rainfall. Carbon Brief. https://www.carbonbrief.org/explainer-what-climate-models-tell-us-about-future-rainfall. Letzter Zugriff: 24.11.2020

Hawkeye (2007) View from above: is the earth really warming? (Part 2). Viewhigh.Blogspot. https://viewhigh.blogspot.com/2007/08/is-earth-really-warming-part-2.html. Letzter Zugriff: 09.03.2021

He S-P, Wang H-J, Gao Y-Q, Li F, LI H, Wang C (2018) Influence of solar wind energy flux on the interannual variability of ENSO in the subsequent year. Atmos & Ocean Sci Lett 11:165–172. https://doi.org/10.1080/16742834.2018.1436367

Hertzberg M, Siddons A, Schreuder H (2016) Role of atmospheric carbon dioxide in climate change. Energy & Environm 27:785–797. https://doi.org/10.1177/0958305X16674637

Hessen DO, Frauenlob G, Hippe K (2019) C – die vielen Leben des Kohlenstoffs. Kommode Verlag, Zürich

Hi A, Anagnostou E, Boer AM de, Coxall HK, Donnadieu Y, Foster G, Inglis GN, Knorr G, Langebroek PM, Lear CH, Lohmann G, Poulsen CJ, Sepulchre P, Tierney JE, Valdes PJ, Volodin EM, Dunkley Jones T, Hollis CJ, Huber M, Otto-Bliesner BL (2021) DeepMIP: Model intercomparison of early Eocene climatic optimum (EECO) large-scale climate features & comparison with proxy data. Clim Past 17:203–227. https://doi.org/10.5194/cp-17-203-2021

Hill C (2020) HITRANonline, High-resolution transmission molecular absorption database. https://hitran.org/. Letzter Zugriff: 10.03.2021

Hmiel B, Petrenko VV, Dyonisius MN, Buizert C, Smith AM, Place PF, Harth C, Beaudette R, Hua Q, Yang B, Vimont I, Michel SE, Severinghaus JP, Etheridge D, Bromley T, Schmitt J, Faïn X, Weiss RF, Dlugokencky E (2020) Preindustrial $^{14}CH_4$ indicates greater anthropogenic fossil CH_4 emissions. Nature 578:409–412. https://doi.org/10.1038/s41586-020-1991-8

Hoffmann G (2009) Sie ist gesättigt, sie ist es nicht, sie ist gesättigt, … Anmerkungen zum Strahlungstransport. ScienceBlogs Primaklima. https://scienceblogs.de/primaklima/2009/03/31/sie-ist-gesattigt-sie-ist-es-nicht-sie-ist-gesattigt-anmerkungen-zum-strahlungstransport/. Letzter Zugriff: 10.03.2021

Hoffmann G (2012) Die kalte Sonne von Vahrenholt/Lüning: Le Trend, c'est moi! ScienceBlogs Primaklima. https://scienceblogs.de/primaklima/2012/05/16/die-kalte-sonne-von-vahrenholtluning-le-trend-cest-moi/. Letzter Zugriff: 20.03.2021

Holmes RI (2018) Thermal enhancement on planetary bodies & the relevance of the molar mass version of the ideal gas law to the null hypothesis of climate change. EARTH 7:107–123. https://doi.org/10.11648/j.earth.20180703.13

IPCC (2001) TAR climate change 2001: The scientific basis. IPCC. https://www.ipcc.ch/report/ar3/wg1/. Letzter Zugriff: 23.11.2020

Jiménez-de-la-Cuesta D, Mauritsen T (2019) Emergent constraints on Earth's transient & equilibrium response to doubled CO_2 from post-1970s global warming. Nat. Geosci. 12:902–905. https://doi.org/10.1038/s41561-019-0463-y

Jones D, Watkins A, Braganza K, Coughlan M (2007) "The Great Global Warming Swindle": a critique. Bull Austral Meteorol & Oceanogr Soc 20:63–72

Karman T, Koenis MAJ, Banerjee A, Parker DH, Gordon IE, van der Avoird A, van der Zande WJ, Groenenboom GC (2018) O_2-O_2 & O_2-N_2 collision-induced absorption mechanisms unravelled. Nat Chem 10:549–554. https://doi.org/10.1038/s41557-018-0015-x

Kaufman D, McKay N, Routson C, Erb M, Dätwyler C, Sommer PS, Heiri O, Davis B (2020) Holocene global mean surface temperature, a multi-method reconstruction approach. Sci Data 7:201. https://doi.org/10.1038/s41597-020-0530-7

Kaufmann RK, Juselius K (2013) Testing hypotheses about glacial cycles against the observational record. Paleoceanogr 28:175–184. https://doi.org/10.1002/palo.20021

Kauppinen J, Malmi P (2019) No experimental evidence for the significant anthropogenic climate change. arXiv. http://arxiv.org/pdf/1907.00165v1. Letzter Zugriff: 03.03.2021

Kay JE, Hillman BR, Klein SA, Zhang Y, Medeiros B, Pincus R, Gettelman A, Eaton B, Boyle J, Marchand R, Ackerman

TP (2012) Exposing global cloud biases in the community atmosphere model (CAM) using satellite observations & their corresponding instrument simulators. J Climate 25:5190–5207. https://doi.org/10.1175/JCLI-D-11-00469.1

Keeling RE, Körtzinger A, Gruber N (2010) Ocean deoxygenation in a warming world. Annu Rev Mar Sci 2:199–229. https://doi.org/10.1146/annurev.marine.010908.163855

Keeling CD, Piper SC, Bacastow RB, Wahlen M, Whorf TP, Heimann M, Meijer HA (2005) Atmospheric CO_2 & $^{13}CO_2$ exchange with the terrestrial biosphere & oceans from 1978 to 2000: Observations & carbon cycle implications. In: Ehleringer JR (Hrsg.) A history of atmospheric CO_2 & its effects on plants, animals, & ecosystems, vol 177. Springer, New York, NY:83–113

Keeling RF (2007) Comment on „180 Years of atmospheric CO_2 gas analysis by chemical methods“ by Ernst-Georg Beck, Energy & Environment, Vol. 18 (2), 259-282, 2007. Energy & Environm 18:637–639

Khilyuk LF, Chilingar GV (2006) On global forces of nature driving the Earth's climate. Are humans involved? Environ Geol 50:899–910. https://doi.org/10.1007/s00254-006-0261-x

Kiehl JT, Trenberth KE (1997) Earth's Annual Global Mean Energy Budget. Bull Amer Meteorol Soc 78:197–208. https://doi.org/10.1175/1520-0477(1997)078<0197:EAGMEB>2.0.CO;2

Kirkby J, Curtius J, Almeida J, Dunne E, Duplissy J, Ehrhart S, Franchin A, Gagné S, Ickes L, Kürten A, Kupc A, Metzger A, Riccobono F, Rondo L, Schobesberger S, Tsagkogeorgas G, Wimmer D, Amorim A, Bianchi F, Breitenlechner M, David A, Dommen J, Downard A, Ehn M, Flagan RC, Haider S, Hansel A, Hauser D, Jud W, Junninen H, Kreissl F, Kvashin A, Laaksonen A, Lehtipalo K, Lima J, Lovejoy ER, Makhmutov V, Mathot S, Mikkilä J, Minginette P, Mogo S, Nieminen T, Onnela A, Pereira P, Petäjä T, Schnitzhofer R, Seinfeld JH, Sipilä M, Stozhkov Y, Stratmann F, Tomé A, Vanhanen J, Viisanen Y, Vrtala A, Wagner PE, Walther H,

Weingartner E, Wex H, Winkler PM, Carslaw KS, Worsnop DR, Baltensperger U, Kulmala M (2011) Role of sulphuric acid, ammonia & galactic cosmic rays in atmospheric aerosol nucleation. Nature 476:429–433. https://doi.org/10.1038/nature10343

Kleber A (1984) Zur jungtertiären Reliefentwicklung im Vorland der südlichen Frankenalb. Berliner Geographische Abhandlungen 36:65–68

Kleber A (2019a) Hat sich mit dem Klimawandel die Temperatur auch auf dem Mond erhöht? Quora.com. https://de.quora.com/Hat-sich-mit-dem-Klimawandel-die-Temperatur-auch-auf-dem-Mond-erh%C3%B6ht/answer/Arno-Kleber. Letzter Zugriff: 29.03.2021

Kleber A (2019d) Wodurch wurde die Eiszeit ausgelöst? Quora.com – Klima der Vorzeit. https://de.quora.com/q/klimadervorzeit/Wodurch-wurde-die-Eiszeit-ausgel%C3%B6st. Letzter Zugriff: 22.01.2021

Kleber A (2020b) Comment on „how to talk with reactionaries about climate change“. Quora.com – Climate Change & Discussion. https://www.quora.com/q/climatechangediscussion/How-to-Talk-with-Reactionaries-About-Climate-Change/comment/2409264. Letzter Zugriff: 19.03.2021

Kleber A (2020c) Das bedeutendste Massenaussterben, seit es höheres Leben gibt – ein Präzedenzfall für unsere Zukunft? Quora.com – Klimawandel und -diskussion. https://de.quora.com/q/klimawandeldiskussion/Das-bedeutendste-Massenaussterben-seit-es-höheres-Leben-gibt-ein-Präzedenzfall-für-unsere-Zukunft. Letzter Zugriff: 19.03.2020

Kleber A (2020g) If you believe that the timeline in the Bible suggests that creation is only 6000 years or so old, then how do you explain the existence of the fossil record that clearly establishes that the Earth is much older? Quora.com – Evolution & Creationism. https://www.quora.com/q/evolutionandcreationism/If-you-believe-that-the-timeline-in-the-Bible-suggests-that-creation-is-only-6000-years-or-so-old-then-how-do-you-expla. Letzter Zugriff: 15.03.2021

Kleber A (2020h) Let‘s find a new cause of global warming, main thing it is not humans (irony flag!). Quora.com – Fighting Deniers. https://www.quora.com/q/fightingdeniers/Lets-find-a-new-cause-of-global-warming-main-thing-it-is-not-humans-irony-flag. Letzter Zugriff: 22.03.2021

Kleber A (2020j) There is urgent need to find that CO_2 is uncorrelated to climate. Quora.com – Fighting Deniers. https://www.quora.com/q/fightingdeniers/There-is-urgent-need-to-find-that-CO%E2%82%82-is-uncorrelated-to-climate. Letzter Zugriff: 22.01.2021

Kleber A (2021b) CO_2 in der Erdgeschichte, Quora.com. https://de.quora.com/q/klimadervorzeit/CO2-in-der-Erdgeschichte. Letzter Zugriff: 29.12.2020

Kirstein W (2010) Wo bleibt der Klimawandel? YouTube. https://www.youtube.com/watch?v=xRszuxcyJjg. Letzter Zugriff: 12.03.2021

Kleber A (2021d) Wenn die Alpen zu Hannibals Zeiten schon einmal schnee- und eisfrei waren, warum wird dann jetzt so ein Wirbel darum gemacht? Gehört das alles nicht zum natürlichen Lauf der Dinge? Quora.com – Klimawandel und -diskussion. https://de.quora.com/q/klimawandeldiskussion/Wenn-die-Alpen-zu-Hannibals-Zeiten-schon-einmal-schnee-und-eisfrei-waren-warum-wird-dann-jetzt-so-ein-Wirbel-darum-gem. Letzter Zugriff: 12.03.2021

Kluft L, Dacie S, Buehler SA, Schmidt H, Stevens B (2019) Re-examining the first climate models: climate sensitivity of a modern radiative-convective equilibrium model. J Climate 32:8111–8125. https://doi.org/10.1175/JCLI-D-18-0774.1

Knutti R, Rugenstein MAA, Hegerl GC (2017) Beyond equilibrium climate sensitivity. Nature Geosci 10:727–736. https://doi.org/10.1038/NGEO3017

Kobashi T, Goto-Azuma K, Box JE, Gao C-C, Nakaegawa T (2013) Causes of Greenland temperature variability over the past 4000 yr: Implications for northern hemispheric temperature changes. Clim Past 9:2299–2317. https://doi.org/10.5194/cp-9-2299-2013

Köhler P, Hauck J, Völker C, Wolf-Gladrow DA, Butzin M, Halpern JB, Rice K, Zeebe RE (2018) Comment on "Scrutinizing the carbon cycle & CO_2 residence time in the atmosphere" by H. Harde. Global & Planetary Change 164:67–71. https://doi.org/10.1016/j.gloplacha.2017.09.015

Koutsoyiannis D, Kundzewicz ZW (2020) Atmospheric temperature & CO_2: Hen-or-egg causality? Sci 2:83. https://doi.org/10.3390/sci2040083

Krivova NA, Balmaceda L, Solanki SK (2007) Reconstruction of solar total irradiance since 1700 from the surface magnetic flux. Astron. Astrophys. 467:335–346. https://doi.org/10.1051/0004-6361:20066725

Krivova NA, Solanki SK, Wenzler T (2009) ACRIM-gap & total solar irradiance revisited: Is there a secular trend between 1986 & 1996? Geophys. Res. Lett. 36. https://doi.org/10.1029/2009GL040707

Kulmala M, Riipinen I, Nieminen T, Hulkkonen M, Sogacheva L, Manninen HE, Paasonen P, Petäjä T, Dal Maso M, Aalto PP, Viljanen A, Usoskin I, Vainio R, Mirme S, Mirme A, Minikin A, Petzold A, Hõrrak U, Plaß-Dülmer C, Birmili W, Kerminen V-M (2010) Atmospheric data over a solar cycle: No connection between galactic cosmic rays & new particle formation. Atmos. Chem. Phys. 10:1885–1898. https://doi.org/10.5194/acp-10-1885-2010

Laut P, Gundermann J (1998) Does the correlation between solar cycle lengths & northern hemisphere land temperatures rule out any significant global warming from greenhouse gases? J Atmos & Solar-Terrestr Phys 60:1–3. https://doi.org/10.1016/S1364-6826(97)00115-6

Lauvaux T, Gurney KR, Miles NL, Davis KJ, Richardson SJ, Deng A, Nathan BJ, Oda T, Wang JA, Hutyra L, Turnbull J (2020) Policy-relevant assessment of urban CO_2 emissions. Environ Sci Technol 54:10237–10245. https://doi.org/10.1021/acs.est.0c00343

Le Quéré C, Andrew RM, Canadell JG, Sitch S, Korsbakken JI, Peters GP, Manning AC, Boden TA, Tans PP, Houghton RA, Keeling RF, Alin S, Andrews OD, Anthoni P, Barbero

L, Bopp L, Chevallier F, Chini LP, Ciais P, Currie K, Delire C, Doney SC, Friedlingstein P, Gkritzalis T, Harris I, Hauck J, Haverd V, Hoppema M, Klein Goldewijk K, Jain AK, Kato E, Körtzinger A, Landschützer P, Lefèvre N, Lenton A, Lienert S, Lombardozzi D, Melton JR, Metzl N, Millero F, Monteiro PMS, Munro DR, Nabel JEMS, Nakaoka S, O'Brien K, Olsen A, Omar AM, Ono T, Pierrot D, Poulter B, Rödenbeck C, Salisbury J, Schuster U, Schwinger J, Séférian R, Skjelvan I, Stocker BD, Sutton AJ, Takahashi T, Tian H, Tilbrook B, van der Laan-Luijkx IT, van der Werf GR, Viovy N, Walker AP, Wiltshire AJ, Zaehle S (2016) Global carbon budget 2016. Earth Syst Sci Data 8:605–649. https://doi.org/10.5194/essd-8-605-2016

Lean J, Beer J, Bradley R (1995) Reconstruction of solar irradiance since 1610: Implications for climate change. Geophys Res Lett 22:3195–3198. https://doi.org/10.1029/95GL03093

Lean JL, Coddington O, Marchenko SV, Machol J, DeLand MT, Kopp G (2020) Solar irradiance variability: Modeling the measurements. Earth & Space Sci 7. https://doi.org/10.1029/2019EA000645

Lecavalier BS, Milne GA, Vinther BM, Fisher DA, Dyke AS, Simpson MJ (2013) Revised estimates of Greenland ice sheet thinning histories based on ice-core records. Quat Sci Rev 63:73–82. https://doi.org/10.1016/j.quascirev.2012.11.030

Lehmann H, Müschen K, Richter S, Mäder C (2013) Und sie erwärmt sich doch: Was steckt hinter der Debatte um den Klimawandel? Umweltbundesamt. https://www.umweltbundesamt.de/publikationen/sie-erwaermt-sich-doch-was-steckt-hinter-debatte-um. Letzter Zugriff: 04.03.2021

Lehr J, Ciccone T (2020) A simplified global warming tutorial: Who are we kidding? Judy Collins was right. CFACT. https://www.cfact.org/2020/08/31/a-simplified-global-warming-tutorial-who-are-we-kidding-judy-collins-was-right/. Letzter Zugriff: 01.03.2021

Lewis N (2015) Pitfalls in climate sensitivity estimation. Max-Planck-Institut für Meteorologie. https://mpimet.mpg.de/fileadmin/atmosphaere/wcrp_grand_challenge_workshop/

ringberg_2015/talks/lewis_24032015.pdf. Letzter Zugriff: 27.03.2021

Lightfoot HD, Mamer OA (2017) Back radiation versus CO_2 as the cause of climate change. Energy & Environm 28:661–672. https://doi.org/10.1177/0958305X17722790

Limburg M (2009b) Klimawandel durch Kohlendioxid? Wissenschaftsskandal oder Abzockerei? EIKE – Europäisches Institut für Klima & Energie. https://www.eike-klima-energie.eu/2009/10/08/klimawandel-durch-kohlendioxid-wissenschaftsskandal-oder-abzockerei/. Letzter Zugriff: 01.03.2021

Lindzen RS (2011) A case against precipitous climate action. Energy & Environm 22:747–751

Lindzen RS, Choi Y-S (2009) On the determination of climate feedbacks from ERBE data. Geophys Res Lett 36. https://doi.org/10.1029/2009GL039628

Lindzen RS, Choi Y-S (2011) On the observational determination of climate sensitivity & its implications. Asia-Pacific J Atmos Sci 47:377–390. https://doi.org/10.1007/s13143-011-0023-x

Lindzen RS, Chou M-D, Hou AY (2001) Does the earth have an adaptive infrared iris? Bull Amer Meteorol Soc 82:417–432. https://doi.org/10.1175/1520-0477(2001)082<0417:DTEHAA>2.3.CO;2

Liu F, Lu J, Huang Y, Leung LR, Harrop BE, Luo Y (2020) Sensitivity of surface temperature to oceanic forcing via q-flux green's function experiments: Part III: asymmetric response to warming & cooling. J Climate 33:1283–1297. https://doi.org/10.1175/JCLI-D-19-0131.1

Lockwood M, Fröhlich C (2007) Recent oppositely directed trends in solar climate forcings & the global mean surface air temperature. Proc Royal Soc A 463:2447–2460. https://doi.org/10.1098/rspa.2007.1880

Loehle C, Scafetta N (2011) Climate change attribution using empirical decomposition of climatic data. TOASCJ 5:74–86. https://doi.org/10.2174/1874282301105010074

Lorius C, Jouzel J, Raynaud D, Hansen J, Le Treut H (1990) The ice-core record: climate sensitivity & future greenhouse warming. Nature 347:139–145. https://doi.org/10.1038/347139a0

Loulergue L, Parrenin F, Blunier T, Barnola J-M, Spahni R, Schilt A, Raisbeck G, Chappellaz J (2007) New constraints on the gas age-ice age difference along the EPICA ice cores, 0-50 kyr. Clim Past 3:527–540. https://doi.org/10.5194/cp-3-527-2007

Loulergue L, Schilt A, Spahni R, Masson-Delmotte V, Blunier T, Lemieux B, Barnola J-M, Raynaud D, Stocker TF, Chappellaz J (2008) Orbital & millennial-scale features of atmospheric CH_4 over the past 800,000 years. Nature 453:383–386. https://doi.org/10.1038/nature06950

Lüdecke H-J, Hempelmann A, Weiss CO (2013) Multi-periodic climate dynamics: Spectral analysis of long-term instrumental & proxy temperature records. Clim Past 9:447–452. https://doi.org/10.5194/cp-9-447-2013

Lüning S, Vahrenholt F (2016) The sun's role in climate. In: Easterbrook DJ (Hrsg.) Evidence-based climate science: Data opposing CO_2 emissions as the primary source of global warming, 2. Aufl. Elsevier, Amsterdam:283–305

Lunt DJ, Bragg F, Chan W-L, Hutchinson DK, Ladant J-B, Morozova P, Niezgodzki I, Steinig S, Zhang Z, Zhu J, Abe-Ouc Swart NC, Cole JNS, Kharin VV, Lazare M, Scinocca JF, Gillett NP, Anstey J, Arora V, Christian JR, Hanna S, Jiao Y, Lee WG, Majaess F, Saenko OA, Seiler C, Seinen C, Shao A, Sigmond M, Solheim L, Salzen K von, Yang D, Winter B (2019) The Canadian Earth System Model version 5 (CanESM5.0.3). Geosci Model Dev 12:4823–4873. https://doi.org/10.5194/gmd-12-4823-2019

MacCracken M (2007) Analysis of the paper "environmental effects of increased atmospheric carbon dioxide" by Arthur B. Robinson et al. College of Information Sciences and Technology, Pennsylvania State University. https://citeseerx.ist.psu.edu/viewdoc/download?doi=10.1.1.177.1018&rep=rep1&type=pdf. Letzter Zugriff: 07.03.2021

Mann ME, Bradley RS, Hughes MK (1998) Global-scale temperature patterns & climate forcing over the past six centuries. Nature 392:779–787. https://doi.org/10.1038/33859

Mann ME, Bradley RS, Hughes MK (1999) Northern hemisphere temperatures during the past millennium: Inferences, uncertainties, & limitations. Geophys Res Lett 26:759–762. https://doi.org/10.1029/1999GL900070

Mann ME, Steinman BA, Brouillette DJ, Miller SK (2021) Multidecadal climate oscillations during the past millennium driven by volcanic forcing. Science 371:1014–1019. https://doi.org/10.1126/science.abc5810

Mann ME, Steinman BA, Miller SK (2020) Absence of internal multidecadal & interdecadal oscillations in climate model simulations. Nat Commun 11:49. https://doi.org/10.1038/s41467-019-13823-w

Marotzke J, Forster PM (2015) Forcing, feedback & internal variability in global temperature trends. Nature 517:565–570. https://doi.org/10.1038/nature14117

Matthes K, Funke B, Andersson ME, Barnard L, Beer J, Charbonneau P, Clilverd MA, Dudok de Wit T, Haberreiter M, Hendry A, Jackman CH, Kretzschmar M, Kruschke T, Kunze M, Langematz U, Marsh DR, Maycock AC, Misios S, Rodger CJ, Scaife AA, Seppälä A, Shangguan M, Sinnhuber M, Tourpali K, Usoskin I, van de Kamp M, Verronen PT, Versick S (2017) Solar forcing for CMIP6 (v3.2). Geosci Model Dev 10:2247–2302. https://doi.org/10.5194/gmd-10-2247-2017

Mauritsen T, Roeckner E (2020) Tuning the MPI-ESM1.2 global climate model to improve the match with instrumental record warming by lowering its climate sensitivity. J Adv Model Earth Syst 12:e2019MS002037. https://doi.org/10.1029/2019MS002037

McIntyre S, McKitrick R (2003) Corrections to the Mann et. al. (1998) Proxy data base & northern hemispheric average temperature series. Energy & Environm 14:751–771. https://doi.org/10.1260/095830503322793632

Meehl GA, Senior CA, Eyring V, Flato G, Lamarque J-F, Stouffer RJ, Taylor KE, Schlund M (2020) Context for interpreting equilibrium climate sensitivity & transient climate response from the CMIP6 Earth system models. Sci Adv 6:eaba1981. https://doi.org/10.1126/sciadv.aba1981

Meijer HA (2007) Comment on “180 years of atmospheric CO_2 Gas analysis by chemical methods” by Ernst-Georg Beck. Energy & Environm 18:635–636. https://doi.org/10.1260/0958-305X.18.5.635

Meyer H, Opel T, Laepple T, Dereviagin AY, Hoffmann K, Werner M (2015) Long-term winter warming trend in the Siberian Arctic during the mid- to late Holocene. Nat Geosci 8:122–125. https://doi.org/10.1038/ngeo2349

Middleton D (2020) Climate sensitivity estimates: Declining or not? Watts Up With That? https://wattsupwiththat.com/2020/11/14/climate-sensitivity-estimates-declining-or-not/. Letzter Zugriff: 25.03.2021

Miller AJ, Collins M, Gualdi S, Jensen TG, Misra V, Pezzi LP, Pierce DW, Putrasahan D, Seo H, Tseng Y-H (2017) Coupled ocean-atmosphere modeling & predictions. J Mar Res 75:361–402. https://doi.org/10.1357/002224017821836770

Monnin E, Indermühle A, Dällenbach A, Flückiger J, Stauffer B, Stocker TF, Raynaud D, Barnola JM (2001) Atmospheric CO_2 concentrations over the last glacial termination. Science 291:112–114. https://doi.org/10.1126/science.291.5501.112

Murphy DJ, Hall CAS (2011) Energy return on investment, peak oil, & the end of economic growth. Annu New York Acad Sci 1219:52–72. https://doi.org/10.1111/j.1749-6632.2010.05940.x

National Review Staff (22.03.2007) Plutonic Warming: Fred Thompson on Paul Harvey Show. ABC Radio Networks. https://www.nationalreview.com/2007/03/plutonic-warming/. Letzter Zugriff: 29.03.2021

Neukom R, Barboza LA, Erb MP, Shi F, Emile-Geay J, Evans MN, Franke J, Kaufman DS, Lücke L, Rehfeld K, Schurer A, Zhu F, Brönnimann S, Hakim GJ, Henley BJ, Ljungqvist FC, McKay N, Valler V, Gunten L von (2019) Consistent multi-decadal variability in global temperature reconstructions & simulations over the Common Era. Nature Geosci 12:643–649. https://doi.org/10.1038/s41561-019-0400-0

Nijsse FJMM, Cox PM, Williamson MS (2020) An emergent constraint on transient climate response from simulated historical warming in CMIP6 models. Earth Syst Dyn Disc. https://doi.org/10.5194/esd-2019-86

Nikolov N, Zeller K (2017) New insights on the physical nature of the atmospheric greenhouse effect deduced from an empirical planetary temperature model. Environ Pollut Clim Change 1 (2):1-22. https://doi.org/10.4172/2573-458X.1000112

NOAA (2021) Climate at a glance. National Centers for Environmental Information (NCEI). https://www.ncdc.noaa.gov/cag/global/time-series. Letzter Zugriff: 17.03.2021

NOAA Global Monitoring Laboratory, Earth System Research Laboratories (2021) ESRL Global Monitoring Laboratory – FTP Navigator, NOAA. https://www.esrl.noaa.gov/gmd/dv/data/index.php?category=Greenhouse%2BGases¶meter_name=Carbon%2BDioxide. Letzter Zugriff: 08.04.2021

NOAA/OAR/ESRL PSL (2020) Pacific Decadal Oscillation (PDO): NOAA Physical Sciences Laboratory. National Oceanic and Atmospheric Administration. https://psl.noaa.gov/pdo/. Letzter Zugriff: 24.03.2021

PALAEOSENS Project Members (2012) Making sense of palaeoclimate sensitivity. Nature 491:683–691. https://doi.org/10.1038/nature11574

Philipona R (2004) Radiative forcing – measured at Earth's surface – corroborate the increasing greenhouse effect. Geophys Res Lett 31. https://doi.org/10.1029/2003GL018765

Piao S, Wang X, Wang K, Li X, Bastos A, Canadell JG, Ciais P, Friedlingstein P, Sitch S (2020b) Interannual variation of terrestrial carbon cycle: Issues & perspectives. Glob Change Biol 26:300–318. https://doi.org/10.1111/gcb.14884

Pierrehumbert RT (2011) Infrared radiation & planetary temperature. Phys Today 33:33–38. https://doi.org/10.1063/1.3653855

Plimer I (2010) Heaven & Earth: global warming, the missing science. Choice Reviews Online 47:4435. https://doi.org/10.5860/choice.47-4435

Proistosescu C, Huybers PJ (2017) Slow climate mode reconciles historical & model-based estimates of climate sensitivity. Sci Adv 3:e1602821. https://doi.org/10.1126/sciadv.1602821

Prokoph A, Shields GA, Veizer J (2008) Compilation & time-series analysis of a marine carbonate $\delta^{18}O$, $\delta^{13}C$, $^{87}Sr/^{86}Sr$ & $\delta^{34}S$ database through Earth history. Earth-Sci Rev 87:113–133. https://doi.org/10.1016/j.earscirev.2007.12.003

Puckrin E, Evans WF, Li J, Lavoie H (2004) Comparison of clear-sky surface radiative fluxes simulated with radiative transfer models. Canadian J Remote Sensing 30:903–912. https://doi.org/10.5589/m04-044

Puls K-E (2009) Freispruch für CO_2?: Immer mehr Wissenschaftler zweifeln an der Klimaschädlichkeit des unreaktiven Gases. EIKE – Europäisches Institut für Klima & Energie. https://www.eike-klima-energie.eu/wp-content/uploads/2016/12/Puls.CO2_.LP_.pdf. Letzter Zugriff: 05.03.2021

Rabett E (2017) Making the elephant dance as performed by Ned Nikolov & Karl Zeller, Rabett Run. https://rabett.blogspot.com/2017/08/making-elephant-dance-as-performed-by.html. Letzter Zugriff: 01.03.2021

Radhakrishnan S (2017) Sun may be dimming: NASA to confirm declining luminosity using SpaceX's payload. IBTimes Newsletter. https://www.ibtimes.com/sun-may-be-dimming-nasa-confirm-declining-luminosity-using-spacexs-payload-2629453. Letzter Zugriff: 05.03.2021

Rahmstorf S (2002) Flotte Kurven, dünne Daten: Im Medienstreit um den Klimawandel bleibt die Wissenschaft auf der Strecke. Potsdam Institut für Klimafolgenforschung (PIK). http://www.pik-potsdam.de/~stefan/Publications/Other/flottekurven.pdf. Letzter Zugriff: 06.03.2021

Rahmstorf S (2007) Der Klimaschwindel: Kommentar zum Film von RTL. Potsdam Institut für Klimafolgenforschung (PIK). http://www.pik-potsdam.de/~stefan/klimaschwindel.html. Letzter Zugriff: 06.03.2021

Rahmstorf S (2014) Der Anti-Treibhauseffekt des Herrn Ermecke. KlimaLounge, SciLogs – Wissenschaftsblogs. https://scilogs.spektrum.de/klimalounge/der-anti-treibhauseffekt-herrn-ermecke/. Letzter Zugriff: 11.03.2021

Rahmstorf S (2012a) Grönland im Mittelalter „fast eisfrei“! KlimaLounge, SciLogs – Wissenschaftsblogs. https://scilogs.spektrum.de/klimalounge/vahrenholt-groenland-im-mittelalter-fast-eisfrei/. Letzter Zugriff: 12.03.2021

Rahmstorf S (2017) Das Klima hat sich schon immer geändert. Was folgern Sie? KlimaLounge, SciLogs – Wissenschaftsblogs. https://scilogs.spektrum.de/klimalounge/das-klima-hat-sich-schon-immer-geaendert-folgern-sie/. Letzter Zugriff: 09.01.2021

Rayner PJ, Law RM, Allison CE, Francey RJ, Trudinger CM, Pickett-Heaps C (2008) Interannual variability of the global carbon cycle (1992–2005) inferred by inversion of atmospheric CO_2 & $\delta^{13}CO_2$ measurements. Global Biogeochem Cycles 22. https://doi.org/10.1029/2007gb003068

Resplandy L, Keeling RF, Rödenbeck C, Stephens BB, Khatiwala S, Rodgers KB, Long MC, Bopp L, Tans PP (2018) Revision of global carbon fluxes based on a reassessment of oceanic & riverine carbon transport. Nat Geosci 11:504–509. https://doi.org/10.1038/s41561-018-0151-3

Riebesell U, Wolf-Gladrow DA (1993) Das Kohlenstoffrätsel. Biologie in unserer Zeit 23:97–101

Richter-Krautz J, Hofmann M, Zieger J, Linnemann U, Kleber A (2021) Zircon provenance of Quaternary cover beds using U-Pb dating: regional differences in the south-western USA. Earth-Surf Proc Landf 46: 968–989. https://doi.org/10.1002/esp.5073

Robinson AB, Robinson NE, Soon W (2007) Environmental effects of increased atmospheric carbon dioxide. J Amer Physicians & Surgeons 12:79–90. https://doi.org/10.3354/cr013149

Robinson C (2019) Microbial respiration, the engine of ocean deoxygenation. Front Mar Sci 5:533. https://doi.org/10.3389/fmars.2018.00533

Roe G (2009) Feedbacks, timescales, & seeing red. Annu RevEarth Planet Sci 37:93–115. https://doi.org/10.1146/annurev.earth.061008.134734

Rogelio PC (2018) Climate change is caused by the absorption of energy ultraviolet by oxygen. https://rogelioperez1sep.blogspot.com/2018/09/title-climate-change-is-caused-by.html. Letzter Zugriff: 21.07.2021

Rörsch A, Ziegler PA (2013) Why scientists are 'sceptical' about the AGW Concept. Energy & Environ 24:551–559. www.jstor.org/stable/43735186. Letzter Zugriff: 08.06.2021

Rothman LS, Gordon IE, Babikov Y, Barbe A, Chris Benner D, Bernath PF, Birk M, Bizzocchi L, Boudon V, Brown LR, Campargue A, Chance K, Cohen EA, Coudert LH, Devi VM, Drouin BJ, Fayt A, Flaud J-M, Gamache RR, Harrison JJ, Hartmann J-M, Hill C, Hodges JT, Jacquemart D, Jolly A, Lamouroux J, Le Roy RJ, Li G, Long DA, Lyulin OM, Mackie CJ, Massie ST, Mikhailenko S, Müller H, Naumenko OV, Nikitin AV, Orphal J, Perevalov V, Perrin A, Polovtseva ER, Richard C, Smith M, Starikova E, Sung K, Tashkun S, Tennyson J, Toon GC, Tyuterev V, Wagner G (2013) The HITRAN2012 molecular spectroscopic database. J Quant Spectroscopy & Radiative Transf 130:4–50. https://doi.org/10.1016/j.jqsrt.2013.07.002

Royer DL (2006) CO_2-forced climate thresholds during the Phanerozoic. Geochimica Cosmochimica Acta 70:5665–5675. https://doi.org/10.1016/j.gca.2005.11.031

Royer DL, Berner RA, Park J (2007) Climate sensitivity constrained by CO_2 concentrations over the past 420 million years. Nature 446:530–532. https://doi.org/10.1038/nature05699

Rugenstein M, Bloch-Johnson J, Gregory J, Andrews T, Mauritsen T, Li C, Frölicher TL, Paynter D, Danabasoglu G, Yang S, Dufresne J-L, Cao L, Schmidt GA, Abe-Ouchi A, Geoffroy O, Knutti R (2020) Equilibrium climate sensitivity estimated by equilibrating climate models. Geophys Res Lett 47. https://doi.org/10.1029/2019GL083898

Salby M (2011) SALBY_02.08.11. YouTube. https://www.youtube.com/watch?v=YrI03ts--9I. Letzter Zugriff 17.03.2021

Santer BD, Fyfe JC, Solomon S, Painter JF, Bonfils C, Pallotta G, Zelinka MD (2019) Quantifying stochastic uncertainty in detection time of human-caused climate signals. PNAS 116:19821–19827. https://doi.org/10.1073/pnas.1904586116

Sapper G-E (2020) Kommentar zu „Worauf ist die Meinung der Klimaskeptiker fundiert?". Quora.com. https://de.quora.com/Worauf-ist-die-Meinung-der-Klimaskeptiker-fundiert/answer/Arno-Kleber/comment/131002231. Letzter Zugriff: 11.03.2021

Scafetta N (2010) Climate change & its causes: A discussion about some key issues. arXiv. https://arxiv.org/abs/1003.1554v1. Letzter Zugriff: 10.06.2021

Scafetta N (2012) Testing an astronomically based decadal-scale empirical harmonic climate model versus the IPCC (2007) general circulation climate models. J Atmos & Solar-Terrestr Phys 80:124–137. https://doi.org/10.1016/j.jastp.2011.12.005

Scafetta N, Milani F, Bianchini A, Ortolani S (2016) On the astronomical origin of the Hallstatt oscillation found in radiocarbon & climate records throughout the Holocene. Earth-Sci Rev 162:24–43. https://doi.org/10.1016/j.earscirev.2016.09.004

Scafetta N, Mirandola A, Bianchini A (2017) Natural climate variability, part 2: Interpretation of the post 2000 temperature standstill. Int J Heat Technol 35:S18-S26. https://doi.org/10.18280/ijht.35Sp0103

Scafetta N, Willson RC (2009) ACRIM-gap & TSI trend issue resolved using a surface magnetic flux TSI proxy model. Geophys Res Lett 36. https://doi.org/10.1029/2008GL036307

Scafetta N, Willson RC (2019) Comparison of Decadal Trends among Total Solar Irradiance Composites of

Satellite Observations. Adv Astron 2019:1–14. https://doi.org/10.1155/2019/1214896

Schmidt GA (2014) Can we make better graphs of global temperature history? RealClimate. http://www.realclimate.org/index.php/archives/2014/03/can-we-make-better-graphs-of-global-temperature-history/. Letzter Zugriff: 22.01.2021

Schneider B, Nocke T, Feulner G (2014) Twist & shout: Images & graphs in skeptical climate media. In: Schneider B, Nocke T (Hrsg.) Image politics of climate change: Visualizations, imaginations, documentations. Transcript, Bielefeld, 153–186

Scotese CR (1999) Paleomap Project: climate history. http://web.archive.org/web/20000816185216im_/http://www.scotese.com/climate.htm. Letzter Zugriff: 22.01.2021

Scotese CR, Song H, Mills BJ, van der Meer DG (2021) Phanerozoic paleotemperatures: The earth's changing climate during the last 540 million years. Earth-Science Reviews 215:103503. https://doi.org/10.1016/j.earscirev.2021.103503

Seeley JT, Jeevanjee N (2021) H_2O windows & CO_2 radiator fins: A clear-sky explanation for the peak in equilibrium climate sensitivity. Geophys Res Lett 48. https://doi.org/10.1029/2020GL089609

Sicherheitshalber die Quellenangabe: Segalstad TV (1998) Carbon cycle modelling & the residence time of natural & anthropogenic atmospheric CO_2: On the construction of the „Greenhouse Effect Global Warming" dogma.https://www.researchgate.net/profile/brendan_godwin/post/global_warming_part_1_causes_and_consequences_of_global_warming_a_natural_phenomenon_a_political_issue_or_a_scientific_debate/attachment/5cf9b50fcfe4a7968da7fcb5/Letzter Zugriff: 03.03.2021

Seinfeld JH, Pandis SN (2016) Atmospheric Chemistry & Physics: From air pollution to climate change. 3. Aufl. John Wiley & Sons, Ltd, New York

Shakun JD, Clark PU, He F, Marcott SA, Mix AC, Liu Z, Otto-Bliesner B, Schmittner A, Bard E (2012) Global warming preceded by increasing carbon dioxide concentrations during the last deglaciation. Nature 484:49–54. https://doi.org/10.1038/nature10915

Sherwood SC, Webb MJ, Annan JD, Armour KC, Forster PM, Hargreaves JC, Hegerl G, Klein SA, Marvel KD, Rohling EJ, Watanabe M, Andrews T, Braconnot P, Bretherton CS, Foster GL, Hausfather Z, Heydt AS von der, Knutti R, Mauritsen T, Norris JR, Proistosescu C, Rugenstein M, Schmidt GA, Tokarska KB, Zelinka MD (2020) An assessment of Earth's climate sensitivity using multiple lines of evidence. Rev Geophys 58:e2019RG000678. https://doi.org/10.1029/2019RG000678

Sheppard N (11.02.2007) Former science mag editor speaks out against global warming hysteria. Newsbusters. https://www.newsbusters.org/blogs/nb/noel-sheppard/2007/02/11/former-science-mag-editor-speaks-out-against-global-warming. Letzter Zugriff: 22.03.2021

Shine KP, Derwent RG, Wuebbles DJ, Morcrette J-J (1990) First assessment report: Radiative forcing of climate. Intergovernmental Panel on Climate Change (IPCC). https://archive.ipcc.ch/ipccreports/far/wg_I/ipcc_far_wg_I_chapter_02.pdf. Letzter Zugriff: 15.05.2021

Singer SF (2008) Die Natur, nicht menschliche Aktivität, bestimmt das Klima: Technische Zusammenfassung für politische Entscheider zum Bericht der Internationalen Nichtregierungskommission zum Klimawandel. Sci Environ Policy Proj 2008. TvR-Medienverlag, Jena

Smith K, Newnham D (1999) Near-infrared absorption spectroscopy of oxygen & nitrogen gas mixtures. Chem Phys Lett 308:1–6. https://doi.org/10.1016/S0009-2614(99)00584-9

Smith SJ, van Aardenne J, Klimont Z, Andres RJ, Volke A, Delgado Arias S (2011) Anthropogenic sulfur dioxide emissions: 1850–2005. Atmos Chem Phys 11:1101–1116. https://doi.org/10.5194/acp-11-1101-2011

Soares PC (2010) Warming power of CO_2 & H_2O: Correlations with temperature changes. Int J Geosci 1:102–112. https://doi.org/10.4236/ijg.2010.13014

Sommer M (2019) Antwort auf „Warum versucht man den Klimawandel zu stoppen? Wäre der nicht auch ohne

Menschen gekommen?“ Quora.com. https://de.quora.com/Warum-versucht-man-den-Klimawandel-zu-stoppen-W%C3%A4re-der-nicht-auch-ohne-Menschen-gekommen/answer/Manfred-Sommer. Letzter Zugriff: 03.01.2021

Specht E, Redemann T, Lorenz N (2016) Simplified mathematical model for calculating global warming through anthropogenic CO_2. Int J Therm Sci 102:1–8. https://doi.org/10.1016/j.ijthermalsci.2015.10.039

Spencer RW (2008) Global warming: Natural or manmade? drroyspencer.com. https://www.drroyspencer.com/global-warming-natural-or-manmade/. Letzter Zugriff: 16.03.2021

Spencer RW (2011) Why atmospheric pressure cannot explain the elevated surface temperature of the Earth. drroyspencer.com. http://www.drroyspencer.com/2011/12/why-atmospheric-pressure-cannot-explain-the-elevated-surface-temperature-of-the-earth/. Letzter Zugriff: 11.03.2021

Spencer RW, Braswell WD, Christy JR, Hnilo J (2007) Cloud & radiation budget changes associated with tropical intraseasonal oscillations. Geophys Res Lett 34. https://doi.org/10.1029/2007GL029698

Stallinga P, Khmelinskii I (2018) Phase relation between global temperature & atmospheric carbon dioxide. arXiv. https://arxiv.org/pdf/1311.2165.pdf. Letzter Zugriff: 13.01.2021

Steinthorsdottir M, Boer AM de, Oliver KI, Muschitiello F, Blaauw M, Reimer PJ, Wohlfarth B (2014) Synchronous records of pCO_2 & $\Delta^{14}C$ suggest rapid, ocean-derived pCO_2 fluctuations at the onset of Younger Dryas. Quat Sci Rev 99:84–96. https://doi.org/10.1016/j.quascirev.2014.06.021

Steinthorsdottir M, Wohlfarth B, Kylander ME, Blaauw M, Reimer PJ (2013) Stomatal proxy record of CO_2 concentrations from the last termination suggests an important role for CO_2 at climate change transitions. Quat Sci Rev 68:43–58. https://doi.org/10.1016/j.quascirev.2013.02.003

Stocker T, Alexander L, Allen M (2014) Climate change 2013: The physical science basis. Working Group I contribution to the fifth assessment report of the Intergovernmental Panel on

Climate Change. WMO IPCC, Geneva. https://www.osti.gov/etdeweb/biblio/22221318. Letzter Zugriff: 10.06.2021

Strong J, Plass GN (1950) The effect of pressure broadening of spectral lines on atmospheric temperature. Astrophys J 112:365. https://doi.org/10.1086/145352

Sutton J, Elias T, Hendley II JW, Stauffer PH (2000) Volcanic air pollution – a hazard in Hawaii. U.S. Geological Survey Fact Sheet 169–97. https://books.google.com/books?hl=de&lr=&id=Vyjxre7bkYoC&oi=fnd&dq=Volcanic+air+pollution+-+a+hazard+in+Hawaii&ots=Jg9zgWeXu0&sig=tbIjDFqh36wXj-GGNk1FxNuftmc. Letzter Zugriff: 10.06.2021

Svensmark H (2007) Cosmoclimatology: A new theory emerges. Astron Geophys 48:1.18-1.24. https://doi.org/10.1111/j.1468-4004.2007.48118.x

Svensmark H (2019) Force majeure: The sun's role in climate change. GWPF Reports 33. The Global Warming Policy Foundation, London, United Kingdom

Svensmark H, Friis-Christensen E (1997) Variation of cosmic ray flux & global cloud coverage – a missing link in solar-climate relationships. J Atmos Solar-Terrestr Phys 59:1225–1232. https://doi.org/10.1016/S1364-6826(97)00001-1

Svensmark H, Pedersen JOP, Marsh ND, Enghoff MB, Uggerhøj UI (2007) Experimental evidence for the role of ions in particle nucleation under atmospheric conditions. Proc Royal Soc A 463:385–396. https://doi.org/10.1098/rspa.2006.1773

Svensmark H, Enghoff MB, Shaviv NJ, Svensmark J (2017) Increased ionization supports growth of aerosols into cloud condensation nuclei. Nat Commun 8:2199. https://doi.org/10.1038/s41467-017-02082-2

Swanson K (2009) Warming, interrupted: Much ado about natural variability. RealClimate. https://www.realclimate.org/index.php/archives/2009/07/warminginterrupted-much-ado-about-natural-variability/. Letzter Zugriff: 08.04.2021

Swanson KL, Tsonis AA (2009) Has the climate recently shifted? Geophys Res Lett 36. https://doi.org/10.1029/2008GL037022

Swart NC, Cole JNS, Kharin VV, Lazare M, Scinocca JF, Gillett NP, Anstey J, Arora V, Christian JR, Hanna S, Jiao Y, Lee WG, Majaess F, Saenko OA, Seiler C, Seinen C, Shao A, Sigmond M, Solheim L, Salzen K von, Yang D, Winter B (2019) The Canadian Earth System Model version 5 (CanESM5.0.3). Geosci Model Dev 12:4823–4873. https://doi.org/10.5194/gmd-12-4823-2019

Swart NC, Gille ST, Fyfe JC, Gillett NP (2018) Recent southern ocean warming & freshening driven by greenhouse gas emissions & ozone depletion. Nature Geosci 11:836–841. https://doi.org/10.1038/s41561-018-0226-1

Terhaar J, Kwiatkowski L, Bopp L (2020) Emergent constraint on Arctic Ocean acidification in the twenty-first century. Nature 582:379–383. https://doi.org/10.1038/s41586-020-2360-3

Test W (2020) Prof. Svensmark benötigt Ihre Unterstützung. EIKE – Europäisches Institut für Klima & Energie. https://www.eike-klima-energie.eu/2020/11/07/prof-svensmark-benoetigt-ihre-unterstuetzung/. Letzter Zugriff: 15.12.2020

The Age (08.07.2005) When politics engulfs science. The Age. https://www.theage.com.au/business/when-politics-engulfs-science-20050708-ge0h82.html. Letzter Zugriff: 23.01.2021

Thejll P, Lassen K (2000) Solar forcing of the Northern hemisphere land air temperature: New data. J Atmos & Solar-Terrestr Phys 62:1207–1213. https://doi.org/10.1016/S1364-6826(00)00104-8

Thomasson MR, Gerhard LC (2019) The true & false of climate change. J Earth Environ Sci 7: 169–177. https://doi.org/10.29011/2577-0640.100169

Thumulla C (2015) Ein Gedankenexperiment zum Klima auf der Erde. thumulla.com. http://thumulla.com/home/ein_gedankenexperiment_zum_klima_auf_der_erde.html. Letzter Zugriff: 13.03.2021

Tierney JE, Zhu J, King J, Malevich SB, Hakim GJ, Poulsen CJ (2020) Glacial cooling & climate sensitivity revisited. Nature 584:569–573. https://doi.org/10.1038/s41586-020-2617-x

Tokarska KB, Hegerl GC, Schurer AP, Ribes A, Fasullo JT (2019) Quantifying human contributions to past & future

ocean warming & thermosteric sea level rise. Environ Res Lett 14:74020. https://doi.org/10.1088/1748-9326/ab23c1
Toureille A (2019) Water dipole & climate of the Earth. Int J Plasma Environ Sci & Technol 13:83–86
Traufetter G (30.08.2006) Arctic harvest: Global warming a boon for Greenland‘s farmers. Der Spiegel International. https://www.spiegel.de/international/spiegel/arctic-harvest-global-warming-a-boon-for-greenland-s-farmers-a-434356.html. Letzter Zugriff: 12.03.2021
Trenberth K, Zhang R, National Center for Atmospheric Research Staff (2021) Climate data guide: Atlantic Multi-decadal Oscillation (AMO). National Center for Atmospheric Research (NCAR). https://climatedataguide.ucar.edu/climate-data/atlantic-multi-decadal-oscillation-amo. Letzter Zugriff: 24.03.2021
Trenberth KE, Fasullo JT, Kiehl J (2009) Earth‘s global energy budget. Bull Amer Meteorol Soc 90:311–324. https://doi.org/10.1175/2008BAMS2634.1
Tsonis AA, Swanson K, Kravtsov S (2007) A new dynamical mechanism for major climate shifts. Geophys Res Lett 34. https://doi.org/10.1029/2007GL030288
Tung K-K, Zhou J (2013) Using data to attribute episodes of warming & cooling in instrumental records. PNAS 110:2058–2063. https://doi.org/10.1073/pnas.1212471110
Tzanis CG, Koutsogiannis I, Philippopoulos K, Kalamaras N (2020) Multifractal detrended cross-correlation analysis of global methane & temperature. Remote Sensing 12:557. https://doi.org/10.3390/rs12030557
Vahrenholt F, Lüning S (2013) Ein Thema, das die Medien meiden wie der Teufel das Weihwasser: Vor 5000 Jahren war es in Grönland zwei bis drei Grad wärmer als heute. Kalte Sonne. https://kaltesonne.de/ein-thema-das-die-medien-meiden-wie-der-teufel-das-weihwasser-vor-5000-jahren-war-es-in-gronland-zwei-bis-drei-grad-warmer-als-heute/. Letzter Zugriff: 14.05.2021
Vahrenholt F, Lüning S (2015) Wärmer oder kälter? AWI-Studie zur Klimageschichte Sibiriens der letzten 7000 Jahre gibt

Rätsel auf. Kalte Sonne. https://kaltesonne.de/warmer-oder-kalter-awi-studie-zur-klimageschichte-sibiriens-der-letzten-7000-jahre-gibt-ratsel-auf/. Letzter Zugriff: 19.05.2021

Vaillant de Guélis T, Chepfer H, Guzman R, Bonazzola M, Winker DM, Noel V (2018) Space lidar observations constrain longwave cloud feedback. Sci Rep 8:16570. https://doi.org/10.1038/s41598-018-34943-1

van Hoof TB, Kaspers KA, Wagner F, van Wal RS de, Kürschner WM, Visscher H (2005) Atmospheric CO_2 during the 13th century AD: reconciliation of data from ice core measurements & stomatal frequency analysis. Tellus B: Chem Phys Meteorol 57:351–355. https://doi.org/10.3402/tellusb.v57i4.16555

Vega-Westhoff B, Sriver RL, Hartin CA, Wong TE, Keller K (2019) Impacts of observational constraints related to sea level on estimates of climate sensitivity. Earth's Future 7:677–690. https://doi.org/10.1029/2018EF001082

Veizer J, Godderis Y, François LM (2000) Evidence for decoupling of atmospheric CO_2 & global climate during the Phanerozoic eon. Nature 408:698–701. https://doi.org/10.1038/35047044

Vinther BM, Buchardt SL, Clausen HB, Dahl-Jensen D, Johnsen SJ, Fisher DA, Koerner RM, Raynaud D, Lipenkov V, Andersen KK, Blunier T, Rasmussen SO, Steffensen JP, Svensson AM (2009) Holocene thinning of the Greenland ice sheet. Nature 461:385–388. https://doi.org/10.1038/nature08355

Virgin JG, Fletcher CG, Cole JNS, Salzen K von, Mitovski T (2021) Cloud feedbacks from CanESM2 to CanESM5.0 & their influence on climate sensitivity. Geosci Model Develop Disc:1–25. https://doi.org/10.5194/gmd-2021-11

Vögele P (2017) Der C-Kreislauf – ein neuer umfassender Ansatz! EIKE – Europäisches Institut für Klima & Energie. https://www.eike-klima-energie.eu/2017/08/20/der-c-kreislauf-ein-neuer-umfassender-ansatz/. Letzter Zugriff: 14.03.2021

Wahl ER, Ammann CM (2007) Robustness of the Mann, Bradley, Hughes reconstruction of northern hemisphere surface temperatures: Examination of criticisms based on the nature & processing of proxy climate evidence. Clim Change 85:33–69. https://doi.org/10.1007/s10584-006-9105-7

Wang K, Dickinson RE (2013) Global atmospheric downward longwave radiation at the surface from ground-based observations, satellite retrievals, & reanalyses. Rev Geophys 51:150–185. https://doi.org/10.1002/rog.20009

Wei G, McCulloch MT, Mortimer G, Deng W, Xie L (2009) Evidence for ocean acidification in the Great Barrier Reef of Australia. Geochimica Cosmochimica Acta 73:2332–2346. https://doi.org/10.1016/j.gca.2009.02.009

Walden A (04.12.2009) Greenhouse gas observatories downwind from erupting volcanoes. American Thinker. https://www.americanthinker.com/articles/2009/12/greenhouse_gas_observatories_d.html. Letzter Zugriff: 08.04.2021

Werner C, Fischer TP, Aiuppa A, Edmonds M, Cardellini C, Carn S, Chiodini G, Cottrell E, Burton M, Shinohara H, Allard P (2020) Deep carbon: Past to present. Cambridge University Press, Cambridge, United Kingdom

Willson RC, Mordvinov AV (2003) Secular total solar irradiance trend during solar cycles 21–23. Geophys. Res. Lett. 30. https://doi.org/10.1029/2002GL016038

Yoshimori M, Lambert FH, Webb MJ, Andrews T (2020) Fixed anvil temperature feedback: Positive, zero, or negative? J Climate 33:2719–2739. https://doi.org/10.1175/JCLI-D-19-0108.1

Zacharias P (2014) An independent review of existing total solar irradiance records. Surv Geophys 35:897–912. https://doi.org/10.1007/s10712-014-9294-y

Zech R (2012) A permafrost glacial hypothesis – Permafrost carbon might help explaining the Pleistocene ice ages. E&G Quaternary Sci J 61:84–92. https://doi.org/10.3285/eg.61.1.07

Zelinka MD, Myers TA, McCoy DT, Po-Chedley S, Caldwell PM, Ceppi P, Klein SA, Taylor KE (2020) Causes of higher climate sensitivity in CMIP6 models. Geophys Res Lett 47. https://doi.org/10.1029/2019GL085782

Zhu C, Xia J (2020) Nonlinear increase of vegetation carbon storage in aging forests & its implications for Earth system models. J Adv Model Earth Syst 12. https://doi.org/10.1029/2020MS002304

Zhu J, Poulsen CJ (2021) Last Glacial Maximum (LGM) climate forcing & ocean dynamical feedback & their implications for estimating climate sensitivity. Clim Past 17:253–267. https://doi.org/10.5194/cp-17-253-2021

Zhu J, Poulsen CJ, Tierney JE (2019) Simulation of Eocene extreme warmth & high climate sensitivity through cloud feedbacks. Sci Adv 5:eaax1874. https://doi.org/10.1126/sciadv.aax1874

Zhu J, Poulsen CJ, Otto-Bliesner BL (2020) High climate sensitivity in CMIP6 model not supported by paleoclimate. Nat Clim Change 10:378–379. https://doi.org/10.1038/s41558-020-0764-6

Zorita E, Storch H von, Gonzalez-Rouco FJ, Cubasch U, Luterbacher J, Legutke S, Fischer-Bruns I, Schlese U (2004) Climate evolution in the last five centuries simulated by an atmosphere-ocean model: global temperatures, the North Atlantic Oscillation & the Late Maunder Minimum. Meteorol Z 13:271–289. https://doi.org/10.1127/0941-2948/2004/0013-0271

Zwischenstaatlicher Ausschuss für Klimaänderungen (2014) Klimaänderung 2014 – IPCC-Synthesebericht: Zusammenfassung für politische Entscheidungsträger. https://www.ipcc.ch/site/assets/uploads/2019/03/IPCC-AR5_SYR_SPM_deutsch.pdf. Letzter Zugriff: 21.03.2021

6

Ist der Klimawandel überhaupt so schlimm?

6.1 Erwärmung ist doch vorteilhaft

„Flora und Fauna der Erde sind nach allen vorliegenden Erkenntnissen auch bei den historisch höchsten festgestellten CO_2-Konzentrationen der Klimavergangenheit niemals zu Schaden gekommen. Im Gegenteil: Insbesondere bei hohen CO_2-Werten zeigten erdgeschichtliche Warmzeiten sich stets als die artenreichsten. Warmperioden waren zugleich stets kulturelle Blütezeiten. In Kaltzeiten lassen sich demgegenüber Völkerwanderungen, Hunger und Seuchen feststellen. In der starken Warmperiode vor 6500 Jahren wurden in Mesopotamien der Pflug, das Rad, Bewässerungssysteme und die Schrift erfunden. Auch der aktuelle CO_2-Anstieg hat zu einem zusätzlichen Ergrünen der Erde auf einer Fläche geführt, die in ihrem Umfang der doppelten Größe der USA entspricht. Neben diesem Düngeeffekt des zusätzlichen Kohlendioxids führt die Erwärmung zu einer Verlängerung der

A. Kleber und J. Richter-Krautz, *Klimawandel FAQs – Fake News erkennen, Argumente verstehen, qualitativ antworten*, https://doi.org/10.1007/978-3-662-64548-2_6

Vegetationsperioden und einer Ausweitung der landwirtschaftlich nutzbaren Flächen. Dies gilt insbesondere in den nördlichen Breiten, aber auch die südliche Grenze der Sahara hat sich seit mehr als dreißig Jahren immer weiter zurückgezogen. Seit 1990, also parallel zur laufenden Klimadebatte (das IPCC wurde 1988 gegründet) und in der aktuellen Warmperiode, hat sich der Anteil der Armen weltweit nach Angaben der Weltbank mehr als halbiert. Auch der Anteil der unterernährten Menschen ist in diesem Zeitraum global um fast die Hälfte gesunken. Hunderte von wissenschaftlichen Publikationen haben den Zusammenhang zwischen höheren Kohlendioxidkonzentrationen in der Luft, der markanten Steigerung globaler Ernteerträge und dem dramatischen Rückgang globaler Armut dokumentiert." (aus: Klimafragen.org 2020 „16 Klimafragen", die am 31.01.2020 an zahlreiche MdB versandt wurden)

Die Behauptung wägt nicht zwischen Gewinnern und Verlierern der Anthropogenen Globalen Erwärmung ab.

Die Aussagen enthalten fundamentale Fehler: Beim größten Artensterben der letzten halben Milliarde Jahre war mehr CO_2 in der Atmosphäre als je wieder danach. Gab es in Warmphasen genug Regen, dann blühte die Landwirtschaft tatsächlich auf, oft aber waren solche Zeiten auch trockener und führten zu Migration. Erwärmung ist also keinesfalls immer nur nützlich.

Das „Ergrünen der Erde" geht mehr auf verbessertes Landmanagement als auf CO_2 zurück. Klimafragen.org hat insofern recht, dass es auch beim Klimawandel Gewinner geben wird, hat diesen Umstand aber nicht gegen mögliche Verlierer aufgerechnet.

Erfolge beim Kampf gegen den Hunger sind vor allem der wirtschaftlichen Entwicklung in China und Indien zu verdanken, anderswo nimmt der Anteil Hungernder sogar zu. Den Klimawandel, der insbesondere Länder des Globalen Südens bedroht, für die Erfolge gegen den Hunger verantwortlich zu machen, ist zynisch.

Der zitierte Text ist recht komplex und versucht, zahlreiche Aussagen miteinander zu verbinden, um zu belegen, dass aufgrund der erhöhten CO_2-Konzentration der Atmosphäre vor allem Vorteile für die Welternährung entstehen. Die Argumentationskette beginnt mit Aussagen zum Paläoklima, ...

- wonach *Zeiten mit hohen CO_2-Werten die artenreichsten gewesen seien.* Diese Aussage lässt sich so nicht halten: An der Wende Perm/Trias (vor ca. 252 Mio. Jahren) kam es z. B. zum (bisher) bedeutendsten Massenaussterben des Phanerozoikums[1]. Als Ursache eines drastischen Anstiegs der Temperatur sowie des Massenaussterbens gilt CO_2 aus gigantischen Vulkanausbrüchen, den Sibirischen Trapps; dabei starben ca. 95 % der Lebensformen im Meer und ca. 75 % an Land aus; das CO_2 diffundierte in den Ozean, der pH-Werts sank drastisch, was vielen Arten bereits den Garaus bereitete; in sauerstofffreien Arealen vermehrten sich anaerobe Einzeller, die Methan emittieren; die Treibhausgase erreichten CO_2-Äquivalentwerte von vermutlich 3000 ppmv; und das Artensterben weitete sich in der Folgezeit auch auf die Kontinente aus (Fraiser und Bottjer 2007; Kleber 2020c; Payne und Clapham 2012). Generell kommt es in Zeiten starker Anreicherung von CO_2 in der Atmosphäre durch Vulkane zu verstärktem Aussterben von Arten (Bond und Wignall 2015).
- wonach *Warmphasen stets kulturelle Blütezeiten gewesen seien.* Das „stets“ ist nicht zu halten. Bereits das genannte Beispiel, Mesopotamien in der Jungsteinzeit, kann genauso als Gegenbeleg dienen: Der Untergang

[1] Seit es überhaupt höhere Organismen auf der Erde gibt, also seit über 500 Mio. Jahren.

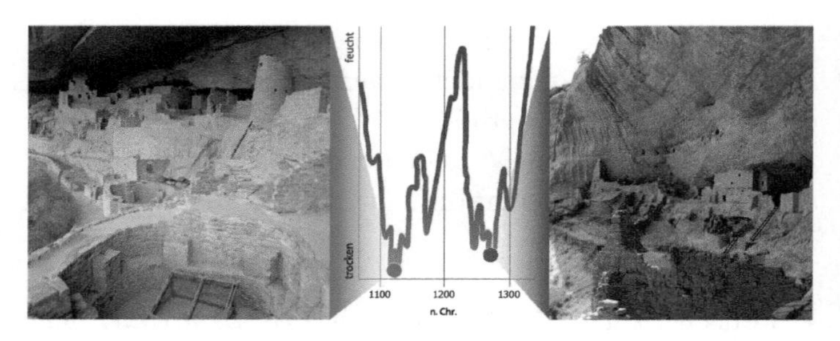

Abb. 6.1 Trocken- und Feuchtphasen des Colorado Plateaus, USA. *Mitte: Trocken- und Feuchtphasen des Colorado-Plateaus, USA, vereinfacht nach Outcalt (2015). Der grüne Punkt verweist auf den ungefähren Zeitpunkt, als die Anasazi in Mesa Verde, Colorado, USA, aufgrund der Trockenheit die Pueblos, insbesondere Cliff Palace (linkes Bild, Jana Richter-Krautz, aufgenommen 2014), hauptsächlich als Vorratslager erbauten. Der rote Punkt kennzeichnet die Auflassung der Siedlungen, als eine der letzten Long Houses (rechtes Bild, Arno Kleber, aufgenommen 2019), vermutlich als die Kultur, die erneute Trockenheit nicht mehr verkraftete, deren Wirkung noch durch Bodendegradation, Überjagung und daraus resultierende soziale Konflikte verstärkt war (Roberts 2003; frdl. mdl. Mitt. durch Archäologen im Mesa-Verde-Nationalpark).*

des akkadischen Reichs im Norden Mesopotamiens und der sumerischen Sprache vor 4200 Jahren wird auf eine Trockenphase[2] zurückgeführt (Ghose 2012; Seynsche 2012), was für den beinahe zeitgleichen Untergang der Induskultur als sicher gilt (Dixit et al. 2014). Starke Bevölkerungsschwankungen der Maya werden ebenfalls auf Trockenphasen zurückgeführt (Keenan et al. 2021). Der Untergang der Pueblo-Kultur der sog. Anasazi wird ebenfalls dominant auf Trockenheit zurückgeführt, ist also eines von vielen weiteren Beispielen (Abb. 6.1).

[2] Selbst eine deutliche Abkühlung würde in diesem Raum den Ackerbau nicht beeinträchtigen.

Die Sahara könnte tatsächlich an ihren Rändern ergrünen, sagen die meisten Erdsystemmodelle voraus (Doerffer et al. 2017), jedoch werden viele andere Gebiete, z. B. auch das europäische Mittelmeergebiet, trockener, und das wirkt sich negativ auf die Landnutzung aus und gleicht den Düngungseffekt des CO_2 vermutlich wieder mehr als aus (Schröder 2011; Zeng et al. 2016). Grundsätzlich gibt es voraussichtlich auch beim Klimawandel Gewinner, aber eben auch viele mögliche Verlierer. Gewinne, Kosten und Schäden müssten gegeneinander aufgerechnet werden, was wir in Kap. 6 ein wenig anreißen wollen, was der zitierte Text jedoch unterlässt. Das „Ergrünen der Erde", gemessen als „Blattflächenindex", der von Satelliten aus gemessen wird, geht teilweise tatsächlich auf CO_2 zurück (Piao et al. 2020a; Zhu et al. 2016a; vgl. aber das folgende Kap. 6.2 zu den Grenzen des CO_2-Düngungseffekts), jedoch ist verbessertes Landmanagement allein in Indien (Landwirtschaft) und in China (Forst- und Landwirtschaft) für über ein Drittel, weltweit wohl für über zwei Drittel davon verantwortlich (Chen et al. 2019). Ferner muss man die Prognosen für Gebiete, in denen es heute zu kalt ist und wo die Landwirtschaft günstigere Bedingungen vorfinden wird, relativieren, weil viele Böden z. B. in der Taiga Kanadas und Sibiriens sehr nährstoffarm sind und Nährstoffe schlecht halten (vgl. Retallack 2021, Abschnitt „Podzols"[3]), weshalb sie dauerhaft flächenhaft gedüngt und gekalkt werden müssten. Dass im Laufe dieses Jahrhunderts die abbauwürdigen Phosphatvorräte

[3] In der deutschen Bodenklassifikation Podsole. Dies sind Böden die aufgrund eines schon primär nährstoffarmen Ausgangsgesteins, Säure bildender, kaum zersetzter Nadelstreu und relativ hoher Niederschläge stark ausgelaugt und deshalb für landwirtschaftliche Nutzung sehr schlecht geeignet sind. Auch Düngung wirkt oft nur kurzzeitig, da diese Böden meist wasserdurchlässig und grobkörnig sind und die Nährstoffe des Düngers deshalb schlecht halten.

der Welt zur Neige gehen könnten (Cordell und White 2011), kann ein wachsendes Problem für eine derart massive Düngung werden. Wegen der Wasserdurchlässigkeit könnten diese Böden selbst auf eine leichte Abnahme der Bodenfeuchte (und die ist viel weniger präzise vorhersehbar als die Temperaturentwicklung) schnell auch mit Biomasse-Verlust reagieren.

Dass es seit der Jahrtausendwende Erfolge beim Kampf gegen den Hunger gibt (FAO 2018), ist zu einem guten Teil der wirtschaftlichen Entwicklung in China und Indien zu verdanken, nicht primär der Klimaerwärmung. In einigen afrikanischen Ländern hat der Hunger sogar zugenommen; weltweit hungern seit 2015 wieder jedes Jahr mehr statt weniger Menschen (FAO et al. 2017; FAO 2018) und die Abhängigkeit von Nahrungsmittelimporten steigt seit Langem drastisch (proplanta 2017). Den Klimawandel, der insbesondere arme Länder betreffen wird, für die Erfolge gegen den Hunger verantwortlich zu machen, grenzt an Zynismus, zumal die jüngste Zunahme des Hungers in Teilen der Welt schon heute u. a. auch mit dem Klimawandel in Verbindung gebracht wird (Welthungerhilfe 2019).

6.2 CO_2 ist ein Pflanzennährstoff

> *„Für Grünpflanzen ist CO_2 kein Schadstoff, sondern ein Teil ihres täglichen Brots – wie Wasser, Sonnenlicht, Stickstoff und andere essenzielle Elemente. Die meisten Grünpflanzen haben sich bei CO_2-Werten von mehreren Tausend ppm entwickelt, die um ein Vielfaches höher sind als heute. Pflanzen wachsen besser und haben bessere Blüten und Früchte bei höheren Werten. Kommerzielle Gewächshausbetreiber verstehen dies, wenn sie die Konzentrationen in ihren Gewächshäusern künstlich auf über 1000 ppm erhöhen.“* (Happer 2011)

„*Bezüglich des Treibstoffverbrauchs gibt es klare und zwingende Beweise, dass höhere Kohlendiozidgehalte, sogar bei höheren Temperaturen und Änderungen der Niederschlagsmenge, eher nützlich als schädlich sein dürften. … Pflanzen benötigen* CO_2, *um das örganische* [sic] *Material für ihr Gewebe zu bilden. Ein höherer* CO_2*-Gehalt der Luft ermöglicht den Pflanzen, größer zu werden und mehr Zweige und Blätter hervorzubringen, ihr Wurzelwerk zu erweitern und mehr Blühten* [sic] *und Früchte zu tragen (Idso* 1989*). Laborversuche zeigen, daß eine Zunahme des Kohlendioxidgehalts um 300 ppm in der Regel die Produktivität der meisten krautartigen Pflanzen um fast ein Drittel anhebt (Kimball* 1983, *Idso* 1992*). … Höhere Kohlendioxidgehalte veranlassen die Pflanzen, weniger Stomata-Poren pro Blattfläche zu bilden und diese Poren weniger weit zu öffnen (Morison* 1987; *Woodward* 1987*). Diese beiden Veränderungen können den Wasserverlust der meisten Pflanzen bei der Atmung verringern und sie befähigen, Trockenheiten besser durchzustehen (Tuba et al.* 1998*). Das erlaubt es den Landpflanzen, das zuvor durch das Vordringen der Wüsten verlorene Land zurückzugewinnen (Idso und Quinn* 1983*). Schließlich hilft die Kohlendioxidanreicherung in der Atmosphäre den Pflanzen, mit den negativen Auswirkungen einer Reihe anderer Umweltbelastungen, darunter mit der höheren Versalzung der Böden, höheren Lufttemperaturen, einer geringeren Lichtstärke, einer geringeren Bodenfruchtbarkeit (Idso und Idso* 1994*), der Belastung durch tiefere Temperaturen (Boese et al.* 1997*) oder durch Oxidation (Badiani et al.* 1997*) und mit der Belastung durch Tierbefall (Insekt und Weidetiere) (Gleadow et al.* 1998*) fertig zu werden.*" (Singer 2008)

„*Während der letzten zehn Millionen Jahre befand sich die Erde in einer Art* CO_2*-Hungersnot in Bezug auf die optimalen Werte für Pflanzen, die Werte, die während des größten Teils der geologischen Geschichte der Landpflanzen vorherrschten. … Es gibt keinen Grund, die Nutzung fossiler Brennstoffe einzuschränken, weil sie* CO_2 *an die Atmosphäre abgeben.*" (Happer 2016)

Die Natur ist kein Gewächshaus

Die Auswirkungen einer höheren CO_2-Versorgung von Pflanzen im Freiland hängen von Umweltfaktoren wie der Verfügbarkeit von Nährstoffen und Wasser ab, die im Gegensatz zu einem Gewächshaus nicht immer kontrolliert werden können. Ferner reagieren keineswegs alle Nutzpflanzen günstig auf eine verbesserte CO_2-Versorgung.

Photosynthese ist der Prozess, bei dem Pflanzen CO_2 (bei Landpflanzen aus der Luft) aufnehmen, um Kohlehydrate zu bilden. Als Nebenprodukt setzen sie Sauerstoff frei. Es gibt mehrere Wege der Photosynthese mit unterschiedlichen Reaktionen auf die atmosphärische CO_2-Konzentration (s. u.). In der wissenschaftlichen Debatte besteht Einigkeit, dass ein Überschuss an CO_2 zumindest den direkten Nutzen hat, die Photosyntheseleistung und damit die Wachstumsrate und damit den Ertrag bei einigen Pflanzenarten zu erhöhen.

Aufgrund des stolzen Alters der meisten Quellen von Singer (2008) konnten wir dessen Belege leider nicht alle inhaltlich evaluieren, wollen aber sowieso lieber auf den *aktuellen* Stand der Forschung eingehen, die sich gerade in den letzten Jahren rasant weiterentwickelt hat:

Die gängige Aussage, dass in industriellen Gewächshäusern der CO_2-Gehalt weit über das normale Maß hinaus angehoben würde, um den Ertrag ihrer Pflanzen zu steigern, und dass eine Erhöhung des atmosphärischen Gehalts einen ähnlichen Nutzen haben müsse, entpuppt sich bei näherer Betrachtung als eine starke Vereinfachung. Die Ironie an dem Ganzen: Viele, die beim Pflanzenwachstum Gewächshaus und freie Atmosphäre gleichsetzen, wehren sich wegen der deutlichen Unterschiede zwischen beiden gegen den (historisch zu erklärenden) Begriff „Treibhauseffekt“. Letztere Kritik ist zwar durchaus berechtigt, da der Treibhauseffekt physikalisch anderen Gesetzmäßigkeiten unterliegt, als sie in einem Gewächshaus herrschen – der Begriff würde heute vermutlich nicht mehr so geprägt werden. Aber beim Pflanzenwachstum gilt der gleiche Einwand: Beides ist nicht ohne Weiteres vergleichbar. Sobald nämlich Nährstoffe oder Wasser fehlen, verpufft der Effekt der CO_2-Düngung. Insbesondere auf Böden, die an sich schon an Stickstoff[4]- oder Phosphormangel leiden, zeigt der CO_2-Effekt keine Wirkung (Ellsworth et al. 2017). In einem „echten" Gewächshaus kann der Betrieb neben CO_2 auch Nährstoffe und Wasser kontrollieren. Von beidem benötigt eine Pflanze nämlich mehr für ein CO_2-induziertes Wachstum (Doerffer et al. 2017): CO_2 gelangt über kleinste Spaltöffnungen (Stomata) in die Blätter. Ist die Pflanze gut mit Wasser versorgt, sind diese weit geöffnet und können viel CO_2 aufnehmen. Gleichzeitig tritt bei fast allen Pflanzen Wasser aus und verdunstet, was wiederum die Umgebung kühlt. Umgekehrt öffnet eine Pflanze bei CO_2-reicher Luft ihre Spaltöffnungen weniger weit. Ein hoher CO_2-Gehalt führt dann zu verringerter Verdunstung, die Luft in der Umgebung der Pflanze erwärmt sich. Pflanzen sind auch dunkler als die meisten Umgebungen. Dies erwärmt die Umgebung der Pflanzen weiter. In der Natur stehen nun aber Wasser und Nährstoffe nicht immer in entsprechenden Mengen zur Verfügung. Insbesondere sind Projektionen der regionalen Wasserverfügbarkeit schwierig, außer im Umfeld der Hochgebirge, wo es definitiv zu einem Mangel an Bewässerungswasser im Spätsommer kommen wird, sobald die Gletscherschmelzwässer ausbleiben (Orlove 2009; Wood et al. 2020). Voraussichtlich wird Wassermangel aber v. a. im Globalen Süden

---

[4] Bei einer Düngung mit stickstoffhaltigem Mineraldünger ist zu beachten, dass als Nebeneffekt Lachgas (N_2O), ein hoch effizientes Treibhausgas, in die Atmosphäre gelangen kann.

ein noch weiter wachsendes Problem werden (Pokhrel et al. 2021). Der Düngungsnutzen des zusätzlichen CO_2 wird sich also zumindest in diesen Regionen in Grenzen halten. In Gebieten, wo die Wasser- und die Nährstoffversorgung ausreicht – wobei ersteres natürlich selbst wieder vom Klimawandel beeinflusst wird –, kann ein erhöhter Partialdruck des CO_2 durchaus für eine gewisse Zeit das Pflanzenwachstum vieler Arten anregen. Andere Arten, insbesondere sog. C4-Pflanzen (Pflanzen unterscheiden sich in dem Enzym, das sie für die Aufnahme des CO_2 nutzen, und werden danach eingeteilt), z. B. Zuckerrohr, Hirse oder Mais, profitieren aufgrund ihres anders gearteten Metabolismus auch unter optimalen Rahmenbedingungen weniger von gestiegenem CO_2 (Leakey et al. 2006), wobei es aber noch zu wenig Langzeitstudien zu diesen Effekten gibt (Mrasek 2018).

Besonders wichtig für die Menschheit sind mögliche Effekte der steigenden CO_2-Konzentration für die landwirtschaftliche Produktion. Nach anfänglicher Euphorie wird auch dies heute eher kritisch gesehen: So sind bei Soja (Long et al. 2006), Getreide (Ummenhofer et al. 2015) sowie Mais (Xu et al. 2016) global gesehen Einbußen bei den Erträgen zu erwarten. Diese sind Nutzpflanzen, deren Anbau nur im Freiland Sinn macht, weshalb kaum Erfahrungen aus Gewächshäusern vorliegen. Bei Getreide (Pleijel und Uddling 2012) und Reis (Zhu et al. 2018) kommt hinzu, dass bei verbesserter CO_2-Versorgung der Protein-, Vitamin- und Nährstoffgehalt sinken.

Düngungseffekte durch zusätzlich verfügbares CO_2 werden aufgrund all dieser Limitationen nur zeitlich und räumlich beschränkt eintreten (Yuan et al. 2019; Zhu et al. 2016a, 2016b, 2020), auch wenn bekanntermaßen ein Teil des zusätzlichen CO_2 in der Atmosphäre von der Flora aufgenommen wird (Kap. 5.4.7). Einschränkend muss insgesamt festgehalten werden, dass die erwarteten negativen Folgen der Anthropogenen Globalen Erwärmung gegenüber den Vorteilen weitaus überwiegen werden. Deshalb wäre selbst dann, wenn die Behauptung einer ungehinderten CO_2-Düngung vollumfänglich zuträfe, die Konsequenz, keine Reduktion der CO_2-Emissionen anzustreben, völlig überzogen.

6.3 Die globale Durchschnittstemperatur ist immer noch zu niedrig

„Seit einiger Zeit wird im Bereich Temperatur nur noch von relativen Grad-Erhöhungen geredet. Das war mal anders. Da gab es einen Referenzwert. Harald Lesch z. B. redete von angenehmen 15 Grad im Durchschnitt auf der Erde, welche Leben erst möglich machen. … Allerdings geht es bei Herrn Lesch um die aktuelle Durchschnittstemperatur HEUTE … ohne menschenverursachtes CO_2 *und nicht um die Temperatur von z. B. 1850. Deshalb schauen Sie sich bitte den Ausschnitt aus einem Fachgespräch des Bundestages vom 21.11.2018 zum Klimawandel an* [Deutscher Bundestag 2018]. *Die Aussage von Prof. Levermann ist recht eindeutig: Die … mittlere Temperatur um 1850, die wissen wir relativ genau, ist im Bereich von 15 Grad, aber es geht natürlich um die Änderung. … Weil es einfacher ist, von relativen Temperaturanstiegen zu reden, werden unsere Medien von den sogenannten Klimaexperten entsprechend gebrieft. Die Medien übernehmen kritiklos. Sie geben sich mit relativen Angaben zufrieden. Nur: Was besagt z. B. ein Temperaturanstieg von 1,5 %? NICHTS! Es muss einen Referenzwert geben. Sonst ist eine Prozentzahl*[5] *Humbug. Auch wenn in Tabellen immer*

[5] Stobbe hat den Begriff Prozentwert am 26.06.2021 nach einem Hinweis korrigiert und durch Grad ersetzt. Da ansonsten der Inhalt gleich geblieben ist, ändert dies wenig an unserer Argumentation. Insbesondere macht dann natürlich eine Angabe ohne einen absoluten Referenzwert sehr wohl Sinn und Stobbes Kritik läuft ins Leere.

eine Null-Linie erscheint. Solange nicht bekannt ist, welche Temperatur sich hinter dieser verbirgt, ist die Tabelle wenig aussagekräftig. Die Null-Linie könnte einfach nach oben oder nach unten verschoben werden. Denn Null ist Null, nicht mehr und nicht weniger. Damit aber jeder die Botschaft versteht, wird die Null-Linie bevorzugt so angelegt, dass die legendäre Hockeyschläger-Kurve gut erkennbar wird: Also etwa nach Ende des 2. WK. … Daraus kann man als Mann/Frau/usw. mit gesundem Menschenverstand nur schließen, dass es in der Zeit von 1850 bis heute vielleicht kälter war als aktuell, dass es aber keinesfalls ein [sic] *Temperaturerhöhung gegeben hat. Und das, obwohl Unmengen menschenverursachtes* CO_2 *in die Luft geblasen wurde. Denn auch ohne dieses* CO_2 *war es 1850 15 Grad Celsius warm/kalt. Das Narrativ ‚Menschengemachter Klimawandel' stürzt in sich zusammen wie ein Kartenhaus.*" (Stobbe 2018)

Die zuverlässige Berechnung einer globalen Durchschnittstemperatur ist für die Ermittlung der Klimaänderung nicht notwendig

Mit der Angabe einer globalen Durchschnittstemperatur erweist man der Klimawissenschaft einen Bärendienst. Vermutlich weil man annimmt, eine solche Zahl sei für das Verständnis des Problems der Anthropogenen Globalen Erwärmung für klimatologische Laien hilfreich, kommt es immer wieder zur Angabe eines konkreten Werts. Aus geographischer Sicht ist eine solche Aussage aber derzeit kaum sinnvoll möglich.

Da das Problem ja die Veränderung der Temperatur ist, ist die Kenntnis einer Durchschnittstemperatur auch gar nicht erforderlich. Auch die Lage der Null-Linie ist zumeist unwichtig.[6] Nehmen wir an, wir legen den Null-Wert beim bisherigen Höchstwert im Jahr 2016 an. Dann würden wir sagen, die Temperatur der vorindustriellen Zeit liegt bei

[6] Sie erlangt erst dann Bedeutung, wenn unterschiedliche Datensätze miteinander verglichen werden sollen, vgl. z. B. Abb. 4.3a versus Abb. 4.3b.

−1,2° relativ zu 0 °C im Jahr 2016. Häufig wird als Null-Wert der Durchschnitt der Jahre 1981–2010 angesetzt. Nun wäre die relative Temperatur von −0,6° auf + 0,6 °C gestiegen, in beiden Fällen also um insgesamt 1,2 °C. Die Aussage hätte sich um nichts geändert. Der manipulative Trick im obigen Zitat ist es, von Prozent zu sprechen; eine solche Angabe wäre tatsächlich ohne Referenzwert falsch – nur werden in der Klimatologie Temperaturänderungen in Grad oder Kelvin angegeben, nie als Prozentwerte.

Die wissenschaftliche Literatur gibt kaum präzise Auskunft über die globale Mitteltemperatur, weil es derzeit keine Übereinkunft über ein Verfahren gibt, wie ein solcher Wert mit genügender Genauigkeit bestimmt werden kann (vgl. Allmendinger 2018). Jones et al. (1999), von denen der oft genannte Mittelwert von 14 ± 0,5 °C für den Durchschnitt der Jahre 1961–1990 stammt, berechnen z. B. Temperaturwerte für ein grobes Raster über die Erde hinweg (jeweils ein Datenpunkt liegt an jeder Kreuzung eines Breiten- und Längengrads). Zudem gab es zu jener Zeit noch recht wenig verlässliche, entsprechend weit zurückreichende Daten von den Ozeanen. Nehmen wir aber mal an, 14 °C wäre ein realistischer Wert. Dann hätte die Mitteltemperatur im Jahr 1850 bei ungefähr 13,6 °C gelegen und läge heute (2020) bei ca. 14,8 °C. Läge der Wert z. B. heute bei (willkürlich gewählten) 16 °C, wären die entsprechenden Werte für 1961–1990 15,2 °C und für 1859 14,8 °C. Nichts hätte sich geändert – es kommt eben auf die Veränderung an.

Man könnte die Temperaturen aller existierenden Wetterstationen mitteln[7], aber auch dies ist ein wenig sinnvoller Wert, da die Stationen nicht gleichmäßig über

---

[7] Ein Mittelwert, der jedoch nach Schönwiese (2020) allenfalls der Verdeutlichung und Vereinfachung dienen kann.

die Welt verteilt sind, insbesondere nicht gleichmäßig über Klimazonen, Landschaftstypen und Höhenbereiche. Man wäre also gezwungen, eine Gewichtung vorzunehmen. Da die regionalen und topographischen Unterschiede in den lokalen Jahres*mitteltemperaturen* viel, viel größer sind als die regionalen Unterschiede in den Temperatur*änderungen* (so haben wir beispielsweise in Kap. 4.3 gesehen, dass eine Reduktion von über 1200 auf 70 Messreihen ein nahezu identisches Ergebnis der Temperaturentwicklung erbrachte), wäre ihre Berechnung viel schwieriger, ohne einen wirklichen Gewinn für die Wissenschaft zu bringen, denn im Grunde genommen ist die Kenntnis des genauen globalen Mittelwertes ziemlich wenig relevant. Deshalb macht sich vermutlich niemand die Mühe, eine solche Software zu programmieren.[8] Lediglich die vorhandenen Erdsystemmodelle werden genutzt, um einen solchen Mittelwert annähernd zu bestimmen, wobei sich bestätigt, dass Temperaturänderungen dadurch weit genauer modelliert werden können als Absoluttemperaturen (Kleber 2021f).

Andererseits wird gelegentlich von wissenschaftlicher Seite ein exakter Wert angegeben, vielleicht weil man glaubt, dass Laien absolute Werte besser verstehen als Temperatur*änderungen*, oder weil man keine Erfahrung mit den genannten Komplikationen einer sinnvollen Berechnung hat. Dies wiederum wird von der Opposition als eine grobe Fehldarstellung angesehen und dahingehend interpretiert, dass die mittlere Temperatur immer noch niedriger ist als die – sehr theoretische und ungenaue – Temperatur, die gemeinhin für den natürlichen Treibhauseffekt angegeben wird. Die Idee hinter dem

[8] Eine ausführliche Diskussion der Problematik globaler Mittelwerte der Temperatur findet sich bei Kleber (2021f).

trumpistischen Argument ist, es gäbe einen Optimal- oder Normwert der Temperatur, der einmal mit 15 °C bestimmt wurde[9], und solange dieses Optimum nicht erreicht sei, bestünde kein Problem (Hoffmann 2021). Wie Kap. 6.1 zeigt, gibt es sehr wohl Gewinner bei einer Erwärmung. Die entsprechenden Regionen sind jedoch räumlich begrenzt. Eine *optimale* globale Mitteltemperatur gibt es nicht.

Der einzige, ziemlich genau berechenbare Mittelwert der Temperatur der Erde liegt übrigens bei 5,5 °C: Das ist nämlich der Wert, den unser Planet an der Oberfläche hätte, wenn es keine Treibhausgase gäbe und wenn er eine komplett schwarz gefärbte, glatte Oberfläche besäße, die alle Sonnenstrahlung aufnehmen und nichts reflektieren würde. Der Wert „33 °C kälter als heute", der oft angegeben wird für den Fall, dass es keine Treibhausgase gibt, der Planet aber genauso viel Sonnenstrahlung wie heute in den Weltraum reflektiert, ist schon wesentlich ungenauer.[10]

[9] Die älteste uns bekannte Erwähnung der 15 °C geht auf 1906 zurück, als es definitiv noch nicht genügend Messwerte für eine qualifizierte Aussage gab. Auch dort wurde der Wert nicht wissenschaftlich hergeleitet, sondern lediglich als „es wird *angenommen*" bezeichnet (Arrhenius 1906). Falls es also überhaupt eine wissenschaftliche Herleitung gibt, liegt diese noch weiter zurück.

[10] Und eigentlich auch wenig realistisch, weil unser Planet bei einem niedrigeren Temperaturniveau größere Gletscherflächen bilden würde, was zu einer höheren Rückstrahlung von Sonnenlicht führen würde. Auch grundsätzlich ist ein direkter Zusammenhang zwischen der durch den Treibhauseffekt bedingten Temperatur und der ohne Treibhauseffekt schon rein mathematisch nicht ermittelbar, da der Strahlungsantrieb von Treibhausgasen einer logarithmischen Funktion folgt, und aus einer solchen lässt sich ein Nullwert grundsätzlich nicht ermitteln.

6.4 Der Meeresspiegel steigt doch nur unmerklich

> *„Das Abschmelzen der Eismassen nach der letzten Eiszeit hat den globalen Meeresspiegel um bislang 120 m erhöht. Im zwanzigsten Jahrhundert waren es 23 cm. Der aktuelle Restanstieg wird seit vielen Jahrzehnten von tausenden Pegelmessstationen rund um den Globus genau überwacht und dokumentiert. Nach diesen Pegeldaten beträgt der derzeitige Anstieg des Meeresspiegels ca. 2,5 mm pro Jahr. NASA-Satellitendaten zeigen einen durchschnittlichen Anstieg des Meeresspiegels seit 1993 von 3,1 mm pro Jahr. Der Meeresanstieg verläuft seit wenigstens 100 Jahren linear, bezogen auf den Gesamtzeitraum ohne extreme Beschleunigungen oder Verlangsamungen. Der weltweite Meeresspiegel stiege nach diesen Feststellungen also um etwa 25–31 cm in einhundert Jahren, ggf. auch einige Zentimeter mehr oder weniger.“* (Klimafragen.org 2020)

Der Meeresspiegel steigt regional unterschiedlich und wird sich aufgrund schmelzender Gletscher beschleunigen

Der auf lange Sicht wichtigste Prozess für den Meeresspiegel, die Gletscherschmelze in den Polregionen, hat erst begonnen. Dennoch sind schon heute in einigen Gebieten besonders bei Sturmflut die Risiken hoch. Der nacheiszeitliche Anstieg ist jedoch schon seit 4000 Jahren vorbei.

Der erste Denkfehler ist die Annahme, dass der bisher ziemlich (die stärksten Abweichungen vom Trend hängen wohl mit El Niño/La Niña zusammen; Yi et al. 2015) gleichmäßige Anstieg des globalen Meeresspiegelniveaus unverändert in Zukunft so weitergehen wird.

Sehen wir uns aber die Ursachen des Anstiegs[11] an, so dominiert bisher die Ausdehnung des Volumens des Meerwassers durch die Erwärmung: Wärmeres Wasser hat ein höheres Volumen als kühleres. Die dadurch verursachte Ausdehnung dürfte auch in Zukunft eine ähnliche Rate beibehalten, also ziemlich im Gleichklang mit der Temperaturentwicklung steigen. Die Gletscherschmelze, der zweite Grund der Meeresspiegeländerung, hat aber erst angefangen – Gletscher sind ein äußerst träges System, dies gilt für Gebirgsgletscher (vgl. Kap. 5.2) und selbstverständlich noch in weitaus stärkerem Maß für die großen Inlandeise. Die Geschwindigkeit der Gletscherschmelze auf Grönland und damit der bisher bereits messbare Anstieg des Meeresspiegels (Allison 2009, Abb. 16) ist bisher noch in allen Vorhersagen unterschätzt worden; die Schmelze beschleunigt sich insgesamt (Khan et al. 2020) und erreicht Ausmaße, welche die Abschmelzraten am Ende der letzten Eiszeit übertreffen (Briner et al. 2020), auch wenn sich der bisherige Inhaber des Geschwindigkeitsrekords für Gletscher (Dietrich et al. 2007), der Auslassgletscher Jakobshavn Isbræ[12], als Einzelphänomen aktuell verlangsamt hat (Willis et al. 2020). Da die Gletscherschmelze einen immer größeren Anteil am Meeresspiegelanstieg übernimmt (Sterr 2007), kann davon ausgegangen werden, dass der Meeresspiegelanstieg nicht weiter linear verlaufen kann, sondern sich beschleunigen muss (Vermeer und Rahmstorf 2009; Levermann et al. 2013 halten aufgrund von Modellierungen im ungünstigsten

[11] Man unterscheidet den sterischen Meeresspiegelanstieg, bei dem sich das bereits in den Ozeanen vorhandene Wasser durch Temperaturänderung ausdehnt, vom eustatischen, bei dem zusätzliches Wasser von den Kontinenten in die Ozeane gelangt.

[12] Der übrigens seinerzeit wahrscheinlich den Untergang der „Titanic" verursachte.

Fall einen Meeresspiegelanstieg von 1,80 m bis 2100 für möglich; nach Schubert et al. 2006 liegen die Erwartungen für 2300 zwischen 2,50 und 5,10 m). Eine exakte, satellitengestütze Vermessung großer, zerklüfteter Gletscherflächen ist erst seit Kurzem möglich und wird helfen, die bisher immer unterschätzten Abschmelzvorgänge Grönlands besser zu verstehen (Herzfeld et al. 2021). Der Meeresspiegel wird dagegen schon seit längerer Zeit exakt vermessen (Lindsey 2021) und dabei scheint sich – in Anbetracht der bisher kurzen Dauer kann dies aber auch eine natürliche Schwankung sein – in den letzten Jahren die vorhergesagte Beschleunigung abzuzeichnen[13], wobei eine einfache Fortschreibung dieser Beschleunigung für 2100 einen Meeresspiegel von 65 cm über dem historischen Stand erwarten lässt (Nerem et al. 2018). Langfristig wird allein das grönländische Inlandeis den Meeresspiegel um ca. 7 m erhöhen, wobei der Kipppunkt dieses Systems möglicherweise bereits überschritten ist (Arenschield 2020), was bedeutet, dass dieser Betrag des Anstiegs auf lange Sicht schon nicht mehr verhindert werden kann. Eine anzunehmende „Nebenwirkung" solcher beschleunigten Schmelzvorgänge sind schwerwiegende Änderungen in der Tiefenzirkulation der Ozeane mit Auswirkungen auf den Golf-/Nordatlantikstrom (Lohmann und Ditlevsen 2021; vgl. Kap. 8).

Um die Dimension des prognostizierten Meeresspiegelanstiegs zu verdeutlichen: Beim geringsten zu erwartenden Meeresspiegelanstieg bis 2100 leben nach heutigen Bevölkerungszahlen ca. 110 Mio. (unter Fortschreibung der Bevölkerungsentwicklung 180 Mio.) Menschen

[13] So hat sich nach IPCC (2019) und Shepherd et al. (2020) der Massenverlust des grönländischen Inlandeises 2007–2016 gegenüber dem vorhergegangenen Jahrzehnt verdoppelt.

unter dem Meeresniveau; im ungünstigsten Szenario sind es 630 Mio. (Kulp und Strauss 2019). Das entspricht nach aktuellen Wirtschaftsdaten, Stand 2007, einem aggregierten Bruttoinlandsprodukt von beinahe 350 Mrd. Euro (Dasgupta et al. 2007, 2009). Dem Argument, die Niederlande würden traditionell mit ansteigenden Meeresspiegeln fertig, könnte man mit der Frage entgegnen, ob das Gleiche auch an den Küsten Bangladeschs oder Vietnams (zwei der Länder mit dem höchsten Anteil an betroffener Bevölkerung, Sterr 2007) möglich sein wird.

Häufig werden den in den letzten Jahrzehnten von Satelliten aus mit Millimetergenauigkeit ermittelten Messungen des Meeresspiegels Werte von Pegelmessungen ausgesuchter Küstenorte entgegengestellt (z. B. Mörner 2016, 2017). Diese Werte sind jedoch deutlich weniger zuverlässig, insbesondere wenn die Bewegungen der Erdkruste an den Messstellen nicht genau bekannt oder, wie im Fall der neueren Arbeiten Mörners, gar nicht berücksichtigt sind. Die Erdkruste bewegt sich nämlich regional unterschiedlich (Bahlburg und Breitkreuz 2018); wo sich die Kruste senkt, steigt der relative Meeresspiegel schneller, und wo sie sich hebt, kann er scheinbar gleich bleiben oder sogar sinken.

Der zweite Fehler: Auch der aktuelle Anstieg verläuft schon nicht in allen Ozean- und Küstenregionen gleich (Legresy 2020; Sweet et al. 2017), was insbesondere bei Springfluten und stürmischen Wetterlagen an manchen Küsten bereits heute zu häufigeren und stärkeren Flutereignissen führt (Gönnert et al. 2009).

Neben den direkten Effekten des Meeresspiegelanstiegs ist zu bedenken, dass die Anthropogene Globale Erwärmung noch weitere Auswirkungen auf die Ozeane und ihre Ökologie hat: So verändern sich bereits messbar Meeresströmungen, die sich teilweise beschleunigt haben (Hu et al. 2020), während der Golf-/Nordatlantikstrom wahrscheinlich an Intensität nachlässt (Boers 2021; Smeed et al. 2018); das Meerwasser erwärmt sich (Cheng et al. 2020), was bereits Auswirkungen auf das Korallensterben hat (Hughes et al. 2018a); der pH-Wert des Ozeanwassers verringert sich messbar, was auch durch Vergleiche mit über 100 Jahre alten Wasserproben untermauert wird, und führt zu verringerter Kalkschalenbildung von Plankton (Fox et al. 2020).

Zum Abschmelzen nach der letzten Eiszeit ist zu sagen, dass der dadurch bedingte Meeresspiegelanstieg vor über 4000 Jahren endete (vgl. Shakun et al. 2015). Zahlreiche Siedlungen, die heute unter Wasser gefunden werden (Bowens 2009), zeugen davon, dass auch damals schon Menschen betroffen waren.

6.5 Das Meereis schrumpft doch gar nicht

> *„Tatsächlichzeigt die globale Meereisaufzeichnung praktisch keine Veränderung während der letzten 30 Jahre, weil der recht schnelle Verlust des arktischen Meereises seit der Beobachtung durch die Satelliten durch einen fast ebenso schnellen Anstieg des antarktischen Meereises ausgeglichen wurde. In der Tat, als die sommerliche Ausdehnung des arktischen Meereises Mitte September 2007 den tiefsten Punkt in der 30-jährigen Aufzeichnung erreichte, erreichte die antarktische Meeresausdehnung nur drei Wochen später ein 30-jähriges Rekordhoch. Über das Rekordtief wurde viel berichtet; über das entsprechende Rekordhoch wurde fast gar nicht berichtet.“* (Watts und Monckton of Brenchley 2011)

Den Sommer des einen Polargebiets mit dem Winter des anderen zu vergleichen, ist unsinnig

Watts & Monckton vergleichen den Sommer der Arktis mit dem Winter der Antarktis. Fakt ist, dass 1) die sommerliche Fläche des Meereises der Arktis über die Jahre schnell abnimmt (Tamino 2011) und 2) die Zunahme in der Antarktis auf Kosten des Volumens des antarktischen Inlandeises geht (vgl. Kap. 6.3). Die Fläche des Meereises ist von Bedeutung, da Meereis durch die Reflexion des Sonnenlichts abkühlend wirkt. Das Schmelzen von Meereis (im Gegensatz zu Eiskörpern an Land) hat jedoch nur einen geringen Einfluss auf den Meeresspiegel. Da das antarktische Meereis aber zu einem bedeutenden Teil vorher Landeis war, spielt es durchaus eine Rolle auch für das Niveau des Meeres. Seine Zunahme ist also in keiner Hinsicht eine frohe Botschaft. Auch die Betrachtung lediglich der Wintermonate (Eis schmilzt im Sommer!) über wenige Jahre (Klein 2020) ist kein überzeugender Beleg für die Entwicklung der Meereisfläche.

6.6 Extremereignisse nehmen gar nicht zu

„Das IPCC kam 2014 zu der Schlussfolgerung, dass mit einer weiteren Erwärmung eine globale Zunahme von Hitzewellen und mit regionalen Unterschieden auch ein häufigeres Auftreten extremer Niederschläge wahrscheinlich seien, jedoch keine solche Aussage in Bezug auf Orkane, Tornados, Überflutungen und Dürren getroffen werden könne. Indes verursachen ausgerechnet Hitze und starke Niederschläge als Extremwetterereignisse die verhältnismäßig geringsten Schäden. Zudem nehmen klimainduzierte Todesfälle seit Jahrzehnten dramatisch ab. Die Anzahl der Toten durch Stürme, Dürren, Überflutungen, Erdrutsche, Lauffeuer und extreme Temperaturen ist in den letzten 90 Jahren um 95 % zurückgegangen. Und das, obwohl sich im gleichen Zeitraum

die Weltbevölkerung mehr als verdreifacht hat. Ursache des Rückgangs der Opferzahlen sind technologischer Fortschritt und steigender Wohlstand. Menschen sind immer besser in der Lage, Extremwetter vorherzusehen, sich vorzubereiten, die Versorgung sicherzustellen, geeignete Notfallmaßnahmen durchzuführen und sich somit auch physisch rechtzeitig vor klimatischen Gefahren zu schützen. Der Klimawandel ist in dieser Hinsicht bislang jedenfalls kein relevantes Problem für die Menschheit." (Klimafragen.org 2020)

„*In Bezug auf die abgebrannte Fläche waren Busch- und Waldbrände im frühen 20. Jahrhundert* [in den USA] *viel ausgedehnter, obwohl die CO_2-Konzentrationen noch im ‚sicheren Bereich' waren* [vgl. Abb. 6.2f]." (Spry 2019)

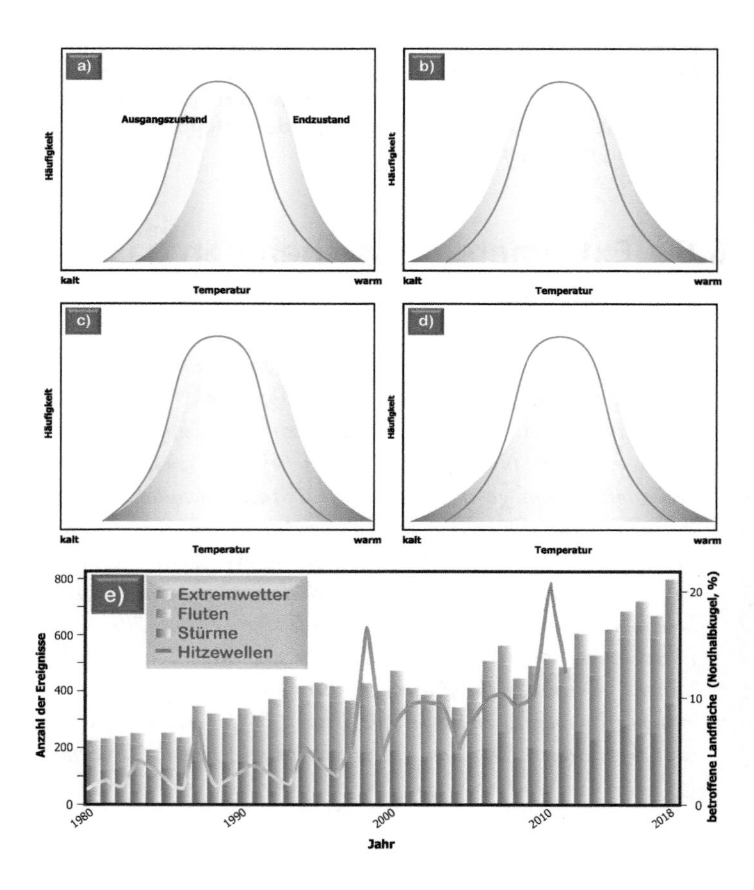

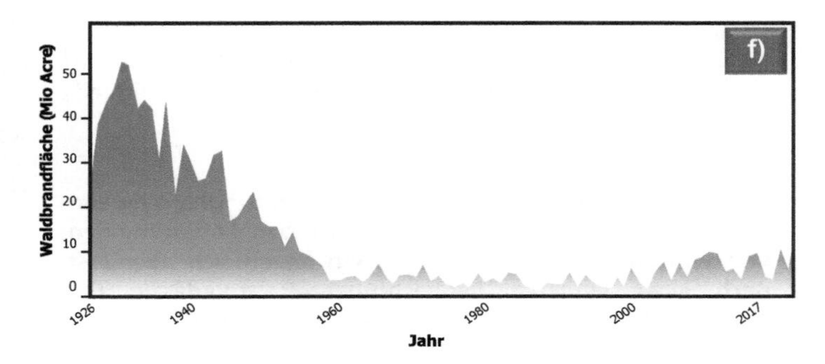

Abb. 6.2 Änderungen von Witterung, Klima und Extremereignissen. *Witterung a) Das Klima ist wärmer geworden, die Bandbreite der Witterungsereignisse dagegen gleich geblieben. Dementsprechend gibt es gleich viele Extremereignisse wie vorher, wobei jedoch die Ereignisse am warmen Ende extremer geworden sind, während die am kalten Ende weniger stark ausfallen. b) Das Klima ist gleich geblieben, weil sich die Durchschnittstemperatur nicht geändert hat. Dieser Fall beschreibt also im strengen Sinn keine Klimaänderung. Die Extremereignisse an beiden Enden haben sich jedoch intensiviert. c) Das Klima ist wärmer geworden und die Bandbreite der Ereignisse hat zugenommen. Kalte Extremereignisse sind in diesem Fall zwar seltener geworden, erreichen aber immer noch die gleiche Intensität, während die warmen Extremereignisse zugenommen haben. a–c finden sich ähnlich in IPCC Reports. d) wie c, jedoch ist die Bandbreite der Extremereignisse asymmetrisch gewachsen. Trotz statistischer Klimaerwärmung haben auch die kalten Ereignisse an Häufigkeit und Stärke zugenommen. e) Die Extremereignisse nehmen seit Jahrzehnten beinahe kontinuierlich zu (dargestellt ist die Zahl der Ereignisse, bei denen es zu versicherten Schäden kam; Naturkatastrophen-Service der Versicherungsgesellschaft Münchner Rück – der Service unter natcatservice.munichre.com ist leider seit Mitte 2019 nicht mehr frei zugänglich). Der gleiche Datenbestand zeigte allerdings, dass die Zahl der besonders kostenintensiven Katastrophen bis 2018 nicht zunahm. Ferner zeigt die Grafik die Entwicklung extremer Hitzeereignisse bis 2011 im Sommer der Nordhalbkugel, dargestellt als Anteil an der Landfläche nach Hansen et al.* (2012)*, wobei die Null-Linie beim Durchschnitt der Jahre 1951–1980 liegt. f) Summe der Waldbrandflächen in den USA seit 1926 (Frey* 2018a)*, ab 2018 ergänzt durch Daten des National Interagency Fire Center* (2020)*, in der amerikanischen Flächeneinheit Acre dargestellt, wobei 1 Acre ungefähr 0,4 Hektar entspricht.*

Extremereignisse sind Wetterphänomene, deren Bezug zum Klima sich erst nach einer langen Beobachtungszeit statistisch erfassen lässt

Eine Häufung von Extremereignissen (z. B. Überschwemmungen und Stürme) wird bereits sichtbar. Entwicklungen von witterungsbedingten Ereignissen lassen sich aber erst nach einer längeren Beobachtungszeit zuverlässig der Anthropogenen Globalen Erwärmung zuschreiben.

Berichte zur Feuerstatistik der US-Forstbehörden wurden bis in die 1950er-Jahre manipuliert, um Mittel für die Brandbekämpfung zu rechtfertigen.

Abb. 6.2a–d verdeutlicht schematisch den Unterschied zwischen Witterung/Wetter und Klima insbesondere in Hinblick auf Extremereignisse der Temperatur (analog könnten auch extreme Wind- oder Niederschlagsereignisse dargestellt sein). Gezeigt werden soll, dass sich das Klima als langjähriger mittlerer Zustand der Atmosphäre unabhängig von einzelnen Extremereignissen ändern kann. Es ist somit höchst problematisch und zeugt von geringem Verständnis der meteorologischen Begrifflichkeiten, aus einzelnen Witterungsereignissen, wie z. B. einem besonders kalten Winter, auf die klimatische Entwicklung zu schließen („*Donald Trump hält den Klimawandel für eine Erfindung. Angesichts von eisiger Kälte im Mittleren Westen wünscht sich der US-Präsident die Erderwärmung zurück*“; Portmann 2019). Somit besteht kein notwendiger Zusammenhang zwischen derartigen Ereignissen und einer Klimaänderung. Erst wenn sich bestimmte Ereignisse häufen, können erste Zusammenhänge mit einer Klimaänderung angenommen werden. In jüngster Zeit ist sogar eine eigene Wissenschaftsdisziplin entstanden, die sich mit statistischen Methoden der Frage annimmt, ob und inwieweit bestimmte extreme Witterungsereignisse der Anthropogenen Globalen Erwärmung oder der natürlichen Schwankungsbreite des Wetters zuzuordnen sind, die Attributionsforschung (Deutscher Wetterdienst 2020; Otto 2017).

Andererseits gibt es selbstverständlich Zusammenhänge zwischen regional wirksamen Witterungsereignissen und der Anthropogenen Globalen Erwärmung. So bewirkt z. B. die stärkere Erwärmung der Arktis, dass der Druckgegensatz zwischen den mittleren und den hohen Breiten der Nordhemisphäre abnimmt. Dies führt dazu, dass das entscheidende Steuerungselement für unser Wetter in Mitteleuropa, die Polarfront, leichter Schwingungen entwickeln kann (sog. Jet Stream-Mäander), diese Veränderungen wegen der größeren Trägheit aber auch für längere Zeit als früher beibehalten kann. Infolgedessen können Witterungsabschnitte länger anhalten, sodass Kälte ebenso wie Trockenheit länger dauert als im langjährigen statistischen Mittel. In dem Moment, als wir dies schreiben, frieren wir in Deutschland ob eines kalten Mai, während in Sibirien Waldbrände heute (20.05.2021) bereits wieder Nachrichtenthema sind.

Die oben erwähnte längerfristige Betrachtung liefert Abb. 6.2e. Diese zeigt eine Tendenz zu einer Häufung von Extremereignissen seit 1980. Der seinerzeit frei verfügbare Datensatz konnte noch weiter differenziert ausgewertet werden (Kleber 2021a): Dabei zeigte sich, dass Überschwemmungen sowie außertropische Stürme beinahe kontinuierlich zugenommen haben. Bei den Hitzewellen und Waldbränden gab es in den 1990ern schon einmal einen Boom, der erst in jüngster Zeit wieder erreicht und übertroffen wird (wobei die anscheinend besonders ereignisreichen Jahre 2019 und 2020 ja leider nicht mehr erfasst sind). Bei den tropischen Stürmen und Wirbelstürmen gibt es keine erkennbaren Tendenzen, wobei in der Fachliteratur diskutiert wird, ob die starken Stürme zu Ungunsten der schwächeren, also die durchschnittliche Sturmintensität, zugenommen haben, wie Webster et al. (2005) in einer globalen Analyse zeigen, wogegen Loehle & Staehling (2020) für den nordhemisphärischen Atlantik keine derartige Tendenz erkennen können. Insgesamt nehmen die insbesondere durch Stürme und Hochwasser verursachten Kosten auf der Nord- und die Todesfälle auf der Südhalbkugel zu (Bittner 2021 nach einem Bericht der Weltorganisation für Meteorologie, WMO).

Abb. 6.2f ist ein interessantes Beispiel einer irreführenden Grafik. Gezeigt wird die von Feuer betroffene Fläche in den USA. Suggeriert wird, dass die betroffenen Flächen in der ersten Hälfte des 20. Jahrhunderts um ein Vielfaches größer waren als heute. Im Zeitraum 1926–1941 hätten demnach im Mittel 35 Mio. Acre jährlich gebrannt, das sind ungefähr 140.000 km^2 – und das soll unterdrückt oder vergessen worden sein? Zum Vergleich: Deutschland hat eine Fläche von knapp 360.000 km^2. Die amtlichen Datenquellen geben aber explizit an, dass vor 1983 die Daten anders erfasst wurden und nicht mehr nachprüfbar sind, weshalb sie nicht mit aktuellen Werten verglichen werden dürfen (National Interagency Fire Center 2020). Vor 1960 beispielsweise wurden Feuer doppelt oder sogar dreifach gezählt. Ferner wurden damals Feuer einbezogen, die als Waldrodungsmaßnahmen geplant gelegt wurden (Harrisson 2018). Nach Schiff (2013) hat die zuständige Behörde absichtlich viel größere Flächen berichtet, um hohe finanzielle Mittel für die Feuerbekämpfung zu rechtfertigen. Dieses Beispiel ist nur eines von vielen, wie aus fehlerhaft interpretierten Bildern Belege gegen die Folgen der Anthropogenen Globalen Erwärmung konstruiert werden.

6.7 Den Eisbären geht es doch gut

„Neuer Bericht: 2020 war ein weiteres gutes Jahr für Eisbären. Im Report zum Status des Eisbären 2020 (Crockford 2021*), der von der Global Warming Policy Foundation (GWPF) zum Internationalen Eisbärentag (27. Februar) veröffentlicht wurde, erklärt die Zoologin Dr. Susan Crockford, dass das Klimanarrativ darauf besteht, dass die Eisbärenpopulationen aufgrund des reduzierten Meereises zurückgehen, dass aber Populationserhebungen und die wissenschaftliche Literatur eine solche Schlussfolgerung nicht unterstützen. Crockford stellt klar, dass die Bewertung der Roten Liste der IUCN für Eisbären aus dem Jahr 2015, die Cook et al. (*2021*) auf Facebook als Autorität für die ‚Faktenüberprüfung' verwendet, stark veraltet ist. Neue und zwingende Beweise zeigen, dass es den Bären in Regionen mit tiefgreifendem Sommereisverlust gut geht. … Die Ergebnisse von drei neuen Erhebungen über die Eisbärenpopulationen wurden 2020 veröffentlicht, und bei allen wurde festgestellt, dass sie entweder stabil sind oder zunehmen."* (The Global Warming Policy Foundation 2021)

Sicher ist lediglich, dass sich Eisbären dort vermehren, wo Jagdgesetze durchgesetzt werden

Eisbären sind nur ein plakatives, medienwirksames Beispiel einer möglicherweise bedrohten Art. Sie erlauben als Einzelfall aber keine übertragbare Aussage über das Artensterben insgesamt. Eisbären in der Arktis zählen ist nicht einfach, deshalb ist deren Zahl bisher nicht umfassend erfasst und es sind keine eindeutigen Entwicklungen bekannt. Neben der Gefährdung der Lebensgrundlagen der Bären spielt auch deren Bejagung bzw. die Durchsetzung von Schutzgesetzen eine Rolle für einige Populationen.

Einerseits ist das eigentliche Problem nicht das mögliche Aussterben einer einzelnen Art, sondern das globale Massenaussterben, welches Tausende gefährdete Arten betrifft (Almond et al. 2020). Andererseits ist der Eisbär zu einer Art Aushängeschild der populären Klimabewegungen geworden, da er einen hohen Sympathiewert besitzt und sein Lebensraum, insbesondere die Meereisfläche, sich im Zuge der Anthropogenen Globalen Erwärmung besonders deutlich erkennbar verändert (Buckley et al. 2020). Da Eisbären also sehr öffentlichkeitswirksam sind, stehen sie im Blickpunkt der Diskussion. Prinzipiell könnte aber das Augenmerk auf jede andere Art gleichermaßen gerichtet sein. Der Eisbär ist also „nur" ein besonders prominentes Beispiel. Selbst wenn die Eisbärpopulationen tatsächlich keinen Rückgang erlebten, wäre dies kein Gegenbeleg gegen die Umweltveränderungen in der Arktis, die auch Crockford (2021) explizit benennt, sondern würde allenfalls zeigen, dass eine einzelne Spezies sich bisher besser als erwartet an diese Veränderungen anpassen könnte – ohne dass dies Rückschlüsse für deren Zukunft unter voraussichtlich noch weit größeren Veränderungen zuließe. Tatsächlich stützt sich die Einstufung des Eisbären als gefährdete Spezies auf Prognosen, die auf diesen künftigen Änderungen der Umwelt basieren (Molnár et al. 2020; Regehr et al. 2016).

Ob die Eisbär-Populationen bereits ernsthaft abgenommen haben, ist aktuell nicht mit Sicherheit festzustellen. Selbst Crockford (2021) klassifiziert nur drei der 19 Subpopulationen als wahrscheinlich wachsend und fünf weitere als wahrscheinlich stabil. Beides wird im Wesentlichen auf eine strengere Durchsetzung von Jagdverboten in Kanada zurückgeführt (Dyck et al. 2020; Wiig et al.

2015) sowie auf räumlich eingeschränkte, voraussichtlich nur vorübergehend verbesserte Bedingungen für die Nahrungssuche (Laidre et al. 2020; Rode et al. 2021). Für die übrigen Subpopulationen liegen bisher nicht genug Daten für fundierte Schätzungen der Entwicklung vor, insbesondere für die Populationen in Russland, da Ergebnisse dortiger Zählungen erst für 2022 erwartet werden. Der WWF (2019) weist zwei wachsende, fünf stagnierende und vier abnehmende Populationen aus; aus allen anderen Gebieten gibt es auch nach dieser Quelle keine verlässlichen aktuellen Daten.

Zählungen von Eisbär-Populationen sind unter den arktischen Bedingungen nämlich schwierig und kostenintensiv. Deshalb nutzen libertäre Organisationen, wie z. B. die Global Warming Policy Foundation, bei der Crockford veröffentlicht, die Unsicherheit über die tatsächliche Entwicklung, um Zweifel zu säen. Harvey et al. (2018) stellen in einer tiefgehenden Analyse die Eisbären-Narrative in der Blogosphäre den wissenschaftlichen Erkenntnissen gegenüber, wobei sie auch gründlich auf die Blogs und Reports von Crockford eingehen; insbesondere verweisen sie auf die grundlegende Erkenntnis der Populationsbiologie, dass ökologische Systeme oft eine gewisse Anpassungsfähigkeit gegenüber Umweltveränderungen besitzen, aber über kurz oder lang, wenn ihre Toleranzwerte (die sog. Resilienz) überschritten werden, nicht mehr existenzfähig sind und entweder neue Habitate suchen müssen (die es für Eisbären voraussichtlich nicht mehr geben wird) oder aussterben.

Dies ist nur ein Beispiel, wie argumentiert wird. Auch die Gefährdung anderer Arten oder Ökosysteme, die einer breiten Öffentlichkeit präsent sind, werden auf ähnliche

Weise angezweifelt. Ein weiterer prominenter Fall ist das Great Barrier-Korallenriff vor der Ostküste Australiens (Hoegh-Guldberg 2015).

Literatur

Allison I (2009) The Copenhagen diagnosis: Updating the world on the latest climate science. UNSW Climate Change Research Center, Sydney

Allmendinger T (2018) The real cause of global warming & its consequences on climate policy. SciFed Journal of Global Warming 2:1–11

Badiani M, Paolacci AR, D'Annibale A, Miglietta F, Raschi A (1997) Can rising CO_2 alleviate oxidative risk for the plant cell? Testing the hypothesis under natural CO_2 enrichment. In: Raschi A (Hrsg.) Plant responses to elevated CO_2: Evidence from natural springs. Cambridge University Press, Cambridge:221–241

Boers N (2021) Observation-based early-warning signals for a collapse of the Atlantic Meridional Overturning Circulation. Nat. Clim. Chang. 11:680–688. https://doi.org/10.1038/s41558-021-01097-4

Boese SR, Wolfe DW, Melkonian JJ (1997) Elevated CO_2 mitigates chilling-induced water stress & photosynthetic reduction during chilling. Plant, Cell & Environm 20:625–632. https://doi.org/10.1111/j.1365-3040.1997.00082.x

Briner JP, Cuzzone JK, Badgeley JA, Young NE, Steig EJ, Morlighem M, Schlegel N-J, Hakim GJ, Schaefer JM, Johnson JV, Lesnek AJ, Thomas EK, Allan E, Bennike O, Cluett AA, Csatho B, Vernal A de, Downs J, Larour E, Nowicki S (2020) Rate of mass loss from the Greenland Ice Sheet will exceed Holocene values this century. Nature 586:70–74. https://doi.org/10.1038/s41586-020-2742-6

Chen C, Park T, Wang X, Piao S, Xu B, Chaturvedi RK, Fuchs R, Brovkin V, Ciais P, Fensholt R, Tømmervik H, Bala G, Zhu Z, Nemani RR, Myneni RB (2019) China & India lead in greening of the world through land-use management. Nat Sustain 2:122–129. https://doi.org/10.1038/s41893-019-0220-7

Cheng L, Abraham J, Zhu J, Trenberth KE, Fasullo J, Boyer T, Locarnini R, Zhang B, Yu F, Wan L, Chen X, Song X, Liu Y, Mann ME (2020) Record-setting ocean warmth continued in 2019. Adv Atmos Sci 37:137–142. https://doi.org/10.1007/s00376-020-9283-7

Cordell D, White S (2011) Peak phosphorus: clarifying the key issues of a vigorous debate about long-term phosphorus security. Sustainability 3:2027–2049. https://doi.org/10.3390/su3102027

Crockford SJ (2021) State of the polar bear 2020. The Global Warming Policy Foundation Report 39. https://polarbearscience.files.wordpress.com/2020/02/crockford-2020_statepb2019-final.pdf. Letzter Zugriff: 03.04.2021

Dasgupta S, Laplante B, Meisner C, Wheeler D, Yan J (2009) The impact of sea level rise on developing countries: a comparative analysis. Climatic Change 93:379–388.https://doi.org/10.1007/s10584-008-9499-5

Dixit Y, Hodell DA, Petrie CA (2014) Abrupt weakening of the summer monsoon in northwest India 4100 yr ago. Annu Rev Earth Planet Sci 42:339–342. https://doi.org/10.1130/G35236.1

Doerffer J, Janssen S, Kreis U, Neigenfind F, Wolf L (2017) Düngt der Klimawandel die Sahara? Zehn Klimaforscher berichten: Ein Lesebuch der Hamburger Erdsystemforschung. Universität Hamburg. Centrum für Erdsystemforschung und Nachhaltigkeit

Ellsworth DS, Anderson IC, Crous KY, Cooke J, Drake JE, Gherlenda AN, Gimeno TE, Macdonald CA, Medlyn BE, Powell JR, Tjoelker MG, Reich PB (2017) Elevated CO_2 does not increase eucalypt forest productivity on a low-phosphorus soil. Nature Clim Change 7:279–282. https://doi.org/10.1038/nclimate3235

Fox L, Stukins S, Hill T, Miller CG (2020) Quantifying the effect of anthropogenic climate change on calcifying plankton. Sci Rep 10:1620. https://doi.org/10.1038/s41598-020-58501-w

Fraiser ML, Bottjer DJ (2007) Elevated atmospheric CO_2 & the delayed biotic recovery from the end-Permian mass extinction. Palaeogeogr Palaeoclimatol Palaeoecol 252:164–175. https://doi.org/10.1016/j.palaeo.2006.11.041

Gleadow RM, Foley WJ, Woodrow IE (1998) Enhanced CO_2 alters the relationship between photosynthesis & defence in cyanogenic Eucalyptus cladocalyx F. Muell. Plant, Cell & Environm 21:12–22. https://doi.org/10.1046/j.1365-3040.1998.00258.x

Gönnert G, Jensen J, Storch H von, Thumm S (2009) Der Meeresspiegelanstieg: Ursachen, Tendenzen und Risikobewertung. Die Küste 76:225–256

Hansen J, Sato M, Ruedy R (2012) Perception of climate change. PNAS 109:E2415-23. https://doi.org/10.1073/pnas.1205276109

Harvey JA, van den Berg D, Ellers J, Kampen R, Crowther TW, Roessingh P, Verheggen B, Nuijten RJM, Post E, Lewandowsky S, Stirling I, Balgopal M, Amstrup SC, Mann ME (2018) Internet blogs, polar bears, & climate-change denial by proxy. Bioscience 68:281–287. https://doi.org/10.1093/biosci/bix133

Hughes TP, Kerry JT, Simpson T (2018a) Large-scale bleaching of corals on the Great Barrier Reef. Ecology 99:501. https://doi.org/10.1002/ecy.2092

Idso SB (1989) Carbon dioxide & global change: Earth in transition. International Atomic Energy Agency (IAEA). IBR Press, Tempe, AZ

Idso KE, Idso SB (1994) Plant responses to atmospheric CO_2 enrichment in the face of environmental constraints: a review of the past 10 years‘ research. Agricult Forest Meteorol 69:153–203. https://doi.org/10.1016/0168-1923(94)90025-6

Idso SB, Quinn JA (1983) Vegetational redistribution in Arizona & New Mexico in response to a doubling of the atmospheric CO_2 concentration. Arizona State University, Tempe, AZ

IPCC (2019) Summary for policymakers: Special report on the ocean & cryosphere in a changing climate. IPCC. https://www.ipcc.ch/srocc/chapter/summary-for-policymakers/. Letzter Zugriff: 01.06.2021

Jones PD, New M, Parker DE, Martin S, Rigor IG (1999) Surface air temperature & its changes over the past 150 years. Rev Geophys 37:173–199. https://doi.org/10.1029/1999RG900002

Keenan B, Imfeld A, Johnston K, Breckenridge A, Gélinas Y, Douglas PM (2021) Molecular evidence for human population change associated with climate events in the Maya lowlands. Quat Sci Rev 258:106904. https://doi.org/10.1016/j.quascirev.2021.106904

Khan SA, Bjørk AA, Bamber JL, Morlighem M, Bevis M, Kjær KH, Mouginot J, Løkkegaard A, Holland DM, Aschwanden A, Zhang B, Helm V, Korsgaard NJ, Colgan W, Larsen NK, Liu L, Hansen K, Barletta V, Dahl-Jensen TS, Søndergaard AS, Csatho BM, Sasgen I, Box J, Schenk T (2020) Centennial response of Greenland‘s three largest outlet glaciers. Nat Commun 11:5718. https://doi.org/10.1038/s41467-020-19580-5

Kimball BA (1983) Carbon dioxide & agricultural yield: An assemblage & analysis of 430 prior observations. Agron J 75:779–788. https://doi.org/10.2134/agronj1983.00021962007500050014x

Kulp SA, Strauss BH (2019) New elevation data triple estimates of global vulnerability to sea-level rise & coastal flooding. Nat Commun 10:4844. https://doi.org/10.1038/s41467-019-12808-z

Laidre KL, Atkinson SN, Regehr EV, Stern HL, Born EW, Wiig Ø, Lunn NJ, Dyck M, Heagerty P, Cohen BR (2020) Transient benefits of climate change for a high-Arctic polar bear (*Ursus maritimus*) subpopulation. Global Change Biol 26:6251–6265. https://doi.org/10.1111/gcb.15286

Leakey ADB, Uribelarrea M, Ainsworth EA, Naidu SL, Rogers A, Ort DR, Long SP (2006) Photosynthesis, productivity,

& yield of maize are not affected by open-air elevation of CO_2 concentration in the absence of drought. Plant Physiol 140:779–790. https://doi.org/10.1104/pp.105.073957

Levermann A, Clark PU, Marzeion B, Milne GA, Pollard D, Radic V, Robinson A (2013) The multimillennial sea-level commitment of global warming. PNAS 110:13745–13750. https://doi.org/10.1073/pnas.1219414110

Loehle C, Staehling E (2020) Hurricane trend detection. Nat Hazards 104:1345–1357. https://doi.org/10.1007/s11069-020-04219-x

Lohmann J, Ditlevsen PD (2021) Risk of tipping the overturning circulation due to increasing rates of ice melt. PNAS 118. https://doi.org/10.1073/pnas.2017989118

Long SP, Ainsworth EA, Leakey ADB, Nösberger J, Ort DR (2006) Food for thought: Lower-than-expected crop yield stimulation with rising CO_2 concentrations. Science 312:1918–1921. https://doi.org/10.1126/science.1114722

Molnár PK, Bitz CM, Holland MM, Kay JE, Penk SR, Amstrup SC (2020) Fasting season length sets temporal limits for global polar bear persistence. Nature Clim Change 10:732–738. https://doi.org/10.1038/s41558-020-0818-9

Mörner N-A (2017) Coastal morphology & sea-level changes in Goa, India during the last 500 years. J Coast Res 332:421–434. https://doi.org/10.2112/JCOASTRES-D-16A-00015.1

Nerem RS, Beckley BD, Fasullo JT, Hamlington BD, Masters D, Mitchum GT (2018) Climate-change-driven accelerated sea-level rise detected in the altimeter era. PNAS 115:2022–2025. https://doi.org/10.1073/pnas.1717312115

Otto FE (2017) Attribution of weather & climate events. Annu Rev Environ Resour 42:627–646. https://doi.org/10.1146/annurev-environ-102016-060847

Payne JL, Clapham ME (2012) End-Permian mass extinction in the oceans: an ancient analog for the twenty-first century? Annu Rev Earth Planet Sci 40:89–111. https://doi.org/10.1146/annurev-earth-042711-105329

Piao S, Wang X, Park T, Chen C, Lian X, He Y, Bjerke JW, Chen A, Ciais P, Tømmervik H, Nemani RR, Myneni

RB (2020a) Characteristics, drivers & feedbacks of global greening. Nat Rev Earth Environ 1:14–27. https://doi.org/10.1038/s43017-019-0001-x

Pleijel H, Uddling J (2012) Yield vs. Quality trade-offs for wheat in response to carbon dioxide & ozone. Glob Change Biol 18:596–605. https://doi.org/10.1111/j.1365-2486.2011.2489.x

Pokhrel Y, Felfelani F, Satoh Y, Boulange J, Burek P, Gädeke A, Gerten D, Gosling SN, Grillakis M, Gudmundsson L, Hanasaki N, Kim H, Koutroulis A, Liu J, Papadimitriou L, Schewe J, Müller-Schmied H, Stacke T, Telteu C-E, Thiery W, Veldkamp T, Zhao F, Wada Y (2021) Global terrestrial water storage & drought severity under climate change. Nature Clim Change 11:226–233. https://doi.org/10.1038/s41558-020-00972-w

Rode KD, Regehr EV, Bromaghin JF, Wilson RR, St Martin M, Crawford JA, Quakenbush LT (2021) Seal body condition & atmospheric circulation patterns influence polar bear body condition, recruitment, & feeding ecology in the Chukchi Sea. Global Change Biol. https://doi.org/10.1111/gcb.15572

Shakun JD, Clark PU, He F, Lifton NA, Liu Z, Otto-Bliesner BL (2015) Regional & global forcing of glacier retreat during the last deglaciation. Nat Commun 6:8059. https://doi.org/10.1038/ncomms9059

Smeed DA, Josey SA, Beaulieu C, Johns WE, Moat BI, Frajka-Williams E, Rayner D, Meinen CS, Baringer MO, Bryden HL, McCarthy GD (2018) The North Atlantic Ocean is in a state of reduced overturning. Geophys Res Lett 45:1527–1533. https://doi.org/10.1002/2017GL076350

Tuba Z, Csintalan Z, Szente K, Nagy Z, Grace J (1998) Carbon gains by desiccation-tolerant plants at elevated CO_2. Funct Ecol 12:39–44. https://doi.org/10.1046/j.1365-2435.1998.00173.x

Ummenhofer CC, Xu H, Twine TE, Girvetz EH, McCarthy HR, Chhetri N, Nicholas KA (2015) How climate change affects extremes in maize & wheat yield in two cropping regions. J Climate 28:4653–4687. https://doi.org/10.1175/JCLI-D-13-00326.1

Vermeer M, Rahmstorf S (2009) Global sea level linked to global temperature. PNAS 106:21527–21532. https://doi.org/10.1073/pnas.0907765106

Webster PJ, Holland GJ, Curry JA, Chang H-R (2005) Changes in tropical cyclone number, duration, & intensity in a warming environment. Science 309:1844–1846. https://doi.org/10.1126/science.1116448

Woodward FI (1987) Stomatal numbers are sensitive to increases in CO_2 from pre-industrial levels. Nature 327:617–618. https://doi.org/10.1038/327617a0

Xu H, Twine TE, Girvetz E (2016) Climate change & maize yield in Iowa. PLoS One 11:e0156083. https://doi.org/10.1371/journal.pone.0156083

Yi S, Sun W, Heki K, an Qian (2015) An increase in the rate of global mean sea level rise since 2010. Geophys Res Lett 42:3998–4006. https://doi.org/10.1002/2015GL063902

Zeng Z, Zhu Z, Lian X, Li LZX, Chen A, He X, Piao S (2016) Responses of land evapotranspiration to Earth's greening in CMIP5 earth system models. Environ Res Lett 11:104006. https://doi.org/10.1088/1748-9326/11/10/104006

Zhu K, Chiariello NR, Tobeck T, Fukami T, Field CB (2016b) Nonlinear, interacting responses to climate limit grassland production under global change. PNAS 113:10589–10594. https://doi.org/10.1073/pnas.1606734113

Zhu Z, Piao S, Myneni RB, Huang M, Zeng Z, Canadell JG, Ciais P, Sitch S, Friedlingstein P, Arneth A, Cao C, Cheng L, Kato E, Koven C, Li Y, Lian X, Liu Y, Liu R, Mao J, Pan Y, Peng S, Peñuelas J, Poulter B, Pugh TAM, Stocker BD, Viovy N, Wang X, Wang Y, Xiao Z, Yang H, Zaehle S, Zeng N (2016a) Greening of the Earth & its drivers. Nature Clim Change 6:791–795. https://doi.org/10.1038/nclimate3004

Almond REA, M G, Petersen T (Hrsg.) (2020) Living Planet Report 2020: Bending the curve of biodiversity loss. World Wide Fund for Nature, Gland, Switzerland

Arenschield L (2020) Warming Greenland ice sheet passes point of no return. American Association for the Advancement of Science: EurekAlert! https://www.eurekalert.org/

pub_releases/2020-08/osu-wgi081320.php. Letzter Zugriff: 29.03.2021

Arrhenius S (1906) Die vermutliche Ursache der Klimaschwankungen. Meddelanden från K. Vetenskapsakademiens Nobelinstitut 1 (2):1–10

Bahlburg H, Breitkreuz C (2018) Grundlagen der Geologie, 5. Aufl. Springer Spektrum, Berlin, Heidelberg

Bittner L (02.09.2021) Der globale Süden ist stärker betroffen. Frankfurter Allgemeine Zeitung. https://www.faz.net/aktuell/gesellschaft/ungluecke/naturkatastrophen-globaler-sueden-ist-staerker-betroffen-17512138.html. Letzter Zugriff: 03.09.2021

Bond DP, Wignall PB (2015) Large igneous provinces & mass extinctions: An update. In: Keller G (Hrsg.) Volcanism, impacts, & mass extinctions: Causes & effects. Geological Society of America, Boulder, CO

Bowens A (ed) (2009) Underwater archaeology: The NAS guide to principles & practice. Blackwell Pub, Malden, MA, Oxford

Buckley EM, Farrell SL, Duncan K, Connor LN, Kuhn JM, Dominguez RT (2020) Classification of sea ice summer melt features in high-resolution IceBridge imagery. J Geophys Res Oceans 125. https://doi.org/10.1029/2019JC015738

Cook J, van der Linden S, Leiserowitz AA (2021) Klima-Informationszentrum: Insgesamt gesehen ist die Zahl der Eisbären aufgrund der Erderwärmung rückläufig. Facebook. https://www.facebook.com/hubs/climate_science_information_center/1594000987455846/. Letzter Zugriff: 05.04.2021

Crockford SJ (2021) State of the polar bear 2020. The Global Warming Policy Foundation Report 39. https://polarbearscience.files.wordpress.com/2020/02/crockford-2020_statepb2019-final.pdf. Letzter Zugriff: 03.04.2021

Dasgupta S, Laplante B, Meisner C, Wheeler D, Yan J (2007) The impact of sea level rise on developing countries: A comparative analysis. The World Bank. https://openknowledge.worldbank.org/bitstream/handle/10986/7174/wps4136.pdf. Letzter Zugriff: 01.04.2021

Deutscher Bundestag (2018) Große Hoffnungen und geringe Erwartungen an die UN-Klimakonferenz: 191. Sitzung des Deutschen Bundestages. Parlamentsfernsehen im Internet. https://www.bundestag.de/mediathek?videoid=7292406&url=L21lZGlhdGhla292ZXJsYXk=&mod=mediathek#url=L21lZGlhdGhla292ZXJsYXk/dmlkZW9pZD03MjkyNDA2JnVybD1MMjFsWkdsaGRHaGxhMjkyWlhKc1lYaz0mbW9kPW1lZGlhdGhlaw==&mod=mediathek. Letzter Zugriff: 18.11.2020

Deutscher Wetterdienst (2020) Wetter und Klima – Attributionsforschung. Deutscher Wetterdienst. https://www.dwd.de/DE/klimaumwelt/klimaforschung/spez_themen/attributionen/node_attribs.html;jsessionid=A5F37A3FBF432FC4075D710BBD87FE3B.live31081. Letzter Zugriff: 02.04.2021

Dietrich R, Maas H-G, Baessler M, Rülke A, Richter A, Schwalbe E, Westfeld P (2007) Jakobshavn Isbræ, West Greenland: Flow velocities & tidal interaction of the front area from 2004 field observations. J Geophys Res 112. https://doi.org/10.1029/2006JF000601

Dyck M, Regehr EV, Ware JV (2020) Assessment of abundance for the Gulf of Boothia polar bear subpopulation using genetic mark-recapture: Final Report. Government of Nunavut, Department of Environment. https://gov.nu.ca/sites/default/files/20200612_gulf_of_boothia_polar_bear_2015-2017_final_report.pdfEasterbrook DJ (2010) 2010 – where does it fit in the warmest year list? Watts Up With That? https://wattsupwiththat.com/2010/12/28/2010-where-does-it-fit-in-the-warmest-year-list/. Letzter Zugriff: 07.04.2021

FAO (2018) World food & agriculture. Statistical Pocketbook 2018, Rom

FAO, IFAD, UNICEF, WFP, WHO (2017) The State of Food Security & Nutrition in the World 2017: Building resilience for peace & food security. http://www.fao.org/3/a-I7695E.pdf. Letzter Zugriff: 12.02.2020

Frey C (2018a) Kalifornische Buschfeuer: Neil Young (Popsänger) rechnet mit Trump ab. Alternativ: Wie viel (Un-)

Wissen haben Klimasachverständige? EIKE – Europäisches Institut für Klima & Energie. https://www.eike-klima-energie.eu/2018/11/24/kalifornische-buschfeuer-neil-young-popsaenger-rechnet-mit-trump-ab-alternativ-wie-viel-un-wissen-haben-klimasachverstaendige/?print=pdf. Letzter Zugriff: 02.04.2021

Ghose T (2012) Drought may have killed Sumerian language. Live Science. http://www.livescience.com/25221-drought-killed-sumerian-language.html

Happer W (2011) The truth about greenhouse gases: The dubious science of the climate crusaders. First Things. https://www.firstthings.com/article/2011/06/the-truth-about-greenhouse-gases. Letzter Zugriff: 05.03.2021

Happer W (24.03.2016) CO_2 will be a major benefit to the Earth. The Best Schools.org. https://thebestschools.org/special/karoly-happer-dialogue-global-warming/happer-major-statement/. Letzter Zugriff: 29.03.2021

Harrisson T (2018) Factcheck: How global warming has increased US wildfires. Carbon Brief. https://www.carbon-brief.org/factcheck-how-global-warming-has-increased-us-wildfires. Letzter Zugriff: 02.04.2021

Herzfeld UC, Trantow T, Lawson M, Hans J, Medley G (2021) Surface heights & crevasse morphologies of surging & fast-moving glaciers from ICESat-2 laser altimeter data – Application of the density-dimension algorithm (DDA-ice) & evaluation using airborne altimeter & Planet SkySat data. Sci Remote Sensing 3:100013. https://doi.org/10.1016/j.srs.2020.100013

Hoegh-Guldberg O (2015) The decline of the Great Barrier Reef. Skeptical Science. https://skepticalscience.com/great-barrier-reef-decline.htm. Letzter Zugriff: 08.04.2021

Hoffmann R (2021) So täuscht Bill Gates. Klimamanifest von Heiligenroth https://www.klimamanifest-von-heiligenroth.de/wp/wp-content/uploads/2021/02/So_taeuscht_Bill_Gates-scaled.jpg. Letzter Zugriff: 30.06.2021

Hu S, Sprintall J, Guan C, McPhaden MJ, Wang F, Hu D, Cai W (2020) Deep-reaching acceleration of global mean ocean circulation over the past two decades. Sci Adv 6:eaax7727. https://doi.org/10.1126/sciadv.aax7727

Idso KE (1992) Plant responses to rising levels of carbon dioxide: A compilation & analysis of the results of a decade of international research into the direct biological effects of atmospheric CO_2 enrichment. Climatol Pub Sci Pap 23, Tempe, AZ

IPCC (2019) Summary for policymakers: Special report on the ocean & cryosphere in a changing climate. IPCC. https://www.ipcc.ch/srocc/chapter/summary-for-policymakers/. Letzter Zugriff: 01.06.2021

Kleber A (2019a) Hat sich mit dem Klimawandel die Temperatur auch auf dem Mond erhöht? Quora.com. https://de.quora.com/Hat-sich-mit-dem-Klimawandel-die-Temperatur-auch-auf-dem-Mond-erh%C3%B6ht/answer/Arno-Kleber. Letzter Zugriff: 29.03.2021

Kleber A (2019b) Kommentar zu „Worauf ist die Meinung der Klimaskeptiker fundiert?“. Quora.com. https://de.quora.com/Worauf-ist-die-Meinung-der-Klimaskeptiker-fundiert/answer/Arno-Kleber?comment_id=121943693&comment_type=2. Letzter Zugriff: 14.04.2021

Kleber A (2019c) Welche sind die für Dich plausibelsten Klimamodelle? Quora.com. https://de.quora.com/Welche-sind-die-f%C3%BCr-Dich-plausibelsten-Klimamodelle-Auf-welchen-Grundannahmen-fu%C3%9Fen-sie/answer/Arno-Kleber. Letzter Zugriff: 01.12.2020

Kleber A (2019d) Wodurch wurde die Eiszeit ausgelöst? Quora.com – Klima der Vorzeit. https://de.quora.com/q/klimadervorzeit/Wodurch-wurde-die-Eiszeit-ausgel%C3%B6st. Letzter Zugriff: 22.01.2021

Kleber A (2019e) Why were those involved in the „climategate“ fiasco completely absolved of any wrongdoing? Quora.com. https://www.quora.com/Why-were-those-involved-in-the-climategate-fiasco-completely-absolved-of-any-wrongdoing/answer/Arno-Kleber. Letzter Zugriff: 17.06.2021

Kleber A (2020c) Das bedeutendste Massenaussterben, seit es höheres Leben gibt – ein Präzedenzfall für unsere Zukunft?

Quora.com – Klimawandel und -diskussion. https://de.quora.com/q/klimawandeldiskussion/Das-bedeutendste-Massenaussterben-seit-es-höheres-Leben-gibt-ein-Präzedenzfall-für-unsere-Zukunft. Letzter Zugriff: 19.03.2020

Kleber A (2020f) How would you suggest this article opposing climate change be refuted? Quora.com. https://www.quora.com/How-would-you-suggest-this-article-opposing-climate-change-be-refuted-preferably-in-simple-easily-understandable-terms/answer/Arno-Kleber. Letzter Zugriff: 07.10.2020

Kleber A (2021a) Beeinflusst der globale Klimawandel das Auftreten von Naturkatastrophen? Quora.com. https://de.quora.com/Beeinflusst-der-globale-Klimawandel-das-Auftreten-von-Naturkatastrophen/answer/Arno-Kleber. Letzter Zugriff: 02.04.2021

Klein M (2020) Aktuelle Daten zur Arktis: Eisfläche wird größer, Eisdicke unverändert – nix mit eisfrei … ScienceFiles. https://sciencefiles.org/2020/01/29/aktuelle-daten-zur-arktis-eisflache-wird-groser-eisdicke-unverandert-nix-mit-eisfrei. Letzter Zugriff: 19.04.2021

Klimafragen.org (2020) Klimawandel: Wir hätten da ein paar Fragen. https://www.klimafragen.org. Letzter Zugriff: 11.02.2020

Legresy B (2020) Sea-level rise. CSIRO. http://www.cmar.csiro.au/sealevel/sl_hist_last_decades.html. Letzter Zugriff: 31.03.2021

Lindsey R (2021) Climate change: Global sea level, NOAA Climate.gov. https://www.climate.gov/news-features/understanding-climate/climate-change-global-sea-level#.WgnxoEe93HA.facebook. Letzter Zugriff: 30.03.2021

Morison JIL (1987) Intercellular CO_2 concentration & stomatal response to CO_2. Stomatal Function: 229–251

Mörner N-A (2016) Sea level changes as observed in nature. In: Easterbrook DJ (Hrsg.) Evidence-based climate science: Data opposing CO_2 emissions as the primary source of global warming, 2. Aufl. Elsevier, Amsterdam, 215–229

Mrasek V (2018) Überraschender Klimaeffekt – Pflanzen reagieren auf mehr CO_2 anders als gedacht. Deutschlandfunk. https://www.deutschlandfunk.de/ueberraschender-klimaeffekt-pflanzen-reagieren-auf-mehr-co2.676.de.html?dram:article_id=416145. Letzter Zugriff: 29.03.2021

National Interagency Fire Center (2020) Wildfires & acres. NIFC. https://www.nifc.gov/fire-information/statistics/wildfires. Letzter Zugriff: 02.04.2021

Orlove B (2009) Glacier retreat: Reviewing the limits of human adaptation to climate change. Environment: Sci Policy Sustain Develop 51:22–34. https://doi.org/10.3200/ENVT.51.3.22-34

Portmann K (29.01.2019) US-Präsident: Trump spottet über Klimawandel und Erderwärmung – Politik – Tagesspiegel. Der Tagesspiegel. https://www.tagesspiegel.de/politik/us-praesident-trump-spottet-ueber-klimawandel-und-erderwaermung/23921288.html. Letzter Zugriff: 02.04.2021

proplanta (2017) Warum Afrika Lebensmittel importiert. proplanta.de. https://www.proplanta.de/agrar-nachrichten/agrarwirtschaft/warum-afrika-lebensmittel-importiert_article1493893321.html. Letzter Zugriff: 12.02.2020

Regehr EV, Laidre KL, Akçakaya HR, Amstrup SC, Atwood TC, Lunn NJ, Obbard M, Stern H, Thiemann GW, Wiig Ø (2016) Conservation status of polar bears (*Ursus maritimus*) in relation to projected sea-ice declines. Biol Lett 12. https://doi.org/10.1098/rsbl.2016.0556

Retallack GJ (2021) Soil, soil processes, & paleosols. In: Elias SA (ed) Encyclopedia of Geology, 2. Aufl., Academic Press, London etc.:690–707

Roberts D (2003) Riddles of the Anasazi: What awful event forced the Anasazi to flee their homeland, never to return? https://www.smithsonianmag.com/history/riddles-of-the-anasazi-85274508/

Schönwiese C-D (2020) Klimatologie: Grundlagen, Entwicklungen und Perspektiven, 5. Aufl. UTB Geowissenschaften, Ökologie, Agrarwissenschaften, Biologie, Physik. Verlag Eugen Ulmer, Stuttgart

Schröder T (2011) Die Wüste grünt. https://www.mpimet.mpg.de/fileadmin/communication/Max-Planck-Forschung/PDFs/1104_Die_Wueste_gruent.pdf. Letzter Zugriff: 12.02.2020

Seynsche M (2012) Dürre führt zum Tod einer Sprache: Das Sumerische starb wegen eines abrupten Klimawandels vor 4200 Jahren aus. https://www.deutschlandfunk.de/duerre-fuehrt-zum-tod-einer-sprache.676.de.html?dram:article_id=230003

Shepherd A, Ivins E, Rignot E, Smith B, van den Broeke M, Velicogna I, Whitehouse P, Briggs K, Joughin I, Krinner G, Nowicki S, Payne T, Scambos T, Schlegel N, A G, Agosta C, Ahlstrøm A, Babonis G, Barletta VR, Bjørk AA, Blazquez A, Bonin J, Colgan W, Csatho B, Cullather R, Engdahl ME, Felikson D, Fettweis X, Forsberg R, Hogg AE, Gallee H, Gardner A, Gilbert L, Gourmelen N, Groh A, Gunter B, Hanna E, Harig C, Helm V, Horvath A, Horwath M, Khan S, Kjeldsen KK, Konrad H, Langen PL, Lecavalier B, Loomis B, Luthcke S, McMillan M, Melini D, Mernild S, Mohajerani Y, Moore P, Mottram R, Mouginot J, Moyano G, Muir A, Nagler T, Nield G, Nilsson J, Noël B, Otosaka I, Pattle ME, Peltier WR, Pie N, Rietbroek R, Rott H, Sandberg Sørensen L, Sasgen I, Save H, Scheuchl B, Schrama E, Schröder L, Seo K-W, Simonsen SB, Slater T, Spada G, Sutterley T, Talpe M, Tarasov L, van de Berg WJ, van der Wal W, van Wessem M, Vishwakarma BD, Wiese D, Wilton D, Wagner T, Wouters B, Wuite J (2020) Mass balance of the Greenland Ice Sheet from 1992 to 2018. Nature 579:233–239. https://doi.org/10.1038/s41586-019-1855-2

Singer SF (2008) Die Natur, nicht menschliche Aktivität, bestimmt das Klima: Technische Zusammenfassung für politische Entscheider zum Bericht der Internationalen Nichtregierungskommission zum Klimawandel. Sci Environ Policy Proj 2008. TvR-Medienverlag, Jena

Spry J (2019) Forest fires, Climatism – Tracking Anthropogenic Climate Alarmism. https://climatism.blog/tag/forest-fires/. Letzter Zugriff: 02.04.2021

Sterr H (2007) Folgen des Klimawandels für Ozeane und Küsten. In: Endlicher W, Gerstengarbe F-W (Hrsg.) Der Klimawandel: Einblicke, Rückblicke und Ausblicke. Potsdam-Inst. für Klimafolgenforschung, Potsdam:86–97. https://edoc.hu-berlin.de/bitstream/handle/18452/2631/86.pdf?sequence=1. Letzter Zugriff: 10.06.2021

Stobbe R (2018) Klimawandel: Seit einiger Zeit wird im Bereich Temperatur nur noch von relativen Grad-Erhöhungen geredet. Mediagnose. https://www.mediagnose.de/2018/12/16/klimawandel-seit-einiger-zeit-wird-im-bereich-temperatur/. Letzter Zugriff: 18.11.2020

Sweet WV, Horton R, Kopp RE, LeGrande AN, Romanou A (2017) Sea level rise. In: Wuebbles DJ, Fahey DW, Hibbard KA, Dokken DJ, Stewart BC, Maycock TK (Hrsg.) Climate Science Special Report: Fourth National Climate Assessment, Volume I. U.S. Global Change Research Program, Washington, DC:333–363

Tamino (2011) Monckton skewers truth. Wordpress. https://tamino.wordpress.com/2011/01/14/monckton-skewers-truth/. Letzter Zugriff: 09.04.2021

The Global Warming Policy Foundation (2021) New report: 2020 was another good year for polar bears. The Global Warming Policy Foundation. https://www.thegwpf.org/its-not-a-myth-2020-was-another-good-year-for-polar-bears/. Letzter Zugriff: 05.04.2021

Watts A, Monckton of Brenchley C (2011) Monckton skewers Steketee. Watts Up With That? https://wattsupwiththat.com/2011/01/09/monckton-skewers-steketee/. Letzter Zugriff: 29.03.2021

Welthungerhilfe (2019) Welthunger-Index 2019. https://www.welthungerhilfe.de/fileadmin/pictures/publications/de/studies-analysis/2019-welthunger-index-welthungerhilfe.pdf. Letzter Zugriff: 12.02.2020

Wiig Ø, Amstrup S, Atwood T, Laidre K, Lunn N, Obbard M, Regehr E, Thiemann G (2015) *Ursus maritimus*, Polar Bear: IUCN red list of threatened species. https://www.researchgate.net/profile/Martyn-Obbard/publication/305992631_

Ursus_maritimus_The_IUCN_Red_List_of_Threatened_Species_2015/links/57a8bd9a08aed1b2262442a6/Ursus-maritimus-The-IUCN-Red-List-of-Threatened-Species-2015.pdf. Letzter Zugriff: 10.06.2021

Willis J, Carroll D, Gardner A, Khazendar A, Wood M, Holland D, Holland D, Fenty I, Rignot E, Chauche N, Rosing-Asvid A (2020) Glacier forecast: Jakobshavn Isbrae primed for thinning & acceleration. Research Square, Nature Portfolio Preprint. https://doi.org/10.21203/rs.3.rs-51457/v1. Letzter Zugriff: 10.06.2021

Wood LR, Neumann K, Nicholson KN, Bird BW, Dowling CB, Sharma S (2020) Melting Himalayan glaciers threaten domestic water resources in the Mount Everest Region, Nepal. Front. Earth Sci 8. https://doi.org/10.3389/feart.2020.00128

WWF (2019) Polar bear status & population, World Wide Fund For Nature. https://arcticwwf.org/species/polar-bear/population/. Letzter Zugriff: 05.04.2021

Yuan W, Zheng Y, Piao S, Ciais P, Lombardozzi D, Wang Y, Ryu Y, Chen G, Dong W, Hu Z, Jain AK, Jiang C, Kato E, Li S, Lienert S, Liu S, Nabel JEMS, Qin Z, Quine T, Sitch S, Smith WK, Wang F, Wu C, Xiao Z, Yang S (2019) Increased atmospheric vapor pressure deficit reduces global vegetation growth. Sci Adv 5:eaax1396. https://doi.org/10.1126/sciadv.aax1396

Zhu C, Kobayashi K, Loladze I, Zhu J, Jiang Q, Xu X, Liu G, Seneweera S, Ebi KL, Drewnowski A, Fukagawa NK, Ziska LH (2018) Carbon dioxide (CO_2) levels this century will alter the protein, micronutrients, & vitamin content of rice grains with potential health consequences for the poorest rice-dependent countries. Sci Adv 4:eaaq1012. https://doi.org/10.1126/sciadv.aaq1012

Zhu C, Xia J (2020) Nonlinear increase of vegetation carbon storage in aging forests & its implications for Earth system models. J Adv Model Earth Syst 12. https://doi.org/10.1029/2020MS002304

7

Wäre Vorbeugen nicht viel zu teuer?

„Es ist zu schwer – Tatsache ist, dass es niemanden auf der Welt gibt, der erklären kann, wie wir unsere Emissionen um vier Fünftel senken könnten, ohne praktisch unsere gesamte bestehende Wirtschaft lahmzulegen. Was das Ganze noch weiter in den Bereich des Irrsinns treibt, ist die Tatsache, dass eine solche quixotische[1] *Geste nichts dazu beitragen würde, die schnell ansteigenden CO_2-Emissionen der Welt zu stoppen, die seit 1990 bereits um 40 % gestiegen sind. Es gibt keine Möglichkeit für uns zu verhindern, dass sich die CO_2-Emissionen bis zum Jahr 2100 verdoppeln.“* (Booker 2010)

„Europas derzeitige Politik und Strategie zur Unterstützung der so genannten ‚grünen Arbeitsplätze‘ oder der erneuerbaren Energien geht auf das Jahr 1997 zurück und wurde zu einer der wichtigsten Rechtfertigungen für die

[1] Damit wird vermutlich auf Don Quijote aus dem Roman „El ingenioso hidalgo Don Quixote de la Mancha“ von Miguel de Cervantes angespielt. Ironie dabei ist, dass dieser eigentlich *gegen* Windmühlen kämpft.

A. Kleber und J. Richter-Krautz, *Klimawandel FAQs – Fake News erkennen, Argumente verstehen, qualitativ antworten*,
https://doi.org/10.1007/978-3-662-64548-2_7

Vorschläge der USA zu ‚grünen Arbeitsplätzen'. Eine Untersuchung der europäischen Erfahrungen zeigt jedoch, dass diese Politik wirtschaftlich äußerst kontraproduktiv ist. … Für jeden Arbeitsplatz im Bereich der erneuerbaren Energien, den der Staat zu finanzieren vermag, zeigt die von Präsident Obama als Vorbild zitierte spanische Erfahrung mit hoher Sicherheit, dass die USA mit einem Verlust von durchschnittlich mindestens 2,2 Arbeitsplätzen rechnen müssen. … Seit 2000 wurden durch die Förderung der erneuerbaren Energien [in Spanien] *weniger als 50.200 Arbeitsplätze geschaffen.“* (Álvarez et al. 2010)

Der Grundsatz „Vorsorge ist günstiger als Nachsorge" gilt auch für den Klimaschutz

Kosten der Vorbeugung würden die Gewinne der Wirtschaft schmälern. Die weit höheren Kosten einer Anpassung müssten sozialisiert werden, und die bezahlt am Ende der Steuerzahler.

Das Einseitige an diesen Aussagen ist, dass sie ausschließlich die Kosten berücksichtigen, die für eine Mitigation, also eine Vorbeugung anfallen würden, um bestimmte Schwellenwerte der Klimaentwicklung nicht zu überschreiten, z. B. eine Erwärmung um 1,5 oder 2 °C bis zum Jahr 2100. Diese Aufwendungen müssten aber den (realistisch kalkulierten) Kosten der Adaptation, also der nachträglichen Anpassung an Veränderungen, wenn diese ungehindert vorangeschritten sind, gegenübergestellt werden. Da ein Teil der Veränderungen bereits abgelaufen ist und selbst unter optimalen Bedingungen ablaufen wird, kann es sich immer nur noch um eine Kombination von Mitigation und Adaptation handeln; entscheidend ist der relative Anteil: alles laufen lassen und hinterher bezahlen oder so früh wie möglich gegensteuern. Wie

Mitigation nicht zu einem Zusammenbruch der Wirtschaft führt, haben bereits die Forschungen von Socolow et al. (2004) und Pacala & Socolow (2004) gezeigt, wobei sich auf letzteres Grundlagenwerk ca. 3600 weitere Arbeiten berufen. Diese Befürchtung ist also anscheinend unbegründet. Im Gegenteil geht ein großer Teil der jüngeren Literatur davon aus, dass sich insbesondere diejenigen Industrieländer und Branchen, die den Zug zum Umbau ökonomischer Strukturen früh erwischen, einen Konkurrenzvorteil und wirtschaftliche Prosperität erarbeiten können (Anhelm & Tuttlies 2020; Gill et al. 2019).

Die zitierte Zahl der im Zuge der Energiewende Spaniens geschaffenen Arbeitsplätze haben Álvarez et al. (2010) vermutlich frei erfunden, zumindest lässt sich keine Quelle dafür finden – allenfalls könnte sich die Zahl ausschließlich auf das Rezessionsjahr 2009 beziehen und den Sektor der Windenergie komplett vernachlässigen (Nuccitelli 2011b). Navarra, die spanische Provinz mit dem höchsten Ausbaugrad an erneuerbaren Energien, hat jedenfalls durch den Ausbau einen drastischen Rückgang der Arbeitslosigkeit erlebt (Altman 2009), und Berechnungen der neu geschaffenen Arbeitsplätze zeigen, dass die von Álvarez et al. genannte Zahl in der Realität um das Achtfache zu niedrig liegt (Sustainlabour & Fundación Biodiversidad 2012). Eine der wenigen Branchen, in denen Arbeitsplatzverluste erwartet werden, ist der Automobilbau, weil Elektromotoren wesentlich weniger Bauteile enthalten als Verbrenner (Focus 2017). Es wird allerdings diskutiert, ob die wirtschaftlichen Vorteile, welche die Industrieländer durch einen schnellen Umbau der Wirtschaft gewinnen können, zu einer Verschärfung des ökonomischen Nord-Süd-Gefälles führen könnten (N'Zué 2018; Radhouane 2013), wobei aber wegen der besonderen Vulnerabilität vieler Länder des

Abb. 7.1 Solarthermische Anlagen im Südwesten der USA **Links** drei 2013 bis 2015 neu errichtete Solarturm-Kraftwerke westlich von Las Vegas, Nevada. **Rechts**: Parabolrinnenkraftwerk Kramer's Junction, Kalifornien, eine der ältesten Anlagen mit dieser Technologie weltweit. Die Fotos (links: Theresa Löffler 2015; rechts: Dr. Lutz Maerker 2011) entstanden im Rahmen studentischer Exkursionen.

Globalen Südens die Adaptation für diese einen noch größeren ökonomischen und gesellschaftlichen Kraftaufwand erzwingen würde (Hallegatte et al. 2018).

Die Kosten für erneuerbare Energie aus Wasserkraft-, Windkraft- oder Solaranlagen können bereits heute mit fossilen Brennstoffen mithalten. Tatsächlich sind erneuerbare Energien in vielen Ländern sogar schon jetzt günstiger, selbst wenn die (teure) Ausbauphase noch nicht abgeschlossen ist. Berücksichtigt man zudem versteckte Kosten fossiler Brennstoffe – Umweltverschmutzung, Gesundheitsgefährdungen und die globale Erwärmung etc. (Epstein et al. 2011) –, spricht der Kostenfaktor noch viel deutlicher für erneuerbare Energien. Die Internationale Energieagentur hat errechnet, dass Energie aus solarthermischen Großkraftwerken der preisgünstigste Strom in der Geschichte ist (International Energy Agency 2020). Aufgrund dieser günstigen Rahmenbedingungen wurde das Projekt der DESERTEC-Stiftung, in großem Stil solarthermische Kraftwerke in der Sahara zu errichten, vor wenigen Jahren wieder ins Leben gerufen (DESERTEC Foundation 2019). In vielen Ländern mit hoher Stabilität des Sonnenscheins entstehen bereits derartige Anlagen, wie beispielsweise in Spanien, Marokko oder dem Südwesten der USA (Abb. 7.1). Auch für die Sicherstellung der Grundversorgung gibt es bereits zahlreiche technische Lösungsansätze (einen Überblick gibt Nuccitelli 2011a), beispielsweise durch die Wärmespeicherung mittels Flüssigsalz (Bauer 2018).

Die Berechnung der Kosten der Anthropogenen Globalen Erwärmung ist komplex, da viele Parameter (klimatischer wie wirtschaftlicher Natur) nur abgeschätzt werden können, wobei diese Parameter aber großen Einfluss auf die Gesamtkosten haben (Bolker et al. 2021). Kein Modell sieht jedoch, seit der Stern Report erstmals umfassend die ökonomischen Kosten des Klimawandels thematisierte (Stern 2007), die Kosten der Mitigation höher als die der Adaptation (Calel et al. 2020; Drawdown Project 2020) zumal die Kosten überproportional anwachsen, je später gegengesteuert wird (van Vuuren et al. 2020).

Unsere pessimistische Sicht auf den volkswirtschaftlichen Aspekt ist folgende: Die Kosten der Mitigation würden teilweise auf den Schultern von Unternehmen und deren Aktionären lasten, während die Kosten der Adaptation so hoch würden, dass die Gesellschaft sie, also letztlich über Steuern und Kredite, übernehmen müsste, damit keine „systemrelevanten" Unternehmen in Schieflage geraten. Wehe dem, der hier Parallelen zur Bankenrettung 2009 erkennt …

Literatur

Álvarez GC, Jara RM, Rallo JR (2010) Study of the effects on employment of public aid to renewable energy sources. Procesos de Mercado 7:1–42

Altman P (2009) A rich heritage of hot air about green jobs. Natural Resources Defense Council (NRDC). https://www.nrdc.org/experts/pete-altman/rich-heritage-hot-air-about-green-jobs. Letzter Zugriff: 06.04.2021

Anhelm FE, Tuttlies I (2020) Roadmap Energiewende für Betriebsräte. Von re-aktiv zu pro-aktiv – vier Szenarien. Working Paper Forschungsförderung. Düsseldorf: Hans-Böckler-Stiftung. https://www.econstor.eu/handle/10419/217251. Letzter Zugriff: 10.07.2021

Bauer T (2018) Solarthermische Kraftwerke: Flüssiges Salz speichert Wärme. Deutsches Zentrum für Luft- und Raumfahrt (DLR), Institut für Technische Thermodynamik. https://strom-forschung.de/projekt/fluessiges-salz-speichert-waerme/. Letzter Zugriff: 29.05.2021

Bolker BM, Grasselli MR, Holmes E (2021) Sensitivity analysis of an integrated climate-economic model. arXiv. http://arxiv.org/pdf/2103.06227v1

Booker C (2010) The woolly world of Chris Huhne. The Telegraph. https://www.telegraph.co.uk/comment/columnists/christopherbooker/7783317/The-woolly-world-of-Chris-Huhne.html. Letzter Zugriff: 06.04.2021

Calel R, Chapman SC, Stainforth DA, Watkins NW (2020) Temperature variability implies greater economic damages from climate change. Nat Commun 11:5028. https://doi.org/10.1038/s41467-020-18797-8

DESERTEC Foundation (2019) Energy for the next billion. DESERTEC Foundation. https://www.desertec.org/de/. Letzter Zugriff: 06.04.2021

Drawdown Project (2020) The Drawdown Review: Climate solutions for a new decade. Project Drawdown. https://drawdown.org/drawdown-review. Letzter Zugriff: 07.07.2021

Epstein PR, Buonocore JJ, Eckerle K, Hendryx M, Stout III BM, Heinberg R, Clapp RW, May B, Reinhart NL, Ahern MM, Doshi SK, Glustrom L (2011) Full cost accounting for the life cycle of coal. Annu New York Acad Sci 1219:73–98. https://doi.org/10.1111/j.1749-6632.2010.05890.x

Focus (20.10.2017) E-Autos: 208.000 neue Jobs – diese Qualifikationen sind gefragt. FOCUS Online. https://www.focus.de/finanzen/karriere/elektroautos-208-000-neue-jobs-fuers-elektroauto-zeitalter-zwei-berufe-sind-besonders-gefragt_id_7743365.html. Letzter Zugriff: 06.04.2021

Gill B, Wolff A, Weber I, Schomburgk R (2019) Spielarten des Kapitalismus, Spielarten der Nachhaltigkeit und die ökosoziale Dimension der Energiewende. Soziologie und Nachhaltigkeit 5 Nr. 1: Die soziale Dimension der Nachhaltigkeit:1–26. https://doi.org/10.17879/sun-2019-2447

Hallegatte S, Fay M, Barbier EB (2018) Poverty & climate change: Introduction. Envir Dev Econ 23:217–233. https://doi.org/10.1017/S1355770X18000141

International Energy Agency (2020) World energy outlook 2020: Executive summary. International Energy Agency (IEA). https://webstore.iea.org/download/summary/4153?fileName=1.English-Summary-WEO2020.pdf&fbclid=IwAR1Xih3TX48VvxMrn2jfhiGFbAEbYfIBLaKEpbNlwsPM86XchPXl0jlES4c. Letzter Zugriff: 06.04.2021

Nuccitelli D (2011a) Can renewables provide baseload power? Skeptical Science. https://skepticalscience.com/renewable-energy-baseload-power-advanced.htm. Letzter Zugriff: 06.04.2021

Nuccitelli D (2011b) Renewable energy creates more jobs than fossil fuels. Skeptical Science. https://skepticalscience.com/renewable-energy-investment-kills-jobs.htm. Letzter Zugriff: 06.04.2021

N'Zué FF (2018) Does climate change have real negative impact on economic growth in poor countries? Evidence from Cote d'Ivoire (Ivory Coast). Managem Econ Res J 4:204. https://doi.org/10.18639/merj.2018.04.670069

Pacala S, Socolow R (2004) Stabilization wedges: solving the climate problem for the next 50 years with current technologies. Science 305:968–972. https://doi.org/10.1126/science.1100103

Radhouane L (2013) Climate change impacts on North African countries & on some Tunisian economic sectors. Agricult Environ Int Develop 1 107:101–113. https://doi.org/10.12895/jaeid.20131.123

Socolow R, Hotinski R, Greenblatt JB, Pacala S (2004) Solving the climate problem: Technologies available to curb CO_2 emissions. Environ: Sci Policy Sustain Develop 46:8–19. https://doi.org/10.1080/00139150409605818

Stern N (2007) The economics of climate change: The Stern review. Cambridge University Press, Cambridge

Sustainlabour, Fundación Biodiversidad (2012) Green jobs for sustainable development: A case study of Spain. Paralelo Edición. https://www.ilo.org/wcmsp5/groups/public/---ed_emp/---emp_ent/documents/publication/wcms_186715.pdf. Letzter Zugriff: 10.07.2021

van Vuuren DP, van der Wijst K-I, Marsman S, van den Berg M, Hof AF, Jones CD (2020) The costs of achieving climate targets & the sources of uncertainty. Nat Clim Change 10:329–334. https://doi.org/10.1038/s41558-020-0732-1

8

Kipppunkte (Tipping Points)

Der Begriff „Kipppunkt" wurde von Hans Joachim Schellnhuber geprägt (Smith et al. 2001). Unter einem Kipppunkt versteht man eine kritische Schwelle, an der eine relativ kleine Störung den Zustand oder die Entwicklung eines Systems merklich verändern kann. Lenton et al. (2008) führen den Begriff „Kippelement" für großräumige Komponenten der globalen Umwelt ein, die im Zuge der Anthropogenen Globalen Erwärmung einen solchen Kipppunkt überschreiten könnten. „*Wir bewerten kritisch potentielle politikrelevante Kippelemente im Klimasystem unter anthropogenem Antrieb, wobei wir uns auf die einschlägige Literatur und einen kürzlich durchgeführten internationalen Workshop stützen, um eine kurze Liste zusammenzustellen; und wir bewerten, wo ihre Kipppunkte liegen. Mit Hilfe einer Expertenbefragung wird eine Rangfolge ihrer Empfindlichkeit gegenüber der globalen Erwärmung und der Unsicherheit über die zugrunde*

A. Kleber und J. Richter-Krautz, *Klimawandel FAQs – Fake News erkennen, Argumente verstehen, qualitativ antworten*, https://doi.org/10.1007/978-3-662-64548-2_8

liegenden physikalischen Mechanismen erstellt. Anschließend erklären wir, wie im Prinzip Frühwarnsysteme eingerichtet werden könnten, um das Herannahen einiger Kipppunkte zu erkennen." (Lenton et al. 2008)

> *„Atmosphärisches CO_2 versauert den Ozean und ist der führende Kandidat für den ‚Kill-Mechanismus' vergangener Massenaussterben von Meereslebewesen. Während es keinen wissenschaftlichen Konsens über den/die Verursacher vergangener Massenaussterben gibt, ist die Toxizität von CO_2 für Meeresorganismen gut belegt … Die Erforschung der Beziehung zwischen Massenaussterben und CO_2-Konzentration ist besonders aktuell, da sich die CO_2-Konzentration in der Atmosphäre möglicherweise der Schwelle für irreversible Schäden am ozeanischen Phytoplankton nähert, die auf 450 Teile pro Million Volumen (ppmv) geschätzt wird. Die aktuelle Konzentration von CO_2 am Mauna Loa Observatorium beträgt ≈411 ppmv. Bei der derzeitigen Anstiegsrate des atmosphärischen CO_2 von ≈2 ppmv jährlich wird die atmosphärische CO_2-Konzentration in etwa zwei Jahrzehnten 450 ppmv erreichen, den geschätzten ‚Kipppunkt' der Ozeanversauerung, der zu weitreichenden Schäden am Meeresleben führt. Weitere Forschung zur Klärung der Beziehung zwischen dem Kohlenstoffkreislauf und der marinen Biodiversität, die für eine solide Beweisgrundlage für eine rationale Kohlenstoffpolitik unerlässlich ist, ist dringend erforderlich.*" (Davis et al. 2019)

In Abb. 8.1 werden die wichtigsten bekannten (ganzer Rand) und vermuteten (gestrichelte Umrandung) Kippelemente nach ihrer grundsätzlichen Art klassifiziert: Dies sind Schmelzprozesse von Eis, Änderungen in der atmosphärischen oder der Ozeanzirkulation sowie Veränderungen in biologischen Systemen. Dabei bezeichnen die Ziffern Folgendes:

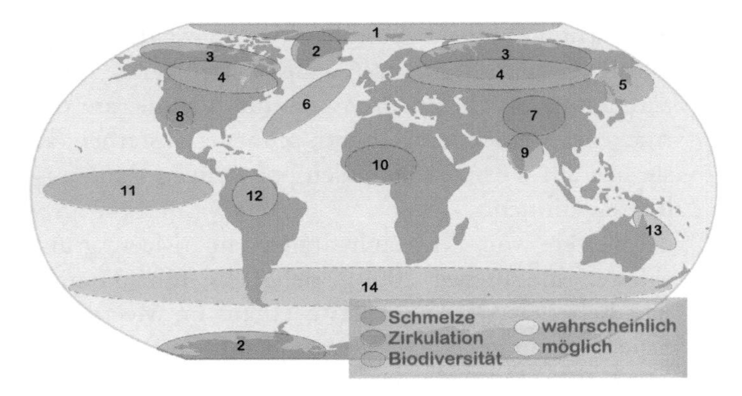

Abb. 8.1 Kippelemente im Klimasystem. Wahrscheinliche und vermutete Kippelemente im Klimasystem im geographischen Kontext. Detaillierte Erläuterungen im nachfolgenden Text.

1. Schmelzen des Meereises im Polarmeer; Verringerung der Rückstrahlung von Sonnenstrahlung (vgl. Kap. 6.5).
2. Abschmelzen von Inlandeis (Grönland und Westantarktis); Verringerung der Rückstrahlung von Sonnenstrahlung, Anstieg des Meeresspiegels (vgl. Kap. 6.3), Wirkung auf (6.)
3. Schmelze von Permafrost (gefrorenem Eis im Boden); Freisetzen des Treibhausgases Methan (Lenton et al. 2019; Turetsky et al. 2019), welches die globale Erwärmung in besonderem Maße verstärken kann, weil seine Kern-Frequenzbereiche der Strahlungsaufnahme im Gegensatz zum CO_2 (vgl. Kap. 5.4.4) auch in Erdoberflächennähe noch nicht gesättigt sind. Eine beschleunigte Schmelze wird bereits beobachtet (Biskaborn et al. 2019), auch von Permafrost, der nach der Eiszeit vom ansteigenden Meer bedeckt wurde (Sayedi et al. 2020). Auch viele der bisher noch gefrorenen Sedimente enthalten Kohlenstoff, der freigesetzt werden kann (Fisher 2015).

4. Schwächung der borealen Nadelwälder (Taiga) Sibiriens und Kanadas/Alaskas; verringerte CO_2-Aufnahme durch Pflanzen, da die Bäume an den trockener werdenden Rändern schneller absterben, als sie sich am wärmer werdenden polwärtigen Rand ausbreiten können.
5. Schmelzen von Methanhydraten am Meeresgrund (Hester und Brewer 2009)[1], siehe (3.); hinzukommt, dass bei einer Oxidation des Methans im Meerwasser Sauerstoff aufgebraucht werden kann, auf den viele Meeresbewohner angewiesen sind (sog. anoxische Verhältnisse).
6. Schwächung, schlimmstenfalls bis hin zum Kollaps der Golfstrom-/Nordatlantikstrom-Zirkulation (vgl. Kap. 6.3); Änderung der gesamten großen Strömungen der Ozeane, deutliche Verringerung der Aufnahme von atmosphärischem CO_2 durch die Meere (Kleber 2020l). Nach einer langen Phase relativer Stabilität dieser Zirkulation zeichnet sich seit dem 19. und beschleunigt seit Mitte des 20. Jahrhunderts bereits eine Schwächung ab (Caesar et al. 2021).
7. Gletscherschmelze in den Hochgebirgen; Einschränkungen der Bewässerungslandwirtschaft (vgl. Kap. 6.2).
8. Weitere Austrocknung von Wüsten; Vergrößerung der Trockengebiete und weitere Einschränkung für die Landnutzung. In Abb. 8.1 ist das Problem beispielhaft in den Wüsten und Trockengebieten der südwestlichen USA lokalisiert. Hier sieht man besonders deutlich eine Abhängigkeit eines Kippelements von einem

[1] Die betroffenen Regionen umfassen möglicherweise weite Teile der kontinentnahen Ozeanböden und sind dann sehr viel größer als in der Karte eingezeichnet.

anderen sowie die Unsicherheiten, die in Vorhersagen stecken können: Die Niederschläge in diesem Gebiet sind nämlich sehr variabel und hängen weitgehend mit El Niño (11.) im Pazifik zusammen, da sich bei einem starken El Niño das sonst recht ortsfeste Hochdruckgebiet im nordöstlichen Pazifik etwas zurückzieht. Somit muss der Regen nicht die hohen Gebirge am Westrand Nordamerikas überwinden, wo sich die Wolken bereits abregnen, sondern kann weiter südlich niedrigere Landschaften überqueren, weshalb dann viel mehr Feuchtigkeit die Wüstengebiete erreichen kann (Kleber und Arzberger 2001). Sollten sich also im Zuge der Anthropogenen Globalen Erwärmung die El Niño-Phasen häufen, könnte dies dort durchaus sogar eine Verkleinerung der dortigen Trockengebiete mit sich bringen.

9. Abnahme der Niederschläge beim Sommermonsun; drastische Konsequenzen für die Ernährung der bevölkerungsreichen Länder des indischen Subkontinents.
10. Verringerter Staubtransport aus der Sahara (Bodélé-Depression); diese Senke am Südrand der Sahara ist die global bedeutendste Quelle von Staub, der durch die Windsysteme weitflächig verteilt wird. So gilt dieser Staub als der wichtigste Nachschub von Nährstoffen für Teile des Amazonas-Regenwalds (Abouchami et al. 2013), ferner hat Staub in der Luft eine abkühlende Wirkung für das Klima, da er Sonnenlicht reflektiert und die Wolkenbildung anregt (Choobari et al. 2014).
11. Veränderung der El Niño-/Südlichen Oszillation (vgl. Kap. 4.2, 5.8); El Niño verursacht beinahe globale Wechselwirkungen mit anderen Klimaelementen, so ändern sich Niederschlagsmuster in vielen Gebieten der Welt, wo je nach Gebiet Dürren,

aber auch katastrophale Regen-Niederschläge ausgelöst werden können bis hin zu vermehrtem Auftreten verschiedener tropischer Krankheiten (Lenton et al. 2008).

12. Absterben tropischer Regenwälder; tropische Berg- und Tieflandregenwälder haben derzeit die höchste Artenvielfalt (Biodiversität) und sind bedeutende Senken für Kohlenstoff.
13. Absterben von Warmwasserkorallenriffen (Conroy 2019); diese Ökosysteme sind Schwerpunkte der marinen Biodiversität. Sie sind bei einer Versauerung der Ozeane besonders gefährdet, weil Korallen aus dem chemisch gegenüber Calcit (typischer Kalk) instabileren Aragonit bestehen (Roberts und Cairns 2014). Bereits jetzt wirkt sich aus, dass die Symbiose mit hitzeempfindlichen Algen (Zooxanthellen), auf die die Koralle für die Energiegewinnung angewiesen ist, aus dem Lot gerät, wenn die Wassertemperaturen dauerhaft zu hoch steigen (Hughes et al. 2018b).
14. Abnahme der biologischen Aktivität der Ozeane; Schädigung von kalkbildendem Plankton, dessen Kalkschalen bereits jetzt messbar dünner werden (Schlott 2020) und längerfristig durch anoxische Verhältnisse, wie sie wahrscheinlich wesentlichen Anteil am größten Massenaussterben der Erdgeschichte in der letzten halben Milliarde Jahre hatten (Kleber 2020c). Plankton ist die Grundlage der Nahrungskette der Meere. Die möglicherweise betroffene Fläche umfasst die gesamten Meere und ist in Abb. 8.1 nur beispielhaft verortet.

Diese Kipppunkte haben gemeinsam, dass sie wissenschaftlich reale, also mögliche Gefahren darstellen, dass sie aber beim derzeitigen Kenntnisstand kaum physikalisch exakt vorhersagbar sind (Lenton et al. 2019). Einige Kipppunkte gefährden hauptsächlich ökologische Systeme und haben „nur“ indirekte Rückwirkungen auf das Klimasystem, andere sind direkt damit gekoppelt. Mit Ausnahme eines möglichen häufigeren Auftretens von La Niña-Zuständen im pazifischen Ozean kann keiner der aufgezählten Prozesse nach derzeitigem Kenntnisstand zum Abschwächen der Klimaerwärmung beitragen. Wie wir an einigen der Beispiele gezeigt haben, kann man davon ausgehen, dass sich Kippelemente gegenseitig beeinflussen, teilweise sogar auslösen können (vgl. Lenton et al. 2019).

Literatur

Abouchami W, Näthe K, Kumar A, Galer SJ, Jochum KP, Williams E, Horbe AM, Rosa JW, Balsam W, Adams D, Mezger K, Andreae MO (2013) Geochemical & isotopic characterization of the Bodélé Depression dust source & implications for transatlantic dust transport to the Amazon Basin. Earth & Planet Sci Lett 380:112–123. https://doi.org/10.1016/j.epsl.2013.08.028

Biskaborn BK, Smith SL, Noetzli J, Matthes H, Vieira G, Streletskiy DA, Schoeneich P, Romanovsky VE, Lewkowicz AG, Abramov A, Allard M, Boike J, Cable WL, Christiansen HH, Delaloye R, Diekmann B, Drozdov D, Etzelmüller B, Grosse G, Guglielmin M, Ingeman-Nielsen T, Isaksen K, Ishikawa M, Johansson M, Johannsson H, Joo A, Kaverin D, Kholodov A, Konstantinov P, Kröger T, Lambiel C, Lanckman J-P, Luo D, Malkova G, Meiklejohn I, Moskalenko N, Oliva M, Phillips M, Ramos M, Sannel ABK, Sergeev D, Seybold C, Skryabin P, Vasiliev A, Wu Q, Yoshikawa K, Zheleznyak M, Lantuit H (2019) Permafrost is warming at a global scale. Nat Commun 10:264. https://doi.org/10.1038/s41467-018-08240-4

Caesar L, McCarthy GD, Thornalley DJR, Cahill N, Rahmstorf S (2021) Current Atlantic Meridional Overturning Circulation weakest in last millennium. Nat Geosci 14:118–120. https://doi.org/10.1038/s41561-021-00699-z

Choobari OA, Zawar-Reza P, Sturman A (2014) The global distribution of mineral dust & its impacts on the climate system: A review. Atmospheric Research 138:152–165. https://doi.org/10.1016/j.atmosres.2013.11.007

Conroy G (2019) ‚Ecological grief' grips scientists witnessing Great Barrier Reef's decline. Nature 573:318–319. https://doi.org/10.1038/d41586-019-02656-8

Davis WJ, Taylor PJ, Davis WB (2019) The origin & propagation of the Antarctic Centennial Oscillation. Climate 7:112. https://doi.org/10.3390/cli7090112

Fisher M (2015) Permafrost carbon: What soil science has to say about its distribution & fate. CSA News 60:4–9. https://doi.org/10.2134/csa2015-60-10-1

Hester KC, Brewer PG (2009) Clathrate hydrates in nature. Annu Rev Mar Sci 1:303–327. https://doi.org/10.1146/annurev.marine.010908.163824

Hughes TP, Anderson KD, Connolly SR, Heron SF, Kerry JT, Lough JM, Baird AH, Baum JK, Berumen ML, Bridge TC, Claar DC, Eakin CM, Gilmour JP, Graham NAJ, Harrison H, Hobbs J-PA, Hoey AS, Hoogenboom M, Lowe RJ, McCulloch MT, Pandolfi JM, Pratchett M, Schoepf V, Torda G, Wilson SK (2018b) Spatial & temporal patterns of mass bleaching of corals in the Anthropocene. Science 359:80–83. https://doi.org/10.1126/science.aan8048

Kleber A (2020c) Das bedeutendste Massenaussterben, seit es höheres Leben gibt – ein Präzedenzfall für unsere Zukunft? Quora.com – Klimawandel und -diskussion. https://de.quora.com/q/klimawandeldiskussion/Das-bedeutendste-Massenaussterben-seit-es-höheres-Leben-gibt-ein-Präzedenzfall-für-unsere-Zukunft. Letzter Zugriff: 19.03.2020

Kleber A (2020l) Welche Folgen hätte es, wenn durch den Klimawandel der Nordatlantikstrom abreißt? Quora.com. https://de.quora.com/Welche-Folgen-h%C3%A4tte-es-wenn-durch-den-Klimawandel-der-Nordatlantikstrom-abreist/answer/Arno-Kleber. Letzter Zugriff: 11.04.2021

Kleber A, Arzberger K (2001) El Niño verändert das Wetter in den USA. Geogr Rdsch 2001(1):56–60

Lenton TM, Held H, Kriegler E, Hall JW, Lucht W, Rahmstorf S, Schellnhuber HJ (2008) Tipping elements in the Earth's climate system. PNAS 105:1786–1793. https://doi.org/10.1073/pnas.0705414105

Lenton TM, Rockström J, Gaffney O, Rahmstorf S, Richardson K, Steffen W, Schellnhuber HJ (2019) Climate tipping points – too risky to bet against. Nature 575:592–595. https://doi.org/10.1038/d41586-019-03595-0

Roberts JM, Cairns SD (2014) Cold-water corals in a changing ocean. Curr Opinion Environ Sustain 7:118–126. https://doi.org/10.1016/j.cosust.2014.01.004

Schlott K (04.02.2020) Warum das Plankton schwächelt. Spektrum Online. https://www.spektrum.de/news/warum-das-plankton-schwaechelt/1703468. Letzter Zugriff: 29.03.2021

Smith JB, Schellnhuber HJ, Mirza MMQ (2001) Vulnerability to climate change & reasons for concern: A synthesis. In: Working Group II (Hrsg.) IPCC Third Assessment Report – Climate Change 2001: Impacts, Adaptation & Vulnerability. Cambridge University Press, Cambridge. http://gyohe.faculty.wesleyan.edu/files/2018/05/53.pdf. Letzter Zugriff: 10.06.2021

Turetsky MR, Abbott BW, Jones MC, Walter Anthony K, Olefeldt D, Schuur EAG, Koven C, McGuire AD, Grosse G, Kuhry P, Hugelius G, Lawrence DM, Gibson C, Sannel ABK (2019) Permafrost collapse is accelerating carbon release. Nature 569:32–34. https://doi.org/10.1038/d41586-019-01313-4

Sayedi SS, Abbott BW, Thornton BF, Frederick JM, Vonk JE, Overduin P, Schädel C, Schuur EAG, Bourbonnais A, Demidov N, Gavrilov A, He S, Hugelius G, Jakobsson M, Jones MC, Joung D, Kraev G, Macdonald RW, David McGuire A, Mu C, O'Regan M, Schreiner KM, Stranne C, Pizhankova E, Vasiliev A, Westermann S, Zarnetske JP,

Zhang T, Ghandehari M, Baeumler S, Brown BC, Frei RJ (2020) Subsea permafrost carbon stocks & climate change sensitivity estimated by expert assessment. Environ Res Lett 15:124075. https://doi.org/10.1088/1748-9326/abcc29

9

Die Klimakatastrophe

Die im vorangegangenen Kapitel beschriebenen Kippunkte können, wenn sie sich gegenseitig aufschaukeln, zu einem sog. Hothouse führen (Steffen et al. 2018). Diese Möglichkeit ist vielleicht nicht sehr wahrscheinlich, aber wissenschaftlich nach derzeitigem Kenntnisstand nicht völlig auszuschließen. Die Folgen für die menschlichen Gesellschaften wären immens, zumal wenn man die Abhängigkeit von relativ empfindlichen technischen Infrastrukturen mitberücksichtigt: In tropischen und subtropischen Zonen könnte die Kühlgrenztemperatur, unterhalb derer der Mensch seine Körpertemperatur regulieren kann, dauerhaft überschritten werden, sodass Menschen in diesen Regionen nur noch mit Klimaanlagen überleben könnten (Sherwood und Huber 2010); derartige Klimaverhältnisse würden auch die Nahrungsmittelproduktion in den heutigen Mengen unmöglich machen,

A. Kleber und J. Richter-Krautz, *Klimawandel FAQs – Fake News erkennen, Argumente verstehen, qualitativ antworten*, https://doi.org/10.1007/978-3-662-64548-2_9

da Bewässerungswasser fehlen würde, die Wüsten sich ausbreiten und Böden in den feuchten Zonen schneller auslaugen und abgetragen werden würden. Alle diese Hindernisse könnten mit technischen Mitteln überwunden werden, jedoch erscheint es wenig wahrscheinlich, dass die hierfür notwendigen Ressourcen, insbesondere Rohstoffe, dann noch ausreichend vorhanden sein werden. Selbst auf der Grundlage wissenschaftlich fundierter Spekulation (Schwartz und Randall 2003) ist also eine kaum mehr bewohnbare Welt denkbar.

Alarmismus im engsten Sinn findet sich dagegen nicht in der wissenschaftlichen Diskussion, sondern wird hauptsächlich durch Science-Fiction-Filme und -Literatur verbreitet und teilweise durch Medien aufgegriffen. Aus dramaturgischen Gründen müssen dort Prozesse, die selbst unter ungünstigsten Umständen Jahrhunderte in Anspruch nehmen würden, in den zeitlichen Rahmen eines Films gepackt werden, sodass die Helden noch selbst die Katastrophe verhindern oder zumindest überleben können. Als Beispiel sei „The Day after Tomorrow" von Roland Emmerich aus dem Jahre 2004 genannt.

Auch in den Medien werden immer wieder aus Szenarien des wissenschaftlich Denkbaren (z. B. Schwartz und Randall 2003) düstere Bilder, ja konkrete Vorhersagen des Weltuntergangs (z. B. Townsend und Harris 2004). Sicher haben auch Wissenschaftler*innen diesen Hype von der „Klimakatastrophe" angeheizt, so stammt der Begriff wahrscheinlich von dem Klimageographen Hermann Flohn aus dem Jahr 1977 (Mauelshagen 2009).

> Schon 1986 titelte der „Spiegel" mit *„Die Klima-Katastrophe"*: *„Überraschend war die Katastrophe nicht gekommen. Wissenschaftler hatten beizeiten gewarnt, Umweltschützer unermüdlich demonstriert. Schließlich hatten sogar die Politiker den Ernst der Lage erkannt – zu spät: Das*

Desaster, der weltweite Klima-GAU, war nicht mehr aufzuhalten. Jetzt, im Sommer 2040, ragen die Wolkenkratzer New Yorks weit vor der Küste wie Riffs aus der See. Überflutet, vom Meer verschluckt, sind längst auch Hamburg und Hongkong, London, Kairo, Kopenhagen und Rom. Die Witterung in polaren Gebieten ist milder geworden, im Mittelmeergebiet herrscht eine ähnlich mörderische Dürre wie einst in der afrikanischen Sahelzone, und die Extreme haben zugenommen, insbesondere bei Niederschlägen und Stürmen. ‚Für die mehr als neun Milliarden Erdbewohner hat ein erbarmungsloser Kampf ums Überleben begonnen. Fast täglich flammen in den Krisenregionen lokale Kriege auf. Gekämpft wird um Trinkwasser-Reservoire, um die letzten noch intakten Seehäfen oder um ein paar Quadratkilometer Ackerland.‘ Die Sowjetunion gehört zu den Gewinnern der Erwärmung, die USA zu den Verlierern, deren Wirtschaft sich im Niedergang befindet. Die ‚Falken in der US-Regierung‘ rüsten ‚zum letzten Gefecht mit dem Sowjetreich, das mühelos, nur vom Klima begünstigt, Amerika überflügelt hat‘.“ Der Artikel fragt dann selbst: *„Alles nur Hirngespinste, Ausgeburten einer schwarzen Fantasie?“*, und antwortet: *„Vielleicht – doch was sich liest wie ein Drehbuch des Science-fiction-Filmers Stanley Kubrick, ist, Punkt für Punkt, Ergebnis wissenschaftlich fundierter Spekulationen: So gründlich derangiert, wie von planetarischen Fieberanfällen geschüttelt, könnte die Welt schon in wenigen Jahrzehnten aussehen – falls die düsteren Prognosen der Klimaforscher Wirklichkeit werden.“* (Der Spiegel vom 11.08.1986, zitiert nach Mauelshagen 2009)

Katastrophenszenarien werden manchmal als ein legitimes Mittel massenmedialer Information angesehen, um in einer Demokratie die Menschen zur Akzeptanz klimapolitischer Maßnahmen zu motivieren. Dabei verkennen die Medien aber unserer Ansicht nach, dass Szenarien, die nicht auf wissenschaftlichem Fundament stehen, letztlich leicht widerlegt werden und damit die Klimaforschung und -politik insgesamt in Misskredit bringen können.

Denn es ist dann nur noch schwer zu vermitteln, dass die absolute Gegenposition gleichermaßen falsch ist. Die Konsequenz sind im Grunde berechtigte, aber über das Ziel weit hinausschießende Entgegnungen wie diese: „*Wie erhalten die ums Überleben kämpfenden Medien höhere Einschaltquoten, Klickzahlen, Auflagen und Werbeeinnahmen? Mit der Botschaft ‚Das Klima schwankt aus natürlichen Ursachen. Wie immer. Es gibt nichts Neues. Kein Grund zur Beunruhigung.'? Oder mit ‚Die Welt geht unter!'? Die Medien publizieren widerlegte und bestenfalls Aussagen* [sic], *lassen keine Gegner der CO_2-Theorie zu Wort kommen und diffamieren selbst hochkarätigste Wissenschaftler, die ihr Geschäftsmodell stören würden. Die vermeintliche Klimakrise ist vor allem eine Medienkrise.*" (Gastmann 2020)

Auch in der Politik gibt es Beispiele für Alarmismus. So soll die bekannte US-amerikanische Kongressabgeordnete Alexandria Ocasio-Cortez 2019 behauptet haben, dass die Welt in zwölf Jahren untergehen werde, wenn wir den Klimawandel nicht angehen (Cummings 2019). Die dahinterstehende wissenschaftliche Aussage ist folgende: Die zwölf Jahre, die noch bleiben, bis das Ziel, die Erwärmung bis zum Jahr 2100 auf 1,5 °C zu beschränken, nicht mehr eingehalten werden kann, wird meist lediglich als Durchschnittswert aus dem IPCC-Sonderbericht von 2018 (IPCC Deutsche Koordinierungsstelle 2018) in der Öffentlichkeit zitiert. Der Bericht gibt eigentlich ein verbleibendes Kohlenstoffbudget an. Dieses liegt zwischen 420 und 770 Gt (Gigatonnen) an zusätzlichem CO_2 aus gesellschaftlichem Handeln minus 100 Gt CO_2, falls in erheblichem Umfang Kohlenstoffgase aus tauendem Permafrost freigesetzt werden (vgl. Kap. 8). Die rechnerische Unsicherheit liegt bei ± 400 Gt CO_2. Vernachlässigen wir mal den Permafrost und setzen das in

Relation zu den 42 Gt CO_2, die derzeit jährlich zusätzlich in die Atmosphäre gelangen, so liegt die Zeitspanne, bis das Ziel nicht mehr erreicht werden kann, bei einem halben Jahr(!) bis 28 Jahre. Da bildet zwölf einfach ungefähr die Mitte. Nach Alexandria Ocasio-Cortez selbst per Twitter war ihre Äußerung übrigens sarkastisch und nicht ernst gemeint (Kruta 2019).

Literatur

Cummings W (22.01.2019) ‚The world is going to end in 12 years if we don't address climate change,' Ocasio-Cortez says. USA TODAY. https://eu.usatoday.com/story/news/politics/onpolitics/2019/01/22/ocasio-cortez-climate-change-alarm/2.642.481.002/. Letzter Zugriff: 25.04.2021

Gastmann J (2020) Klima, CO_2 und Sonne: Warum die CO_2-Theorie unwahrscheinlich ist. https://www.economy4mankind.org/klima-co2-sonne. Letzter Zugriff: 15.01.2021

IPCC Deutsche Koordinierungsstelle (2018) Sonderbericht 1,5 °C globale Erwärmung – SR1.5. IPCC Deutsche Koordinierungsstelle. https://www.de-ipcc.de/256.php. Letzter Zugriff: 26.04.2021

Kruta V (12.05.2019) Ocasio-Cortez rebuffs ‚fact-checkers,' says the world ending in 12 years was ‚dry humor'. The Daily Caller. https://dailycaller.com/2019/05/12/ocasio-cortez-climate-world-ending-12-years-dry-humor/. Letzter Zugriff: 26.04.2021

Mauelshagen F (2009) Die Klimakatastrophe: Szenen und Szenarien. In: Schenk GJ (Hrsg.) Katastrophen: Vom Untergang Pompejis bis zum Klimawandel. Throbecke, Stuttgart:205–257

Steffen W, Rockström J, Richardson K, Lenton TM, Folke C, Liverman D, Summerhayes CP, Barnosky AD, Cornell SE, Crucifix M, Donges JF, Fetzer I, Lade SJ, Scheffer M, Winkelmann R, Schellnhuber HJ (2018) Trajectories of the Earth system in the Anthropocene. PNAS 115:8252–8259. https://doi.org/https://doi.org/10.1073/pnas.1810141115

Sherwood SC, Huber M (2010) An adaptability limit to climate change due to heat stress. PNAS 107:9552–9555. https://doi.org/https://doi.org/10.1073/pnas.0913352107

Schwartz P, Randall D (2003) An abrupt climate change scenario & its implications for United States National Security. Defense Technical Information Center, Fort Belvoir, VA. https://famguardian.org/Subjects/Environment/Articles/ClimateChange-20090131.pdf. Letzter Zugriff: 10.06.2021

Townsend M, Harris P (22.02.2004) Pentagon tells Bush: climate change will destroy us. The Guardian. https://www.theguardian.com/environment/2004/feb/22/usnews.theobserver. Letzter Zugriff: 12.04.2021

Literatur

Abouchami W, Näthe K, Kumar A, Galer SJ, Jochum KP, Williams E, Horbe AM, Rosa JW, Balsam W, Adams D, Mezger K, Andreae MO (2013) Geochemical & isotopic characterization of the Bodélé Depression dust source & implications for transatlantic dust transport to the Amazon Basin. Earth & Planet Sci Lett 380:112–123. https://doi.org/10.1016/j.epsl.2013.08.028

Berner RA (2006b) Inclusion of the weathering of volcanic rocks in the GEOCARBSULF Model. Amer J Sci 306:295–302. https://doi.org/10.2475/05.2006.01

Biskaborn BK, Smith SL, Noetzli J, Matthes H, Vieira G, Streletskiy DA, Schoeneich P, Romanovsky VE, Lewkowicz AG, Abramov A, Allard M, Boike J, Cable WL, Christiansen HH, Delaloye R, Diekmann B, Drozdov D, Etzelmüller B, Grosse G, Guglielmin M, Ingeman-Nielsen T, Isaksen K, Ishikawa M, Johansson M, Johannsson H, Joo A, Kaverin D, Kholodov A, Konstantinov P, Kröger T, Lambiel C, Lanckman J-P, Luo D, Malkova G, Meiklejohn I, Moskalenko N, Oliva M, Phillips M, Ramos M, Sannel

A. Kleber und J. Richter-Krautz, *Klimawandel FAQs – Fake News erkennen, Argumente verstehen, qualitativ antworten*, https://doi.org/10.1007/978-3-662-64548-2

ABK, Sergeev D, Seybold C, Skryabin P, Vasiliev A, Wu Q, Yoshikawa K, Zheleznyak M, Lantuit H (2019) Permafrost is warming at a global scale. Nat Commun 10:264. https://doi.org/10.1038/s41467-018-08240-4

Booker C (2018) Global warming: A case study in groupthink. How science can shed new light on the most important 'non-debate' of our time. The Global Warming Policy Foundation, London

Brandenberger A (o. J.) Kohlenstoffdioxid CO_2, Internet-Vademecum. https://vademecum.brandenberger.eu/klima/wissen/co2.php. Letzter Zugriff: 05.03.2021

Caesar L, McCarthy GD, Thornalley DJR, Cahill N, Rahmstorf S (2021) Current Atlantic Meridional Overturning Circulation weakest in last millennium. Nat Geosci 14:118–120. https://doi.org/10.1038/s41561-021-00699-z

Choobari OA, Zawar-Reza P, Sturman A (2014) The global distribution of mineral dust & its impacts on the climate system: A review. Atmospheric Research 138:152–165. https://doi.org/10.1016/j.atmosres.2013.11.007

Connor SA (25.01.2013) Exclusive: Billionaires secretly fund attacks on climate science. The Independent. https://www.independent.co.uk/climate-change/news/exclusive-billionaires-secretly-fund-attacks-on-climate-science-8466312.html. Letzter Zugriff: 28.04.2021

Dettwiler G (27.03.2019) Klimahysterie, Klimapropaganda – was Klimaforscher zu den häufigsten Argumenten von Skeptikern sagen. Neue Züricher Zeitung. https://www.nzz.ch/wissenschaft/klimawandel-forscher-antworten-auf-die-argumente-von-skeptikern-ld.1468011. Letzter Zugriff: 03.03.2021

dpa-Faktencheck (03.03.2020) Thesen zum Klimawandel ohne wissenschaftliche Beweise. Presseportal.de. https://www.presseportal.de/pm/133833/4537007. Letzter Zugriff: 03.05.2021

Fisher M (2015) Permafrost carbon: What soil science has to say about its distribution & fate. CSA News 60:4–9. https://doi.org/10.2134/csa2015-60-10-1

Focus (20.10.2017) E-Autos: 208.000 neue Jobs – diese Qualifikationen sind gefragt. FOCUS Online. https://www.focus.de/finanzen/karriere/elektroautos-208-000-neue-jobs-fuers-elektroauto-zeitalter-zwei-berufe-sind-besonders-gefragt_id_7743365.html. Letzter Zugriff: 06.04.2021

Hester KC, Brewer PG (2009) Clathrate hydrates in nature. Annu Rev Mar Sci 1:303–327. https://doi.org/10.1146/annurev.marine.010908.163824

Hieb M (2018) Climate during the Carboniferous Period. http://www.geocraft.com/WVFossils/Carboniferous_climate.html. Letzter Zugriff: 15.01.2021

Hughes TP, Anderson KD, Connolly SR, Heron SF, Kerry JT, Lough JM, Baird AH, Baum JK, Berumen ML, Bridge TC, Claar DC, Eakin CM, Gilmour JP, Graham NAJ, Harrison H, Hobbs J-PA, Hoey AS, Hoogenboom M, Lowe RJ, McCulloch MT, Pandolfi JM, Pratchett M, Schoepf V, Torda G, Wilson SK (2018b) Spatial & temporal patterns of mass bleaching of corals in the Anthropocene. Science 359:80–83. https://doi.org/10.1126/science.aan8048

International Energy Agency (2020) World energy outlook 2020: Executive summary. International Energy Agency (IEA). https://webstore.iea.org/download/summary/4153?fileName=1.English-Summary-WEO2020.pdf&fbclid=IwAR1Xih3TX48VvxMrn2jfhiGFbAEbYfIBLaKEpbNlwsPM86XchPXl0jlES4c. Letzter Zugriff: 06.04.2021

IPCC Deutsche Koordinierungsstelle (2018) Sonderbericht 1,5 °C globale Erwärmung – SR1.5. IPCC Deutsche Koordinierungsstelle. https://www.de-ipcc.de/256.php. Letzter Zugriff: 26.04.2021

Johnson S (2019) Non-peer-reviewed manuscript falsely claims natural cloud changes can explain global warming. Climate Feedback. https://climatefeedback.org/claimreview/non-peer-reviewed-manuscript-falsely-claims-natural-cloud-changes-can-explain-global-warming/. Letzter Zugriff: 19.04.2021

Miyahara M, Miyake T, Miyamoto A, Nagashima Y, Nakayama Y, Nakazawa T, Nakazawa F, Nishio F, Obinata I, Ohgaito R, Oka A, Okuno J, Okuyama J, Oyabu I, Parrenin F, Pattyn F,

Saito F, Saito T, Saito T, Sakurai T, Sasa K, Seddik H, Shibata Y, Shinbori K, Suzuki K, Suzuki T, Takahashi A, Takahashi K, Takahashi S, Takata M, Tanaka Y, Uemura R, Watanabe G, Watanabe O, Yamasaki T, Yokoyama K, Yoshimori M, Yoshimoto T (2017) State dependence of climatic instability over the past 720,000 years from Antarctic ice cores & climate modeling. Sci Adv 3:e1600446. https://doi.org/10.1126/sciadv.1600446

Kleber A (2020l) Welche Folgen hätte es, wenn durch den Klimawandel der Nordatlantikstrom abreist? Quora.com. https://de.quora.com/Welche-Folgen-h%C3%A4tte-es-wenn-durch-den-Klimawandel-der-Nordatlantikstrom-abreist/answer/Arno-Kleber. Letzter Zugriff: 11.04.2021

Kleber A (2020n) Das Klimamanifest von Heiligenroth kommt gerade wieder in Mode. Quora.com. https://klimadervorzeit.quora.com/Das-Klimamanifest-von-Heiligenroth-kommt-gerade-wieder-in-Mode. Letzter Zugriff: 25.06.2021

Kleber A (2021f) Ist die globale Mitteltemperatur wichtig oder kann die weg? Quora.com – Klimawandel und -diskussion. https://klimawandeldiskussion.quora.com/Ist-die-globale-Mitteltemperatur-wichtig-oder-kann-die-weg-In-letzter-Zeit-liest-man-immer-wieder-davon-wie-wichtig-d. Letzter Zugriff: 03.07.2021

Klein M (2020) Aktuelle Daten zur Arktis: Eisfläche wird größer, Eisdicke unverändert – nix mit eisfrei … ScienceFiles. https://sciencefiles.org/2020/01/29/aktuelle-daten-zur-arktis-eisflache-wird-groser-eisdicke-unverandert-nix-mit-eisfrei. Letzter Zugriff: 19.04.2021

Lenton TM, Held H, Kriegler E, Hall JW, Lucht W, Rahmstorf S, Schellnhuber HJ (2008) Tipping elements in the Earth's climate system. PNAS 105:1786–1793. https://doi.org/10.1073/pnas.0705414105

Lenton TM, Rockström J, Gaffney O, Rahmstorf S, Richardson K, Steffen W, Schellnhuber HJ (2019) Climate tipping points – too risky to bet against. Nature 575:592–595. https://doi.org/10.1038/d41586-019-03595-0

Lockwood M, Fröhlich C (2008) Recent oppositely directed trends in solar climate forcings & the global mean surface air temperature. II: Different reconstructions of the total solar irradiance variation & dependence on response time scale. Proc Royal Soc A 464:1367–1385. https://doi.org/10.1098/rspa.2007.0347

Outcalt SI (2015) The large cliff top pueblos at Mesa Verde, Colorado & treeflow data from Lees Ferry, Arizona. Watts Up With That? https://wattsupwiththat.wordpress.com/2015/04/16/the-large-cliff-top-pueblos-at-mesa-verde-colorado-and-treeflow-data-from-lees-ferry-arizona/

Plimer I (2009) Heaven & Earth: Global warming, the missing science. Quartet Books, London

Postma JE (2017) The steel greenhouse in an ambient-temperature environment. Climate of Sophistry. https://climateofsophistry.com/2017/10/19/the-steel-greenhouse-in-an-ambient-temperature-environment/. Letzter Zugriff: 22.04.2021

Puderbach R (2020) TUD-Sylber-Einzelvorhaben: Gesellschaftliche Schlüsselprobleme in der Lehrerbildung. TU Dresden. https://tu-dresden.de/zlsb/forschung-und-projekte/tud-sylber/tud-sylber-2016-2019/schwerpunkt-qualitaetsverbesserung/tud-sylber-einzelvorhaben-4-6-gesellschaftliche-schluesselprobleme-in-der-lehrerbildung. Letzter Zugriff: 13.04.2021

Rahmstorf S (2012a) Grönland im Mittelalter „fast eisfrei"! KlimaLounge, SciLogs – Wissenschaftsblogs. https://scilogs.spektrum.de/klimalounge/vahrenholt-groenland-im-mittelalter-fast-eisfrei/. Letzter Zugriff: 12.03.2021

Rathi A (14.05.2018) Eunice Foote proved the greenhouse-gas effect, but never got the credit because of sexism. Quartz. https://qz.com/1277175/eunice-foote-proved-the-greenhouse-gas-effect-but-never-got-the-credit-because-of-sexism/. Letzter Zugriff: 23.04.2021

Richter-Krautz J, Hofmann M, Zieger J, Linnemann U, Kleber A (2021) Zircon provenance of Quaternary cover beds using U-Pb dating: regional differences in the south-western

USA. Earth-Surf Proc Landf 46: 968–989. https://doi.org/10.1002/esp.5073

Roberts JM, Cairns SD (2014) Cold-water corals in a changing ocean. Curr Opinion Environ Sustain 7:118–126. https://doi.org/10.1016/j.cosust.2014.01.004

Sayedi SS, Abbott BW, Thornton BF, Frederick JM, Vonk JE, Overduin P, Schädel C, Schuur EAG, Bourbonnais A, Demidov N, Gavrilov A, He S, Hugelius G, Jakobsson M, Jones MC, Joung D, Kraev G, Macdonald RW, David McGuire A, Mu C, O'Regan M, Schreiner KM, Stranne C, Pizhankova E, Vasiliev A, Westermann S, Zarnetske JP, Zhang T, Ghandehari M, Baeumler S, Brown BC, Frei RJ (2020) Subsea permafrost carbon stocks & climate change sensitivity estimated by expert assessment. Environ Res Lett 15:124075. https://doi.org/10.1088/1748-9326/abcc29

Schiff AL (2013) Fire & water: Scientific heresy in the Forest Service. Harvard University Press. https://doi.org/10.4159/harvard.9780674422148

Schlott K (04.02.2020) Warum das Plankton schwächelt. Spektrum Online. https://www.spektrum.de/news/warum-das-plankton-schwaechelt/1703468. Letzter Zugriff: 29.03.2021

Segalstad TV (1998) Carbon cycle modelling & the residence time of natural & anthropogenic atmospheric CO_2: On the construction of the „Greenhouse Effect Global Warming“ dogma. https://www.researchgate.net/profile/brendan_godwin/post/global_warming_part_1_causes_and_consequences_of_global_warming_a_natural_phenomenon_a_political_issue_or_a_scientific_debate/attachment/5cf9b50fcfe4a7968da7fcb5/as%3a766959016759296%401559868687916/download/carbon+cycle+modelling+%26+the+residence+time+of+natural+%26+anthropogenic+co2.pdf. Letzter Zugriff: 03.03.2021

Smith JB, Schellnhuber HJ, Mirza MMQ (2001) Vulnerability to climate change & reasons for concern: A synthesis. In: Working Group II (Hrsg.) IPCC Third Assessment Report – Climate Change 2001: Impacts, Adaptation & Vulnerability. Cambridge University Press, Cambridge. http://gyohe.faculty.wesleyan.edu/files/2018/05/53.pdf. Letzter Zugriff: 10.06.2021

Steiner U (2020) Faktenchecker: Zerstörer der Meinungsfreiheit. Die andere Sicht. https://die-andere-sicht.de/2020/06/01/faktenchecker-zerstoerer-der-meinungsfreiheit/. Letzter Zugriff: 19.04.2021

Townsend M, Harris P (22.02.2004) Pentagon tells Bush: climate change will destroy us. The Guardian. https://www.theguardian.com/environment/2004/feb/22/usnews.theobserver. Letzter Zugriff: 12.04.2021

Turetsky MR, Abbott BW, Jones MC, Walter Anthony K, Olefeldt D, Schuur EAG, Koven C, McGuire AD, Grosse G, Kuhry P, Hugelius G, Lawrence DM, Gibson C, Sannel ABK (2019) Permafrost collapse is accelerating carbon release. Nature 569:32–34. https://doi.org/10.1038/d41586-019-01313-4

Ummenhofer CC, Xu H, Twine TE, Girvetz EH, McCarthy HR, Chhetri N, Nicholas KA (2015) How climate change affects extremes in maize & wheat yield in two cropping regions. J Climate 28:4653–4687. https://doi.org/10.1175/JCLI-D-13-00326.1

Wikipedia (2020b) UAH satellite temperature dataset. https://en.wikipedia.org/w/index.php?title=UAH_satellite_temperature_dataset&oldid=993489743. Letzter Zugriff: 28.12.2020

Yoshimori M, Lambert FH, Webb MJ, Andrews T (2020) Fixed anvil temperature feedback: Positive, zero, or negative? J Climate 33:2719–2739. https://doi.org/10.1175/JCLI-D-19-0108.1

Zeng Z, Zhu Z, Lian X, Li LZX, Chen A, He X, Piao S (2016) Responses of land evapotranspiration to Earth's greening in CMIP5 earth system models. Environ Res Lett 11:104006. https://doi.org/10.1088/1748-9326/11/10/104006

Zhu Z, Piao S, Myneni RB, Huang M, Zeng Z, Canadell JG, Ciais P, Sitch S, Friedlingstein P, Arneth A, Cao C, Cheng L, Kato E, Koven C, Li Y, Lian X, Liu Y, Liu R, Mao J, Pan Y, Peng S, Peñuelas J, Poulter B, Pugh TAM, Stocker BD, Viovy N, Wang X, Wang Y, Xiao Z, Yang H, Zaehle S, Zeng N (2016a) Greening of the Earth & its drivers. Nature Clim Change 6:791–795. https://doi.org/10.1038/nclimate3004

Stichwortverzeichnis

A. Kleber und J. Richter-Krautz, *Klimawandel FAQs – Fake News erkennen, Argumente verstehen, qualitativ antworten*, https://doi.org/10.1007/978-3-662-64548-2

E

F

G

Ihr kostenloses eBook

Vielen Dank für den Kauf dieses Buches. Sie haben die Möglichkeit, das eBook zu diesem Titel kostenlos zu nutzen. Das eBook können Sie dauerhaft in Ihrem persönlichen, digitalen Bücherregal auf **link.springer.com** speichern, oder es auf Ihren PC/Tablet/eReader herunterladen.

1. Gehen Sie auf **link.springer.com** und loggen Sie sich ein. Falls Sie noch kein Kundenkonto haben, registrieren Sie sich bitte auf der Webseite.
2. Geben Sie die eISBN (siehe unten) in das Suchfeld ein und klicken Sie auf den angezeigten Titel. Legen Sie im nächsten Schritt das eBook über **Buy eBook** in Ihren Warenkorb. Klicken Sie auf **Go to checkout**.
3. Geben Sie in das Feld **Coupon/Token** Ihren persönlichen Coupon ein, den Sie unten auf dieser Seite finden. Der Coupon wird vom System erkannt und der Preis auf 0,00 Euro reduziert.
4. Überprüfen Sie, ob alle Bestelldaten korrekt sind, und klicken Sie dann auf **Buy now**, um Ihre Bestellung kostenlos aufzugeben.
5. Sie können das eBook nun auf der Bestätigungsseite herunterladen und auf einem Gerät Ihrer Wahl lesen. Das eBook bleibt dauerhaft in Ihrem digitalen Bücherregal gespeichert. Zudem können Sie das eBook zu jedem späteren Zeitpunkt über Ihr Bücherregal herunterladen. Das Bücherregal erreichen Sie, wenn Sie im oberen Teil der Webseite auf Ihren Namen klicken und dort **My Bookshelf** auswählen.

EBOOK INSIDE

eISBN
Ihr persönlicher Coupon

978-3-662-64548-2
1JeLQ6PzORFJfWH

Sollte der Coupon fehlen oder nicht funktionieren, senden Sie uns bitte eine E-Mail mit dem Betreff: **eBook inside** an **customerservice@springer.com**.

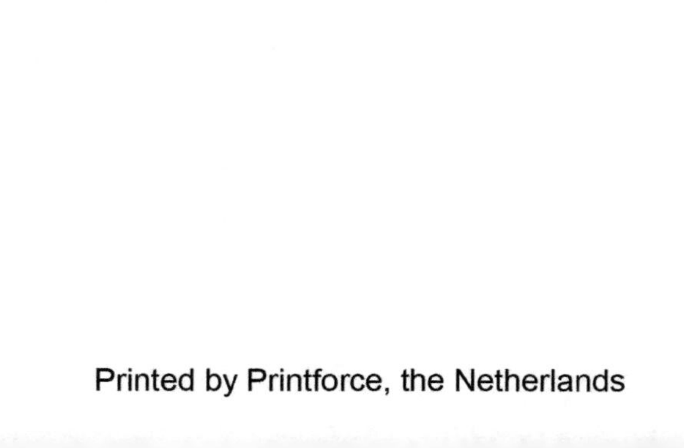
Printed by Printforce, the Netherlands